现代自然崩落法
开采理论与技术

主　编　刘育明
副主编　陈小伟　夏长念
　　　　顾秀华　葛启发

北　京
冶　金　工　业　出　版　社
2020

内 容 提 要

本书系统论述了现代自然崩落法开采理论与技术，全书共分为 12 章。书中结合我国铜矿峪铜矿和普朗铜矿这两个自然崩落法矿山的建设和生产实践，详细介绍了国内外自然崩落法采矿技术的最新进展和典型矿山实例，对自然崩落法开采涉及的工程地质资料收集研究、可崩性分析和块度预测、底部结构形式及支护技术、矿石运输和提升、拉底顺序及工艺、辅助崩落、放矿控制及监测、安全危险因素分析和防控等技术工艺进行了重点介绍和说明。

本书作为现代自然崩落法采矿技术的工具用书，可供从事矿山工程技术的科研、咨询设计、管理和生产的工程技术人员、高等院校相关专业的师生阅读使用。

图书在版编目（CIP）数据

现代自然崩落法开采理论与技术/刘育明主编 . —北京：冶金工业出版社，2020.12

ISBN 978-7-5024-8581-8

Ⅰ.①现… Ⅱ.①刘… Ⅲ.①矿山开采—自然崩落—研究

Ⅳ.①TD853.36

中国版本图书馆 CIP 数据核字（2020）第 264734 号

出 版 人 苏长永

地　　址　北京市东城区嵩祝院北巷 39 号　邮编　100009　电话　（010）64027926
网　　址　www.cnmip.com.cn　电子信箱　yjcbs@cnmip.com.cn
责任编辑　夏小雪　美术编辑　郑小利　版式设计　孙跃红
责任校对　王永欣　责任印制　李玉山
ISBN 978-7-5024-8581-8
冶金工业出版社出版发行；各地新华书店经销；北京捷迅佳彩印刷有限公司印刷
2020 年 12 月第 1 版，2020 年 12 月第 1 次印刷
169mm×239mm；31 印张；609 千字；482 页
228.00 元

冶金工业出版社　投稿电话　（010）64027932　投稿信箱　tougao@cnmip.com.cn
冶金工业出版社营销中心　电话　（010）64044283　传真　（010）64027893
冶金工业出版社天猫旗舰店　yjgycbs.tmall.com
（本书如有印装质量问题，本社营销中心负责退换）

序

我国是矿产资源大国，但大部分支柱性矿产属于贫矿资源，其中铜矿平均品位小于1%，铁矿平均品位在33%左右，大量低品位矿床因开采不经济而难以开发利用，致使我国大宗矿产品对外依存度很高，如何实现矿产资源低成本开采对于保障我国自有资源供给安全意义重大。

自然崩落采矿法是依靠岩体内自然节理裂隙或人工致裂产生的裂隙，在重力和应力作用下实现自然冒落的一种采矿方法，是唯一一种在开采成本上可以和露天采矿相媲美的地下采矿方法，具有工艺简单、开采成本低、效率高、安全程度高且易于实现自动化作业等突出优势。自1895年在美国试验成功以来，自然崩落法很快得到了世界采矿业的青睐，并在世界范围内的众多大型矿山中推广应用。迄今为止，自然崩落法已经在美国、澳大利亚、智利、加拿大、印度尼西亚、南非、菲律宾、中国等20多个国家的50多座矿山中成功应用。

国际上自然崩落法技术起步较早。20世纪末，国际上专门成立了针对自然崩落法技术研究的国际崩落协会（International Caving Study，ICS），持续对自然崩落法技术开展专项研究。国际上每四年就会举办一次大规模采矿会议（Massmin），主要也是针对自然崩落法技术的应用，迄今已经连续举办了七届。通过大量研究和工程应用实践，促使国际上自然崩落法技术发展十分迅猛，并在崩落监测、放矿管理、硬岩致裂辅助崩落、底部结构维护等核心技术方面取得突出成果，涌现出了多座年产超过千万吨的自然崩落法矿山，其中有数座年产超过2000万吨。国外利用这种采矿方法实现自动化采矿已有近20年的历史。

针对铜矿峪铜矿这一特大贫矿床，我国于1984年经原国家科委批准从美国引进自然崩落采矿法技术，从此开启了我国自然崩落法技术的发展历程。铜矿峪铜矿从1989年底拉底出矿以来，先后经历了一期工程、二期工程，现在正在准备建设三期工程，其生产工艺由一期工程的以 YGZ90 气动凿岩机拉底凿岩、90kW 电耙出矿的相对落后生产工艺，已发展到二期工程的以中深孔电动液压凿岩台车拉底凿岩、大型电动铲运机出矿、锚杆锚索台车支护、长距离胶带机提升运输矿石的现代自然崩落法开采工艺，规模从不到 400 万吨/年发展到超过 600 万吨/年，并且正在建设 900 万吨/年，其成就是巨大的。借鉴铜矿峪铜矿的生产经验和国际上的最新技术成果，设计建成的我国第二座自然崩落法矿山——普朗铜矿，设计生产能力 1250 万吨/年，矿区海拔高度 3600~4500m，其开采段高、矿体宽度均为铜矿峪铜矿的 2~3 倍，开采技术要求更高、难度更大，矿山于 2017 年 3 月建成投产，产量不断攀升，2020 年出矿量已达到 1000 万吨，进一步刷新了我国地下非煤矿山的产能记录。

通过铜矿峪铜矿和普朗铜矿自然崩落法技术研发和工程实践，形成了我国现代自然崩落法开采理论和关键核心技术，为我国和"一带一路"国家的厚大贫矿资源开发指明了方向，该方法未来的应用前景必将更加广阔，也必将在地下大规模开采领域占据更加重要的地位。因此，我国矿业界急需一本自然崩落法技术应用的书籍，引领我国自然崩落法技术持续发展，推动我国矿山行业的整体技术进步。

《现代自然崩落法开采理论与技术》一书由"国家百千万人才工程"人才、全国有色金属行业设计大师、自然崩落法采矿专家刘育明教授级高工担任主编，同时汇聚了中国恩菲自然崩落法技术团队的力量，详细介绍了国内外自然崩落法相关技术的最新进展和典型矿山实例。该书的出版填补了我国现代自然崩落法技术工具书的空白，丰富了现代自然崩落法采矿技术的内涵，可作为相关矿山企业、高校和科研院所学习和实践自然崩落法的参考教材，是目前国内唯一的一本较为完整的自然崩落法技术工具用书。

中国工程院院士

2020 年 10 月于北京

前　　言

当今世界各国对资源主导权竞争激烈，矿山资源是国民经济发展的重要物质基础。预计未来 10~15 年（即到 2030~2035 年），全球对铜、铁、铅、锌等大宗金属矿产需求仍将保持高位。我国矿产资源虽然丰富，但大宗消费矿产资源禀赋差、产量有限，对外依存度高，其中 2018 年铜精矿对外依存度达 72%。矿产资源安全供应已成为我国经济高质量发展的重大迫切需求。

自然崩落采矿法是矿岩依靠自身重力、地应力和内部存在的节理裂隙作用破裂落矿的一种采矿方法，是一种开采强度大、劳动效率高、安全性好、开采成本低且易于实现自动化采矿的采矿方法，也被行业称为"地下岩石工厂"，是厚大矿床特别是低品位矿床开采的首选方法。

纵观国际矿业界，规模 400 万吨/年以上的地下矿山很大比重是采用自然崩落法开采，超过 2000 万吨/年规模的矿山（包括在建的）除个别矿山（如基律纳铁矿是无底柱分段崩落法）外，几乎全部是自然崩落法开采的矿山。

自然崩落采矿技术已有 120 余年的发展历史，从早期的溜井格筛开采工艺发展到当今高度机械化、自动化的现代化开采工艺（开采段高最大达 500m 以上，规模最大达 16 万吨/天，自动化无人采区），技术在不断地提升和进步。我国从 20 世纪 80 年代开始实践自然崩落法技术，在 80 年代末铜矿峪铜矿实现了拉底出矿，随后经历了很长一段探索实践的过程。2010 年后自然崩落法技术在我国迎来了一次飞跃。2011 年 3 月铜矿峪铜矿二期工程（设计规模 600 万吨/年）系统正式投产，2013 年达产并逐步超产，目前在朝着 900 万吨/年的目标努力；2017 年 3 月普朗铜矿（设计规模 1250 万吨/年）试投产，目前已接近达产。国内类似的尚未开发的特厚大低品位矿床还有很多，此外"一带一路"国家有许多特厚大低品位矿床，我国的自然崩落采矿技术可以为这些矿床实现安全高效经济开采，为我国矿企走出去，增强我国矿产资源的供给能力，提供强有力的技术支撑。

本书全面介绍了国内外自然崩落开采实用的专业理论和技术知识，也介绍了在此领域前沿的技术发展成果和典型矿山实例。全书共分为12章，包括自然崩落法概述、工程地质与岩体分类、矿岩可崩性分析与崩落块度预测、底部结构形式和主要作业水平布置、矿石运输提升系统、拉底策略与拉底推进顺序、巷道加固支护和管理、辅助崩落技术、放矿管理、崩落监测技术、采矿设备与自动化、安全危害因素分析和安全管理，以及自然崩落法主要专业术语中英文对照等。本书旨在为采矿工程师和感兴趣的矿业界人士了解现代自然崩落采矿技术，拓宽思路、促进创新提供一本实用的参考资料。

本书由中国恩菲工程技术有限公司刘育明教授级高工担任主编，自然崩落采矿技术项目团队的陈小伟、夏长念、顾秀华、葛启发担任副主编，参加撰稿的人员有：第1章，刘育明；第2章，顾秀华；第3章，顾秀华、范文录；第4章，夏长念、卞开文；第5章，刘育明、陈小伟、冯兴隆；第6章，葛启发、范文录；第7章，夏长念、冯兴隆、卞开文；第8章，陈小伟、李文；第9章，陈小伟、李少辉；第10章，陈小伟；第11章，夏长念；第12章，刘育明；附录，陈小伟。全书由刘育明统稿并终审定稿。

本书在编撰过程中参考了大量国内外文献、中国恩菲内部报告以及铜矿峪铜矿、普朗铜矿等矿山提供的现场资料，在此向有关文献作者和单位表示衷心的感谢。此外，还有不少同事、同行为本书提供了珍贵的资料，在此一并向他们致以衷心的感谢。特别要感谢于润沧院士和公司总经理兼总工程师刘诚对本书编撰人员的热心指导和大力支持，使本书得以顺利成稿。

由于编者水平所限，书中不妥之处望同行和相关专家不吝赐教。

编　者

2020 年 8 月

目　　录

1　自然崩落法概述

1.1　地下采矿方法分类

矿床埋藏在地下，由于成因的不同因而赋存在地下的状态千差万别，所处的地表和地下环境也是各不相同。千百年来，人们为开采地下的宝藏，探索出了各种各样的开采方法。随着工业化进程加快和机械化装备的出现，地下采矿方法逐渐完善，特别是近 100 多年来，随着装备水平的现代化和对岩体力学的深入研究，新的采矿方法更多涌现，旧的采矿方法不断被淘汰。从开采方式来讲，通常划分为露天开采和地下开采，其实目前还可增加一种方式，即溶浸开采，如盐矿的溶浸开采、铀矿的溶浸开采，虽然它也可划归地下开采一类，但它和通常的地下开采是不一样的。露天开采通常是开采近地表的矿床，特别是厚大矿床，其余的则采用地下开采（溶浸开采的除外）。适合露天开采和地下开采的矿床并不总是能严格、明显地区分，需要根据包括地表环境在内的客观开采技术条件和通过详细的技术经济比较以及其他重要影响因素来综合确定。尽管如此，但由于发现的矿床埋藏越来越深，因而客观上地采的矿山将会更多。由于地下开采的特殊性，因而地下采矿方法的类型也更复杂多变。

1.1.1　国内采矿方法分类

在地下采矿方法分类上，国内外基本上都是按照采矿生产过程中采空区的维护方式进行采矿方法分类。

国内通常把采矿方法分为三大类，即空场采矿法、充填采矿法和崩落采矿法。

空场采矿法可分为浅孔留矿采矿法、全面采矿法、房柱采矿法、分段空场采矿法、阶段空场采矿法等。

充填采矿法可分为分层充填采矿法、进路式充填采矿法、壁式充填采矿法、削壁充填采矿法、分段充填采矿法、分段空场嗣后充填采矿法、大直径深孔空场嗣后充填采矿法等。

崩落采矿法可分为壁式崩落采矿法、有底柱分段崩落采矿法、无底柱分段崩落采矿法、阶段崩落采矿法、自然崩落采矿法等。

其中一些采矿方法还可以细分，如分层充填法可分为上向分层充填法、点柱式上向分层充填法；进路式充填法可分为上向分层进路式充填法、下向分层进路式充填法；分段充填法可分为上向分段充填法、下向分段充填法。

我国地下采矿方法分类见表 1-1。

表 1-1　我国地下采矿方法分类

采矿方法大类	采矿方法小类	采矿方法次小类
空场采矿法	浅孔留矿采矿法	
	全面采矿法	
	房柱采矿法	
	分段空场采矿法	
	阶段空场采矿法	
充填采矿法	分层充填采矿法	上向分层充填法
		点柱式上向分层充填法
	进路式充填采矿法	上向分层进路式充填法
		下向分层进路式充填法
	壁式充填采矿法	
	削壁充填采矿法	
	分段充填采矿法	上向分段充填法
		下向分段充填法
	分段空场嗣后充填采矿法	
	大直径深孔空场嗣后充填采矿法（含 VCR 法）	
崩落采矿法	壁式崩落采矿法	长壁崩落法
		短壁崩落法
	有底柱分段崩落采矿法	
	无底柱分段崩落采矿法	
	阶段崩落采矿法	
	自然崩落采矿法	

国内的有色金属矿山设计规范把生产规模（Q）分为三类，即：

大型　$Q \geqslant 100$ 万吨/年；

中型　$Q = 30$ 万~100 万吨/年；

小型　$Q < 30$ 万吨/年。

冶金矿山设计规范把生产规模（Q）分为四类，即：

特大型　$Q \geqslant 500$ 万吨/年；

大型　$Q = 200$ 万~500 万吨/年；

中型　$Q = 60$ 万~200 万吨/年；

小型　$Q < 60$ 万吨/年。

原国家安全生产监督管理总局（现中华人民共和国应急管理部）2013年根据我国金属矿山的开采现状和技术装备水平，从安全生产角度将年产矿石量超过1000万吨的地下矿山界定为超大规模矿山。

根据我国当前（2018年）金属非金属矿山的现状并结合设计规范和原安全监管总局的界定，可将地下矿山按矿石设计生产规模（Q）分为如下类别：

超大规模（即超大型）：大于或等于1000万吨/年，即30000t/d以上。主要采用的采矿方法是自然崩落法、无底柱分段崩落法、大直径深孔空场嗣后充填法。代表性的矿山主要有普朗铜矿、岔路口钼多金属矿、沙坪沟钼矿、思山岭铁矿、西鞍山铁矿、马城铁矿、司家营铁矿田兴矿区等。

特大规模（即特大型）：矿石生产规模500万吨/年≤Q<1000万吨/年，即15000t/d≤Q<30000t/d。主要采用的采矿方法是自然崩落法、无底柱分段崩落法、大直径深孔空场嗣后充填法。代表性的矿山主要有铜矿峪铜矿、李楼铁矿、眼前山铁矿、张庄铁矿等。

大型：100万吨/年≤Q<500万吨/年，即3000t/d≤Q<15000t/d。主要采用的采矿方法基本涵盖所有的采矿方法，包括分段（或大直径深孔）空场嗣后充填法、无底柱分段崩落法、上向水平分层（或进路式）充填法、阶段崩落法、自然崩落法等。代表性矿山很多，有冬瓜山铜矿、安庆铜矿、金川二矿区和龙首矿、大红山铜矿、铜绿山铜铁矿、会宝岭铁矿、草楼铁矿、白象山铁矿、开阳磷矿的4个矿区、阿舍勒铜矿、白音查干多金属矿、柿竹园多金属矿、凡口铅锌矿等。

中型：30万吨/年≤Q<100万吨/年，即900t/d≤Q<3000t/d。主要采用的采矿方法除自然崩落法之外，基本涵盖所有的采矿方法。这类矿山在国内也占有较大比例。

小型：小于30万吨/年，即小于900t/d。主要采用的采矿方法有空场法，如浅孔留矿法、房柱法（或全面法），以及脉内采准的上向分层充填法、有底柱分段崩落法等。这类矿山的数量在国内占有很大的比例。

国内部分大型以上规模地下矿山及采矿方法见表1-2。

表1-2 国内部分大型以上规模地下矿山及采矿方法

规模类型	矿山名称	设计生产规模/万吨·年$^{-1}$	采矿方法	说明
超大规模（即超大型）	普朗铜矿	1250	自然崩落法	在生产
	岔路口钼多金属矿	1650	大直径深孔空场嗣后充填法	在建设
	沙坪沟钼矿	1000	大直径深孔空场嗣后充填法	前期
	思山岭铁矿	1500	大直径深孔空场嗣后充填法	在建设

规模类型	矿山名称	设计生产规模/万吨·年⁻¹	采矿方法	说明
超大规模（即超大型）	西鞍山铁矿	3000	大直径深孔空场嗣后充填法	前期
	马城铁矿	2200	大直径深孔空场嗣后充填法	在建设
	司家营铁矿田兴矿区	1500	大直径深孔空场嗣后充填法	在建设
	大台沟铁矿	3000	大直径深孔空场嗣后充填法	前期
	陈台沟铁矿	1100	深孔空场嗣后充填法	在建设
特大规模（即特大型）	铜矿峪铜矿	600	自然崩落法	下一步将达到900万吨/年
	甲玛铜矿	660	前期空场嗣后充填法，后期空场法、崩落法	在生产
	李楼铁矿	750	深孔空场嗣后充填法	在生产
	张庄铁矿	500	大直径深孔空场嗣后充填法	在生产
	眼前山铁矿	800	无底柱分段崩落法	在生产
大型	冬瓜山铜矿	10000t/d	大直径深孔空场嗣后充填法和分段空场嗣后充填法	在生产，主井提升能力13000t/d
	安庆铜矿	3500t/d	大直径深孔空场嗣后充填法和分段空场嗣后充填法	在生产
	金川二矿区	8000t/d	机械化盘区下向分层进路式胶结充填法	在生产
	金川龙首矿西二采区	5000t/d	机械化盘区下向分层六角形进路式胶结充填法	在生产
	铜绿山铜铁矿	4500t/d	上向分层充填法和分段空场嗣后充填法	在生产
	会宝岭铁矿	300	分段空场嗣后充填法	在生产
	草楼铁矿	300	大直径深孔空场嗣后充填法	在生产
	白象山铁矿	250	预控顶空场嗣后充填法	在生产
	北洺河铁矿	200	无底柱分段崩落法	在生产
	开阳磷矿的4个矿区	各大于200	充填法	在生产
	阿舍勒铜矿	4000t/d	大直径深孔空场嗣后充填法和分段空场嗣后充填法	在生产
	白音查干多金属矿	165	分段空场嗣后充填法	在生产
	柿竹园多金属矿	231	连续崩落法	在生产
	三山岛金矿（包括新立矿区和西山矿区）	8000t/d	上向分层充填法	在生产
	铜山口铜矿	4000t/d	上向分层充填法	在生产
	新田岭钨矿	150	浅孔留矿法，中深孔房柱法	在生产

1.1.2 国际上采矿方法分类

国际上将采矿方法分为矿柱支撑采矿法、人工支撑采矿法、无支撑采矿法。

矿柱支撑采矿法分为房柱法、分段空场法和深孔空场法。其中，分段空场法和深孔空场法实际上指的是分段空场嗣后充填采矿法和深孔空场嗣后充填采矿法。

人工支撑采矿法分为台阶式充填采矿法、分层充填法、留矿法、VCR法。

无支撑采矿法分为长壁采矿法、分段崩落法、矿块和盘区崩落法。

国际上地下采矿方法分类如图1-1所示。

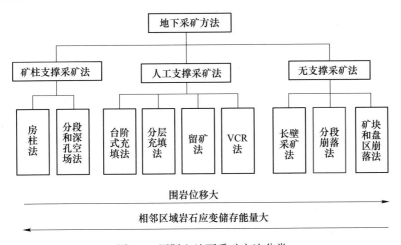

图1-1　国际上地下采矿方法分类

布朗（E. T. Brown）教授按矿山的生产规模对当前国际上运营中和规划中的地下大规模开采矿山进行了分类，大致分为以下三类：

（1）第一类，超大规模矿山（Super）。主要为自然崩落法矿山（BPC），少数为无底柱分段崩落法矿山（SLC），生产能力或设计生产能力为2500万吨/年或75000t/d以上。主要有：智利国家铜业公司（Codelco）的特尼恩特（El Teniente）铜矿（BPC）、丘基卡马塔（Chuquicamata）铜矿（BPC）；印度尼西亚自由港公司（Freeport-MacMoRan）旗下的格拉斯伯格（Freeport Grasberg）铜矿项目（BPC）；美国宾汉姆峡谷（Bingham Canyon）铜矿（BPC）、Resolution铜矿（BPC）；瑞典基律纳（Kiruna）铁矿（SLC）；澳大利亚的Mount Keith项目（BPC）等。

（2）第二类，特大规模矿山（Bulk）。主要为自然崩落法矿山、无底柱分段崩落法矿山和分段空场法矿山（SLOS）（注：SLOS为空场嗣后充填采矿法），生产能力为1000万~2000万吨/年或30000~60000t/d。主要有：智利国家铜业公司的 Andina 铜矿（BPC）、厄尔萨尔瓦多（El Salvador）铜矿（BPC）；澳大利亚东卡地亚（Cadia East）矿（BPC）、奥林匹克坝（Olympic Dam）金铜矿（SLOS）；印度尼西亚自由港公司所属的深部矿带（Deep Ore Zone）项目（BPC）；美国亨德森（Henderson）钼矿（BPC）；瑞典玛姆贝尔格特（Malmberget）铁矿（SLC）；南非帕拉博拉（Palabora）铜矿（BPC）等。

（3）第三类，大型矿山（Large）。主要为自然崩落法矿山、无底柱分段崩落法矿山和分段空场法矿山（注：分段空场法矿山为空场嗣后充填采矿法），生产能力为 400 万~600 万吨/年或 10000~15000t/d。主要有：澳大利亚阿盖尔（Argyle）钻石矿（BPC）、芒特艾萨铜业（Mount Isa Copper）（BLOS）、北帕克斯（Northparkes）铜矿 E26 矿（BPC）和 E48 矿（BPC）、里奇韦（Ridgeway）铜金矿（SLC，深部改为 BPC）、特尔佛（Telfer）金矿（SLC）；加拿大布伦斯威克（Brunswick）铅锌矿（SLOS）、New Afton 铜矿（BPC）；南非芬什（Finsch）钻石矿（BPC）、咖啡方丹（Koffiefontein）钻石矿（BPC）等。

1.2 自然崩落法的基本原理和分类

1.2.1 自然崩落法的基本原理和优缺点

崩落采矿法的特点是连续回采，在覆盖岩下放矿，以崩落覆岩充填采空区管理地压。尽管分为有底柱分段崩落法、无底柱分段崩落法、阶段强制崩落法、自然崩落法等类型，但总体来说，崩落采矿法是属于低成本、高效率的大规模采矿方法，在我国金属矿山广为应用，这类方法对矿体赋存条件、矿岩稳固程度具有广泛的适应范围，尤其是上盘围岩、覆盖岩层在自然冒落后能形成大块最为理想。采用这类采矿方法要求地表允许塌陷，在矿体上部无有用矿物，无较大的含水层和流沙层，矿石不会结块、自燃，矿石品位不高，允许矿石有相对较高的贫化和损失。

自然崩落法，也称为矿块崩落法，我国更习惯称之为自然崩落法。其基本原理是采用普通的凿岩爆破回采方法在矿体的底部或某一阶段的底部采出矿体的一个水平薄层，使此薄层上部的矿体失去支撑，矿岩在自身重力、地应力和岩体内本身存在的节理裂隙的作用下破裂并向下崩落，崩落的矿岩从下部的底部结构中放出，使其上部的矿岩继续破裂并崩落，随着更多的破碎矿岩被放出，崩落在矿体中向上扩展，直至覆盖岩石崩落，并产生地表塌陷。原岩中存在着或多或少的节理裂隙，一些节理裂隙之间还可能胶结得很结实，但一旦下部有空间，在岩体自身重力和应力的作用下，节理裂隙就会被拉开，使原来的完整岩体被切割成块；在岩石向下的运动过程中，岩块之间互相挤搓，岩块中的节理裂隙进一步张开，岩块的棱角被磨掉，使得岩块的尺寸进一步变小。

较早的做法是把拟采区域划分成矩形矿块，按方格顺序进行开采，先放出矿块中的所有矿石，然后再采相邻矿块，这种开采顺序现在已不再广泛使用了。当今大多数矿山使用盘区开采形式，连续顺序推进开采，或确定一个大的开采区域，逐渐向前推进，最先崩落的区域率先回采完毕。

自然崩落法是一种自动化程度高的低成本的采矿方法，也称为"地下岩石工厂"。然而在生产开始前，其基础设施和开拓工作需要较大的投资。

自然崩落法开采三维示意图如图1-2所示。

图 1-2 自然崩落法开采三维示意图
（资料来源：TAMROCK 公司视频的截图）

与无底柱分段崩落法、有底柱分段崩落法等方法相比，自然崩落法有如下优点：

（1）极大地简化了采准系统。传统的采矿方法需要做大量的采准工程，掘采比大，而自然崩落法是大段高开采，段高从 100 多米到 400 多米，甚至更大，一般只有三个主要水平（不含运输水平），即拉底水平、出矿水平和通风水平，基本上没有额外的其他工程，因而采准工程量大幅减少。

（2）极大简化了生产工艺。传统的采矿方法是凿岩、爆破、出矿在同一个作业区间不断循环，而自然崩落法的工序是分开推进，只需进行拉底和扩聚矿槽爆破工作，其余的工作主要是出矿，爆破作业量大幅减少。拉底、扩槽和出矿互不交叉、互不干扰。

（3）矿石损失贫化率低。无底柱分段崩落法是端部放矿，矿石损失贫化率一般都在20%以上，高的达30%以上。而自然崩落法是通过放矿控制，使矿岩均衡下降和放出，这样使得废石混入的时间推迟，从而使得矿石的贫化较小，损失率也较低。根据实践经验，自然崩落法废石的混入率可控制在 10%～15%。

（4）开采强度大、生产能力高、劳动生产率高。自然崩落法作业区域集中，

工序简单且相对独立，可以充分发挥大型采矿设备的作用，因此单位面积开采强度大，生产能力高。国际上一些规模特别大的矿山均是自然崩落法矿山，如智利的特尼恩特矿、印度尼西亚的自由港矿等；同样开采面积小但又能达到比较大的规模也是自然崩落法矿山，如澳大利亚的 Northparkes E26 和 E48、Ridgeway 矿等矿山。劳动生产率基本上是所有地下采矿方法中最高的。

（5）安全程度高。自然崩落法系统简单、工序简单、工序不交叉，人员均是在巷道中作业，不需要进入采场，凿岩爆破量少，因此安全程度高。

（6）采矿成本低，是唯一能在生产成本上与露天开采相媲美的地下采矿方法。自然崩落法只需对拉底层、聚矿槽进行爆破作业，以及对少量的大块进行二次破碎，因此炸药消耗量较其他方法要低很多。此外，其采切工程量少，如铜矿峪 530 中段万吨掘采比（含开拓工程量）仅为 170m³。

如以自然崩落法的采矿成本为 1 的话，则无底柱分段崩落法的成本为 1.5 以上。

自然崩落法的初期投资相对较大，但它的作业成本比其他采矿方法低，因此对开采厚大、低品位矿体具有较大的优势。表 1-3 是一些矿山的采矿成本。

表 1-3　部分矿山的采矿成本

矿山名称	采矿成本/美元·t⁻¹	矿山名称	采矿成本/美元·t⁻¹
Philex	2.35	El Teniente	3.25
Salvador	2.55	Andina	4.10
Northparkes（1999~2000 年）	2.70	San Manuel	5.20
Northparkes（1998~1999 年）	2.95	Freeport	5.55
铜矿峪铜矿	29 元人民币/t（含 12 元/t 的维简费）		

注：表中数据是根据一些资料的图表估算的。

（7）易于实现自动化作业。由于自然崩落法作业工序是相对分开的，即凿岩、爆破、出矿相互干扰少，因此能够很好地实现自动化作业，目前大规模采用自动化作业的采区大多数是在自然崩落法矿山，如 Northparkes E48、特尼恩特矿的 Pipa Norte 采区、南非的 Finsch 矿等。

与无底柱分段崩落法、有底柱分段崩落法等方法相比，自然崩落法有如下缺点：

（1）对于在矿体中的夹石，一般无法进行选择性开采，因而造成一定的贫化。

（2）一旦开始进行崩落后，原则上应持续推进和出矿，不应中途停止。

（3）前期投资一般较大。

（4）适用的条件受限制更多，对于小矿体和过于坚硬的岩体不适用。

1.2.2 自然崩落法的分类

1.2.2.1 按照出矿设备类型分类

20世纪70~90年代，对自然崩落法主要是根据采用的出矿设备和出矿方式进行分类，大致可分为以下三大类：

（1）格筛或重力放矿方式。这是建立在早期崩落法的基础上使用格筛或依靠重力的完全的重力自流方法，崩落的矿石经格筛筛分后，从放矿点直接流入转运溜井，再装入矿车。图1-3所示为美国亚利桑那州Miami矿典型的重力放矿自然崩落法示意图。

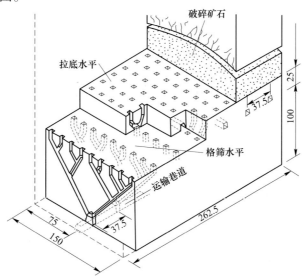

图1-3 美国亚利桑那州Miami矿典型的重力放矿自然崩落法
（图片来自SME，单位：英尺）

这种方式是基于早期采矿设备落后形成的，它不需要通过铲运机或电耙出矿环节，直接通过溜井控制出矿。缺点也是很明显的，生产能力小，不适用矿岩崩落块度大的矿体，放矿难以较好地控制，大块和卡斗处理困难，工人劳动强度大。这种方式在国际上可能已没有应用的矿山了。

（2）电耙出矿方式。以电耙为主要出矿设备，用电耙将矿石直接装入矿车，如图1-4~图1-6所示。

这种方式同样是基于早期采矿设备落后形成的。缺点同样是劳动效率低，生产能力小，不适用矿岩崩落块度大的矿体，放矿难以较好地控制，大块和卡斗处理困难，工人劳动强度大，产量难以提升。

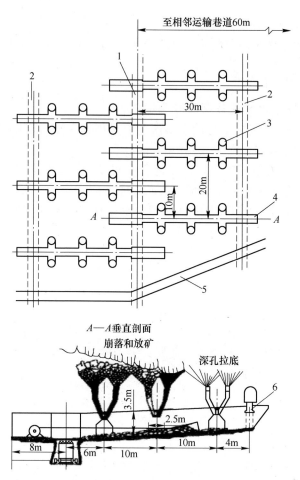

图 1-4　电耙出矿系统图（图片来自 Pillar，1981）

1—运输巷道；2—回风巷道；3—指状天井；4—电耙道；5—开采边界；6—回风天井

铜矿峪铜矿一期工程采用了电耙出矿的自然崩落法，在主层采用 90kW 的电耙出矿，在副层采用 50kW 的电耙出矿。

（3）橡胶轮胎的自行设备出矿即铲运机出矿方式。这是以铲运机出矿为主的方式，如图 1-7 所示。它是现代自然崩落法的主要出矿方式，是基于现代化的自行采矿设备应用形成的，并由此带来在结构上与格筛或重力放矿方式和电耙方式的本质不同。这种方式是本书后面将要重点介绍的，因此不再赘述。

20 世纪 60 年代以前，自然崩落法主要用于开采松软破碎不稳固的矿体，随着岩石力学的发展和无轨自行设备的普遍使用，现已广泛用于开采坚硬稳固的矿体。国际上从 20 世纪 80 年代就已普遍采用铲运机出矿，进入 21 世纪以后，采用重力出矿的格筛系统以及电耙出矿系统越来越少。到 2019 年，国际上可能已经很难找到格筛和电耙出矿系统了。我国的铜矿峪铜矿，其一期工程是采用电

图 1-5　美国 Climax 矿电耙卷筒　　　　　图 1-6　美国 Climax 矿电耙道
（图片来自 SME）　　　　　　　　　　　　　　（图片来自 SME）

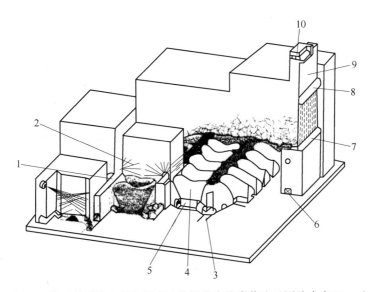

图 1-7　美国科罗拉多州亨德森矿机械化自然崩落法（图片来自 Brown）
1—8155 拉底巷道；2—拉底炮孔；3—8100 生产巷道；4—聚矿槽；5—联络道；
6—8100 边界；7—8185 开采边界；8—8245 开采边界；9—预裂；10—8305 观察巷

耙出矿系统（1989 年 10 月开始拉底），分别开采了 810m 中段、690m 中段（其中部分是铲运机出矿系统），另外 530m 中段 5 号矿体的 583m 和 603m 两个副层也采用电耙出矿系统（占矿山产量的极少部分）；从二期工程 530m 中段开始，即从 2010 年 530m 中段开始拉底，就主要采用铲运机出矿系统。鉴于国际上已基本不再使用格筛和电耙出矿系统了，因此本书主要对铲运机出矿系统进行论述。

历史上，自然崩落法主要用于开采大规模、岩体强度低、价值不高的矿体，主要原因是机械化的使用要求有更大的出矿口尺寸，而岩体强度低限制了出矿水平和出矿口的实际尺寸；此外，低强度岩体产生的细块矿石容易形成"烟囱"，要求放矿口间距要小，以免形成放不出的碎岩矿柱，这些因素限制了无轨设备尺寸。因此，为充分发挥自然崩落法高效率的优势，现在的趋势是更多地将自然崩落法用于较稳固的矿岩中，尽管它产生的块度较大，但它可使放矿点间距加大，从而可以使用大型出矿设备。国际上部分自然崩落法矿山的名称和基本信息见表 1-4，不同时期自然崩落法矿山产量见表 1-5。

表 1-4　国际上部分自然崩落法矿山

矿山名称	国家	州或省	矿物品种	使用的方法
Andes	智利		铜	重力
Andina	智利		铜	重力，铲运机
Argyle	澳大利亚	Western Australia	金刚石	铲运机
Cadia East	澳大利亚	New South Wales	金、铜	铲运机
Cassiar	加拿大	British Columbia	石棉	铲运机
Climax	美国	Colorado	钼	重力，电耙
Creighton	加拿大	Ontario	镍	电耙，铲运机
Crestmore	美国	California	石灰石	重力
Cullinan（即 Premier）	南非	Gauteng	金刚石	电耙，铲运机
El Salvador	智利		铜	重力，电耙，铲运机
El Teniente（即 Braden）	智利		铜	重力，铲运机
Ertsberg East	印度尼西亚	Papua	铜、金	电耙，铲运机
Finsch	南非	Northern Cape	金刚石	铲运机
Grace	美国	Pennsylvania	磁铁矿	电耙，铲运机
Grasberg	印度尼西亚	Papua	铜、金	铲运机
Henderson	美国	Colorado	钼	铲运机
Humboldt	美国	Arizona	铜	重力
Inspiration	美国	Arizona	铜	重力

续表1-4

矿山名称	国家	州或省	矿物品种	使用的方法
King	津巴布韦		石棉	重力
King-Beaver（即King）	加拿大	Quebec	石棉	电耙，铲运机
Kimberley	南非	Northern Cape	金刚石	电耙，铲运机
Mather	美国	Michigan	赤铁矿	电耙
Miami	美国	Arizona	铜	电耙
Mowry	美国	Arizona	铅	重力
New Afton	加拿大	British Columbia	金	铲运机
Northparkes	澳大利亚	New South Wales	铜、金	铲运机
Ohio Copper	美国	Utah	铜	重力
Palabora	南非	Limpopo	铜	铲运机
Pewabic	美国	Michigan	赤铁矿	重力
Ray	美国	Arizona	铜	重力
Ridgeway Deeps	澳大利亚	New South Wales	金、铜	铲运机
Ruth	美国	Nevada	铜	重力
San Manuel	美国	Arizona	铜	重力
Urad	美国	Colorado	钼	电耙

资料来源：A. J. Weston，The evolution of block caving technology，Massmin，2016.

表1-5　不同时期自然崩落法矿山产量

矿山名称	矿山产量/t·d^{-1}		
	大约1930年	大约1979年	2015年左右
Andes	11000		
Argyle			15000
Bulfontein		3000	
Cadia East			47000
Climax		39000	
Creighton		13000	
Cullinan（即Premier）			6400
El Teniente（即Braden）	13000	36000	120000
Ertsberg East-Deep Ore Zone（DOZ）			44000
Finsch			10000
Grace		6000	
Henderson			20000

矿山名称	矿山产量/t·d⁻¹		
	大约 1930 年	大约 1979 年	2015 年左右
Humboldt	5000		
Inspiration	6000		
Mather		8000	
Miami	15000		
New Afton			16000
Northparkes			17000
Palabora			29000
Ridgeway Deeps			23000
Ray	6000		
San Manuel		39000	
Urad		6000	

资料来源：A. J. Weston, The evolution of block caving technology, Massmin, 2016.

1.2.2.2 按照拉底和崩落推进的方式分类

按拉底和崩落推进的方式可分为如下几类：

（1）矿块崩落。这种方式在国际上通常称为 Block caving。在单个开采区域面积不是太大的情况下，整个开采区域的拉底通常是快速完成，然后整个区域基本上在同一速度、同一高度水平由下向上崩落。这一类的矿山有澳大利亚 Northparkes E26 的第一个中段和第二个中段，E48 的第一个中段，以及加拿大 New Afton 矿。

（2）盘区崩落。这种方式在国际上通常称为 Panel caving。在开采区域面积较大特别是矿体走向较长的情况下，整个开采区域的拉底是从某一个地方开始连续推进逐步完成，崩落也是随着拉底的推进逐步崩落，崩落顶板不是呈近似水平面，而是呈一斜面（如 40°~45°）向前推进。目前大多数矿山是采用这种方式，如南非的 Palabora 矿、美国的 Henderson 矿、我国的铜矿峪铜矿等。

（3）分区块顺序崩落。在开采区域面积特别大的情况下，如作为一个区域连续开采，势必带来很多问题，如初期准备工程量大、投资大、基建时间长；拉底战线很长，因而使得拉底推进速度过慢带来地压问题。因此很多超大型矿山将开采区域分成多个区块，重点是控制每个区块的宽度至 200~300m。先采某一个区块，在采到一定程度后再开始采第 2 个，第 3 个，……，这样使得每个开采区块的面积特别是宽度都控制在一定的范围之内，解决了面积过大带来的问题。这一类矿山主要有印度尼西亚的 Grasberg 矿、智利的 Chuquicamata 矿、我国的普朗铜矿等。

1.3 自然崩落法的适应条件和基础资料

自然崩落采矿法适用于地表允许塌陷、矿岩节理裂隙发育或中等发育、矿化比较均匀、矿体形态规整的厚大矿体。

适用于自然崩落的典型矿床是斑岩型矿床，如斑岩型铜矿床，这类矿床浸染矿化良好，水平和垂直范围都很大，国际上自然崩落法矿山大多数属于此类矿床。自然崩落法也适用于斑岩型钼矿床、赤铁矿、石棉矿和金刚石矿床。自然崩落法适用于开采有足够宽度和厚度的急倾斜矿体和缓倾斜矿体，特别对开采厚度大、低品位矿体具有较大的优势。对于单条矿脉厚度不大，但是矿脉呈密集状态分布，且矿脉之间的围岩具有一定品位的矿床，也可以考虑采用自然崩落法开采。

一般说来，对中等稳固的矿岩，最小的矿体宽度（厚度）应不小于70m，对岩石破碎可崩性好的矿岩，最小的矿体宽度（厚度）可小一些，如50~60m。

自然崩落法的一个重要特点就是一旦选择自然崩落法后，假如由于某些原因证明是不成功的话，矿山已形成的开拓和采准系统是不容易或不经济地适应其他采矿方法。因此在考虑采用这种采矿方法时，必须充分了解采矿环境，特别是工程地质环境，以便在进行预可行性研究或可行性研究阶段做出决策，否则会带来难以挽回的不良后果。

研究确定采用自然崩落法需要取得如下基础数据：

（1）地质条件。

（2）地表和地下水水文情况。

（3）地形和环境约束。

（4）工程地质研究。具体包括：

1）不连续面的测量。通过岩芯记录、钻孔记录或暴露面的线性素描。这些数据包括位置、方向、所有遇到的不连续面的性质和条件、终止的位置（假如暴露时），这些数据对可崩性、块度和掘进巷道稳定性研究都是至关重要的。

2）矿体和围岩的物理和力学性能的测定，包括密度、单轴抗压强度和抗拉强度、不连续面的剪切强度、完整岩石的剪切强度参数、不连续面和完整试样的刚性和变形模量、硬度、粗糙度、摩擦系数和可钻性指数。

3）岩体分类。

4）区域和矿山现场原岩应力测量。在采矿巷道周围诱导的应力对巷道的稳定性，特别对崩落发展有着重要的影响。

按照劳布斯彻（Laubscher，1993）建议，在下列情况下应充分考虑采矿环境：

（1）在环境要求严格的地区进行新的采矿工程。

（2）在现在生产的矿山设计新的采矿矿块或进行新的矿体开采时。

（3）露天转地下的矿山。

（4）作业中遇到的困难要求评价当前的采矿方法、设计参数、布置和详细的采矿设计时。

研究以上资料数据都是基于如下目的：

（1）采矿方法选择，包括矿岩可崩性研究。

（2）矿岩崩落块度预测研究，为确定放矿点间距以及相关设计和设备选择（包括破碎机）等提供依据。

（3）出矿水平、拉底水平、运输水平等工程的布置和详细设计。

（4）井巷工程的详细设计，包括它们的大小、形状和对支护及加固的要求。

（5）矿山其他基础设施的布置和设计。

（6）采矿对地表的影响，包括塌陷区的性质和范围、水的流动和水力联系、对地表设施的影响、对当地社会的影响。

（7）风险评价，特别是主要危害，例如泥石流、空气冲击波、岩爆、高位卡斗、底部结构破坏等的风险评价。

1.4 自然崩落法的发展历程

1.4.1 国际上自然崩落法的发展过程

自然崩落法从出现到现在已有 120 多年的历史，其大致可分为如下几个阶段：

（1）19 世纪末：美国密歇根州北部铁矿山开发了矿块崩落法。

（2）20 世纪早期：矿块崩落法在美国铁矿山得以发展，随后发展到西部铜矿。

（3）20 世纪 20 年代：加拿大和智利开始采用矿块崩落法。

（4）20 世纪 50 年代：非洲南部钻石矿和石棉矿开始采用矿块崩落法。

（5）1970 年：智利 Salvador 矿把铲运机和矿块崩落法有效结合使用。

（6）1981 年：智利 El Teniente 矿引进机械化盘区崩落法。

（7）20 世纪 90 年代：新一代矿块崩落法开始规划并投入生产，如澳大利亚 Northparkes、南非 Palabora 等。

（8）2005 年，新一代的超大型自然崩落法矿山（布朗教授定义为超过 2500 万吨/年或 7 万吨/天）在规划和建设。

（9）2014 年后，新一代的超大型自然崩落法矿山逐步投产，如澳大利亚 Cadia East 矿已建成投产，印度尼西亚的 Grasberg 矿、智利的 Chuquicamata 矿在 2019 年前后相继投产。

1.4.2　我国自然崩落法的发展过程

我国自然崩落法经历了如下几个阶段。

1.4.2.1　第一阶段（20 世纪 80 年代中期~90 年代末，引进消化阶段）

该阶段以铜矿峪铜矿一期工程建设和投产为代表，采用电耙出矿工艺。

自然崩落法在中国发展和应用的历史和中条山有色金属集团有限公司铜矿峪铜矿发展的历史是分不开的。铜矿峪矿床赋存于中条山北段下元古界绛县群铜矿峪变质火山岩的中上部，为火山-气液成因的沉积变质铜矿床。矿床主要矿体有 7 条，均产于变质凝灰质半泥质岩中，其中以 4 号矿体和 5 号矿体最大，其矿石储量占矿区已探明储量的 90% 以上。地质队提交的矿区地质总储量达 3.2 亿吨，铜金属量达 200 多万吨，但全区平均地质品位仅为 0.67%。铜矿峪矿床是一个一大二贫的矿床。1957~1990 年，经历了三上两下的基本建设历史，1974 年矿山简易投产，生产能力仅为 60 万~80 万吨/年，造成铜矿峪铜矿两次停缓建设（分别是 1961 年和 1979 年）的根本原因是矿石含铜品位低、生产成本高、经济效益差，铜矿峪铜矿成了原中条山有色金属公司的包袱，但又找不出更好的解决办法。1983 年在原中国有色金属工业总公司的支持下，北京有色冶金设计研究总院（现中国恩菲工程技术有限公司）和中条山有色金属公司联合完成了《铜矿峪技术改造可行性研究报告》，提出了采用自然崩落法采矿工艺。1984 年 6 月，中国有色金属工业总公司与美国圣特-阳光公司签订了技术合作协议，以中美联合设计为主要方式引进美国自然崩落法开采技术，并得到了国家科委的批准。1985 年 5 月中国有色金属工业总公司批准了铜矿峪技术改造计划，由此开始了第三次大规模基本建设，这在铜矿峪铜矿称为一期工程。一期工程开采 810m 中段和 690m 中段，首采中段是 810m 中段，采用电耙出矿工艺，设计规模为 400 万吨/年。1989 年 10 月开始拉底试生产，之后产量逐年提高。到 2000 年矿山产量基本上达到了 400 万吨/年的设计规模，这个时候新工艺（即自然崩落法）产量为 340 万吨/年，老工艺（有底柱分段崩落法）产量为 60 万吨/年。

这十余年是我国真正意义上的自然崩落法矿山生产，也是一个引进消化的过程。其间国内也有一些矿山在试验自然崩落法，但都没有成功，不了了之。

1.4.2.2　第二阶段（2000 年前后~2008 年，探索新工艺阶段）

铜矿峪铜矿一期工程 690m 中段 4 号矿体部分试验采用铲运机工艺；铜矿峪铜矿二期工程和普朗铜矿设计均采用铲运机工艺。

早在 1985 年 10 月，中国专家组与美国专家曾就究竟是采用电耙出矿方案还是采用铲运机出矿方案进行了再三讨论，美国专家始终坚持认为铜矿峪铜矿崩落矿石块度小，大于 0.8m 的大块只占 11%~13%，只是在初始崩落阶段矿石块度会大一些，采用电耙出矿和铲运机出矿均可适应出矿矿石块度，经过经济比较推荐了电耙出矿。但实际生产中大块率远大于美国专家估算的值，出现卡斗频繁、处理卡斗困难等问题，频繁的二次破碎使电耙道破坏严重，维修困难；电耙道生产能力小、利用率低，矿山难以达到设计生产能力；工人的劳动强度大，劳动效率低。

1996 年末中条山有色金属集团有限公司委托北京有色冶金设计研究总院与中条山有限公司联合开始铜矿峪铜矿二期工程的设计工作，从 1996 年末开始设计到 2013 年全面建成经过了漫长的 16 年的时间，这期间经历了我国国有企业体制改革。铜矿峪铜矿二期工程的设计是从预可行性研究开始，进行了多次可行性研究和多次初步设计。二期工程设计从一开始就确定了铲运机出矿方案。

由于铲运机出矿自然崩落法开采在国内没有先例，很多工艺技术需要摸索，因此为了给二期工程积累经验，中条山有限公司安排在铜矿峪 610 中段 4 号矿体 4146 穿以西厚大矿体约 46500m² 的开采面积内进行铲运机出矿工艺的试验，开采矿量为 960 万吨，出矿水平设在 700m 标高，拉底水平设在 710m 标高，共布置了 11 条出矿穿脉，199 个出矿点，17 条采区溜井。在矿体底盘布置了 724m、744m、764m 三个副层，共 19 条电耙道，开采面积 13800m²，矿量 285 万吨。试验采场于 2000 年左右投入使用，采用 Atlas Copco 公司生产的 EST-3.5 型电动铲运机出矿，试验采场的年生产能力为 150 万吨，试验取得了成功，为二期工程的建设积累了经验。

2002 年起中国恩菲承担了金川Ⅲ矿区（现龙首矿西二采区）贫矿资源开采的设计，设计采用自然崩落法开采，设计矿石生产规模为 5000t/d（即 165 万吨/年），先后完成了可行性研究、初步设计和施工图，相关研究单位和高校也做了大量的研究工作，部分工程按设计进行了施工。2007 年由于矿山对自然崩落法产生的一些（新的）不同认识，加之当时镍金属价格处于高位，使得工程未按自然崩落法如期推进，随后将开采工艺改为矿山熟悉的机械化盘区下向分层进路式胶结充填采矿法。

2003 年下半年到 2004 年初，中国恩菲受业主加拿大艾芬豪公司的委托承担了蒙古国奥尤陶勒盖（Oyu Tolgoi）金铜矿的中国版可行性研究设计，其中北矿区设计采用自然崩落法开采，设计规模 50000t/d。设计时中国恩菲的设计人员同澳大利亚 SRK 等公司的专家进行了充分的交流。

2004 年起，中国恩菲承担了普朗铜矿的设计。业主和设计单位先后考察了智利 El Teniente 矿、南非 Palabora 矿等国外自然崩落法矿山。

总体说来，2000 年前后到 2008 年是探索自然崩落法新工艺阶段。由于我国经济的发展，对外开放程度提升，国内对国际上自然崩落法发展的了解逐步增多，同时国际上自然崩落法矿山也在逐步增多，重视程度也越来越高，因此我们对自然崩落法的认识已逐步走出了局限于铜矿峪铜矿电耙工艺的阶段。2008 年中国恩菲组团第一次参加了国际大规模采矿大会，即 Massmin 2008，在大会上发表论文并进行了宣讲。

1.4.2.3　第三阶段（2009~2018 年，现代自然崩落法工艺形成阶段）

该阶段现代自然崩落法理论已逐渐掌握并运用；现代化装备在矿山得到普遍使用；铜矿峪铜矿二期工程建成投产、达产并超产；普朗铜矿建成投产。

这个时期，中国恩菲和相关单位对国际自然崩落法的理论和技术有了深入的了解，并应用到铜矿峪铜矿和普朗铜矿的设计中。作为一个现代化的大型矿山，铜矿峪铜矿二期工程于 2013 年 3 月全面建成并达到设计规模 600 万吨/年，实现了从电耙出矿的矿块崩落法开采工艺向全无轨设备现代自然崩落法开采工艺的根本性变革，使我国自然崩落法技术水平进入了国际先进行列，产量连续几年达到了 710 万~720 万吨/年。矿山逐年的产量见表 1-6。铜矿峪铜矿二期工程的建成投产大大增强了人们对现代自然崩落法技术的信心。

表 1-6　铜矿峪铜矿连续八年的产量

年　份	二期工程建成前			二期工程建成后				
	2010	2011	2012	2013	2014	2015	2016	2017
出矿量/万吨	408	408	500	639	690	710	720	720
说明	2010 年二期工程 530 中段开始拉底，主要产量来源于一期工程 690 中段；2010~2012 年为 690 中段和 530 中段的交接期间；2013 年 3 月二期工程（530 中段）全面建成并达产							

普朗铜矿是我国第二座大规模采用自然崩落法生产的矿山，也是国内第一个建成的年产千万吨级矿石产量的地下金属矿山，采用了国际上一系列先进的理念和现代化装备，设计规模为 1250 万吨/年，崩落段高最大达 380m，并初步实现了智能采矿。矿山于 2017 年 3 月 16 日试投产，2018 年实现了正式投产，该年出矿量达 582 万吨。

1.4.2.4　第四阶段（2019 年至今，现代自然崩落法提升和发展阶段）

从 2019 年开始，我国自然崩落法技术进入了一个新的时期，已经有两个大规模现代化自然崩落法矿山开采应用的成功经验，基本技术已经掌握，已积累了丰富的建设和管理经验，人们对自然崩落法技术已经不再神秘和畏惧，并对该技术充满了信心。从技术的角度，国际上自然崩落法技术在不断发展，采用自然崩落法的矿山越来越多，特别是一些矿石生产规模超过年产 2000 万吨的超级矿山基本上是按自然崩落法矿山建设的，如印度尼西亚自由港 DOZ 矿，生产规模为 80000t/d，在建的 Grasberg 矿，设计生产规模 16 万吨/天；澳大利亚的 Cadia East 矿，生产规模为 2400 万~2600 万吨/年；正在建设的美国 Resolution 铜矿，设计生产规模 11 万吨/天；蒙古奥尤陶勒盖铜金矿（Oyu Tolgoi），设计生产规模 9 万吨/天；智利 Chuquicamata 矿，设计生产规模 14 万吨/天。对我们来说，一定要紧跟国际技术前沿，不断提升我国的自然崩落法技术水平，并力争在某些方面走在前列。

1.5 国内外主要的自然崩落法矿山

目前使用自然崩落法的国家有很多，主要有澳大利亚、智利、南非、印度尼西亚、美国、津巴布韦、赞比亚、中国、菲律宾、加拿大等。表 1-7 中列出了部分使用自然崩落法的矿山的情况。

表 1-7 国内外一些使用自然崩落法的矿山的情况

国别	矿山名称	出矿方式	矿石类型	矿石产量 /万吨·年$^{-1}$	备注
澳大利亚	Northparkes E26 第一中段	铲运机	Cu, Au	400	第一中段
	Northparkes E26 第二中段	铲运机	Cu, Au	500	第二中段
	Northparkes E48	铲运机	Cu, Au	500	
	Ridgeway	铲运机	Cu, Au	800	
	Cadia East	铲运机	Cu, Au	2400~2600	
印度尼西亚	IOZ	铲运机	Cu, Au	700	
	DOZ	铲运机	Cu, Au	8 万吨/天	
	Grasberg	铲运机	Cu, Au	16 万吨/天	正在建设
南非	Palabora	铲运机	Cu	1000	第一中段和第二中段；第二中段目前正在建设之中
	Cullinan（即 Premier Mines）	铲运机	金刚石	300	
	Finsch	铲运机	金刚石	约 17000t/d	
智利	El Teniente	格筛，铲运机	Cu	14 万吨/天	CODELCO 公司
	Andina	铲运机，格筛	Cu	1600	CODELCO 公司
	Salvador	铲运机	Cu	250	CODELCO 公司
	Chuquicamata	铲运机	Cu	14 万吨/天	正在建设，CODELCO 公司
美国	Henderson	铲运机	Cu	600	
	San Manual	格筛	Cu	39000t/d	20 世纪 70 年代以前的资料矿石产量为 46000t/d，已闭坑
	Climax	电耙	Mo	48000t/d	
	Resolution	铲运机	Cu	11 万吨/天	正在建设

国别	矿山名称	出矿方式	矿石类型	矿石产量/万吨·年$^{-1}$	备注
加拿大	Bell	铲运机			
	New Afton	铲运机	Cu, Au	400~550	2012 年 7 月投产
菲律宾	Philex	电耙, 铲运机	Cu, Au		
津巴布韦	Shabanie	铲运机			
蒙古	Oyu Tolgoi (奥尤陶勒盖)	铲运机	Cu	9 万吨/天	正在建设
中国	铜矿峪铜矿一期工程	电耙	Cu	400	包括 810 中段、690 中段; 1989 年 10 月 810 中段开始拉底
	铜矿峪铜矿二期工程	铲运机	Cu	600	530 中段, 2010 年 6 月开始拉底
	普朗铜矿	铲运机	Cu	1250	2017 年 3 月开始试投产

1.6 自然崩落法的发展趋势

国际上采用自然崩落法的矿山越来越多,自然崩落法技术也在不断发展,大致呈以下趋势。

(1) 矿山生产规模越来越大。自然崩落法矿山单个矿山或单个采区的年产量均是几百万吨,甚至几千万吨,并有越来越大的趋势。如正在生产的印度尼西亚自由港 DOZ 采区,生产规模为 80000t/d;澳大利亚 New Crest 公司 Cadia East 矿,生产规模为 2400 万~2600 万吨/年。

正在建设的下列矿山:美国 Resolution 铜矿,矿床埋深在 2000m,设计生产规模 11 万吨/天;印度尼西亚的自由港 Grasberg 矿,上部为露天矿,最终坑底深度将超过 1000m,露天坑直径约 2.5km,下部采用自然崩落法回采,设计生产规模 16 万吨/天;蒙古的奥尤陶勒盖铜金矿(Oyu Tolgoi),设计采用自然崩落法回采,设计生产规模 9 万吨/天;智利 Chuquicamata 矿是露天转地下矿山,露采采深 1100m,地下采用自然崩落法回采,设计生产规模 14 万吨/天。

(2) 开采段高越来越大。开采段高从以前较低的段高发展到 300~400m,甚至更高。通过加大段高,可以减少由上向下转段的环节,减少开拓工程量,从而降低开采成本。采用大段高的矿山有南非 Palabora 矿、澳大利亚 Northparkes 矿 E26 和 E48、Cadia East 矿,其中 Cadia East 最大的段高有 600~800m。我国的普朗铜矿设计开采的段高最高达 380m。当然并不能说明段高越大越好,每一个矿山要根据自身的实际条件决定。

（3）越来越多的硬岩矿山采用自然崩落法。自然崩落法最早是从软岩矿山发展起来的，但现在用得更多的是在硬岩矿山，如 Palabora 的平均 RMR_L 值为 70 多，单轴抗压强度为 140MPa；Premier 矿 BA5 的 RMR 值为 45~65，水力半径为 30，BB1 的 RMR_L 值为 45~55，水力半径为 25；Northparkes Lift 2 的岩体都是由硬岩组成，平均抗压强度为 80~91MPa，在黑云母二长岩中最高达到 136MPa，在火山岩中最高达到 227MPa，Lift 2 的 RMR_L 值在黑云母二长岩中为 57，在火山岩中为 50。

新的辅助崩落手段如水压致裂、爆破致裂技术已在多个矿山应用，国际上称之为预改变岩体条件（Preconditioning），即通过采用一定的手段增加岩体中的节理裂隙，从而改善岩体的可崩性。水压致裂是通过在矿体内打钻孔，之后将高压水管插入钻孔，通过封隔器将一段钻孔的两端堵住，然后注入高压水，高压水使岩石产生裂隙，并使裂隙扩张，从而增加岩体的节理，使矿体易于崩落。爆破致裂是通过爆破的方式使岩石产生裂隙。水压致裂、爆破致裂在自然崩落法矿山的应用，大大提升了在硬岩矿山采用自然崩落法的可行性。

（4）采矿设备现代化、大型化。传统的格筛放矿和电耙出矿工艺由于效率低下、放矿控制困难、卡斗难以处理等诸多缺点，其应用已越来越少，取而代之的是全无轨自然崩落法开采工艺，采用高效中深孔液压凿岩台车拉底凿岩，大型铲运机出矿，如 Cadia East 矿采用 21t 的柴油铲运机，大幅度提升了单位面积的开采强度和生产能力以及劳动效率。切割天井钻机、锚索台车、锚杆台车等已在自然崩落法矿山广泛使用。用于处理悬顶的高举升臂智能台车也在逐步推广，为高位悬顶的处理提供了好的手段。

（5）采用有利于减小应力集中的拉底策略、优化的底部结构参数和积极的支护加固技术。巷道掘进、拉底、形成聚矿槽三者之间的先后顺序，对底部结构受到的集中应力大小有着直接的关系。以往均是采用后拉底策略，而现在已普遍采用前进式拉底策略或预拉底策略，大大改善了底部结构的应力环境，提高了底部结构的稳定性。

无论是在硬岩矿山还是软岩矿山，底部结构的参数均在不断优化。硬岩矿山放矿口的间距最大已达到 18~20m，拉底水平距出矿水平的高度也普遍增大以增强底部结构的稳定性。

传统的混凝土浇筑支护（被动支护形式）除了在放矿口和岩石特别差的地方用于特殊加固外，其余地方已不在底部结构中使用了，取而代之的是喷锚网加锚索的积极支护形式，钢纤维（或其他纤维）湿喷混凝土支护技术已在国际上广泛使用。在普朗铜矿，喷锚网加锚索支护在出矿水平、钢纤维湿喷混凝土在拉底水平的支护中均产生了很好的效果。

（6）监测手段更加先进。越来越多的自然崩落法矿山采用微震监测系统监测崩落顶板的发展以及地压和岩爆，并采用智能标记物等方法监测崩落顶板的发展。此外，时域反射仪、钻孔摄像、应力应变计等一系列仪器设备都已广泛应用。普朗铜矿采用澳大利亚 MAPTEK I-Site 8820 XR-CT 三维激光扫描仪进行地表沉降塌陷区监测，取得了很好的效果。

（7）放矿管理控制更加智能化。放矿管理控制基本上都采用先进的放矿软件进行，同时将放矿管理与自动化出矿相结合，提高生产效率。2006 年前后，Palabora 矿就开始采用 PC-BC 软件和 CMS 软件进行日常放矿管理。

（8）高效的矿石物流系统。国外不少矿山普遍将矿石直接铲到破碎机里，以减少矿石运输及处理的环节。如 Northparkes 的 E26 矿体（第一中段和第二中段）和 E48 矿体、Palabora 矿的一期和二期、Cadia East 等矿山或中段均是将矿石直接铲到破碎机内，矿石破碎后通过胶带运输到地表或转到竖井提升到地表。南非 Finsch 矿采用载重 50t 的柴油自卸卡车自动化运输，采用地表监控、无人驾驶。我国的铜矿峪铜矿和普朗铜矿均是采用电机车矿车运输，其中普朗铜矿还实现了无人驾驶电机车运输、地表远程监控。

（9）自动化作业是重要的发展方向。Northparkes 矿 E48 矿体、Finsch 矿、智利特尼恩特矿 Pipa Norte 等两个采区实现了生产水平铲运机自动化作业，采用 Sandvik 公司的 Automine 系统，操作人员在地表进行远程遥控操作。智利特尼恩特矿的 Esmeralda 采区有轨运输水平早在 2007 年就实现了自动化运输。

（10）国际上加强了自然崩落法的联合研究。由国际上一些主要采矿公司资助并于 1997 年成立的国际崩落法研究协会（ICS），对自然崩落法做了大量的研究工作和技术转化工作。1997~2000 年是 ICS 的第一个阶段，2001~2004 年是第二阶段。ICS 取得了许多研究成果，其中包括开发了一些计算机软件，如自然崩落法块度预测、模拟放矿及生产管理等程序。第三阶段 ICS 改称为 Mass Mining Technology（MMT）。

参 考 文 献

［1］于润沧. 采矿工程师手册（上、下册）［M］. 北京：冶金工业出版社，2009.

［2］Brown E T. Block caving geomechanics［M］. Queensland：Julius Kruttschnitt Mineral Research Centre，2007.

［3］Liu Yuming，Zheng Jinfeng. Tongkuangyu Mine's phase 2 project［C］//Hakan Schunnesson，Erling Nordlund. Massmin 2008. Lulea：Lulea University of Technology Press，2008：53~61.

［4］Liu Y M，Bian K W. Production at Lift 530m of Tongkuangyu Copper Mine［C］//Massmin 2016. Victoria：The Australasian Institute of Mining and Metallurgy，2016：385~391.

［5］Weston A J. The evolution of block caving technology［C］//Massmin 2016. Victoria：The Australasian Institute of Mining and Metallurgy，2016：265~274.

［6］ DeWolfe C, Ross I. Super caves—Benefits, considerations and risks［C］//Massmin 2016. Victoria：The Australasian Institute of Mining and Metallurgy，2016：51~58.

［7］ 刘育明. 大型矿山企业建设的创新和发展［J］. 采矿技术，2010（3）：117~120.

［8］ 刘育明. 自然崩落法的发展趋势及在铜矿峪矿二期工程中的技术创新［J］. 采矿技术，2012（5）：1~4.

［9］ 刘育明，李文，陈小伟，等. 硬岩金属矿自然崩落法开采中矿岩预处理技术研究［J］. 中国矿山工程，2018（3）：59~63.

［10］《科技文集》编辑委员会. 创新发展崩落采矿技术，助推企业壮大腾飞［C］//科技文集，2016：14~55.

2 工程地质与岩体分类

2.1 工程地质

2.1.1 概述

工程地质学是一门应用地质学的原理为工程应用服务的学科，主要研究内容涉及地质灾害、岩石与第四纪沉积物、岩体稳定性、地震等。

矿山工程地质是为查明影响矿山工程建设和生产的地质条件而进行的地质调查、勘察、测试、综合性评价及研究工作。

矿山工程地质任务是详细查明矿山工程地质条件，为矿山基建、生产中的各类岩（矿）石工程的位置选择和施工设计提供资料。紧密结合矿山生产，解决与矿床开采有关的岩（矿）体稳定性问题。

矿山工程地质主要内容包括：

（1）岩土工程地质特征调查；

（2）岩体结构特征调查研究；

（3）影响岩土稳定性的水文地质条件调查；

（4）矿区构造应力场分析；

（5）流砂、崩塌、岩堆移动、岩溶的工程地质调查；

（6）工业场地、路基及尾矿坝址的工程地质调查；

（7）调查研究成果的确定。

矿山工程地质工作的目的是为确保矿山安全、持续生产，实现合理利用矿产资源，提高矿山企业经济效益。对于自然崩落法采矿，就是为矿岩可崩性评价及崩落块度的预测提供基础资料。本章重点论述与自然崩落法开采相关的工程地质工作。

2.1.2 岩体的结构特征

岩体是在漫长的地质历史中形成与演变过来的地质体，它被许许多多不同方向、不同规模的断层面、节理面、裂隙面、层面、不整合面、接触面等各种地质界面切割为形状不一、大小不等的各种各样的块体。岩体工程地质力学把这些地质界面称为结构面，把这些块体称为结构体，把岩体看作是由结构面与结构体组合而成的有结构的地质体。

岩体的结构特征包括岩体结构类型及结构面的发育特征、主要构造结构面的密度、裂隙密集带、软弱夹层的分布特征等。

根据结构面对岩体稳定性所起的作用可将其划分为五级，见表2-1，岩体结构类型的划分可参考表2-2。岩体结构类型的典型图示如图2-1所示。

表2-1　结构面分级

分级	特　征			
	结构面形式	规模		对岩体稳定性影响
		走向	倾向垂深	
Ⅰ	区域断裂带	延伸达数千米以上	至少切穿1个构造层	控制区域稳定，应着重研究断裂力学机制，区域构造应力场方向及断裂带的活动性
Ⅱ	矿区内主要断裂或延深稳定的原生软弱层	数千米	数百米	控制山体稳定，应着重研究结构面的产状、形态、物理力学性质
Ⅲ	矿区内次一级断裂、不稳定的原生软弱层及层间错动带	数百米以内	数十米至数百米	影响山体稳定，应着重研究可能出现的滑动面及滑动面的力学性质
Ⅳ	节理裂隙、层理、劈理	延展有限	无明显深度及宽度	破坏岩体完整性，影响岩体的力学性质及局部稳定性，研究其节理、裂隙发育组数、密度
Ⅴ	显微尺度的节理劈理	—	—	降低岩石强度

2.1.3　岩体构造调查

岩体构造调查的目的是为矿体可崩性分级、崩落块度预测及矿体崩落规律研究、采矿工程结构稳定性分析等提供详尽的现场岩体特性数据。调查的结果可用于：

（1）确定矿床开采过程可能引发的问题；

（2）崩落方法选择；

（3）可崩性评价；

（4）确定地表沉降区范围；

（5）确定底部结构设计位置；

（6）采矿布局设计；

（7）支护方案的选择及设计；

（8）为评价崩落引发的灾害提供数据；

（9）评估地下水的流动；

（10）矿岩崩落块度预测评价。

表 2-2 岩体结构类型

结构类型 代号	结构类型 名称	亚类 代号	亚类 名称	地质背景	完整状态 结构面间距/cm	完整状态 完整性系数	结构面特征	结构体特征 形态	结构体特征 单轴抗压强度/MPa	水文地质特征
Ⅰ	整体块状结构	Ⅰ₁	整体结构	岩性单一、构造变形轻微的巨(板)厚层沉积岩,变质岩和火成岩体	>100	>0.75	Ⅳ、Ⅴ级结构面存在,无或偶见Ⅲ级结构面,组数一般不超过3组,而且延展性极差,多呈闭合,粗糙状态,无充填或夹少量碎屑,$\tan\phi \geq 0.60$	岩体呈整体状态,或由巨型块体组成	>60	地下水作用不明显
		Ⅰ₂	块状结构	岩性单一、构造变形轻~中等的厚层沉积岩,变质岩和火成岩体	50~100	0.35~0.57	以Ⅳ、Ⅴ级结构面为主,少见Ⅱ、Ⅲ级结构面,层间有一定的结合力,Ⅲ级结构面一般发育有2~3组,以2组结构面多发育;结构面多闭合,粗糙或夹附薄膜,一般高角度剪切节理为 $\tan\phi=0.40\sim0.60$	长方体、立方体、菱形块体以及多数的多角形块体,一般	>30,一般均在60以上	裂隙水基为微弱,沿结构面可以出现渗水、滴水现象,主要表现对半坚硬岩石的软化
Ⅱ	层状结构	Ⅱ₁	层状结构	主要指构造变形轻~中等的,中~中厚(单层厚度大于30cm)层状岩体	30~50	0.30~0.60	以Ⅲ、Ⅳ级结构面(层面、片理、节理)为主,亦存在Ⅱ级结构面(原生软弱夹层、层间错动)延展,层间结合性较好,一般有2~3组结构面,层间结合力较差,结构面的摩擦系数一般为0.30~0.50	长方体、板体、块体和柱状体	>30	岩层的组合和变形程度决定其不同的水文地质结构,地下水的储存情况和水动力条件各不相同;存在地下水渗透压力和地下水的软化、泥化作用问题
		Ⅱ₂	薄层状结构	同Ⅱ₁,但层厚小于30cm,在构造变动作用下表现为相对强烈的褶曲(或褶皱)和层间错动	<30	<0.40	层理、片理发育,Ⅲ级、Ⅱ级结构面如原生软弱夹层,层间错动和小断层不时出现,结构面多泥膜、碎屑和泥质物充填,一般结合力差,$\tan\phi=0.30$	组合板体或块体薄板状体	一般10~30	

续表 2-2

结构类型		亚类		地质背景	完整状态		结构面特征	结构体特征		水文地质特征
代号	名称	代号	名称		结构面间距/cm	完整性系数		形态	单轴抗压强度/MPa	
III	碎裂结构	III₁	镶嵌结构	一般发育于脆硬岩层中的压碎岩带，节理、劈理组数多，密度大	<50，一般为数厘米	<0.35	以IV、V结构面（节理、劈理微裂隙）为主，结构面组数多，但其延展性甚差（均多于3组），结构面粗糙，闭合无充填或夹少量碎屑，tanφ≈0.40~0.60	形态不一，大小不同，棱角显著，彼此咬合	>60	本身即为统一含水体，导水性能变化大，但渗水亦有一定的渗压力
		III₂	层状碎裂结构	软硬相间的岩石组合，如复理石建造，火山岩建造和变质岩建造中，常有一系列近于平行的软弱破碎带，它们与完整性相间存在的岩体相间存在	<100	<0.40	II级、III、IV级结构面均发育，II级、III级（软弱夹层和各种成因类型的破碎带）尤为突出，其摩擦系数一般为0.20~0.40，起着控制性作用，在岩体中对坚硬的骨架岩体，与软弱破碎带相间存在的骨架岩体，以IV、V级结构面为主，一般tanφ≈0.40	软弱破碎带以碎屑、碎粉、岩粉、岩屑、骨架部分岩块为主，泥为大小不等，形态不同的岩块	骨架岩体中岩块强度在30上下或更大	亦具层状结构特性，地质软弱破碎带两侧地下水呈带状流，同时对软弱结构面（包括破碎带）的软化、泥化作用甚为明显

续表 2-2

结构类型 代号	结构类型 名称	亚类 代号	亚类 名称	地质背景	完整状态 结构面间距/cm	完整状态 完整性系数	结构面特征	结构体特征 形态	结构体特征 单轴抗压强度/MPa	水文地质特征
III	碎裂结构	III₃	碎裂结构	岩性复杂，构造变动剧烈，断裂发育，亦包括构造作用下的弱风化带	<50	<0.30	II、III、IV、V级结构面均发育，组数不下4~5组，彼此交切夹碎屑，或被充填，或为泥膜，或为矿物薄膜、擦痕镜面多见，结构面光滑度不一，形态不一；有的破碎带中黏土矿物成分甚多，结构面的摩擦系数一般为0.20~0.40	碎屑和大小不等、形态不同的岩块	岩块中隐微裂隙甚多，易破碎，强度<30	地下水各方面作用均为显著，不仅有软化、泥化作用，而且由于渗流还可能引起化学管涌和机械管涌现象
IV	散体结构	—	—	构造变动剧烈，一般为断层破碎带、岩浆岩侵入接触破碎带以及强风化带	—	<0.20	断层破碎带、接触破碎带中一般节理、劈理密集，带中节理、带中劈理，整个破碎带（包括剧烈～强烈风化带）的松散状态或泥包块的松散状态呈块状的松散状态，摩擦系数一般在0.20上下	泥、岩粉、碎屑、碎块、碎片等	岩块的强度在此无实际意义	泥质物多，所以破碎带起隔水作用，使破碎带两侧地下水富集；同时，地下水可以促使破碎带物质软化、泥化、崩解、膨胀，还可产生化学管涌和机械管涌

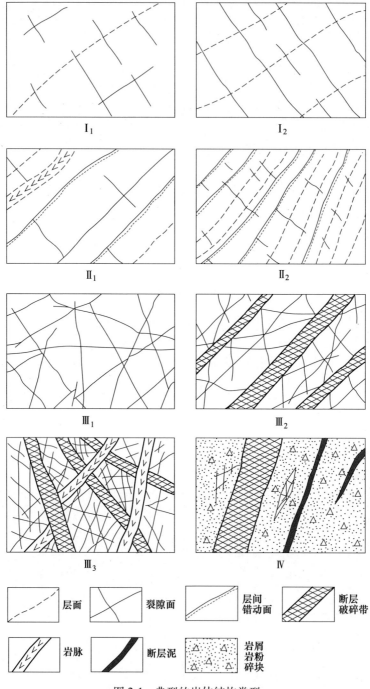

图 2-1　典型的岩体结构类型

I₁—整体结构；I₂—块状结构；II₁—层状结构；II₂—板状结构；

III₁—镶嵌结构；III₂—层状碎裂结构；III₃—碎裂结构；IV—散体结构

岩石的单轴抗压强度、RQD 指标、节理面的几何参数、节理表面条件、节理面的强度特征、节理产状与工程结构之间的相互关系、地下水条件及地应力状态等众多因素对矿体的可崩性、崩落矿石块度及矿体崩落规律均有不同程度的影响，因此，这些参数的获取对确定自然崩落法矿山合理的工艺参数是非常重要的。

岩体构造调查主要由巷道详细线调查及钻孔调查两部分组成。调查的主要内容包括不连续面的几何参数（产状（倾角/倾向）、间距及持续性）、不连续面表面条件（平直度、粗糙度、张开度）、充填物性质、风化等级及地下水条件等。

2.1.3.1　岩体构造调查的方法

岩体是自然界中具有一定结构特征的地质体，由于遭受各种地质构造运动作用使其内部发育有各种各样具有一定方向、规模和形态的结构面，如层面、节理、断层、裂隙、不整合接触面等。国际岩石力学学会将岩体中的断层、软弱面、大多数节理、软弱节理和软弱带等各种力学成因的破裂面和破裂带定义为结构面。结构面的存在使得岩体不同于其他材料，岩体的物理力学性质存在不连续性、各向异性、非均匀性等特点，同时也降低了岩体的完整性和整体强度。岩体结构特征是控制岩体变形和破坏机制的决定性因素，而发育于岩体中各种不同成因的结构面（如节理、层理、断层等）往往是变形和破坏的关键部位。可以说，岩体的整体稳定性在一定程度上是由这些结构面（特别是控制性结构面）决定的。

岩体结构面信息直观、量化的描述一直是岩体力学和工程地质领域发展的一个重要方向，对岩体结构面特征的研究始于 20 世纪 70 年代。结构面信息的获取是研究岩体结构特征的基础，国内外学者通过多种有效的技术手段开展了岩体结构面调查，岩体结构面调查主要包括以下内容：

（1）结构面产状。产状包括结构面的走向、倾向和倾角。但一般仅量测结构面倾向和倾角，因为走向与倾向二者的角度差等于 90°。倾向为结构面的地理方位角；倾角为测量水平面与结构面上最陡斜线间的夹角。记为：倾向∠倾角，精确到度。当结构面平直时，可在结构面的任意位置量测其产状；当结构面呈波状或不规则状时，量测其优势产状。

（2）结构面间距。反映岩体完整程度和岩石块体大小的重要指标，可用节理密度（条/m）表示，通常指测线上两相邻结构面之间的距离（cm）。

（3）结构面持续性。持续性一般是指结构面表面在岩体方向的延伸尺寸。结构面在量测范围内有以下几种出露方式：

1）结构面与测线相交，但不跨测带上下界；

2）结构面不与测线和测带上下界相交；

3）结构面只与测带上界或下界相交，不与测线相交；

4）结构面跨过测线和测带上下界之一；

5）结构面跨过测带。

（4）结构面粗糙度。分为平直型、波浪型、台阶型三大类。每一大类又分粗糙、平坦和光滑三个亚类。

（5）结构面张开度与充填（物）情况。结构面两侧岩面之间的距离，定性描述分为张开、闭合。充填物厚度即结构面两侧岩面间的垂直距离，闭合结构面记为0。

（6）结构面渗水性。可分为干燥、潮湿、渗（滴）水和流水四类。

随着工程地质技术和其他相关领域先进技术的发展，针对岩体结构面调查的方法也逐渐丰富。但目前的测量技术还不能将岩体内部的所有节理测出，只能通过钻孔、开挖面和岩体出露面进行测量。常用的方法大致可以分为以下两大类：

（1）传统岩体结构面调查方法，包括测线法、统计窗法和钻孔岩芯测定法等。

（2）基于现代测试技术的岩体结构面调查方法，包括摄影测量法、钻孔摄像法以及激光扫描法等。

2.1.3.2 传统岩体结构面调查方法

传统的岩体结构面调查方法有测线法、统计窗法和钻孔岩芯测定法，以上结构面信息获取方法至今仍是地质工作者普遍采用的调查手段。

A 测线法

测线法是野外采集结构面几何特征参数的常用方法之一，并为国际岩石力学学会推荐的测量和获取岩体结构面数据最方便、最实用的方法。该方法最早是由Robertson等人于1970年提出的，是以皮尺、罗盘、钢卷尺等为主要工具，在岩石露头表面或开挖面布置一条测线，逐一量测与测线相交切结构面的几何特征参数，主要包括岩体结构面描述体系中的产状、迹长、间距、粗糙度、张开度以及充填情况等。

在调查区域岩体构造复杂，结构面类型、产状和间距等分布多变的情况下，应沿岩体暴露面连续不断调查；在岩体构造类型简单、产状相对稳定、分布规律比较明显的情况下，可以选择有代表性区段进行调查。关键是抽样区段的代表性。应该先由有经验的地质人员和岩石力学工作者联合进行踏勘，初步将调查区域分成若干构造区（3类以上），使每一区段的主要特征（如岩石类型、岩体切割程度、节理产状以及水文条件和风化蚀变等）或多或少地相同。在大多数情况下，构造区的边界都与主要的地质特征，如断层、岩脉和剪切带是一致的。构造区确定之后，在每个区内选择代表性最强的区段进行观测。

对于巷道岩体结构面调查，通常是在调查位置确定后，在巷道内采用如图2-2所示的测线法开展调查。沿巷道壁面距底板1m高处安置测尺作为测线，用以确定各结构因素的相对位置。测尺必须水平拉紧，基点设在开始调查点。从基点开始沿沿线方向对各构造因素进行测定和统计。将测线上下 1m 的范围作为测带，调查工作在测带以内进行。由于巷道尺寸的限制，在实际测量过程中能直接观测到裂隙全迹长的机会很少，多数的裂隙会以不同的形式与测线相交切。

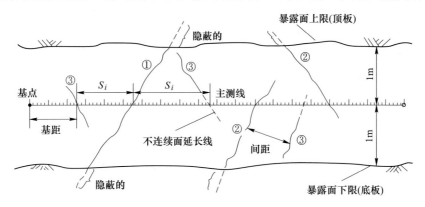

图 2-2 三测线岩体结构面量测方法示意图

①——两端均隐蔽；②——一端揭露、一端隐蔽；③——两端均揭露；S_i——伪间距

测线法作为一种传统的岩体结构面人工测量方法，具有如下特点：

（1）工作效率较低，通常费力、费时，难以满足现代快速施工的要求；

（2）对调查场地、环境等条件要求较高；

（3）受人为因素影响较大，数据的真实性、完整性及准确性难以保证。

通常情况下，为了保证所测结构面样本的产状、迹长、间距、隙宽等几何变量的样本统计规律与总体统计规律一致，所需测线长度往往很长，样本数目亦很大，通常同一组结构面样本数目要大于 150 条才能基本满足要求。

B 统计窗法

统计窗法是由 Kulatilake 和 Wu 于 1984 年提出的，它是在岩石露头面上划出一定宽度和高度的矩形框作为结构面的统计窗口，根据结构面与统计窗的相对位置来统计结构面数量，由结构面数量与统计窗的大小来估算结构面的几何特征参数。

这种方法是通过野外实地踏勘，选择裂隙较为发育的露头作为合适的窗口，布置一个长为 a、宽为 b 的矩形范围即统计窗口（如图 2-3 所示），利用测线（卷尺）与其他工具结合，统计与该窗口呈包容、相切与相交关系的所有结构面的几何特征，获得窗口内不连续面的如下数据：相对窗口的空间坐标，测量窗口的长度、宽度、倾向和倾角；测量窗口内不连续面迹线的空间方位、迹长，裂隙面的倾向、倾角和出露类型等；裂隙的张开程度、充填情况、岩脉的类型、发育程度或特征等。为方便测量进行，应尽可能使测线与裂隙的走向斜交。用此方法可获得比测线法更多、更详细的结构面描述资料。

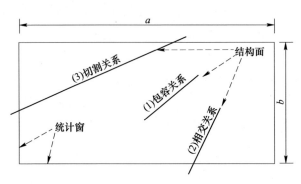

图 2-3　统计窗法示意图

位于统计窗内的结构面迹线与统计窗的关系有以下几种类型（如图 2-3 所示），迹线与统计窗发生以下关系之一时，认为该条结构面为统计窗内的结构面。

（1）包容关系。迹线两端点均在统计窗内。

（2）相交关系。迹线的一个端点落在统计窗内。

（3）切割关系。迹线的两个端点均落在统计窗外。

C　钻孔岩芯测定法

钻孔岩芯调查是岩体构造调查空间控制的一个必要部分。通常为了获取地质体内部岩体的结构特性，会采用钻孔方式通达内部岩体，通过岩芯可以直观确定地层岩性、地质构造、岩体风化特性，并可以通过钻孔孔内摄影与钻孔电视对岩层的裂隙方向、裂隙发育程度、断层破碎带及软弱夹层等提供直观影像资料。根据钻孔揭示的地层及断裂构造的位置，可以换算为岩性分层在钻孔中的深度，并以钻孔柱状图的形式表述出来，供确定结构面及其他地质信息的空间位置之用。在实际岩体工程中由于钻孔工程所需费用较高，钻孔的数量通常是十分有限的。

在钻孔施工时，钻具要求采用金刚石钻头，双管或三管钻具，N_x 直径（岩芯直径一般在 50~55mm），按要求在指定位置进行定向取岩芯。取出的新岩芯，在做素描之前，以每盒为单位，用高像素的数码相机对岩芯的原始状态进行拍照。在照相前将岩芯浸湿，以便在不同的岩石类型与其他形状的矿物条件间产生很好的图像。然后认真填写回次卡片。

回次卡的内容主要包括回次、相对孔深、进尺、岩芯长、采取率（R）、长岩芯、岩石质量指标（RQD）、节理数、节理频数（F）、节理产状和岩芯描述等。在记录节理时，切不可用力敲击岩芯管取岩芯或人为造成岩芯断裂，如有人为断裂必须在断口处标注"M"以特别注明。每一岩芯盒内应该附以沿整个岩芯盒长度的合适的米尺比例尺。岩芯损失部分以木块来代替，木块上注明长度，回次卡填好后将岩芯放入岩芯盒内，如图 2-4 所示。

2.1.3.3　基于现代测试技术的岩体结构面调查方法

传统方法均是通过人工逐一量测采集岩体结构面信息，这些方法的技术含量低、工作量大且易受野外现场环境因素制约，使得传统人工测量方法在一定程度上降低了数据的真实完整性，影响了分析结果的可靠性。随着工程地质技术和其他相关领域（测试技术、计算机技术、智能识别技术等）先进技术的交叉结合，结构面调查方法有了新的发展，目前应用较多的主要有以下三种：3GSM 岩体不连续面三维不接触测量系统、数字全景钻孔摄像系统以及三维激光扫描系统。

A　3GSM 岩体不连续面三维不接触测量系统

岩体不连续面产状是其空间展布状态表征的重要参数，能够快速准确获取不连续面产状参数，因此具有重要的现实意义。近年来随着成像设备分辨率的提高和计算机技术的飞速发展，数字图像处理技术得到了广泛应用。3GSM 岩体不连续面三维不接触测量技术即是其中的代表。

3GSM 是由奥地利 Startup 公司开发的一套岩体几何参数三维不接触测量系统（如图 2-5 所示），它可以提供详细的三维图像，并且通过三维软件分析得到岩体大量、翔实的几何测量数据。该系统由一个可以进行高分辨率立体摄像的校准单反变焦相机、进行三维图像生成的模型重建软件和对三维图像进行交互式空间可视化分析的分析软件包组成，从两个不同角度对指定区域进行成像并通过像素匹配技术进行三维几何图像合成（如图 2-6 所示）。软件系统通过对不同角度的图像进行一系列的技术处理（基准标定、像素点匹配、图像变形偏差纠正），实现实体表面真三维模型重构，并在计算机可视

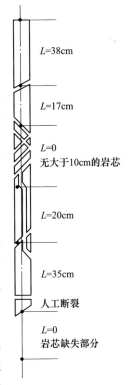

$L=38$cm

$L=17$cm

$L=0$
无大于10cm的岩芯

$L=20$cm

$L=35$cm

人工断裂

$L=0$
岩芯缺失部分

图 2-4　钻孔岩芯测定方法

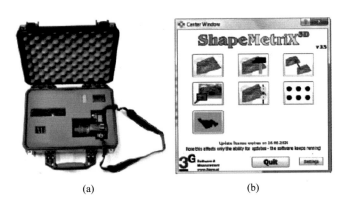

(a)　　　　　　　　　　(b)

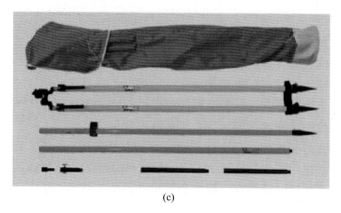

(c)

图 2-5　3GSM 三维岩体不接触测量系统

（a）相机；（b）软件；（c）标杆

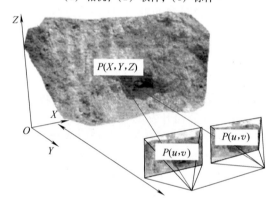

图 2-6　立体图形合成原理

化屏幕上可从任何方位观察三维实体图像，使用电脑鼠标进行交互式操作实现每个结构面个体的识别、定位、拟合、追踪以及几何形态信息参数（产状、迹长、间距、断距等）的获取，并进行纷繁复杂结构面的分级、分组、几何参数统计。

该系统有两大优点：

（1）解决了传统现场节理测量低效、费力、耗时、不安全，甚至难以接近实体和不能满足现代快速测量要求的弊端，真正做到现场岩体开挖揭露面的即时定格和精确定位。

（2）采用传统方法无法做到精细、完备、定量获取现场真正需要测量的具有一定分布规律和统计意义的Ⅳ和Ⅴ级结构面几何形态数据，而该系统完全可以胜任，使得现场的数据可靠性和精度可满足进一步分析的要求。

由于该系统识别的每条节理精度受相机的像素和每帧图像的面积控制，所以要求每帧图像的面积不要太大，若研究对象面积较大，可以分幅拍照，然后合成，最多可以连续合成 6 幅。

B 数字全景钻孔摄像系统

长期以来，钻孔岩芯测定方法是各类岩土工程中广泛采用的探测岩体内部结构完整性不可缺少的重要手段，在工程基础勘察方面发挥了巨大的作用，为工程的设计和施工提供了第一手地质资料。目前对于深部岩体结构面的探测仍广泛采用钻孔岩芯测定方法。虽然这种方法简单、方便、实用，但是对于软弱或破碎岩体，或当钻孔取芯率较低时，准确、完整地获取岩体内结构面的几何特征是比较困难的，且进行系统的描述和分析几乎也是不可能的。众所周知，钻孔孔壁保持着岩体内结构面几何特征的原始状态。随着科学技术的发展以及钻孔成像技术的应用，依靠光学原理可以直接观测到钻孔的内部结构形态，数字式全景钻孔摄像系统是一种新型实用的孔内探测技术，其使解决这一问题逐渐成为可能。

数字式全景钻孔摄像系统是一种能够直接进入岩层内部从而能够对孔壁进行直接观测的先进探测设备。在采矿工程、地质工程、岩土工程等领域有着很广泛的应用。数字全景钻孔摄像系统是由全景摄像探头、图像捕获卡、深度脉冲发生器、计算机、录像机、绞车及专用电缆等组成（如图 2-7 所示）。全景摄像探头包括锥面反射镜、光源、磁性罗盘以及微型 CCD 摄像机，其中该系统的关键是全景技术（截头的锥面反射镜）和数字技术（数字视频和数字图像）的突破。全景技术实现了 360°钻孔孔壁的二维表示，叠加方位信息后形成的平面图像称为全景图像；数字技术实现了视频图像的数字化，通过全景图像的逆变换算法，还原真实的钻孔孔壁，形成钻孔孔壁的数字柱状图像。通过运用该系统可获得连续的环带形全景图像，并采用平面化展开，对其发生的扭曲变形进行一定的还原和重建，形成完整的孔壁展开图，对其中的裂隙进行统计与分析。

图 2-7 数字式全景钻孔摄像系统

数字钻孔摄像技术的成像原理示意图如图 2-8 所示。基于光学成像技术的数字式全景钻孔摄像系统能够同时观测 360°的钻井孔壁，钻孔孔壁的平面展开图即为数字钻孔图像。这些钻孔图像准确记录了钻井孔壁结构面的几何形态特征，通过数字钻孔图像能够反映出岩体结构面的隙宽和产状等地质信息。在钻孔图像中，不同的结构面由于形态特征和物理特性的不同而呈现出一定的差异，主要表现为结构面颜色的深浅、形态的差异、宽度的变化以及曲线周围岩石光斑点和纹理特征的不规则。假设岩体节理面为平面，则当节理面完全切割钻孔时，在数字钻孔图像中表现出一条连续的正弦曲线。

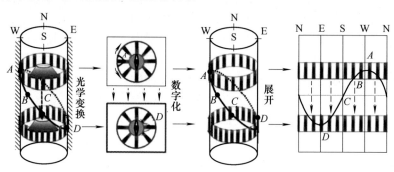

图 2-8　数字全景钻孔成像原理示意图

C　三维激光扫描系统

三维激光扫描技术是 20 世纪 90 年代中期开始出现的一项技术，是继 GPS 空间定位系统之后又一项测绘技术的新突破。它突破了传统的单点测量方法，将传统测量系统的点测量扩展到面测量，通过高速激光扫描测量的方法，可大面积高分辨率地快速获取被测对象表面的三维坐标数据，进而可以快速、大量采集空间点位信息，为快速建立物体的三维影像模型提供了一种全新的技术手段。

三维激光扫描技术作为一门新兴的测绘技术，可以短时间、远距离、高精度对研究目标表面进行扫描，获取目标表面的坐标点，通过后处理软件对点云数据进行降噪、抽稀、点云拼接、大地坐标转换，获取与实际完全一致的点云模型，进而方便、快速、准确地重建静态物体的空间 3D 模型，然后结合现场拍摄的数码照片，对岩体节理裂隙进行解译识别，对结构面进行拟合及产状的量测，快速进行现场岩体结构分布统计及特种识别，为后期工程岩体研究提供基础支持。三维激光扫描仪的现场工作如图 2-9 所示。

激光扫描仪的工作原理是通过发射红外线光束到旋转式镜头的中心，旋转检测环境周围的激光，一旦接触到物体，光束沿几乎相同的路径被反射回扫描仪接收器，测量红外线的位移和时间数据，近而反映出激光与物体之间的距离。最后用编码器来测量镜头旋转角度与激光扫描仪的水平旋转角度，以获得每一个点的 $X/Y/Z$ 的坐标值。它所得到的原始数据包括：

（1）根据两个连续转动用来反射脉冲激光镜子的角度值，得到激光束的水

图 2-9 三维激光扫描仪现场工作图

平方向值和竖直方向值；

（2）根据脉冲激光传播的时间计算得到仪器到扫描点的距离值；

（3）扫描点的反射强度等。

前两种数据用来计算扫描点的三维坐标值，扫描点的反射强度则用来给反射点匹配颜色。三维激光扫描技术的核心原理就是激光测距，三维激光扫描的工作过程实际上就是一个不断重复的数据采集和处理的过程。

2.1.3.4 构造调查数据记录

采用传统方法进行岩体工程地质、岩体构造调查，记录分别见表 2-3 和表 2-4。

表 2-3 为钻孔岩芯调查表，有关项目说明如下：

（1）回次。取芯次数和序号。

（2）相对孔深。本回次末的钻孔深度。

（3）进尺。本回次的钻进深度。

（4）岩芯长。本回次内取得的岩芯总长。

（5）采取率（R）。本回次内岩芯总长与进尺之比。

（6）长岩芯。本回次内等于或大于 10cm 长度的岩芯，量取岩芯长度有几种方法，一般按岩芯中心线计算较好，如图 2-4 所示。

（7）岩石质量指标（RQD）。本回次内长岩芯总长与进尺之比。

（8）节理数。本回次内，岩芯中所有各组节理的总和。

（9）节理频数（F）。本回次内平均每米所含节理条数，应该按岩芯逐米计数。

（10）节理产状。该项的测定大大增加了调查工作量和难度。但是，如果没有足够的地下坑道可利用，如矿山初期评定阶段，则钻孔岩芯调查必须提供节理产状资料。

表2-3　钻孔岩芯调查表

钻孔施工场地工程名称　　　　　　　　　钻孔施工时间

孔口位置　　　　比例尺

钻孔方位　　　　冲洗系统　　　　岩芯管和钻头类型

钻孔深度　　　　钻机型号

回次	相对孔深/m	进尺/m	岩芯长/m	采取率/%	长岩芯/m	岩石质量指标RQD	节理数	节理频数	节理产状	岩石强度/MPa	充填物	粗糙度类型	张开度类型	柱状图	岩体态描述（岩芯描述）	备注
1																

表2-4　坑道岩体工程地质岩体构造调查记录表

工程号　　　　　　　年　　月　　日

量测起始位置　　　　记录者　　　　页数

水平测线方位

编号	类型	距离/cm	产状/(°)		持续性			粗糙度类型	张开度类型	充填物		渗水性			岩性及强度	备注
			倾向	倾角	类型	长度/cm	H/cm			厚度/cm	矿物成分碎裂程度、固结程度	干燥	潮湿	渗水		

采用定向取芯技术测定节理产状，目前广泛采用三种定向取芯法，即多点定向法、古地磁定向法和整体化取芯法。具体采用哪一种方法应视工程地质情况、技术条件而定。

（11）岩石强度。通过岩芯点载荷试验测定的抗压强度。岩芯点载荷试验方法见《工程岩体试验方法标准》（GB/T 50266）。

（12）岩性柱状图。按常规地质方法绘制，柱状图中应包括：1）岩性界线及岩性符号；2）矿化及矿物符号；3）矿脉；4）破碎带；5）断层。

（13）岩芯描述。包括岩芯的地质特征描述和岩体构造方面的描述。具体内容为：

1）岩性及其物理特征。

2）矿化程度及主要矿物。

3）岩石蚀变。要叙述蚀变的程度、蚀变类型及蚀变矿物、蚀变带的宽度及相应空间位置。

4）脉。记录脉的性质、产状、宽度、脉石和围岩的接触关系。

5）裂隙开度。钻孔通过的结构面的裂隙开度只能是推测的，除非使用整体取芯法。根据现场经验和结构面的形状以及充填物来断定节理（裂隙）是密合的，还是张开的，及张开度的大小。

6）充填物。采用高质量的钻孔设备（即双管或三层岩芯管，分离的内管和控制冲洗）取芯，能够采集到相当数量的软充填物料。有时在结构面两壁上只能留有黏土矿物的痕迹。对痕迹和采集到的充填物均应描述其宽度，矿物成分和强度。

7）节理面粗糙度。从两个方面来评定：平坦程度分平面的、曲面的、阶梯状的；光滑程度分溜滑的、光滑的、粗糙的。

8）渗透。有条件可以通过钻孔做岩体渗透性试验，也可以通过电接触装置控制的简单电池直接检验地下水位，无测试条件者必须认真写钻探日志，写明漏水、涌水的深度及水量，也可通过岩芯结构面存有铁锈，一般为淡红棕色（Fe），来判断地下水位。

9）破碎带。对破碎带应描述它的：① 深度，宽度；② 破碎岩块的形状：分泥状、粉状、粒状、片状、块状、角砾状、圆砾状等；③尽可能判断是否是断层及断层性质。

表2-4为坑道岩体工程地质岩体构造调查记录表，有关项目说明如下：

（1）编号。从基点起算的结构面的条号。

（2）类型。结构面的类型代号正断层（tf）、逆断层（cf）、层面（L）、节理（J）、片理面（S）、软弱夹层（P）。

（3）基距。在测线上从基点量取的结构面的位置（cm）。当测尺不与坑道壁面接触时，沿结构面走向将结构面延长与测线相交，量测交点的基距。

（4）间距。测线上相邻结构面之间的距离（cm）。

（5）产状。结构面的倾向和倾角。倾向为地理方位角，倾角为从测量水平面至结构面上最陡斜线间夹角。记为倾向/倾角，精确到度。

当结构面平直时，可在其任意段处量测；当结构面呈波状或不规则形状时，量测其优势产状。

采用罗盘测量时，将罗盘贴在结构面的暴露面上。如无暴露面，可用一硬薄板（非铁质）插进结构面，将罗盘贴于薄板上进行量测。由于铁管或钢轨引起的磁偏或由于矿体引起的磁性异常，有时会造成罗盘读数不真，在这种情况下，倾向可用倾斜规与测尺的相对关系来测定，将倾斜规的一腿与钢卷尺平行。在分析野外观测结果之前，数据必须用正北方向校正。测尺的方位可借助平面图或地面测量来确定。另外，亦可采用直接读数的方位角量角器来代替倾斜规。

（6）持续性。持续性是指结构面表面在某一平面方向延伸的尺寸。在出露的表面上观测的结构面迹线长度可以粗略地确定持续性的数值；然而，对它进行任何定量都是非常困难的。这里把它限制在测带范围内进行粗略地表示。结构面在量测范围内有五种出露方式（如图 2-10 所示），故将结构面持续性分为五类：

第一类：结构面与测线相交，但不跨测带上下界，记为"1"。

第二类：结构面在测线与测带上下界之间，不与测线和测带上下界相交。结构面在测线与测带上界之间，记为"2A"；结构面在测线与测带下界之间，记为"2B"。

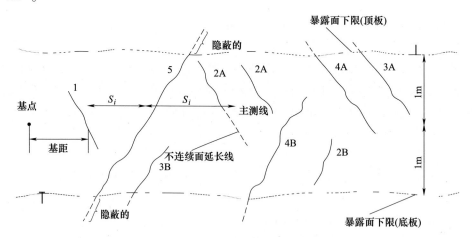

图 2-10 结构面不连续性测量方法示意图

1—与测线相交，但不跨测带上下界；2A—在测线与测带上界之间，但不与上界相交；
2B—在测线与测带下界之间，但不与下界相交；3A—只与上界相交；3B—只与下界相交；
4A—跨过测线与测带上界；4B—跨过测线与测带下界；5—跨过测带；S_i—伪间距

为了给结构面定位，可将结构面延长至测线，记录基距，并量取结构面靠测线一端到测线的垂直距离 H。

第三类：结构面只与测带上界或下界相交。结构面与测带上界相交，记为"3A"；结构面与测带下界相交，记为"3B"。

结构面定位与第二类相似，即将结构面延长至测线，记录基距，并量测结构面靠测线一端至测线的垂直距离 H。

第四类：结构面跨过测线和测带上下界之一。结构面跨过测线和测带上界，记为"4A"；结构面跨过测线和测带下界，记为"4B"，并测量靠近测线的端点至测线距离 H。

第五类：结构面跨过测带，记为"5"。

结构面持续性的记录可采用两种方式：一种记录方式只记录类型和 H，不测其实际长度；另一种记录方式，除记录持续性类型和 H 外，还量测结构面在测带内的出露长度。

（7）结构面粗糙度。结构面粗糙度可分为三大类，即台阶型、波浪型和平面型。每个大类又可分为三个亚类，即粗糙的、平坦的和光滑的。

粗糙的：结构面壁明显凹凸不平，似不规则锯齿状。张性结构面具此特征。

平坦的：结构面壁没有明显凹凸不平，但用手触摸感觉粗糙。张性和有些压性结构面具此特征。

光滑的：如镜面一样，或具有擦痕。用手触摸感觉光滑。压（扭）性结构面具有明显错动时具此特征。

典型的九级粗糙度断面图如图 2-11 所示。

（8）结构面充填情况。

1）厚度。结构面两侧岩面之间的垂直距离（mm）。闭合结构面不记此项。在备注栏中注明充填物厚度是否大于结构面的粗糙度。

2）充填物。记入充填物的成分（如方解石、石英、石墨、黏土等），破碎程度（如角砾、断层泥等）和固结程度（如松散或胶结）。

（9）结构面渗水性。结构面渗水性可分为干燥、潮湿、渗水和流水四类。

1）干燥。结构面及充填物干燥。

2）潮湿。结构面及充填物潮湿，但无自由水出现，看上去隐隐约约有水分。

3）渗水。结构面充满水或充填物处于饱水状态，偶有滴水。

4）流水。结构面充满水，形成水流。

在调查统计中应注意到本地区近期降雨量、地表水系及地下水变化趋向以及是否已采取疏干措施、坑道暴露时间等，并作为该项内容的补充资料。

（10）结构面张开度。有无充填物的结构面两侧岩面之间距离的定性描述，分为张开的、闭合的和愈合的。

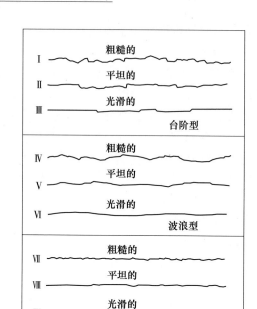

图 2-11　标准粗糙度断面和术语

（每个断面图的长度变化范围在 1~10m 之间，垂直和水平变化的比例尺相同）

1）张开的。结构面两侧岩壁没有接触或只有很少接触点。

2）闭合的。结构面两侧岩壁大部分接触或完全接触，但没有胶结或只有部分胶结。

3）愈合的。结构面两侧岩壁为矿物或矿物细脉重新胶结的情况。例如，结构面被方解石或石英脉胶结即属此类。

根据不同要求，结构面的张开度还可进一步细分，如分成很紧闭的（开度 <0.1mm）、紧闭的（开度 0.1~0.25mm）、中等张开的（开度 0.25~0.5mm）、张开的（开度 0.5~2.5mm）、张开很大的（>2.5mm）等。张开度的判别，必须与结构面的粗糙度相比较来确定。

（11）岩性及强度。

1）岩性。结构面所在区段的岩石类型，用地质上通用的岩石类型符号表示。

2）强度。为节理岩体不规则试件的点载荷试验测定的强度。

2.1.3.5　构造调查数据分析

对某一岩体构造空间分布规律认识的深度和可靠性，取决于岩体构造调查的方法和调查数据的分析处理方法。因此，在制定了岩体构造调查技术规范，并依据它进行了岩体构造调查后，必须提出准确、快速的分析处理方法，以便全面、正确地了解构造面的空间分布规律。结构面统计分析主要是对结构面产状（倾

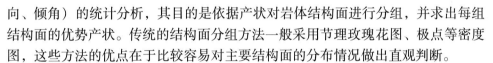

向、倾角）的统计分析，其目的是依据产状对岩体结构面进行分组，并求出每组结构面的优势产状。传统的结构面分组方法一般采用节理玫瑰花图、极点等密度图，这些方法的优点在于比较容易对主要结构面的分布情况做出直观判断。

对沿坑道调查和钻孔调查量测与记录的资料进行系统的分析和数据处理，以便提供多方面的应用。构造调查资料的统计包括如下内容：

（1）节理极点等密图。用于分析调查区域节理分布规律。通常分段（按每段 150 条以上节理）绘制节理极点等密图。

（2）节理持续性分布曲线直方图。按同类持续性节理绘制，抽样长度按节理分布特征划分。

（3）节理间距直方图或节理频数直方图。可沿整巷道（或钻孔）或逐段巷道（或钻孔）绘制。

（4）节理倾向、倾角频数直方图。按等角度间隔内节理条数绘制，可与节理极点等密图结合应用。

（5）节理粗糙度分布频数直方图。按同类粗糙度节理频数绘制。沿巷道（或钻孔）全长或逐段绘制。

（6）RQD 和 R 分布曲线。沿坑道或钻孔方向的走向长度作为横坐标，纵坐标代替各段的 RQD 和 R 值。

（7）编制构造纵横剖面图。在纵横剖面图上标注如下内容：

1）断层和断层破碎带；

2）点载荷试验取点位置；

3）坑道和钻孔位置及坐标方位；

4）沿坑道构造素描图，断层、节理、层理、片理等用不同颜色线条和符号；

5）节理壁和节理岩体风化等级分布曲线，沿坑道绘制；

6）节理充填情况的描述。

2.1.4 岩石的物理力学性质

岩石是岩体的组成物质。它的工程地质特性一般不直接决定岩体的稳定性，但它是影响岩体稳定性的重要因素之一。在完整块状结构的岩体与松软岩体中，当结构面对岩体变形破坏不起主导作用时，岩石的特性与岩体的特性并无本质的区别，它对岩体的稳定性具有决定性意义。岩体的工程地质特性包括物理性质、水理性质和力学性质三方面。

2.1.4.1 岩石的物理及水理性质

岩石的基本物理性质包括密度、孔隙率。

密度：岩石的密度通常是指质量密度，即岩石单位体积内的质量。

孔隙率：一般提到的岩石孔隙率是指总孔隙率，即岩石的总孔隙体积与岩石总体积之比。

岩石的主要水理性质包括含水性、吸水性、软化性和透水性。

表征含水性的指标主要为岩石的含水率，即岩石中水分的质量与岩石烘干后质量的比值。

表征吸水性的指标主要为岩石的吸水率，即岩石试件在大气压力下和室温条件下自由吸入水的质量与岩样干质量之比。

表征软化性的指标为软化系数，即岩石试件的饱和抗压强度与干抗压强度的比值。

透水性是指在一定的水压作用下，水穿透岩石的能力，一般用渗透系数来表征。

岩石大都是比较复杂的非均质的各向异性体，其物理力学性质差异较大，故在实际工作中应对所研究的岩石进行测试，以便取得可靠的资料。表 2-5 列出的是岩石物理、水理性质指标的经验值，表 2-6 列出了部分岩石的渗透系数。

表 2-5 岩石物理、水理性质指标

岩石名称	天然密度 $\rho/g \cdot cm^{-3}$	孔隙率 $n/\%$	吸水率 $w_1/\%$
花岗岩	2.3~2.8	0.04~2.80	0.10~0.70
正长岩	2.5~3.0		0.47~1.94
闪长岩	2.52~2.96	0.25 左右	0.3~0.38
辉长岩	2.55~2.98	0.29~1.13	
斑岩		0.29~2.75	
玢岩	2.4~2.86		0.07~0.65
辉绿岩	2.53~2.97	0.29~1.13	0.80~5.0
玄武岩	2.6~3.1	0.3~21.8	0.30 左右
砾岩	1.9~2.3		1.0~5.0
砂岩	2.2~2.6	1.6~28.3	0.2~7.0
页岩	2.4~2.7	0.7~1.87	
石灰岩	1.8~2.6	0.53~27.0	0.1~4.45
泥灰岩	2.3~2.5	16.0~52.0	2.14~8.16
白云岩	2.1~2.7	0.3~25.0	
凝灰岩	0.75~1.4	25	
片麻岩	2.6~2.9	0.3~2.4	0.1~0.7
片岩	2.3~2.6	0.02~1.85	0.1~0.2
板岩	2.6~2.7	0.45 左右	0.1~0.3
大理岩	2.7 左右	0.1~6.0	0.1~0.8
石英岩	2.8~3.3	0.8 左右	0.1~1.45
蛇纹岩	2.6 左右	0.56 左右	

表 2-6　部分岩石的渗透系数

岩石名称	空隙情况	渗透系数/cm·s^{-1}
花岗岩	较致密、微裂隙	$(1.1\times10^{-12})\sim(9.5\times10^{-11})$
	含微裂隙	$(1.1\times10^{-11})\sim(2.5\times10^{-11})$
	微裂隙及一些粗裂隙	$(2.8\times10^{-9})\sim(7\times10^{-8})$
辉绿岩	致密	$<10^{-13}$
玄武岩	致密	$<10^{-13}$
流纹斑岩	致密	$<10^{-13}$
安山玢岩	含微裂隙	8×10^{-11}
石灰岩	致密	$(3\times10^{-12})\sim(6\times10^{-10})$
	微裂隙、孔隙	$(2\times10^{-9})\sim(3\times10^{-6})$
	空隙较发育	$(9\times10^{-5})\sim(3\times10^{-4})$
片麻岩	致密	$<10^{-13}$
	微裂隙	$(9\times10^{-8})\sim(4\times10^{-7})$
	微裂隙发育	$(2\times10^{-6})\sim(3\times10^{-5})$
砂岩	较致密	$10^{-13}\sim(2.5\times10^{-10})$
	空隙发育	5.5×10^{-6}
页岩	微裂隙发育	$(2\times10^{-10})\sim(8\times10^{-9})$
片岩	微裂隙发育	$10^{-9}\sim(5\times10^{-5})$
石英岩	微裂隙	$(1.2\times10^{-10})\sim(1.8\times10^{-10})$

2.1.4.2　岩石的力学性质

岩石是组成地壳的主要成分，它是由矿物和岩屑在地质作用下，按一定规律聚集而成的有一定固结力的地质体。广义的岩石包括"岩体"和"岩块"，狭义的岩石专指岩块或岩石材料。

岩石（岩块）力学性质的含义包括两个，即岩石的变形特征和强度特征。

岩石的变形特征是指岩石试件在各种荷载作用下的变形规律，其中包括岩石的弹性变形、塑性变形、黏性流动和破坏规律，它反映了岩石的力学属性。

岩石强度是指岩石试件在荷载作用下开始破坏时的最大应力（强度极限）以及应力与破坏之间的关系，它反映了岩石抵抗破坏的能力和破坏规律。

A　岩石的变形特征

由于物质组成和组织结构不同，岩石表现出多种多样的应力-应变关系曲线。应力-应变曲线是岩石受外力作用时最为明显的力学反应（变形），它是建立力学模型的依据。

米勒（R. P. Miller）根据28种岩石在单轴压缩状态下的应力-应变曲线，把岩石分为六种类型，如图2-12所示。图中第 I 类为弹性曲线，它直到破坏之前都为近似直线型，岩石有玄武岩、石英岩、辉绿岩、白云岩等；第 II 类为弹-塑性曲线，岩石有软弱灰岩、泥岩、凝灰岩等；第 III 类为塑-弹性曲线，岩石有砂岩、花岗岩及片岩等；第 IV 类为塑-弹-塑性曲线，岩石有大理岩、片麻岩等；第 V 类为弹-塑-弹性曲线，它为高压缩性岩石，有片岩（岩样长轴垂直片理）；第 VI 类是弹-塑-蠕变性曲线，它反映了盐岩类岩石的蠕变特性。

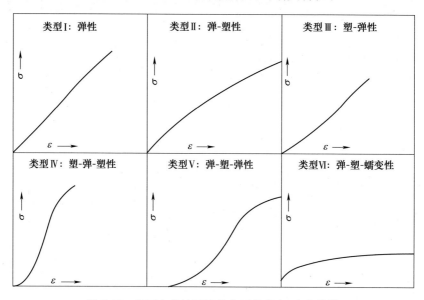

图2-12　岩石在单轴压缩状态下的应力-应变曲线

岩石的变形特性通常用弹性模量和泊松比等指标表示。弹性模量又称杨氏模量，是弹性材料的一种最重要、最具特征的力学性质，是物体弹性变形难易程度的表征，用 E 表示。其定义为理想材料有小形变时应力与相应的应变之比；泊松比是横向应变与纵向应变的比值，用 μ 表示。

模量的性质依赖于形变的性质。剪切形变时的模量称为剪切模量，用 G 表示；压缩形变时的模量称为压缩模量，用 K 表示。

剪切模量 G、压缩模量 K 与弹性模量 E 和泊松比 μ 的关系为：

$$G = E/[2(1 + \mu)]$$

$$K = \frac{E}{3(1 - 2\mu)}$$

B　岩石的强度特征

外力作用的结果使岩石发生变形，而变形的发展又导致岩石发生破坏。因此，变形和破坏是岩石在外力作用过程中的两个不同阶段。岩石抵抗外力破坏的能力称为岩石的强度。由于受力状态的不同，岩石的强度也不同，如单轴抗压强度、单轴抗拉强度、剪切强度、三轴压缩强度等。

单轴抗压强度是指岩石试件在进行单轴抗压试验时所能承受的最大压力，用 σ_c 表示，简称抗压强度。

单轴抗拉强度是指岩石试件在单向拉伸时能承受的最大拉应力，用 σ_t 表示。

岩石的抗剪强度是指岩石受剪切破坏时的应力，用 τ 来表示。岩石的抗剪强度由两个部分组成，一部分是受剪破裂面上的黏聚力 C，另一部分是这个面上的摩擦力，后者不仅取决于岩石固有的内摩擦角 ϕ，还取决于试验时所施加的法向压力 σ_n 的大小。所以，岩石的抗剪破坏能力常用两个指标来表示，即黏聚力 C 和内摩擦角 ϕ 或其正切值 f（内摩擦系数）。岩石的抗剪强度可表示为：

$$\tau = \sigma_n \tan\phi + C$$

有关抗剪强度值的测定，目前最为常用的方法是在三轴压力试验中进行的。通过三轴压力试验可获得岩石的强度包络线，如图 2-13 所示，包络线的斜率就是岩石的内摩擦系数 f，包络线在纵坐标上的截距就是黏聚力 C。

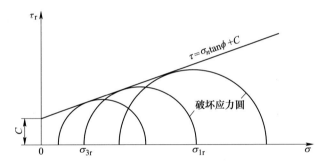

图 2-13　岩石抗剪强度指标值的确定

表 2-7～表 2-9 列出了部分岩石的力学强度参数经验数据。

表 2-7　岩石力学强度的经验数值

岩类	岩石名称	密度 $\rho/g \cdot cm^{-3}$	抗压强度 σ_c/MPa	抗拉强度 σ_t/MPa	弹性模量 E/MPa	泊松比 μ
岩浆岩	花岗岩	2.63～2.73	75～110	2.1～3.3	$(1.4～5.6)×10^4$	0.36～0.16
		2.80～3.10	120～180	3.4～5.1		0.16～0.10
		3.10～3.30	180～200	5.1～5.7	$(5.43～6.9)×10^4$	0.10～0.02
	正长岩	2.5	80～100	2.3～2.8		0.36～0.16
		2.7～2.8	120～180	3.4～5.1	$(1.5～11.4)×10^4$	0.16～0.10
		2.8～3.3	180～250	5.1～5.7		0.10～0.02
	闪长岩	2.5～2.9	120～200	3.4～5.7	$(2.2～11.4)×10^4$	0.25～0.10
		2.9～3.3	200～250	5.7～7.1		0.10～0.02

续表 2-7

岩类	岩石名称	密度 $\rho/g \cdot cm^{-3}$	抗压强度 σ_c/MPa	抗拉强度 σ_t/MPa	弹性模量 E/MPa	泊松比 μ
岩浆岩	斑岩	2.8	160	5.4	$(6.6 \sim 7.0) \times 10^4$	0.16
	安山岩	2.5 ~ 2.7	120 ~ 160	3.4 ~ 4.5	$(4.3 \sim 10.6) \times 10^4$	0.20 ~ 0.16
	玄武岩	2.7 ~ 3.3	160 ~ 250	4.5 ~ 7.1		0.16 ~ 0.02
	辉绿岩	2.7	160 ~ 180	4.5 ~ 5.1	$(6.9 \sim 7.9) \times 10^4$	0.16 ~ 0.10
		2.9	200 ~ 250	5.7 ~ 7.1		0.10 ~ 0.02
	流纹岩	2.5 ~ 3.3	120 ~ 250	3.4 ~ 7.1	$(2.2 \sim 11.4) \times 10^4$	0.16 ~ 0.02
变质岩	花岗片麻岩	2.7 ~ 2.9	180 ~ 200	5.1 ~ 5.7	$(7.3 \sim 9.4) \times 10^4$	0.20 ~ 0.05
	片麻岩	2.5	80 ~ 100	2.2 ~ 2.8	$(1.5 \sim 7.0) \times 10^4$	0.30 ~ 0.20
		2.6 ~ 2.8	140 ~ 180	4.0 ~ 5.1		0.20 ~ 0.05
	石英岩	2.61	87	2.5	$(4.5 \sim 14.2) \times 10^4$	0.20 ~ 0.16
		2.8 ~ 3.0	200 ~ 360	5.7 ~ 10.2		0.15 ~ 0.10
	大理石	2.5 ~ 3.3	70 ~ 140	2.0 ~ 4.0	$(1.0 \sim 3.4) \times 10^4$	0.36 ~ 0.16
	千枚岩 板岩	2.5 ~ 3.3	120 ~ 140	3.4 ~ 4.0	$(2.2 \sim 3.4) \times 10^4$	0.16
沉积岩	凝灰岩	2.5 ~ 3.3	120 ~ 250	3.4 ~ 7.1	$(2.2 \sim 11.4) \times 10^4$	0.16 ~ 0.02
	火山角砾岩 火山集块岩	2.5 ~ 3.3	120 ~ 250	3.4 ~ 7.1	$(1.0 \sim 11.4) \times 10^4$	0.16 ~ 0.05
	砾岩	2.2 ~ 2.5	40 ~ 100	1.1 ~ 2.8	$(1.0 \sim 11.4) \times 10^4$	0.36 ~ 0.20
		2.8 ~ 2.9	120 ~ 160	3.4 ~ 4.5		0.20 ~ 0.16
		2.9 ~ 3.3	160 ~ 250	4.5 ~ 7.1		0.16 ~ 0.05
	石英砂岩	2.6 ~ 2.71	68 ~ 102.5	1.9 ~ 3.0	$(0.39 \sim 1.25) \times 10^4$	0.25 ~ 0.05
	砂岩	1.2 ~ 1.5	4.5 ~ 10	0.2 ~ 0.3	$(0.0005 \sim 0.0025) \times 10^4$	0.30 ~ 0.25
		2.2 ~ 3.0	47 ~ 180	1.4 ~ 5.2	$(2.78 \sim 5.4) \times 10^4$	0.20 ~ 0.05
	片状砂岩	2.76	80 ~ 130	2.3 ~ 3.8	6.1×10^4	0.25 ~ 0.05
	碳质砂岩	2.2 ~ 3.0	50 ~ 140	1.5 ~ 4.1	$(0.6 \sim 2.2) \times 10^4$	0.25 ~ 0.08
	碳质页岩	2.0 ~ 2.6	25 ~ 80	1.8 ~ 5.6	$(2.6 \sim 5.5) \times 10^4$	0.20 ~ 0.16
	黑页岩	2.71	66 ~ 130	4.7 ~ 9.1	$(2.6 \sim 5.5) \times 10^4$	0.20 ~ 0.16
	带状页岩	1.55 ~ 1.65	6 ~ 8	0.4 ~ 0.6	$(0.0005 \sim 0.0025) \times 10^4$	0.30 ~ 0.25
	砂质页岩 云母页岩	2.3 ~ 2.6	60 ~ 120	4.3 ~ 8.6	$(2.0 \sim 3.6) \times 10^4$	0.30 ~ 0.16
	软页岩	1.8 ~ 2.0	20	1.4	$(1.3 \sim 2.1) \times 10^4$	0.30 ~ 0.25
	页岩	2.0 ~ 2.7	20 ~ 40	1.4 ~ 2.8	$(1.3 \sim 2.1) \times 10^4$	0.25 ~ 0.16
	泥灰岩	2.3 ~ 2.35	3.5 ~ 20	0.3 ~ 1.4	$(0.38 \sim 2.1) \times 10^4$	0.40 ~ 0.30
		2.5	40 ~ 60	2.8 ~ 4.2		0.30 ~ 0.25
	黑泥灰岩	2.2 ~ 2.3	25 ~ 30	1.8 ~ 2.1	$(1.3 \sim 2.1) \times 10^4$	0.30 ~ 0.25

岩类	岩石名称	密度 $\rho/\text{g·cm}^{-3}$	抗压强度 σ_c/MPa	抗拉强度 σ_t/MPa	弹性模量 E/MPa	泊松比 μ
沉积岩	石灰岩	1.7~2.2	10~17	0.6~1.0		0.50~0.31
		2.2~2.5	25~55	1.5~3.3	$(2.1~8.4)\times10^4$	0.31~0.25
		2.5~2.75	70~128	4.3~7.6		0.25~0.16
		3.1	180~200	10.7~11.8		0.16~0.04
	白云岩	2.2~2.7	40~120	1.1~3.4	$(1.3~3.4)\times10^4$	0.36~0.15
		2.7~3.0	120~140	3.4~4.0		0.16

表 2-8 常见岩石的抗剪强度指标值[2]

岩石名称	黏聚力 C/MPa	内摩擦角 $\phi/(°)$	岩石名称	黏聚力 C/MPa	内摩擦角 $\phi/(°)$
花岗岩	7.8~14.0	52.4~56.3	砂岩	2.5~11.8	47.7~66
闪长岩	11.2	52.4	砾岩	2.8~3.5	35~42
玄武岩	27.8	50.2	千枚岩	2.2	47.7
石灰岩	15.1~17.0	47.7~58	片岩	8.2~8.8	62.2~64.5

表 2-9 常见岩石力学强度值[6]

岩石名称	抗压强度 σ_c/MPa	抗拉强度 σ_t/MPa	弹性模量 E/MPa	泊松比 μ	黏聚力 C/MPa	内摩擦角 $\phi/(°)$
花岗岩	100~250	$(7~25)\times10^4$	$(5~10)\times10^4$	0.2~0.3	45~60	14~50
流纹岩	180~300	$(15~30)\times10^4$	$(5~10)\times10^4$	0.1~0.25	45~60	10~50
安山岩	100~250	$(10~20)\times10^4$	$(5~12)\times10^4$	0.2~0.3	45~50	10~40
辉长岩	180~300	$(15~35)\times10^4$	$(7~15)\times10^4$	0.1~0.2	50~55	10~50
玄武岩	150~300	$(10~30)\times10^4$	$(6~12)\times10^4$	0.1~0.35	48~55	20~60
砂岩	20~200	$(4~25)\times10^4$	$(1~10)\times10^4$	0.2~0.3	35~50	8~40
页岩	10~100	$(2~10)\times10^4$	$(2~8)\times10^4$	0.2~0.3	15~30	3~20
石灰岩	50~200	$(5~20)\times10^4$	$(5~10)\times10^4$	0.2~0.3	35~50	10~50
白云岩	80~250	$(15~25)\times10^4$	$(4~8)\times10^4$	0.2~0.35	35~50	20~50
片麻岩	50~200	$(5~20)\times10^4$	$(1~10)\times10^4$	0.2~0.35	30~50	3~5
大理岩	100~250	$(7~20)\times10^4$	$(1~9)\times10^4$	0.2~0.35	35~50	15~30
石英岩	150~350	$(10~30)\times10^4$	$(6~20)\times10^4$	0.1~0.25	50~60	20~60
板岩	60~200	$(7~15)\times10^4$	$(2~8)\times10^4$	0.2~0.3	45~60	2~20

2.1.4.3 部分自然崩落法矿山主要岩石的物理力学性质

国内采用自然崩落法开采的矿山主要有铜矿峪铜矿和普朗铜矿，金川龙首矿

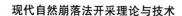

西二采区曾做过自然崩落法岩石力学研究工作，三个矿山主要矿、岩物理力学性质见表2-10～表2-12。智利特尼恩特矿岩石物理力学参数见表2-13。

表 2-10　铜矿峪铜矿岩石物理力学参数测试结果

岩石	变质花岗闪长岩 Ma	变质基性侵入体 Mb
抗压强度/MPa	104	102
抗拉强度/MPa	5.7	2.8
弹性模量/GPa	30.6	35
泊松比	0.268	0.278
黏聚力/MPa	12.2	7.2
内摩擦角/(°)	63	65

表 2-11　普朗铜矿岩石物理力学参数测试结果

岩石名称	块体密度 /g·cm^{-3}	纵波速度 /m·s^{-1}	弹性模量 /GPa	泊松比	单轴抗压 强度/MPa	抗拉强度 /MPa	黏聚力 /MPa	内摩擦角 /(°)
石英 二长斑岩	2.70	5551	54.58	0.27	127.96	7.07	22.06	47.31
闪长玢岩	2.76	5541	58.68	0.25	185.67	12.29	22.70	41.18
大理岩	2.66	5375	47.17	0.26	126.38	8.65	27.17	44.51
角岩	2.77	5397	57.31	0.17	192.51	14.72	32.49	40.03

表 2-12　金川龙首矿西二采区岩石物理力学参数测试结果

岩石名称	天然密度 /g·cm^{-3}	弹性模量 /GPa	泊松比	单轴抗压 强度/MPa	抗拉强度 /MPa	黏聚力 /MPa	内摩擦角 /(°)
混合岩	2.60	17.79	0.217	54.77	2.42	15.01	29.86
橄榄岩	2.61	53.39	0.223	68.34	1.57	6.67	22.06
大理岩	2.76	49.58	0.235	79.7	5.62	4.67	27.03

注：表中抗拉强度为干燥状态下的测试结果。

表 2-13　智利特尼恩特矿岩石物理力学参数

岩石名称	天然密度 /g·cm^{-3}	RQD/%	弹性模量 /GPa	泊松比	单轴抗压 强度/MPa	霍克布朗 准则 M_b	霍克布朗 准则 S
角砾岩	2.70	75～100	36～38	0.18	87～104	8.7	0.4
安山岩	2.70	75～100	55	0.15	130	14.3	0.4
闪长岩	2.70	90～100	40～49	0.15～0.18	100～120	8.5～13.2	0.4

2.1.5　影响岩体稳定性的水文地质条件

地下水是地壳的重要组成物质。它存在于地壳且在其中运动，并在运动中形成与演化。它具有一系列埋藏特征、运动特征与物理化学特征[2]。

2.1.5.1　地下水的赋存空间

地下水赋存于地质体的空隙之中。这些空隙，按成因可分为孔隙、裂隙与空洞三类。

孔隙指成岩时期生成的固体颗粒之间的间隙。对于岩体而言，空隙不是主要的赋水空间，但对于胶结程度较低的沉积岩类来说，仍具有一定的意义。从研究地下水的角度来看孔隙，应该注意三个方面的特征，即孔隙度、孔隙大小与孔隙间的连通性。孔隙度指岩石中整个孔隙所占的体积百分比，可表示如下：

$$n = \frac{V_\text{p}}{V_\text{R}} \times 100\%$$

式中　n——孔隙度或孔隙率；

　　　V_p——岩石中孔隙所占的总体积；

　　　V_R——包括孔隙与固体颗粒在内的整个岩石的体积。

孔隙的大小一般用其直径来表示，可以分为微孔隙（直径<0.002mm）、毛细孔隙（0.002~0.2mm）与孔隙（>0.2mm）三级。

裂隙指各种不连续面两个岩壁之间的缝隙，是岩体中的主要赋水空间。岩体中裂隙的成因是多方面的，有成岩的、构造的、风化的、卸荷的等，但最常见的是构造裂隙。

空洞是可溶性岩体在岩溶作用下形成的大型赋水空间。

2.1.5.2　地下水存在的形式

岩体中水的存在形式是多种多样的，归纳起来如图 2-14 所示。

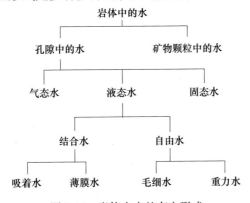

图 2-14　岩体中水的存在形式

2.1.5.3 含水层的埋藏条件

不同岩体，由于其成因与所经历的演变历史不同，因而具有的空隙多少、大小与连通性等方面的特征有显著的差别。这就决定了各自对地下水的赋存与流通特性影响的不同。图 2-15 所示为地下水埋藏特征的剖面图。剖面由透水层、隔水层排列组合。

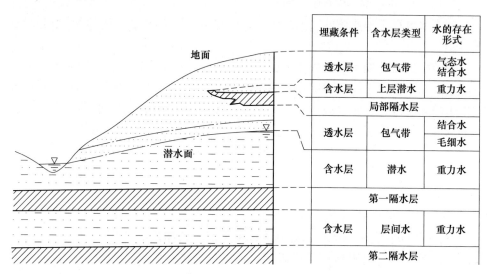

埋藏条件	含水层类型	水的存在形式
透水层	包气带	气态水 结合水
含水层	上层潜水	重力水
局部隔水层		
透水层	包气带	结合水
		毛细水
含水层	潜水	重力水
第一隔水层		
含水层	层间水	重力水
第二隔水层		

图 2-15 地下水的埋藏条件与含水层的分类

2.1.5.4 地下水的渗流特征

含水层中的地下水流一般称为渗流或渗透水流。但是，渗流并不是指实际的地下水流，实际的水流只发生于岩体的空隙之中，但是由于空隙的形状与大小的多变性，这种水流无法用水力学的方法来进行研究，为此人们提出了渗流的概念。渗流是一种假想的水流，是把运动于空隙之中的实际水流假想为运动于整个岩体之中的连续水流，但又认为其流量、水头与所受的阻力等方面同实际水流相等。这样，一方面我们可以用水力学的方法很方便地研究它们，另一方面又可以保证研究所得的结果代表实际水流的特征。渗流场中水流的运动特征，可以用水力学的一些物理量来描写，如流量、流速、水头、水力梯度、流线、流网等。

2.1.5.5 岩体的渗透系数

地下水渗透运动的基本规律除了取决于地下水特征之外，还取决于岩体的透水性或渗透性。表明岩体的这种特性的指标就是渗透系数 K。这个系数是最重要的水文地质参数之一。

岩体渗透系数的大小主要取决于裂隙的特征，包括裂隙的多少、大小、连通性、岩壁的光滑度等。目前，求得岩体渗透系数的最可靠途径仍然是野外的水文地质试验，主要是抽水试验与压水试验。

岩体的渗透系数大小，一般在 $n \sim (n \times 10^{-5})\,\text{cm/s}$ 范围之内。表 2-14 为若干常见岩体的渗透系数实测结果。

表 2-14　若干岩体的渗透系数实测结果[2,5]

岩石名称	空隙情况	渗透系数/cm·s⁻¹
花岗岩	较致密、微裂隙	$(1.1 \times 10^{-12}) \sim (9.5 \times 10^{-11})$
	含微裂隙	$(1.1 \times 10^{-11}) \sim (2.5 \times 10^{-11})$
	微裂隙及一些粗裂隙	$(2.8 \times 10^{-9}) \sim (7 \times 10^{-8})$
辉绿岩	致密	$<10^{-13}$
玄武岩	致密	$<10^{-13}$
安山质玄武岩	弱裂隙	1.16×10^{-3}
	中等裂隙	1.16×10^{-2}
	强裂隙	1.16×10^{-1}
流纹斑岩	致密	$<10^{-13}$
安山玢岩	含微裂隙	8×10^{-11}
石灰岩	致密	$(3 \times 10^{-12}) \sim (6 \times 10^{-10})$
	微裂隙、孔隙	$(2 \times 10^{-9}) \sim (3 \times 10^{-6})$
	空隙较发育	$(9 \times 10^{-5}) \sim (3 \times 10^{-4})$
片麻岩	致密	$<10^{-13}$
	微裂隙	$(9 \times 10^{-8}) \sim (4 \times 10^{-7})$
	微裂隙发育	$(2 \times 10^{-6}) \sim (3 \times 10^{-5})$
砂岩	较致密	$10^{-13} \sim (2.5 \times 10^{-10})$
	空隙发育	5.5×10^{-6}
页岩	微裂隙发育	$(2 \times 10^{-10}) \sim (8 \times 10^{-9})$
泥质页岩	新鲜，微裂隙	3.0×10^{-4}
	风化，中等裂隙	$(4 \times 10^{-4}) \sim (5 \times 10^{-4})$
片岩	微裂隙发育	$10^{-9} \sim (5 \times 10^{-5})$
结晶片岩	新鲜的	$(1.2 \times 10^{-2}) \sim (1.9 \times 10^{-2})$
	风化的	1.4×10^{-5}
石英岩	微裂隙	$(1.2 \times 10^{-10}) \sim (1.8 \times 10^{-10})$
凝灰质角砾岩		$(1.5 \times 10^{-4}) \sim (2.3 \times 10^{-4})$
凝灰岩		$(6.4 \times 10^{-4}) \sim (4.4 \times 10^{-3})$

2.1.6　原岩应力

地层本身存在着应力场[4]。地层内各点的应力称为原岩应力，或称地应力。它是未受到工程扰动的原岩体应力，亦称原始应力。一般习惯把原岩应力分为重力应力场和构造应力场，由地心引力引起的应力习惯上都称为自重应力，地层中由于过去地质构造运动产生的和现在正在活动与变化的应力，统称为构造应力。

2.1.6.1 地壳浅部地应力的变化规律

由于地应力的非均匀性，以及地质、地形、构造和岩石物理力学性质等方面的影响，使得我们在概括原岩应力状态及其变化规律方面遇到很大困难。不过从目前现有实测资料来看，3000m 以内地壳浅层地应力的变化规律大致可归纳为如下几点。但是也应当指出，随着实测资料的不断增加，人们对地应力的认识将会不断得到深化。

（1）地应力是个非稳定应力场。岩体中原始应力绝大部分是以水平应力为主的三向不等压的空间应力场。三个主应力的大小和方向随着空间和时间而变化，它是一个非稳定应力场。影响地应力的主要因素有地质构造、地形地貌和剥蚀作用、岩石力学性质。

（2）实测垂直应力基本等于上覆岩层重量。H. K. 布林总结了全世界有关垂直应力 σ_v 资料，证明在深度为 $25 \sim 2700\mathrm{m}$ 范围内，σ_v 呈线性增长，大致相当于按平均重度 $\gamma = 27\mathrm{kN/m^3}$ 计算出来的重力 γ_H，如图 2-16 所示。

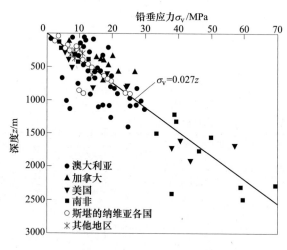

图 2-16　垂直应力与深度的关系[5]

（3）水平应力（σ_h）普遍大于垂直应力（σ_v）。根据国内外实测资料统计，σ_h 多数大于 σ_v，并且最大水平应力 σ_{h1} 与实测垂直应力的比值，即侧压系数 λ，一般为 $0.5 \sim 5.5$，大部分在 $0.8 \sim 1.2$ 之间。世界各国平均水平主应力与垂直应力的关系见表 2-15。

表 2-15 世界各国平均水平主应力与垂直应力的关系

国家名称	$\sigma_{h,av}/\sigma_v$ 所占比例/%			$\sigma_{h,max}/\sigma_v$
	比值<0.8	比值在 0.8~1.2	比值>1.2	
中国	32	40	28	2.09
澳大利亚	0	22	78	2.95
加拿大	0	0	100	2.56
美国	18	41	41	3.26
挪威	17	17	66	5.56
瑞典	0	0	100	4.99
南非	41	24	35	2.5
苏联	51	29	20	4.3
其他	37.5	37.5	25	1.96

（4）平均水平应力与垂直应力的比值与深度的关系。$\sigma_{h,av}/\sigma_v$ 的比值 λ 也是表征地区地应力场特征的指标。该值随着深度增加而增加，但在不同地区，也有差异。由图 2-17 可以看出，$\sigma_{h,av}/\sigma_v$ 的比值有如下规律：

$$\frac{100}{H} + 0.3 \leq \lambda \leq \frac{1500}{H} + 0.5$$

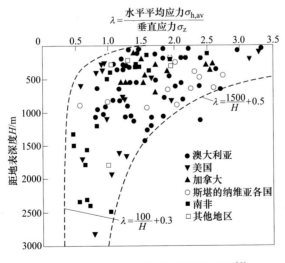

图 2-17 $\sigma_{h,av}/\sigma_v$ 的比值与深度的关系[5]

（5）两个水平应力（σ_{hx}）与（σ_{hy}）的关系。一般不论是在一个大的区域或一个工区范围内，σ_{hx} 和 σ_{hy} 的大小和方向都具有一定变化。一般，$\sigma_{hy}/\sigma_{hx}=0.2\sim0.8$，而大多数为 0.4~0.7。世界部分地区两个水平应力的比值见表 2-16。

表 2-16　世界部分地区两个水平应力的比值

实测地点	统计数目/个	σ_{hy}/σ_{hx} 所占比例/%			
		0~0.25	0.25~0.5	0.5~0.75	0.75~1
斯堪的纳维亚各国	51	6	13	67	14
北美	222	9	23	46	22
中国	25	8	24	56	12
中国华北地区	18	11	22	61	6

（6）应力轴与水平面的相对关系。地应力的 3 个主应力轴一般与水平面有一定交角。根据这个关系，通常把地应力场分为水平应力场和非水平应力场两类。

水平应力场的特点：两个主应力轴呈水平或与水平的夹角小于或等于 30°；另一个主应力轴接近于垂直水平面，或与水平面的夹角大于或等于 70°。

非水平应力场的特点：一个主应力轴与水平面夹角为 45°左右，另外两个主应力轴与水平面夹角为 0°~45°。

2.1.6.2　我国部分矿山实测地应力

A　金川镍矿[3]

金川矿区是我国三大资源综合利用基地之一，国家对金川矿区的建设和生产极其重视。由于矿区地质条件复杂、地应力高，致使巷道产生严重变形和破坏，严重影响了矿区的建设和开发。为解决巷道变形及与矿山开采设计有关的问题，在矿区开展了多次原岩应力实测研究工作。自 1973 年首次开展矿区地应力实测开始，到 2007 年的地应力实测结束，地应力研究工作延续 34 年之久。根据地应力测试方法、测点位置以及研究工作的广度与深度，其地应力研究工作大致可划分为三个阶段。

第一阶段：20 世纪 70 年代和 80 年代的研究工作。该阶段地应力实测方法主要采用压磁电感法、电阻应变计和光弹应变计，其测点深度位于 1250m 水平以上的浅部岩体。

第二阶段：1994~1997 年开展的研究工作。在此期间，北京科技大学、金川二矿区、金川镍钴研究设计院等单位合作，首次采用先进的钻孔套芯应力解除技术（空芯包体法），并利用国家发明专利技术的温度补偿技术，在二矿区深部进行了地应力实测工作，其测点深度已经延深到 940m 水平。此次研究首次揭示了二矿区深部地应力的作用特征和变化规律，为深部无矿柱大面积连续开采的采矿设计和地压控制提供了可靠依据。

第三阶段：进入 21 世纪，金川矿床开采已经进入千米深井，采场地压活动剧烈显现。同时Ⅲ矿区贫矿开发也即将投产。为了实现采矿优化设计和巷道稳定性最优控制，不仅需要了解深部矿岩地应力作用特征和变化规律，而且需扩大地应力实测范围，全面了解金川矿区地应力变化特征。从 2001 年起，在金川矿区开展了新一轮地应力测量研究工作。

2001 年兰州大学利用声发射技术的 Kaiser 效应，在金川矿区 1198m 水平以上以及地表进行了地应力量测。值得关注的是，2004~2007 年的 3 年间，中国地质科学院地质力学研究所、东北大学、金川镍钴研究设计院、北京大学空间与地球科学院、金川集团公司二矿、金川集团公司三矿、金川集团公司龙首矿、金川集团公司矿山分公司等单位，共同开展了金川矿区应力场和岩石力学研究重点攻关项目研究，对金川全矿区进行了有史以来第二次大规模、系统和全面的地应力实测工作。其研究工作的重点区域是二矿区 1000m 中段、1150m 中段的深部工程，同时还涉及三矿区 F_{17} 以东 1200m 中段。2007 年中南大学在 III 矿区的贫矿资源开发研究中，在 1554m 水平进行了 3 个测点的地应力测量。

根据第二阶段测量结果，获得的金川二矿区地应力场作用特征如下：

（1）在每一测点均有两个主应力接近于水平方向，其倾角一般不大于 ±10°，最大不超过 ±17°；另有一个主应力接近于垂直方向，其与垂直方向夹角不大于 18°。

（2）最大主应力位于水平方向，其值为自重应力的 1.69~2.27 倍，说明金川二矿区深部地应力场是以水平构造应力为主导的，且均为压应力。矿井中进行的巷道变形破坏调查和工程地质调查均表明，矿区以受水平作用的构造应力为主导，故实测结果与构造分析调查是吻合的。

（3）最大水平主应力的走向，10 个测点中，有 7 个位于北东向，3 个位于北西向，平均为北北东向（N15°E）。这与上述根据金川矿区构造形迹分析得到的矿区构造应力场的方向 N38°E 是很接近的。

（4）垂直应力值基本上等于或略小于上覆岩层的重量。

（5）在同一平面内，同一种地应力在不同点的大小和方向有一定的变化，但没有出现突变现象，说明矿区地应力场还是比较均匀的。

（6）在 10 个测点中，除 3 号测点外，有 9 个测点的最小主应力也在水平方向。即在几乎所有测点，最大水平主应力和最小水平主应力相差均较大，最大的相差 3 倍多。这是本区地应力分布的一个特点，对地下采矿工程稳定性有很不利的影响。

（7）使用线性回归分析的方法，对所测 10 个点的应力值进行了回归分析，得出了最大水平主应力、最小水平主应力和垂直主应力随深度变化的规律。

回归结果表明，最大水平主应力、最小水平主应力和垂直主应力均随深度呈近似线性增长关系。线性回归方程如下：

$$\sigma_{hmax} = 0.098 + 0.050H$$

$$\sigma_{hmin} = 0.015 + 0.020H$$

$$\sigma_v = 0.098 + 0.050H$$

式中 σ_{hmax}，σ_{hmin}，σ_v——分别为最大水平主应力、最小水平主应力和垂直主应

力，MPa；

H——测点埋深，m。

垂直主应力回归方程中的回归系数 0.0254 与上覆岩层的平均容重（0.026~0.027）$\times 10^6 N/m^3$ 的系数非常接近，反映了垂直应力基本上等于或略小于自重应力的事实。

σ_{hmax}、σ_{hmin} 和 σ_v 值随深度的线性回归分布如图 2-18 所示。

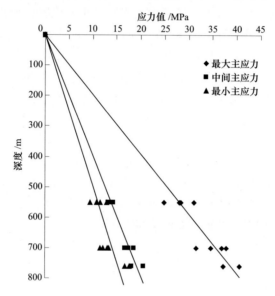

图 2-18　第二阶段实测的 σ_{hmax}、σ_{hmin} 和 σ_v 值随深度的变化规律

B　铜矿峪铜矿

铜矿峪铜矿先后进行过三次地应力测量工作，全部采用孔壁应力解除法。前两次完成于 20 世纪 80 年代，在上部中段完成了 9 个点的地应力测量；二期工程在深部完成了 4 个点的地应力测量。深部地应力测量的结果见表 2-17。

表 2-17　铜矿峪铜矿深部地应力测量结果

编号	埋深 /m	最大主应力			中间主应力			最小主应力		
		大小 /MPa	方位 /(°)	倾角 /(°)	大小 /MPa	方位 /(°)	倾角 /(°)	大小 /MPa	方位 /(°)	倾角 /(°)
1	570	19.33	51.51	83.95	10.33	302.90	1.94	3.23	212.71	5.73
2	570	21.10	224.82	67.79	17.59	28.93	21.44	3.76	121.10	5.53
3	690	26.64	245.70	21.63	12.56	143.86	27.35	0.99	8.65	53.92
4	760	37.83	62.10	37.97	12.85	258.59	50.86	4.92	158.50	8.12

通过对铜矿峪铜矿区地应力数据的计算与分析，结合矿区工程地质调查与评价，可得到如下几点关于铜矿峪铜矿区地应力场分布的一般规律：

（1）铜矿峪铜矿区最大主应力的倾角（与水平面的夹角）大部分较小，位于近水平方向，说明矿区的地应力以水平构造应力为主。

（2）矿区最大主应力的方向表现出较好的一致性，都为北偏东向，本次测量的 4 个测点按编号顺序其方向分别为 N51.51°E、N44.82°E、N65.70°E 和 N62.10°E，平均为 N56.03°E，这一测量结果与前期在浅部测量结果一致，所以可以判定铜矿峪铜矿区最大主应力的走向为北东东向。

（3）矿区地应力的主应力均随着深度的增加而增加，并且呈近似线性的增长关系。

（4）从 530m 中段的两个测点的地应力情况可以看出，在同一平面内，虽然中间主应力和最小主应力的大小和方向有一定的变化，但起主要作用的最大主应力却表现出较好的一致性，没有出现突变现象，说明矿区地应力场还是比较均匀的。

（5）矿区的水平最大主应力与垂直应力之比（侧压系数）在 0.54~3.44 之间，这与我国大陆区域地压的侧压力系数分布规律基本相一致；矿区的水平主应力存在明显的方向性，最大水平主应力是最小水平主应力的 1.5~5.5 倍。

（6）从地应力应力分量计算结果中可以看到，在埋深较大的 340m 中段，测点的应力分量中存在较大的剪应力，按照莫尔-库仑理论，岩体的破坏通常是由于剪切破坏引起的。

通过采用最小二乘法，对矿区 13 个测点的最大主应力、中间主应力和最小水平主应力值进行线性回归，得出了各个主应力值随埋深变化的规律。最大主应力、中间主应力和最小水平主应力值随埋深变化的回归曲线如图 2-19 所示，它们的回归特性方程如下：

$$\sigma_1 = 1.11 + 0.0399H$$

$$\sigma_2 = 0.51 + 0.0204H$$

$$\sigma_3 = 0.13 + 0.0064H$$

式中　σ_1，σ_2，σ_3——分别为最大主应力、中间主应力和最小主应力，MPa；

　　　　H——测点埋深，m。

C　三山岛金矿

三山岛金矿自 20 世纪 80 年代建矿初期便开展了矿区地应力测量工作，随着矿山开采深度的不断增加，矿山地应力的测量及研究工作一直在进行。

2002 年通过在该矿自上而下 4 个点的应力测量工作，得到了矿区地应力分布规律：

（1）每个测点均有两个主应力接近于水平方向，另有一个主应力接近于垂直方向。

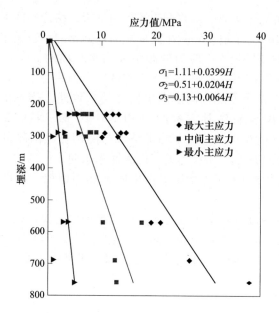

图 2-19　主应力值随深度的回归曲线

（2）最大主应力位于近水平方向。最大水平主应力值远远大于自重应力，说明三山岛金矿地应力场是以水平构造应力为主导的。最大水平主应力的走向位于北西西向，基本与区域构造应力场最大主应力的方向相一致。

（3）为了研究区内地应力场随深度的变化规律，使用线性回归分析的方法，对所测 4 个点的应力值进行了回归分析，得出了最大水平主应力、最小水平主应力和垂直主应力随深度变化的回归曲线和回归方程。在 3 个主应力的回归过程中，均增加了 $H=0$ 时主应力值等于 0 的一个点。回归结果如下：

最大水平主应力的回归方程为：

$$\sigma_{hmax} = 0.81 + 0.0449H$$

式中，H 为测点埋深，m，以下同。

最小水平主应力的回归方程为：

$$\sigma_{hmin} = 0.87 + 0.0231H$$

垂直主应力值的回归方程为：

$$\sigma_{v} = 0.28 + 0.0255H$$

主应力随埋深变化的回归曲线如图 2-20 所示。

D　东北某铁矿

东北某铁矿在项目建设前期开展了矿区原岩应力测量工作，采用水压致裂法完成了 3 个孔的地应力测量工作。3 个孔实测主应力随深度变化的曲线分别如图 2-21~图 2-23 所示。

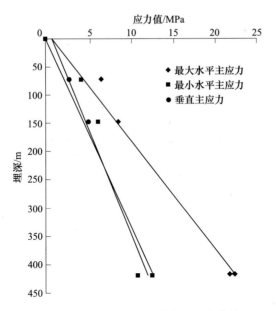

图 2-20　主应力随埋深变化的回归曲线

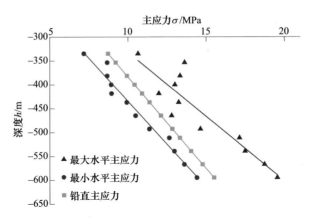

图 2-21　1 号钻孔主应力值随深度的变化

由图 2-21 中各参数函数关系可得线性回归方程：

$$\sigma_H = -0.037 \times h - 2.302 \tag{2-1a}$$

$$\sigma_v = -0.026 \times h - 0.0075 \tag{2-1b}$$

$$\sigma_h = -0.028 \times h - 2.095 \tag{2-1c}$$

由图 2-22 中各参数函数关系可得线性回归方程：

$$\sigma_H = -0.0567 \times h - 3.671 \tag{2-2a}$$

$$\sigma_v = -0.029 \times h + 0.0037 \tag{2-2b}$$

$$\sigma_h = -0.0301 \times h + 3.859 \tag{2-2c}$$

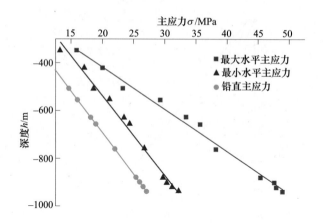

图 2-22　2 号钻孔主应力值随深度的变化

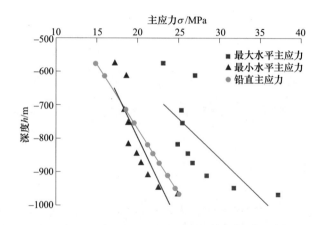

图 2-23　3 号钻孔主应力值随深度的变化

由图 2-23 中各参数函数关系可得线性回归方程：

$$\sigma_H = -0.0424 \times h - 6.448 \qquad (2\text{-}3a)$$

$$\sigma_v = -0.026 \times h + 0.0004 \qquad (2\text{-}3b)$$

$$\sigma_h = -0.0196 \times h + 4.585 \qquad (2\text{-}3c)$$

式中　σ_H——最大水平主应力；

　　　σ_h——最小水平主应力；

　　　σ_v——铅直主应力；

　　　h——钻孔测深。

通过 3 个钻孔的地应力测量得到该铁矿地应力场特征及变化规律如下：

（1）3 个钻孔的地应力测量获得了 3 个方向（一个垂直方向及两个水平方向）的主应力，随着测深的增加，各方向应力值也相应增大。

（2）由测量结果可知，垂直主应力的大小与岩层重度（加权重度）呈线性关系，最大和最小水平主应力均随深度呈近似线性增长的关系，且最大水平主应力值随测深增加较快。

（3）由测量结果可知，在 1 号钻孔整个测深范围内，垂直主应力大小在 8.7~15.48MPa 之间，最大水平主应力的大小在 10.63~19.54MPa 之间，最小水平主应力的大小在 7.16~14.40MPa 之间；在 3 号钻孔整个测深范围内，垂直主应力大小在 14.99~25.15MPa 之间，最大水平主应力的大小在 23.21~37.19MPa 之间，最小水平主应力的大小在 17.16~24.96MPa 之间；在 2 号钻孔整个测深范围内，垂直主应力大小在 10.12~27.18MPa 之间，最大水平主应力的大小在 15.86~48.98MPa 之间，最小水平主应力的大小在 13.33~32.24MPa 之间。

（4）从各测点应力测值可看出，1 号孔测得最大水平主应力值的大小为垂直主应力值的 1.05~1.5 倍；3 号孔测得最大水平主应力值的大小为垂直主应力值的 1.2~1.7 倍；2 号孔测得最大水平主应力值的大小为垂直主应力值的 1.56~1.87 倍，反映出矿区地应力状态以水平应力为主导的特点。

（5）最小水平主应力与最大水平主应力的比值在整个矿区基本稳定，其中 1 号钻孔为 0.62~0.82，3 号钻孔为 0.66~0.77，2 号钻孔为 0.64~0.85，显示出很强的一致性。

（6）平均水平应力与铅直应力比值比较分散，随深度增加，变化范围逐渐缩小，呈现出减小的趋势，并向 1 附近集中。但 2 号孔数据随深度增加，集中于大于 1 附近，这有可能是因为该区经历过比较强烈水平构造运动，造成了很大的水平应力。

（7）在 3 个钻孔共 33 个测点中，有 6 个测点采用印模器测定了最大水平主应力的方向，均为 NE 向，大致走向为 NE67°，这一结果与新构造活动及现代震源机制反映的区域构造应力场方向一致。

2.2　岩体分类

2.2.1　岩石分类

2.2.1.1　岩石按成因分类

岩石按成因可分为岩浆岩（火成岩）、沉积岩（水成岩）和变质岩三大类。三大类岩石的分类特征见表 2-18~表 2-20。

表 2-18 岩浆岩分类

化学成分	含 Si、Al 为主			含 Fe、Mg 为主		
酸基性	酸性	中性		基性	超基性	
颜色	浅色的（浅灰、浅红、红色、黄色）			深色的（深灰、绿色、黑色）		产状
矿物成分 成因及结构	含正长石		含斜长石		不含长石	
	石英、云母、角闪石	黑云母、角闪石、辉石	角闪石、辉石、黑云母	辉石、角闪石、橄榄石	鳜石、橄榄石、角闪石	
深成的	等粒状，有时为斑状，所有矿物皆能用肉眼鉴别	花岗岩	正长岩	闪长岩	辉长岩	橄榄岩辉岩	岩基岩株
浅成的	斑状（斑晶较大且可分辨出矿物名称）	花岗斑岩	正长斑岩	玢岩	辉绿岩	苦橄玢岩（少见）	岩脉岩枝岩盘
喷出的	玻璃状，有时为细粒斑状，矿物难以肉眼鉴别	流纹岩	粗面岩	安山岩	玄武岩	苦橄岩（少见）金伯利岩	熔岩流
	玻璃状或碎屑状	黑曜岩、浮石、火山凝灰岩、火山碎屑岩、火山玻璃					火山喷出的堆积物

表 2-19 沉积岩分类

成因	硅质的	泥质的	灰质的	其他成分
碎屑沉积	石英砾岩、石英角砾岩、燧石角砾岩、砂岩、石英岩	泥岩、页岩、黏土岩	石灰砾岩、石灰角砾岩、多种石灰岩	集块岩
化学沉积	硅华、燧石、石髓岩	泥铁石	石笋、石钟乳、石灰华、白云岩、石灰岩、泥灰岩	岩盐、石膏、硬石膏、硝石
生物沉积	硅藻土	油页岩	白垩、白云岩、珊瑚石灰岩	煤炭、油砂、某种磷酸盐岩石

表 2-20 变质岩分类

岩石类别	岩石名称	主要矿物成分	鉴定特征
片状的岩石类	片麻岩	石英、长石、云母	片麻状构造，浅色长石带和深色云母带互相交错，结晶粒状或斑状结构
	云母片岩	云母、石英	具有薄片理，片理面上有强的丝绢光泽，石英凭肉眼常看不到

岩石类别	岩石名称	主要矿物成分	鉴 定 特 征
片状的岩石类	绿泥石片岩	绿泥石	绿色，常为鳞片状或叶片状的绿泥石块
	滑石片岩	滑石	鳞片状或叶片状的滑石块，用指甲可刻划，有滑感
	角闪石片岩	普通角闪石、石英	片理常常表现不明显，坚硬
	千枚岩、板岩	云母、石英等	具有片理，肉眼不易识别矿物，锤击有清脆声，并具有丝绢光泽，千枚岩表现得很明显
块状的岩石类	大理岩	方解石、少量白云石	结晶粒状结构，遇盐酸起泡
	石英岩	石英	致密的、细粒的块体，坚硬，硬度近7度，玻璃光泽、断口贝壳状或次贝壳状

2.2.1.2 岩石按坚硬程度分类

岩石坚硬程度按饱和单轴抗压强度分类见表 2-21。岩石坚硬程度定性划分见表 2-22。

表 2-21 岩石按坚硬程度分类

R_c/MPa	>60	60~30	30~15	15~5	≤5
坚硬程度	硬质岩		软质岩		
	坚硬岩	较坚硬岩	较软岩	软岩	极软岩

注：R_c 为岩石饱和单轴抗压强度。

表 2-22 岩石按坚硬程度的定性分类

坚硬程度		定性鉴定	代表性岩石
硬质岩	坚硬岩	锤击声清脆，有回弹，震手，难击碎；浸水后，大多无吸水反应	未风化~微风化的：花岗岩、正长岩、闪长岩、辉绿岩、玄武岩、安山岩、片麻岩、硅质板岩、石英岩、硅质胶结的砾岩、石英砂岩、硅质石灰岩等
	较坚硬岩	锤击声较清脆，有轻微回弹，稍震手，较难击碎；浸水后，有轻微吸水反应	（1）中等（弱）风化的坚硬岩；（2）未风化~微风化的：熔结凝灰岩、大理岩、板岩、白云岩、石灰岩、钙质砂岩、粗晶大理岩等
软质岩	较软岩	锤击声不清脆，无回弹，较易击碎；浸水后，指甲可刻出印痕	（1）强风化的坚硬岩；（2）中等（弱）风化的较坚硬岩；（3）未风化~微风化的：凝灰岩、千枚岩、砂质泥岩、泥灰岩、泥质砂岩、粉砂岩、砂质页岩等

坚硬程度	定性鉴定		代表性岩石
软质岩	软岩	锤击声哑,无回弹,有凹痕,易击碎; 浸水后,手可掰开	(1)强风化的坚硬岩; (2)中等(弱)风化~强风化的较坚硬岩; (3)中等(弱)风化的较软岩; (4)未风化的泥岩、泥质页岩、绿泥石片岩、绢云母片岩等
极软岩		锤击声哑,无回弹,有较深凹痕,手可捏碎; 浸水后,可捏成团	(1)全风化的各种岩石; (2)强风化的软岩; (3)各种半成岩

2.2.1.3 岩石按风化程度分类

岩石按风化程度划分见表2-23。

表 2-23 岩石按风化程度分类

风化程度	风 化 特 征
未风化	岩石结构构造未变,岩质新鲜
微风化	岩石结构构造、矿物成分和色泽基本未变,部分裂隙面有铁锰质渲染或略有变色
中等(弱)风化	岩石结构构造部分破坏,矿物成分和色泽较明显变化,裂隙面风化较剧烈
强风化	岩石结构构造大部分破坏,矿物成分和色泽明显变化,长石、云母和铁镁矿物已风化蚀变
全风化	岩石结构构造完全破坏,已崩解和分解成松散土状或砂状,矿物全部变色,光泽消失,除石英颗粒外的矿物大部分风化蚀变为次生矿物

2.2.2 岩体分类

岩体质量评价已被广泛应用于实际工程中,发挥了相当重要的作用,并逐步被引进到矿山工程当中。和国内外岩体质量评价方法(体系)繁多一样,在此基础上发展起来的各种可崩性评价方法因选用的各参评因素、评价标准等各不相同,对于同一个评价对象,不同的评价方法可能会得到不同的评价结果。

岩体分类是综合不同的地质因素进行岩体质量评价或稳定性预测,进行工程地质分区和崩落性研究的基础。岩体分类从单因素到多因素,从定性发展为定量,使得岩体分类方法逐步发展成为实用的复杂岩体评价技术,已成为工程岩体参数的预测重要手段之一。

目前,广泛应用于国内外岩体工程的岩体分类方法有多种,在采矿工程设计中,CSIR分类(RMR分类)、NGI分类(Q分类)和MRMR岩体分类方法最受人们关注,已经应用于崩落法采矿设计,并且很多学者对这些方法之间的相关性进行了深入的研究。

2.2.2.1 Q 值法

岩体分类系统是 Barton 等人在分析了 200 多个已建隧道的实测资料上提出的一种岩体分类方法。这种方法综合了岩石质量指标（RQD）、节理组数（J_n）、节理粗糙度系数（J_r）、节理蚀变影响系数（J_a）、节理裂隙水折减系数（J_w）和应力折减系数（SRF）等 6 个方面因素的影响，适用于包括基岩在内的所有软硬岩岩体的分类。用一个公式计算岩体综合质量指标 Q，即：

$$Q = \frac{RQD}{J_n} \times \frac{J_r}{J_a} \times \frac{J_w}{SRF}$$

由此可见，上式可以看作是 3 个参数的函数，式中的 3 个比值分别反映了块度尺寸大小（RQD/J_n）、结构面抗剪强度（J_r/J_a）和有效应力（J_w/SRF）3 个综合因素。如果岩体节理水与地应力因素对围岩稳定性影响相近，即假定节理水与地应力的比值为 1，则给出：

$$Q' = \frac{RQD}{J_n} \times \frac{J_r}{J_a}$$

由此可见，Q' 可由称为"岩体块度尺寸大小"和"节理剪切强度比"的两个参数之间的比值确定。

（1）岩体块度尺寸（RQD/J_n）。节理组数参数的评分取决于岩体节理组数，比单独用 RQD 指标要好。此值的评分为 0~20 分（见表 2-24）。

表 2-24　节理组数影响

序号	节理发育情况	节理组数 J_n 值
1	完整岩体，没有或极少节理	0.5~1.0
2	1 组节理	2
3	1~2 组节理	3
4	2 组节理	4
5	2~3 组节理	6
6	3 组节理	9
7	3~4 组节理	12
8	4~5 组节理	15
9	压碎岩石，似土类岩石	20

（2）节理剪切强度比（J_r/J_a）。节理剪切强度比（J_r/J_a）提供了节理面强度的较好描述，可以用来估算节理面的摩擦角。节理面粗糙度 J_r 和节理蚀变影响系数 J_a 在 Q 系统中受到足够重视，而在 RMR 系统中没有特别加以强调。节理粗糙度系数 J_r 的取值见表 2-25。

表 2-25　节理粗糙度系数 J_r

节理面粗糙度描述	不连续面	起伏度	平面
粗糙	4.0	3.0	1.5
平滑	3.0	2.0	1.0
有擦痕	2.0	1.5	0.5
含有足以防止岩壁相接触的足够厚的断层泥的面	1.5	1.0	1.0

节理蚀变影响系数 J_a 综合考虑了节理面的形态特征、节理厚度和节理充填物性质，取值见表 2-26。

表 2-26　节理蚀变影响系数 J_a

断层泥描述	节理张开宽度/mm		
	<1.0	1.0~5.0	>5.0
节理紧密接触、坚硬、无软化、无充填物、不透水	0.75	—	—
节理壁无蚀变、表面仅有污染物	1.0	—	—
轻微蚀变，未软化无黏聚力的岩石材料或碎裂的岩石充填物	2.0	4.0	6.0
未软化轻微黏土化的无黏聚力材料	3.0	6.0	10.0
未软化强烈过度固结的黏土充填物，有或没有碎裂岩石	3.0	6.0	10.0
软化或低阻黏土覆盖层和少量膨胀黏土	4.0	8.0	13.0
软化的中等过度固结的黏土充填物，有或没有碎裂岩石	4.0	8.0	13.0
破碎或微观破碎（膨胀）黏土断层泥有或没有碎裂岩石	5.0	10.0	13.0

（3）有效应力（ J_w/SRF）。该比值反映地下水与地应力对岩体稳定性的影响。 J_w 值高，不连续面的抗剪强度低，而且地下水还能软化和冲刷不连续面中的黏土质充填物。SRF 值的影响比较复杂，如果不连续面上无充填物，应力垂直于结构面，则不连续面抗剪强度会因 SRF 值高而增高；如果不连续面是其他情况，则可能产生相反的结果。因此，有效应力是一个复杂的经验参数。

2.2.2.2　RMR 系统分类法

RMR 法（Rock Mass Rating）是众多岩体工程质量分类方法中的一种，也是进行岩体质量评价和确定岩体变形参数的重要方法，是由南非著名的岩石力学专家 Bieniawski 于 1974 年提出的。RMR 值与完整岩石强度、岩芯质量指标（RQD）、节理间距、节理条件和地下水条件有关。

其中，完整岩石强度由点荷载试验和抗压强度试验获得；岩芯质量指标 RQD 通常通过钻探资料获得；节理间距、节理条件和地下水条件通过现场工程地质测绘资料获得。由于该方法综合考虑了岩石强度、节理间距及特征、岩芯质量指标（RQD）、地下水条件等诸多地质因素的影响，是一种发展较快、应用较广且比较完善的工程岩体分类方法。

Bieniawski 提出的岩体地质力学分级方法在岩体工程中得到了广泛的应用。该类分级方法同时认为，影响岩体工程质量的各个因素，如岩石单轴抗压强度（UCS）、岩石质量指标（RQD）、节理间距（J_s）、节理条件（J_c）和地下水条件（J_w）等因素评分的取值可以通过表 2-27 获得。

表 2-27　RMR 分类参数及评分标准（Bieniawski，1989）

序号	参数		数　值　范　围						
1	完整岩石强度/MPa	点荷载强度指标	>10	4~10	2~4	1~2			
		单轴抗压强度	>250	100~250	50~100	25~50	5~2	1~5	<1
	评分值		15	12	7	4	2	1	
2	岩芯质量指标 RQD/%		90~100	75~90	50~75	25~50	<25		
	评分值		20	17	13	8	3		
3	节理间距/cm		>200	60~200	20~60	6~20	<6		
	评分值		20	15	10	8	5		
4	节理条件	节理粗糙度描述	很粗糙	粗糙	较粗糙	光滑	充填物		
		节理连续性描述	不连续	—		连续	连续		
		张开度/mm	未张开	<1	<1	1~5	>5		
		充填物	坚硬	坚硬	软	<5mm	充填厚度>5mm		
		风化程度	未风化	微风化	强风化	—			
	评分值		30	25	20	10	0		
5	地下水条件		干燥	湿润	潮湿	滴水	流水		
	评分值		15	10	7	4	0		

（1）完整岩石单轴抗压强度（UCS）。不连续面对岩体工程的稳定性起着控制作用，但作为结构单元的一部分的结构体（岩石）起着骨架作用，岩体的力学效应是不连续面的结构体的综合效应。因此，岩石的强度是岩体工程分类要考虑的一个重要因素。RMR 系统赋予完整岩石强度因素评分为 0~15 分。该值可根据岩石的单轴抗压强度进行赋值。如果是点荷载强度，则需要通过计算将其转化成单轴抗压强度再进行赋值。

（2）岩石质量指标（RQD）。岩石质量指标 RQD 是由美国人迪尔（Deer，1964）提出的，目前已广泛应用于评价岩体的完整性，并作为岩石质量分级的一项重要指标用于工程实际中评价岩体质量，其评分值为 3～20 分。RQD 通常是根据钻孔来揭示节理特性参数。RQD 定义为每次进尺中大于 10cm 的完整岩芯段累加长度之和与钻孔岩芯总长度之比的百分值：

$$RQD = \frac{\text{大于 10cm 的岩芯段累计长度之和}}{\text{钻孔岩芯总长度}} \times 100\%$$

工程岩体中发育有不同规模、不同形状、不同期次、不同成因的结构面，将工程岩体切割成形状各异、大小不一的空间镶嵌块体。实践表明，结构性（完整性）是工程岩体的重要特性，在工程岩体分类中具有关键作用，而 RQD 正是反映工程岩体完整程度的定量参数。因此，RQD 被广泛引用于水利水电、矿山、地下工程、交通工程等岩体稳定性评价。纵观国内外几十种工程岩体分类方法，几乎无一例外地将 RQD 指标作为最重要的分类参数，有的甚至单凭 RQD 指标进行工程岩体分类。

如果没有取到岩芯，根据暴露在岩石表面的节理调查，用体积节理数也可确定 RQD。设岩体中有 3 组节理发育，其间距分别为 x、y、z，则其线密度分别为 λ_x、λ_y、λ_z，定义：$J_v = \lambda_x + \lambda_y + \lambda_z$ 为体积节理数。

一般地，体积节理数是很容易计算出来的：当结构面呈均匀分布时，实测的单位面积内的节理数目乘以一个系数 K 就可以得出，$K = 1.15 \sim 1.35$；当结构面呈不规则分布时，$K = 1.25 \sim 1.35$；当在统计区内只沿精测线统计结构面间距时，需要由一维变成三维，实时体积节理数为每米结构面数乘以系数 K，$K = 1.6 \sim 3.0$，一般 K 取 2.0。

Palmstrom 给出了体积节理数 J_v 与 RQD 之间的理论相关的关系式：

$$RQD = 115 - 3.3J_v$$

其中，当 $J_v < 4.5$ 时，RQD = 100；当 $J_v > 35$ 时，RQD = 0。

（3）节理间距（J_s）。在 RMR 岩体分类系统中，节理间距因素的评分为 5～20 分。通常先根据结构面分布密度划分区段，以便计算密度不同区段的平均间距。如果要分析大范围结构面切割形成的结构体块度，则应当按各优势结构面组分别计算各组结构面的间距。各优势结构面间距在形成结构体块度上起着关键的作用，在岩体工程爆破块度和自然崩落法采矿中矿体可崩性能及原始块度分析中也具有重要的意义。

（4）节理条件（J_c）。节理条件主要包括不连续面产状、粗糙度和充填情况等。不连续面的产状相对于岩体工程的开挖方向不同，将导致岩体工程稳定性的差异。不连续面的粗糙度和充填情况决定了不连续面的抗剪强度，Bieniawski 在 1989 年对分类进行修正时，还进一步提高了不连续面的权重（见表 2-28）。因此，不连续面条件在岩体工程分类中占有相当重要的地位。

表 2-28　RMR 系统中的节理条件详细指标

描述	节理面粗糙度				
	很粗糙	粗糙	较粗糙	光滑	擦痕
评分值	6	5	3	1	0
节理长度/m	<1	1~3	310	10~20	>20
评分值	6	4	2	1	0
张开度/mm	未张开	<0.1	0.1~1	1~5	>5
评分值	6	<5	4	1	>0
充填物/mm	无	硬充填<5	软充填>5	软充填<5	软充填>5
评分值	6	4	4	4	0
风化程度	未风化	微风化	中等风化	强风化	崩解
评分值	6	5	3	1	0

（5）地下水情况。由于地下水的作用可以使岩体发生软化，进一步风化，有的岩体还会发生膨胀，甚至崩解；同时地下水的静水压力使不连续面上的正应力减小，它们都使不连续面的抗剪强度降低；地下水在岩体中流动，会在裂隙中产生动水力，动水力可能冲走不连续面内的充填物，因此，在有地下水的情况下，地下水的作用是不可忽略的因素。

RMR 分类系统的最大优点是在采矿工程分类中易于应用，有助于采矿工程师、地质学家和岩土工程师进行交流。但在应用过程中，当 RMR>25 时可靠性较高；但对较低的 RMR 可靠性较差；当 RMR<18 时则不再适用。

2.2.2.3　MRMR 系统分类法（Laubscher，1990）

矿山岩体分类系统（MRMR）是由 Laubscher 在 Bieniawki 的地质力学分类系统（RMR 系统）的基础上，针对矿山工程情况首次提出的。主要差别是根据采矿环境对基本分类评分 RMR 加以调整，以使其分类指标能够用于采矿设计。调整评分考虑的因素有岩体风化、采矿应力、节理产状和矿山爆破（Laubscher，1990）。Laubscher 和 Jakubec（2001）已经对 MRMR 系统做出了一些调整。这里只讨论 2001 年之前的 MRMR。修改后的版本将在 2.2.2.4 节中讨论。为了获得基本的"Laubscher"岩体评级（RMR_{L90}），必须对完整岩石强度、结构面频率和结构面状况进行评估。

（1）完整岩石强度参数。在 RMR_{L90} 分类系统中的第一个参数是岩石单轴抗压强度（UCS）。Laubscher（1990）提供的计算表给出了抗压强度范围，是从 0~185MPa，其评分为 1~20 分。选择上限是因为 UCS 值大于此值已不多见（Laubscher，1990）。

（2）节理间距参数。在 MRMR 的 1990 年版本中为计算节理间距提出了两种方法：

1）分别对岩石质量指标 RQD 和节理间距 J_s 的测量提出了较为详细的技术要求，对应的最大评分分别为 15 和 25。

2）另一技术是测量所有的节理和裂隙，并计算节理频率（条/m），具有最大的评分为 40，即为第一种方法的两个评分 15 和 25 相加。

用于估算节理密度的这两种方法给出了 0~40 的结果。Laubscher 指出，当采用节理频率方法时，应当记录所有的结构面。当采用较为详细的节理间距和 RQD 方法时，节理间距仅认为是"结构面"的间距。在此结构面定义为节理长度大于开挖体。一个显著特征是连续的或与其他节理相邻，即节理切割岩体成岩块。所以，当计算节理间距时，忽略较小的节理。重要的是要理解基于钻孔岩芯的 RQD 测量（将考虑小的或不连续节理）。

（3）节理条件参数。对应节理条件参数的评分是从 40 分作为起始分，考虑以下诸多因素予以减小：

1）大尺寸节理描述；

2）小规模节理描述；

3）节理岩壁蚀变；

4）节理充填物；

5）地下水。

尽管不能提供计算节理摩擦角的机理，但是它确实提供了一个考虑影响岩体强度的节理条件。应注意在该分类系统中考虑水而不是有效应力。

（4）采矿工程的调整。累加评分给出了 Laubscher 的 RMR_{L90} 值。为了在基本的 RMR_{L90} 值的基础上计算 MRMR，表 2-29 给出了调整影响参数的比例。

表 2-29　MRMR 矿山调整（Laubscher，1990）

调整参数	可能调整比例/%	调整参数	可能调整比例/%
岩体风化	30~100	地应力	60~100
节理产状	63~100	爆破作用	80~100

2.2.2.4　修正的 MRMR 系统

为了便于矿山采矿工程应用，Laubscher 和 Jakubec（2001）在基于原来岩体的分类指标（即 IRMR）的基础上，提出了 MRMR 计算方法，如图 2-24 所示。

与前述的 RMR_{L90} 比较，MRMR 的计算步骤总结如下：

（1）完整岩石强度（UCS）来自于岩芯的无侧限单轴抗压强度的实验值。考虑到岩石中夹有弱面进行修正。

（2）为了从修正的完整岩石强度 UCS 获得岩块强度（RBS），需进行两次修正。

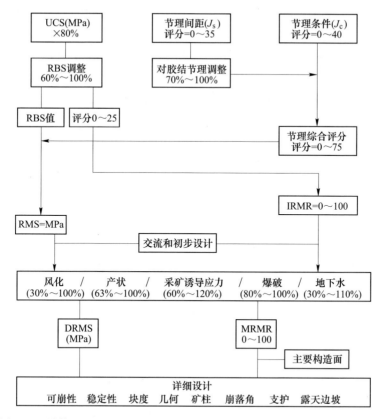

图 2-24　计算 IRMR、MRMR 和 DRMS 的流程（Laubscher & Jakubec，2001）

第一次调整：考虑室内小样本实验与实际工程尺寸上的差异（尺寸效应）进行的调整：UCS（MPa）×0.8 的修正；

第二次调整：考虑到微裂隙、岩脉和纹理导致岩石强度的降低进行的修正。Laubscher 和 Jakubec（2001）给出了调整系数的方法，其修正比例为 60% ~ 100%。

（3）修正的系统的节理间距评分，对于张开节理是根据 1 组、2 组或 3 组节理间距确定最大的评分为 35。该评分与前面的方法是不同的。如果岩体中存在低于岩石材料的一组胶结节理，则需进一步调整节理间距评分，即根据胶结节理组数，调整节理评分的比例为 70% ~ 100%。

（4）对于一组节理的最大节理条件（J_c）评分仍为 40，但已经调整了节理条件。由此给出了具有不同节理条件下的多组节理的评分图。

（5）节理总评分为节理间距 35 和节理条件 40 之和，为 75。

（6）IRMR 的值可由岩块强度评分和节理总评分之和加以计算。

（7）考虑风化（30% ~ 100%）、产状（63% ~ 100%）、采矿诱导应力

（60%～120%）、爆破（80%～100%）等修正因子，对 IRMR 进行修正，就获得了矿山分类评分 MRMR 值。

（8）在采用 Laubscher 和 Jakubec 的研究成果时，应考虑其研究目的是对矿岩的自然崩落性进行评价。在此对 MRMR 的修正既不存在爆破调整，也不存在风化调整。在此情况风化影响迅速，不足以影响岩体应力导致崩落扩展。节理产状和诱发应力的修正趋于相互补充。

（9）岩体设计强度（DRMS）是对岩体强度（RMS）的折减，其折减系数采用对 IRMR 折减后 MRMR 的系数，即 DRMS＝RMS×MRMR/IRMR。

（10）Laubscher 和 Jakubec（2001）并没有论述已经发表的关于各种对 IRMR 修正后的 MRMR 的正确与否。

Laubscher 给出的可能调整比例的指导准则对某些情况存在问题，使得调整值具有很大程度的主观性，并依赖于操作者的经验；且对于可能是正或负的应力情况下的调整不太适用。因此，Laubscher 在 2001 年又对其进行了修正。在引入到矿岩自然崩落法可崩性评价时，Laubscher 又提出了崩落曲线图（如图 2-25 所示），给出了划分稳定区、过渡区和崩落区域的边界线，并在可崩性评价中获得了广泛的应用。

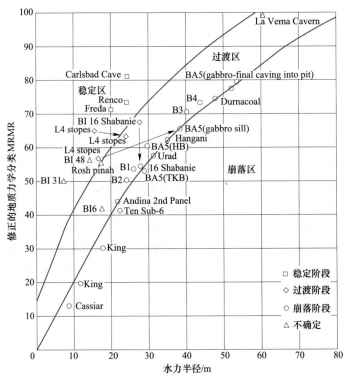

图 2-25　Laubscher 崩落曲线图

2.2.2.5 地质强度指标法（GSI）

GSI（Geological Strength Index）是 Hoek 教授等经过多年来与世界各地与之合作的工程地质师讨论，于 1980 年发展起来的方法，特别适用于风化岩体及非均质岩体。GSI 是考虑了影响岩体强度和变形的节理特性所提出的一种评价指标。节理岩体强度取决于完整岩块强度以及由节理裂隙切割构成的岩块在应力作用下发生滑移和转动的自由度。显然，岩块的滑动或旋转的自由度受岩块的几何形状、镶嵌结构和岩块间节理面的条件控制。

地质强度指标（GSI）实际上是根据岩体的两种特性加以描述：

（1）岩体结构。岩体结构取决于岩体中的节理规模、密度、产状和组合形式；在此划分为六类：完整岩体结构、块状结构、块裂结构、层状结构、碎裂结构和散体结构。

（2）结构面条件。结构面条件分为五类：非常好、好、较好、差、非常差。

根据岩体结构和结构面条件，借助于 Hoek 和 Brown 绘制的图，就可以确定地质强度指标 GSI（如图 2-26 所示）。

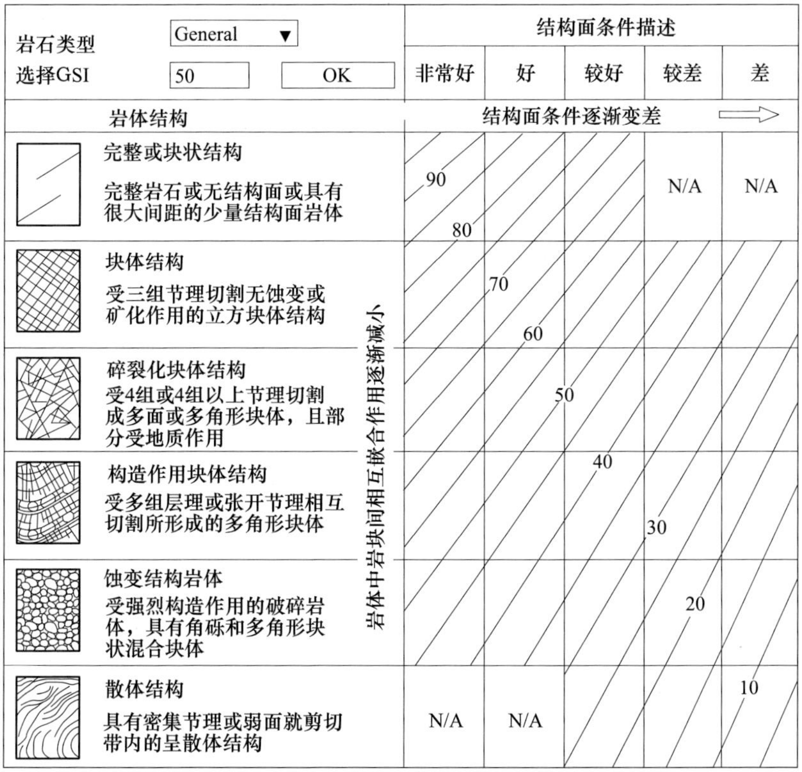

岩石类型	General ▼		结构面条件描述				
选择GSI	50	OK	非常好	好	较好	较差	差
岩体结构			结构面条件逐渐变差 ⟹				
完整或块状结构 完整岩石或无结构面或具有很大间距的少量结构面岩体			90 80			N/A	N/A
块体结构 受三组节理切割无蚀变或矿化作用的立方块体结构				70 60			
碎裂化块体结构 受4组或4组以上节理切割成多面或多角形块体，且部分受地质作用					50		
构造作用块体结构 受多组层或张开节理相互切割所形成的多角形块体					40 30		
蚀变结构岩体 受强烈构造作用的破碎岩体，具有角砾和多角形块状混合块体						20	
散体结构 具有密集节理或弱面就剪切带内的呈散体结构			N/A	N/A			10

（注：竖排文字"岩体中岩块间相互嵌合作用逐渐减小"）

图 2-26 节理化岩体地质强度指标（GSI）（Hoek，2003）

岩体结构类型有点类似于我国中国科学院地质研究所谷德振先生提出的岩体结构分类，这两类结构的定义和分类以及相互的关系有待于进一步研究。因此，既可以借助于岩体结构分类确定计算 GSI 的岩体结构类型，也可以根据岩体露头面的节理分布图与图 2-26 所示的岩体结构对比，估算结构类型。结构面条件可以用结构面的摩擦角进行定量描述，其对应的定量关系也需进一步研究。

应注意的是，GSI 并没有涉及完整岩石的单轴抗压强度，由此应避免双重考虑节理间距因素。应用 GSI、UCS 和完整岩石的强度参数 m_i 三个参数，就能够计算出岩体的强度参数。为此，Hoek 和 Brown 专门开发一个 RocLab 计算程序，为岩体参数的预测提供了一个十分可靠的手段。

2.2.3 岩体强度

2.2.3.1 工程岩体分级

我国制定的《工程岩体分级标准》（GB/T 50218—2014）规定了分两步进行的工程岩体分级方法，首先将由岩石坚硬程度和岩体完整程度这两个因素决定的工程岩体性质定义为"岩体基本质量"，据此对工程岩体进行初步定级；然后针对各类型工程岩体的特点，分别考虑其他影响因素，对已经给出的岩体基本质量进行修正，对各类型工程岩体作详细定级。

岩体基本质量指标 BQ 由下式确定。

$$BQ = 100 + 3R_c + 250K_v$$

式中　R_c——岩石饱和单轴抗压强度，MPa；

　　　K_v——岩体完整性指数。

使用上式计算时，应符合下列规定：

当 $R_c > 90K_v + 30$ 时，应以 $R_c = 90K_v + 30$ 和 K_v 代入计算 BQ 值；

当 $K_v > 0.04R_c + 0.4$ 时，应以 $K_v = 0.04R_c + 0.4$ 和 R_c 代入计算 BQ 值。

岩体完整程度的定量指标应采用岩体完整性指数 K_v。K_v 应采用实测值。当无条件取得实测值时，也可用岩体体积节理数 J_v，并按表 2-30 确定对应的 K_v 值。

表 2-30　J_v 与 K_v 的对应关系

J_v/条·m^{-3}	<3	3~10	10~20	20~35	≥35
K_v	>0.75	0.75~0.55	0.55~0.35	0.35~0.15	≤0.15

岩体基本质量分级，是根据岩体基本质量的定性特征和岩体基本质量指标 BQ 两者相结合，按表 2-31 确定。

表 2-31 岩体基本质量分级

岩体基本质量级别	岩体基本质量的定性特征	岩体基本质量指标（BQ）
I	坚硬岩，岩体完整	>550
II	坚硬岩，岩体较完整； 较坚硬岩，岩体完整	550~451
III	坚硬岩，岩体较破碎； 较坚硬岩，岩体较完整； 较软岩，岩体完整	450~351
IV	坚硬岩，岩体破碎； 较坚硬岩，岩体较破碎~破碎； 较软岩，岩体较完整~较破碎； 软岩，岩体完整~较完整	350~251
V	较软岩，岩体破碎； 软岩，岩体较破碎~破碎； 全部极软岩及全部极破碎岩	≤250

岩石饱和抗压强度 R_c 与岩石坚硬程度的对应关系按表 2-32 确定。岩体完整性指数 K_v 与岩体完整程度的对应关系按表 2-33 确定。

表 2-32 R_c 与岩石坚硬程度的对应关系

R_c/MPa	>60	60~30	30~15	15~5	<5
分类	硬质岩		软质岩		
坚硬程度	坚硬岩	较坚硬岩	较软岩	软岩	极软岩

表 2-33 K_v 与岩体完整程度的对应关系

K_v	>0.75	0.75~0.55	0.55~0.35	0.35~0.15	<0.15
完整程度	完整	较完整	较破碎	破碎	极破碎

2.2.3.2 岩体强度

根据岩体基本质量分级的结果，各级岩体的物理力学参数可按表 2-34 确定。

表 2-34 岩体的物理力学参数

岩体基本质量级别	重力密度 γ /kN·m^{-3}	抗剪断峰值强度		变形模量 E/GPa	泊松比 μ
		内摩擦角 ϕ/(°)	黏聚力 C/MPa		
I	>26.5	>60	>2.1	>33	<0.20
II		60~50	2.1~1.5	33~16	0.20~0.25
III	26.5~24.5	50~39	1.5~0.7	16~6	0.25~0.30
IV	24.5~22.5	39~27	0.7~0.2	6~1.3	0.30~0.35
V	<22.5	<27	<0.2	<1.3	>0.35

2.2.3.3 部分自然崩落法矿山岩体强度

国内外部分自然崩落法矿山的岩体强度及相关工程地质条件见表2-35。

表 2-35 国内外部分自然崩落法矿山的岩体强度[7~11]

矿山名称	国家	主要岩性	优势节理组	RQD	RMR 值	水力半径/m
铜矿峪铜矿	中国	变质花岗闪长岩	2组节理,水平节理不发育	80.7	56.16	24~32
		变质基性侵入体		62	55.15	
普朗铜矿	中国	石英二长斑岩	3组节理	64.51	41.59	21.6~25.6
特尼恩特矿	智利	安山岩(含矿)	2组陡节理,水平节理不发育	75~100	53~68	25
		闪长岩		90~100	65~70	
		石英安山岩		75~100		
Northparkes 铜金矿	澳大利亚	黑云母二长岩	节理发育		57	
		火山岩	节理发育		50	
Cullinan (即 Premier 矿)	南非	BB1 矿块	2组节理,水平节理不明显	47	45~55	25
		BA5 矿块			45~65	30
Bingham Canyon	美国	红石榴石矽卡岩			57	27
		非固结块状硫化矿			14	8
		固结块状硫化矿			44	
		含铁矽卡岩			35	22
Palabora 铜矿	南非	碳酸盐岩	三组急倾斜	矿体平均 RMR=61	70	设计35 初始45
		辉绿岩			57	
自由港 DOZ	印度尼西亚	镁橄榄矽卡岩			25~65	30
		角砾岩				10
Ridgeway 金矿	澳大利亚	东部			MRMR=58	39
		西部			MRMR=47	30
Finsch 金刚石矿	南非				MRMR= 19~25	25
Resolution 铜矿	美国				60~70	20~40
Chuquicamata 铜矿	智利				MRMR=48	24
Cadia East 铜矿	澳大利亚	矿石	节理频率分布 2组/m		57~62	
New Afton 金铜矿	加拿大	Lift1 西部盘区	节理裂隙发育;五组节理组,节理间距在 0.1~0.8m 之间		MRMR=52	28
		Lift1 东部盘区			MRMR=50	24
		B-3			MRMR=55	28

参 考 文 献

[1] 常士骠, 张苏明, 等. 工程地质手册 [M]. 北京: 建筑工业出版社, 2007.

[2] 车用太, 等. 岩体工程地质力学入门 [M]. 北京: 科学出版社, 1983.

[3] 杨志强, 等. 特大型镍矿工程地质与岩石力学 [M]. 北京: 科学出版社, 2013.

[4] 于学馥, 等. 地下工程围岩稳定性分析 [M]. 北京: 煤炭工业出版社, 1983.

[5] 于润沧. 采矿工程师手册 (上、下册) [M]. 北京: 冶金工业出版社, 2009.

[6] 高磊, 等. 矿山岩体力学 [M]. 北京: 冶金工业出版社, 1979.

[7] Brown E T. Block caving geomechanics [M]. Queensland: Julius Kruttschnitt Mineral Research Centre, 2007.

[8] Duffield S. Design of the second block cave at Northparkes E26 [C]//Massmin 2000. Brisbane, 2000: 335~346.

[9] Casten Timothy, Ganesia Banu. The DOZ Mine-A Case History of a Mine Startup [C]//Massmin 2004. Santiago, 2004.

[10] Pascoe C, Oddie M, Edgar I. Panel caving at the resolution copper project [C]//Hakan Schunnesson, Erling Nordlund. Massmin 2008. Lulea: Lulea University of Technology Press, 2008: 35~42.

[11] 《采矿设计手册》编委会. 采矿设计手册 (采矿卷) [M]. 北京: 中国建筑工业出版社, 1989.

3 矿岩可崩性分析与崩落块度预测

3.1 矿岩可崩性概述

自然崩落法开采设计过程中，如果矿岩的可崩性分析与块度预测不够准确，则在生产工艺和经济成本上直接影响自然崩落法开采的可行性。因此，矿岩可崩性和崩落块度是自然崩落法采矿研究的关键环节之一。

自然崩落法中影响可崩性的主要因素包括岩体强度、结构面的不连续性和强度、矿体形态、拉底尺寸、诱导应力，以及边界弱化面的存在等。在 20 世纪 80 年代，随着劳布斯彻崩落图（Laubscher's caving chart）的发展，这些影响因素得以量化并应用于自然崩落法可崩性分析中，自然崩落法也随之开始广泛应用。

在自然崩落法实际应用中，用于矿岩可崩性评价的方法主要包括工程类比法、矿岩质量评价方法、物理实验模拟法和数值模拟方法等。其中，工程类比法可参考表 3-1。

表 3-1 部分自然崩落法矿山可崩性参数对照

矿山名称	节理组数	节理密度 /条·m^{-1}	完整岩块抗压强度 /MPa	RQD /%	崩落指数	初始拉底面积 /m^2	原岩应力 水平 /MPa	原岩应力 垂直 /MPa	可崩性描述
尤拉德钼矿	3 组节理，无水平节理	3	117.7~127.5	50	7.5~8	14214	10.0	18.0	难崩，大量诱导
克莱梅克斯钼矿	大于 3 组节理，有水平节理	8~11	34.3~109.8	47~70	3~5	14400	7.0~8.0	11.0~13.0	易到中等可崩
亨德森铜钼矿	2 组节理，水平节理不明显	6.6	123.6~130.4	47	6	21600	29.0	30.0	中等可崩
圣曼纽尔铜矿	3~4 组节理，有水平节理	13	98.1~132.4	30~40	5~6	2400			易崩
埃尔特尼恩特铜矿	2 组陡节理，水平节理不发育	0.5	98.1~117.7	70~100	7~10		40.0	39.0	难崩

续表 3-1

矿山名称	节理组数	节理密度 /条·m⁻¹	完整岩块抗压强度 /MPa	RQD /%	崩落指数	初始拉底面积 /m²	原岩应力 水平 /MPa	原岩应力 垂直 /MPa	可崩性描述
湖滨铜矿	极其发育	25.6	2.0~147.1	15	3~4	900	7.0	6.0	易崩
New Afton 矿	5 组节理	5~10	70~100	45~70					可崩
程潮铁矿	6 组	6.7	83	36					易到中等
金山店铁矿	3 组	5	9.8~49	50					较易
金川Ⅲ矿区贫矿	4 组节理	11	57.56~132.72	33	5.5	2700	6.98~17.84	8.69	中等
普朗铜矿	3 组节理	10	61~97.7	47~62		10000			中等
铜矿峪铜矿	2 组节理，水平节理不发育	6	73.5~147.1	70	7~9	4000	17.59~37.83	19.33	可崩

起初，人们凭借经验和单因素的方法进行可崩性评价，其中根据大块二次破碎单位炸药消耗量评价矿岩可崩性，由于指标容易获得，在实际生产过程中也经常被采用，但这是一种事后评价方法。B. K. McMahon 和 Kendrick（1969）在对 Climax 矿和 Urad 矿进行可崩性评价时发现岩石质量指标（RQD）与可崩性之间存在明显的线性关系，因而提出了崩落性指数法，崩落性指数 $C_i = \dfrac{RQD\% + 29.14}{11.2}$；同时在矿岩完整性测量的基础上，建立了基于矿岩完整性系数 K_v 和比能衰减系数 S_f 的可崩性评价的声波法和比能衰减系数法。这些方法常常被用作矿岩可崩性的初期评价。

随后，矿岩质量评价方法被广泛应用到可崩性评价中。矿岩稳定性与可崩性实质上是描述同一个问题的两个方面，侧重点不一样。矿岩稳定性分级是复杂矿岩工程地质特征的综合反映，可崩性分级则强调矿岩在多大的拉底面积下能够崩落以及崩落破碎的块度。稳定性好的矿岩其崩落性就差；反之，崩落性就好。人们在进行矿岩稳定性评价时发展了很多方法，从理论上讲这些方法都可以用在矿岩可崩性的评价上。但这些方法在发展的初期就具有很强的针对性，因此有些方法在使用中证明不合适。目前，在矿岩可崩性评价上应用比较成功的方法主要有 CSIR 分类（RMR 分类）、NGI 分类（Q 分类）、RQD 和 MRMR 岩体分类方法。

3.2　可崩性主要影响因素分析

（1）岩体构造。岩体中节理密度、产状、组数、节理面的几何形态以及抗剪强度等是影响岩体崩落的主要因素，这些岩体构造特征也是评价可崩性与矿石块度预测的基础资料。一般认为，形成初始崩落至少要有两组比较发育的节理，最理想的岩体构造条件是岩体中含有至少两组陡倾角的节理和一组缓倾角节理。

（2）完整矿岩强度。矿岩崩落过程中岩石破裂主要是按节理裂隙发生，但有时也通过完整岩石发生。岩体中节理是不连续的，其间存在岩桥，岩石脱离岩体崩落必须切断岩桥，因此，完整矿岩的强度也是影响岩体崩落的一个因素。

（3）原岩应力状态。岩体中应力状态是促使矿岩崩落的重要力学因素，在一定的原岩应力场状态下，不同的拉底方向和其空间形状可以产生不同的次生应力场，其崩落效果也不同。如果矿区处在以垂直应力为主的原岩应力场中，则有利于矿岩崩落；如果矿区处在以水平应力为主的原岩应力场中，通过正确设计确定合理的拉底方向并辅以必要的割帮与预裂工程，减少水平应力的不利影响，也能促使矿岩正常崩落。掌握矿区最大主应力方向，还将对合理布置主要巷道及采准工程有利，可以增强采矿工程的稳定性。

3.3　可崩性评价方法

3.3.1　Q 值法

岩体分类系统（Q 值法）是 Barton 等人在分析了 200 多座已建隧道的实测资料上提出的一种岩体分类方法。这种方法综合了岩石质量指标（RQD）、节理组数（J_n）、节理粗糙度系数（J_r）、节理蚀变影响系数（J_a）、节理裂隙水折减系数（J_w）和应力折减系数（SRF）等 6 个方面因素的影响，适用于包括基岩在内的所有软硬岩岩体的分类。具体内容在 2.2.2.1 节中已经说明，此处不再赘述。

3.3.2　RMR 系统法

RMR 法（Rock Mass Rating）是众多岩体工程质量分类方法中的一种，也是进行岩体质量评价和确定岩体变形参数的重要方法，是 1974 年由南非著名的岩石力学专家 Bieniawski 提出的。RMR 值与完整岩石强度、岩芯质量指标（RQD）、节理间距、节理条件和地下水条件有关。其中，完整岩石强度由点荷载试验和抗压强度试验获得；岩芯质量指标 RQD 通常通过钻探资料获得；节理间距、节理条件和地下水条件通过现场工程地质测绘资料获得。该方法综合考虑了岩石强度、节理间距及特征、岩芯质量（RQD）、地下水条件等诸多地质因素的影响，是一种发展较快、应用较广且比较完善的工程岩体分类方法。该法自 1974 年提出以来，不少学者对其进行了有价值的修正，如西班牙学者 Romana、Serafim 和 Pereina（1983），中国工程院院士哈秋聆等人。Bieniawski 本人（1976，1979，1989）也对其进行了多次修正。

RMR 分类系统的最大优点是在采矿工程分类中易于应用，有助于采矿工程师、地质学家和岩土工程师进行交流。但在应用过程中，当 RMR>25 时可靠性较高，但较低的 RMR 可靠性较差，当 RMR<18 时则不再适用。该方法具体可参见 2.2.2.2 节中的内容。

3.3.3 MRMR 系统法

3.3.3.1 方法介绍

目前，国际上应用较为广泛的可崩性评价工程经验类比法是 Laubscher 教授的研究成果——Laubscher 崩落图表，如图 2-25 所示。采用经验法预测可崩性需要找到可将岩体质量测定、拉底几何尺寸和诱导应力综合起来分析的有效工具。Laubscher 教授通过把岩体参数（即 MRMR），以及拉底范围形成的水力半径（即 HR（面积/周长）），做成图形，从而解决了这个问题。根据研究数据，Laubscher 崩落稳定图法应用于长宽比小于 3 的情况下时，水力半径是一个有效的可崩性或稳定性预测值。

Laubscher 收集了一系列崩落法矿山的数据，在图中绘制了代表具体矿山、矿块或盘区的点。这些点代表矿块或盘区稳定（不崩落）、过渡（主要崩落或部分崩落）和崩落的不同条件。基于这些资料，Laubscher 画出了稳定、过渡和崩落区之间的边界线。Laubscher 将各项可崩性影响因素对可崩性的影响程度量化为代表工程岩体质量的 MRMR 与水力半径间的关系图。

该崩落图划分成三个区域，即稳定区、过渡区和崩落区。图中包含有 29 个工程实例：3 个稳定的、4 个过渡的和 17 个崩落的以及 5 个没有明确但假设为稳定的。这 3 个区域被过渡区分开，工程落在稳定区表示工程稳定，落在崩落区表示发生持续崩落，落在过渡区表示可能崩落也可能稳定。

Laubscher 崩落图法已经广泛应用于崩落法开采中，特别是对软弱矿体，该方法尤其成功。但是在 MRMR 值大于 50 的矿岩中（例如 Northparkes E26 的 Lift 1 矿块崩落预测水力半径为 25）矿岩却不能发生自然崩落，这一事实表明，该方法还不能对稳固性好、较小的和孤立或受约束的矿块或矿体提供较为满意的结果，这可能是由于对稳定性 3 个区域划分带的描述还不够精确。在某些情况下 3 个区域的分界线可能需要进行局部调整，如图 3-1 所示为 Laubscher 崩落图针对智利特尼恩特矿山的局部校正。

3.3.3.2 岩体分级评价（MRMR）

矿山岩体分级评价（MRMR）是根据 Bieniawski 提出的岩体分级（RMR）进行修正得到的。Bieniawski 的岩体地质力学分类（RMR）为影响岩体力学性质的五项指标的数值总和，包括：

（1）岩块强度；

（2）RQD（岩体质量指标）值；

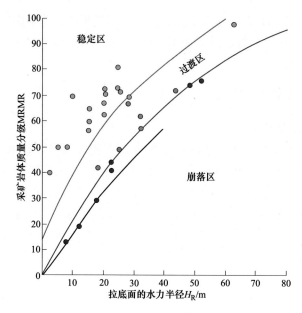

图 3-1　根据智利特恩尼特矿山的 Laubscher 校正图

（3）节理间距；

（4）节理条件；

（5）地下水条件。

Laubscher 应用了前四个因素，但这些因素的赋值与 Bieniawski 不同，并考虑到裂隙水的综合作用。在进行了一系列的修正后，Laubscher 的 RMR 理论与 Bieniawski 的原始理论已经有了很大的改变，且能对岩体作出不一样的评级。

为解释风化、节理走向、诱导应力以及爆破作用的影响，Laubscher（1990）对 RMR 理论进行了一系列的调整，调整后的 RMR 值即为 MRMR。在这些因素里面，只有节理走向、诱导应力可能影响矿岩可崩性。尽管每项因素的修正范围有限，但在给定的范围内对这些因素进行适当调整的评估指导方法却很少，大多因工程的具体情况而异。所以，参数修正的工作量较大，MRMR 值可在 RMR 值的50%～120%范围内变动。

3.3.3.3　可崩性实例

Laubscher 崩落图已经成为全球预测崩落法矿山的矿岩可崩性的主要方法，尤其是对于新开采的矿岩强度较低的大型矿体是比较成功的。铜矿峪铜矿应用 Laubscher 崩落图法对矿岩可崩性进行了分析，根据岩体条件计算获得铜矿峪铜矿矿岩 MRMR 值，从 Laubscher 崩落图可查得矿岩的水力半径，如图 3-2 所示。

对比铜矿峪铜矿实际矿岩可崩性条件，发现可崩性预测结果与实际情况基本吻合，因此该方法用于类似矿山开采的可崩性评价是适合的。国内外其他自然崩

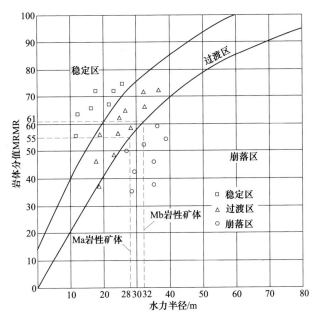

图 3-2 铜矿峪铜矿可崩性分析

落法矿山矿岩可崩性参数见表 3-2。从表中可知，对于自然崩落法矿山，大部分矿岩 RMR 值在 70 以下，MRMR 值一般在 65 以下，且 RMR 值大于 65 的自然崩落法矿山或许要采取人工预裂措施辅助矿岩自然崩落。但必须注意，Laubscher 崩落图只是一个经验图表法，它是根据之前的一些矿山的经验总结而成的，并不代表能适应所有的矿山或每个矿山的所有区域，需要不断完善，这就需要采矿工程师充分掌握所做矿山项目的具体条件，运用自然崩落法的基本知识，来分析判断本项目的可崩性和崩落趋势。

表 3-2 其他国内外自然崩落法矿山可崩性参数

矿山名称	节理密度 /条·m⁻¹	RQD/%	完整矿岩强度 /MPa	RMR	MRMR
印度尼西亚 Grasberg 矿	4~8	70~90	80~140	57~65	50~60
加拿大 New Afton 矿	5~10	45~70	70~120	50~60	45~55
南非 Palabora 矿	3.6~12	50~80	120~140	61	50
澳大利亚 Northparkes 矿 Lift 2	1~3	80~100	136~227	57	53
美国 Henderson 矿	4~9	47	45~50	50~60	45~50
澳大利亚 Cadia East 矿	2~4	60~90	150	50~60	45~55
智利 El Teniente 矿	1~4	75~100	300	53~68	50~63
普朗铜矿	10	64	165	42	40
铜矿峪铜矿	6	90	90~260	59~66	55~61

3.3.4 Mathews 稳定图法

3.3.4.1 方法介绍

对于岩体较稳定、规模较小和独立或受限制的矿块，Laubscher 崩落图法并不总是能够给出满意的结果，这可能是没有获得更充足的工程实例所致。尤其对于 MRMR 大于 50 的矿岩体，会使崩落图区域中合理崩落区跨越较大的范围。

空场法采矿设计的 Mathews 方法是由 Mathews 等人于 1980 年首先提出的，是一种相对简单并且基于实践的岩石分类系统，适用于 1000m 以下的采矿设计，如图 3-3 所示。

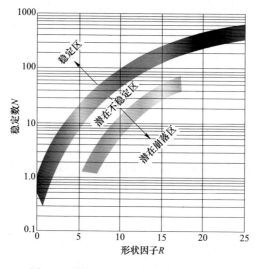

图 3-3　最初的 Mathews 稳定图（1980）

Mathews 稳定图法是 Mathews 等人于 1980 年首先提出的，适用于在硬岩中进行矿山开采设计的方法。该方法最初提出的时候，是基于 50 个工程实例，统计了每个工程实例的稳定数和崩落水力半径，并把他们的关系绘制成了稳定图。Potvin、Stewart、Forsyth 和 Trueman 等人在分析 500 例工程实例后，于 1988 年重新绘制了修正后的稳定图，并调整了稳定数 N 中一些参数的计算方法，使预测值更加可靠。Mathews 稳定图方法是一种相对简单、理论上并不严密但基于实践的岩石分类系统，在加拿大矿山设计中已经成为空场采矿设计的工业标准，该法在加拿大以外的矿山中正越来越多地得到应用。该方法已被众多的矿山实践实例证实，是一种实用的设计分析方法。Mathews 稳定图方法的设计过程，以两个因子——稳定数 N 和形状因子（或水力半径）R 的计算为基础，然后将这两个因子绘制在划分为预测稳定区、无支护过渡区、支护稳定区、支护过渡区和开挖区的图上，稳定数代表岩体在给定应力条件下维持稳定的能力，形状因子或水力半径 R 则反映了采场尺寸和形状。

Mathews 稳定性图解方法采用了修正的 NGI 隧道质量指标 Q 值，当 Q 值中的应力折减系数（SRF）和节理渗水折减系数（J_w）都为 1.0 时，即为 Q' 值。

计算公式为：

$$Q' = \frac{RQD}{J_n} \frac{J_r}{J_a} \frac{J_w}{SRF} \qquad (3-1)$$

稳定性系数代表岩体在给定应力条件下维持稳定的能力，其计算方法为：

$$N = Q'ABC \qquad (3-2)$$

式中　N——Mathews 稳定性系数；

　　　Q'——修正的 Q 值；

　　　Q——岩体质量，由勘测图或钻孔岩芯记录计算，在此假设节理水和应力折减系数均为 1，即取 $J_w/SRF = 1$；

　　　A——岩石应力系数，由完整岩石单轴抗压强度 UCS 与采场中线采矿产生的压应力之比加以计算，A 既可采用弹性有限元分析软件获得，也可参考已发表的应力分布图进行估算；

　　　$A = 0.1$，若 $\sigma_c/\sigma_i < 2$

　　　$A = 0.1125 \times (\sigma_c/\sigma_i) - 0.125$，若 $2 < \sigma_c/\sigma_i < 10$

　　　$A = 1$，若 $\sigma_c/\sigma_i > 10$

　　　B——节理方位系数，采场面倾角与主要节理组的倾角之差的度量；

　　　C——重力调整系数，反映了采场面产状对采场矿岩稳定性的影响因子，

　　　$C = 8 - 7\cos\alpha$。

Mathews 稳定图法中调整系数的计算如图 3-4 所示。

如图 3-3 所示，最初的 Mathews 稳定图分为 3 个区域：稳定区、潜在的不稳定区和潜在的崩落区。在 1989 年通过 Potvin 等人的修正，被简化为稳定区域和不稳定区域（也可以为崩落区域），Potvin 等人提出的改进稳定图中，这 3 个区域被缩减为稳定区和崩落区 2 个区域，中间通过一个过渡区域划分。Stewart 和 Forsyth（1995）提出用"崩落"这个词来描述不稳定的区域，另外该词在采矿中有其他意思，整体含义比较模糊。

3.3.4.2　改进的 Mathews 稳定图

2000 年，Trueman 等人分别收集了大量的稳定区、次要破坏区和主要破坏区的案例数据，这些数据和已有的案例结合，形成了一个约有 500 案例容量的数据库。所有这些案例稳定数都是根据 Mathews 等人提出的指导建议确定的。如图 3-5 所示，不同于 Mathews 稳定图中常用的对数线性坐标轴，改进的 Mathews 稳定图的形状因子 S 和稳定数 N（S-N 图）被绘制在双对数坐标图上。随着数据库容量的增加，对数回归分析可对稳定区、次要破坏区和主要破坏区边界进行界定。从

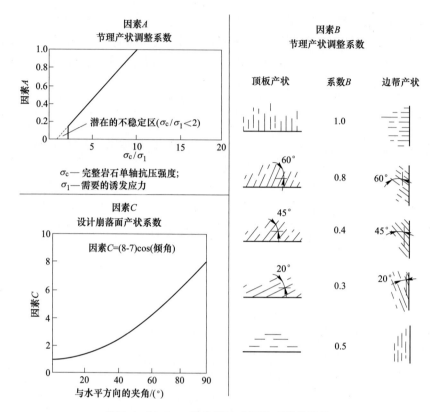

图 3-4 Mathews 稳定图法中调整系数的计算

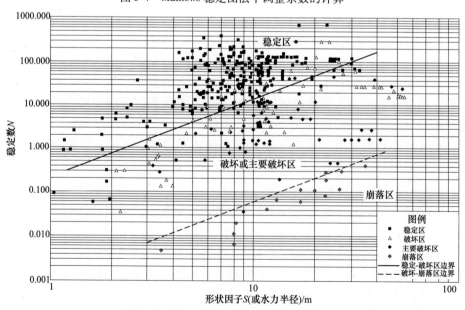

图 3-5 基于对数回归分析改进的空场工作面 Mathews 稳定图

统计学的角度来区分几个区域的边界问题，破坏区与主要破坏区的分界线没有稳定区与破坏区、主要破坏区与崩落区那么明显。

改进 Mathews 稳定图的目的是能够预测矿岩的可崩性，如前所述，Mathews 为调整系数的确定提供了详细的指南，这与 Laubscher 图法相比，减少了主观因素和个人经验对确定关键因素的影响。因此，Mathews 稳定图法在预测岩体可崩性方面有一定的优势。此外，Mathews 稳定图法已经形成了一个巨大的关于采场表面稳定性的数据库。这有利于合理的确定崩落区范围，大量的实例数据对于经验方法是非常重要的。

国外研究自然崩落法时，分别从安迪纳铜矿（Andina）、特尼恩特铜矿（El Teniente）、萨尔瓦多矿（Salvador）、亨德森矿（Henderson）、北帕克斯 E26 矿（Northparkes E26）收集了大量的自然崩落法原始数据。

如图 3-6 所示，将前人收集的数据点绘制在改进的 Mathews 稳定图中，并运用对数回归分析来确定崩落区。当特征点落在主要破坏区和崩落区的分界线上时，并不代表该点代表的工程 100%会发生崩落，因此，需要更多的崩落区和过渡崩落区的数据，以提高 Mathews 稳定图预测矿岩可崩性的可信度。

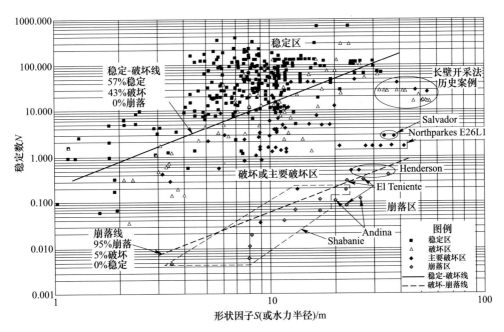

图 3-6　基于对数回归的改进 Mathews 稳定图的稳定和崩落线示意图

综上，Mathews 稳定图法是一种有效的可崩性预测方法，该方法即使在没有类似工程参考的情况下仍能使用。

3.4　可崩性数值模拟分析

相对于经验方法，数值模拟方法可对矿岩可崩性进行更为准确的分析和预测，但数值模拟方法依赖于准确的岩体构造数据，并依赖于岩体屈服准则和模型的精确构建，因此，目前数值模拟法在矿岩可崩性分析中仍处于研究开发阶段。数值模拟方法广泛应用于岩石力学中，同时也能应用于非线性和不连续岩体的崩落法开采分析。相对于经验方法，数值模拟能更加准确地模拟拉底形状和主要破坏区域。如图 3-7 所示为综合岩体建模过程。

颗粒黏结模型　　　综合岩体　离散型裂隙网络

节理岩体

图 3-7　综合岩体建模

3.4.1　离散元法

大部分的数值模型将岩石视为连续的或等效介质，对于离散岩块之间相互作用的岩石力学问题，需要特殊的解决方法，如岩块尺寸与研究区域尺寸的比率，而等效连续体则不作考虑。对于不连续体的模拟，最通用、有效的方法为 Cundall 于 1971 年提出的离散单元法。1985 年，Cundall 等人完成了离散元数值分析程序 UDEC。离散单元法完全强调岩体的非连续性，计算域由众多的岩体单元组成，但这些单元之间并不要求完全紧密接触，单元之间既可以是面接触，也可以是面与点的接触，每个岩体单元不仅要输入它的材料弹性参数等，还要确定形成岩块四周结构面的切向刚度、法向刚度等，也允许块体之间滑移或受到拉力以后脱开，甚至脱离母体而自由下坠。

离散单元法（DEM）认为，岩体中的各离散单元在初始应力作用下各块体保持平衡。岩体表面或内部开挖以后，一部分岩体就存在不平衡力，离散单元法（DEM）对计算域内的每个块体所受的四周作用力及自重进行不平衡力计算，并采用牛顿运动定律确定该块岩体内不平衡力引起的位移和速度。反复逐个块体进行类似的计算，最终确定岩体在已知荷载作用下是否被破坏或计算出最终稳定体系的累积位移。为了达到快速收敛和避免产生振荡，还要对运动方程式加上一定的阻尼系数。

自然界岩体多处于真三轴应力状态下，美国 ITASCA 公司开发的 3DEC 应用程序，是在 UDEC 基础上发展形成的离散单元法数值分析程序，可以用来模拟三维节理岩体的力学行为。

离散单元法的功能有：

（1）允许块体产生有限位移及旋转，并允许块体完全分离；

（2）在运算过程中，必须能自动判别各块体间的接触点；

（3）离散单元法可以模拟岩体在静态或动态载荷下的受力情况及位移。

3DEC 将岩体视为由许多完整岩块组成，各完整岩块间由岩体中的不连续面分割，而各完整岩块间的接触面视为岩块的边界。完整岩块可被模拟成刚体（rigid block）或可变形体（deformable block），3DEC 在模拟可变形岩块时，将岩块自动分割成许多次级块体，每个次级块体可配合选用的材料组成力及外力作用情况，计算岩块的受力及应力分布情况。在节理的模拟方面，主要根据位移-作用力法则，计算岩块在节理面上三维剪应力及法向应力，作为岩块的应力边界条件，即可模拟岩块的大位移与转动的情况。3DEC 的特点可归纳为以下几点：

（1）可模拟三维刚体或可变形体的力学行为；

（2）可模拟各种岩体介质在静态及动荷载下的受力及位移；

（3）不连续面视为完整岩块的边界，即节理岩体的各个完整岩块由不连续面分割而成；

（4）对于连续性节理行为的模拟，可使用统计的方法，将岩桥与节理平均分布于非连续性节理面上；

（5）3DEC 可提供三维岩体模型的图示能力，可 360°旋转岩体模型，观察岩体受力后的变形情况，并且可直接打印观测的应力及应变结果。

由于在崩落过程中，岩体具有不连续的特性，因此采用离散元算法评价岩体的可崩性是非常有效的。根据自然崩落法研究的最新进展，国外已采用 3DEC 离散元与 BBM（黏结块体模型）的耦合程序对矿岩可崩性和崩落流动进行模拟，模拟结果如图 3-8 所示。同时将所得数值模拟结果与物理试验模型进行比较，发现和物理模型得出的结果在某些方面较为吻合。

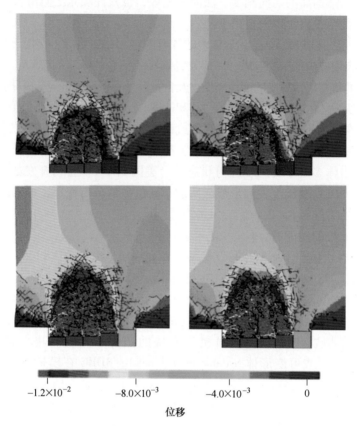

位移

图 3-8　基于 3DEC 离散元程序的矿岩崩落模拟（图片来自 D Cumming-Potvin，J Wesseloo）

　　离散元法可以较好地模拟矿岩崩落过程，对矿岩可崩性、矿岩崩落发展以及崩落矿岩流动等作出预测，但其中矿岩崩落过程中的应力机制和崩落机理还未研究透彻，因此崩落机理的研究还应是理论研究的重点，同时数值模型也需要进一步进行调整以符合实际矿岩崩落情况。

3.4.2　有限差分法及 FLAC3D 程序

3.4.2.1　有限差分法介绍

　　有限差分法是求解给定初值或边界问题的较早的数值方法之一，随着计算机技术的迅速发展，有限差分法以其独特的计算格式和计算流程显示出它的优势与特点。有限差分法的主要思想是将待解决问题的基本方程组和边界条件（一般均为微分方程）近似地改用差分方程（代数方程）来表示，即由有一定规则的空间离散点处的场变量（应力、位移）的代数表达式代替。这些变量在单元内是非确定的，从而把求解微分方程的问题转化为求解代数方程的问题。

有限差分法和有限单元法都产生一组待解方程组。尽管这些方程组是通过不同方式推导出来的，但两者产生的方程是一致的。在有限元法中，常采用隐式、矩阵解算方法，而有限差分法通常采用"显式"、时间递步法解算代数方程。"显式"是针对一个物理系统进行数值计算时所用的代数方程式的性质而言。在用显式法计算时，所有方程式一侧的量都是已知的，而另一侧的量只用简单地代入法就可求得。另外，在用显式法时，假定在每一迭代时步内每个单元对其相邻的单元产生力的影响，而且时步应取得足够小，以使显式法稳定。

3.4.2.2　FLAC 3D 程序介绍

由于近年来 FLAC 程序在国内外的广泛应用，有限差分法已成为解决岩石力学问题的一种主要的数值分析方法。FLAC（Fast Lagrangian Analysis of Continua）是一个利用显式有限差分方法进行求解，为岩土、采矿工程师进行分析和设计的二维连续介质程序，主要用来模拟土、岩或其他材料的非线性力学行为，可以解决众多有限元程序难以模拟的复杂的工程问题，例如大变形大应变、非线性及非稳定系统等问题。

FLAC 3D 是美国 Itasca 公司开发的三维快速拉格朗日分析程序，是二维有限差分程序的扩展，能够进行土质、岩石和其他材料的三维结构受力特性模拟和塑性流动分析。该程序能较好地模拟地质材料在达到强度极限或屈服极限时发生的破坏或塑性流动的力学行为，特别适用于分析渐进破坏和失稳以及模拟大变形。FLAC 3D 调整三维网格中的多面体单元来拟合实际的结构。单元材料可采用线性或非线性本构模型，在外力作用下，当材料发生屈服流动后，网格能够相应发生变形和移动（大变形模式）。FLAC 3D 采用的显式拉格朗日算法和混合-离散分区技术，能够非常准确地模拟材料的塑性破坏和流动。由于无须形成刚度矩阵，因此基于较小内存空间就能够求解大范围的三维问题。

三维快速拉格朗日分析在求解中使用如下三种计算方法：（1）离散模型方法：连续介质被离散为若干六面体单元，作用力均集中在节点上；（2）有限差分方法：变量关于空间和时间的一阶导数均用有限差分来近似；（3）动态松弛方法：由质点运动方程求解，通过阻尼使系统运动衰减至平衡状态。

（1）空间导数的有限差分近似。快速拉格朗日分析采用混合离散方法，将区域离散为常应变六面体单元的集合体，又将每个六面体看作以六面体角点为常应变四面体的集合体，应力、应变、节点不平衡力等变量均在四面体上进行计算，六面体单元的应力、应变取值为其内四面体的体积加权平均。这种方法既避免了常应变六面体单元经常会遇到的位移剪切锁死现象，又可使四面体单元的位移模式充分适应一些本构关系的要求。

如一四面体，节点编号为 1~4，第 n 面表示与节点 n 相对的面，设其内一点的速率分量为 v_i，则由高斯公式得：

$$\int_V v_{i,j} \mathrm{d}V = \int_S v_i \boldsymbol{n}_i \mathrm{d}S \tag{3-3}$$

式中　V——四面体的体积；

　　　S——四面体的外表面；

　　　$\boldsymbol{n}_i$——外表面的单位法向向量分量。

对于常应变单元，v_i 为线性分布，n_j 在每个面上为常量，由式（3-3）可得：

$$v_{i,j} = -\frac{1}{3V}\sum_{i=1}^{4} v_i^l n_j^{(l)} S \tag{3-4}$$

式中，上标 l 表示节点 l 的变量；(l) 表示面 l 的变量。

（2）运动方程。快速拉格朗日分析以节点为计算对象，在时域内求解。节点运动方程如下：

$$\frac{\partial v_i^l}{\partial t} = \frac{F_i^l(t)}{m^l} \tag{3-5}$$

式中　$F_i^l(t)$——t 时刻 l 节点在 i 方向的不平衡力分量，可由虚功原理导出；

　　　m^l——l 节点的集中质量。

对于静态问题，采用虚拟质量以保证数值稳定。对于动态问题则采用实际的集中质量。将上式左端用中心差分来近似，则可得：

$$v_i^l\left(t+\frac{\Delta t}{2}\right) = v_i^l\left(t-\frac{\Delta t}{2}\right) + \frac{F_i^l(t)}{m^l}\Delta t \tag{3-6}$$

（3）应变、应力及节点不平衡力。快速拉格朗日分析由速率来求某一时步的单元应变增量，即：

$$\Delta e_{ij} = \frac{1}{2}(v_{i,j} + v_{j,i})\Delta \tag{3-7}$$

有了应变增量，即可由本构方程求出应力增量，进而得到总应力。

（4）阻尼力。对于静态问题，在式（3-5）的不平衡力中加入非黏性阻尼，以使系统的振动逐渐衰减直至达到平衡状态（即不平衡力接近零），此时式（3-5）变为：

$$\frac{\partial v_i^l}{\partial t} = \frac{F_i^l(t) + f_i^l(t)}{m^l} \tag{3-8}$$

阻尼力为：

$$f_i^l(t) = -\alpha\left|F_i^l(t)\right|\mathrm{sign}(v_i^l) \tag{3-9}$$

式中，α 为阻尼系数，其默认值为 0.8，而：

$$\text{sign}(y) = \begin{cases} +1 & (y > 0) \\ -1 & (y < 0) \\ 0 & (y = 0) \end{cases} \tag{3-10}$$

（5）计算循环。拉格朗日元法的计算循环如图 3-9 所示，假定某一时刻各个节点的速度为已知，则根据高斯定理可求得单元的应变率，进而根据材料的本构关系求各单元的新应力，然后进入下一个计算循环。

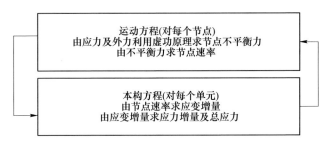

图 3-9　拉格朗日元法的计算循环

3.4.2.3　FLAC 3D 计算分析的一般步骤

（1）FLAC 3D 计算步骤。如图 3-10 所示，为了建立一个计算模型并用 FLAC 进行模拟，有三个基本方面工作必须确定：

1）有限差分网格生成；

2）本构模型与材料性质设置；

3）边界条件与初始条件设置。

（2）FLAC 3D 单元的类型及其定义。在 FLAC 3D 中，一个单元是由节点和平面构成的封闭的几何区域，图 3-11 给出了 5 种类型单元节点的编号和平面方向的定义，这 5 种类型的单元是块体单元、楔形单元、棱锥形单元、退化块体单元和四面体单元。

3.4.2.4　FLAC 3D 程序在自然崩落法中的应用

FLAC 3D 软件中为岩土工程的求解开发了特有的本构模型，包括开挖模型、弹性模型、塑性模型等。以上 FLAC 3D 程序中的本构模型均属于连续介质计算方法模型，因此本质上以上本构模型是不能进行崩落法模拟的。

由于 FLAC 3D 程序对岩体的应力及塑性屈服区的计算模拟具有很大的优势，为此国际崩落法研究课题组已开发出 FLAC 3D 的崩落本构模型（Cave-Hoek 模型），从而推动了 FLAC 3D 程序在自然崩落法研究中的应用。另外，FLAC 3D 与其他离散元程序的耦合，比如与 REBOP 程序、元胞自动机程序（Cellular automata）中的崩落程序（CAVESIM）耦合，也使得 FLAC 3D 具备了模拟矿岩崩落过程中的应力分布、塑性区分布、矿岩崩落与流动及地表沉降等相关问题的能力。比如，美国 Itsca 公司 Y Hebert 等人使用 FLAC 3D 与 CAVESIM 程序耦合，对不

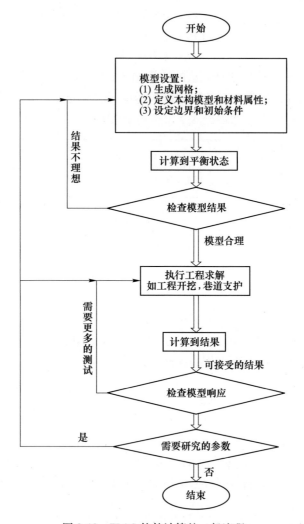

图 3-10　FLAC 软件计算的一般流程

同条件下的矿岩崩落进行了模拟。如图 3-12 所示，所得结果不仅反映了矿岩崩落过程中的应力分布状态，同时也反映了崩落矿岩的流动速率。

　　该耦合方法能够捕捉到放矿策略对崩落发展和矿石回收率的影响、崩落停止的可能性、崩落区中空气间隙的发展和关联的空气冲击波风险、崩落贯通地表的时间或与其他水平的相互影响、塌陷坑的形成，以及地表沉降等问题；同时捕捉放矿和矿石重力流对矿岩可崩性、崩落发展和地表沉降的影响仍然是改进建模的关键。

　　有限差分 FLAC 3D 程序已经开发出崩落本构模型，并在国外多个崩落法矿山研究中得以应用，但对于自然崩落法研究而言，所做工作还远远不够，相关学者提出还需不断完善，从而提高 FLAC 3D 在崩落法研究中的作用。

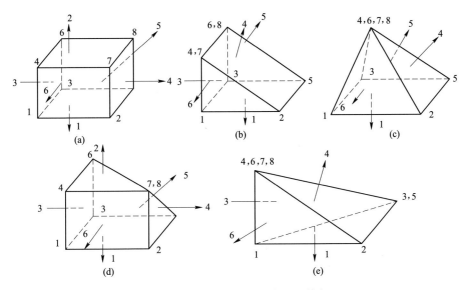

图 3-11　FLAC 计算的单元类型及其定义

（a）块体单元；（b）楔形单元；（c）棱锥形单元；（d）退化块体单元；（e）四面体单元

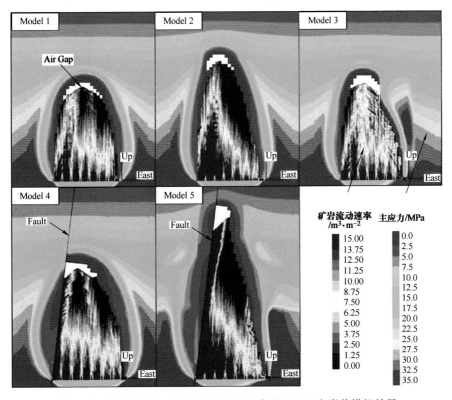

图 3-12　基于 FLAC 3D 与 CAVESIM 耦合方法的矿岩崩落模拟结果

（图片来自 Y. Hebert，G. Sharrock）

（1）提高基础力学的研究并加强对断裂模式、岩石脆性、节理强度和大规模结构面影响的研究；

（2）通过对详细记录的历史案例进行反演分析，进一步分析和验证，并将分析结果应用于新的崩落法矿山；

（3）考虑到放矿计划及岩体特性随时间变化的影响，应对矿岩崩落形状和崩落块度演化有进一步的评价，并且需要具备预测顶板崩落及崩落空区发展的能力。

3.4.3　PFC 颗粒流程序

3.4.3.1　颗粒流方法介绍

颗粒流方法是通过离散单元方法来模拟圆形颗粒介质的运动及其相互作用。PFC 颗粒流程序（Particle Flow Code，PFC）既可以模拟圆形颗粒的运动与相互作用问题，也可以通过多个颗粒与其直接相邻的颗粒连接形成任意形状的组合体来模拟块体结构问题。PFC 中颗粒单元的直径既可以是一定的，也可按高斯分布规律分布，单元生成器根据描述的单元分布规律自动进行统计并生成单元。调整颗粒单元直径，可以调节孔隙率，通过定义可以有效地模拟岩体中节理等弱面。计算接触相对位移时，不需要计算增量位移而直接通过坐标来计算。

PFC 既可解决静态问题也可解决动态问题；既可用于参数预测，也可用于实际模拟；PFC 2D 模拟试验可以代替室内试验。在岩石与土体的开挖研究与设计方面，实测资料相对较少；另外，在关于初始应力、不连续性等问题中，影响规律分布的影响因素很难定量描述。但是，应用 PFC 2D 初步研究影响整个体系参数的特性时，当对整个体系的特性有所了解后，可以方便地设计模型模拟整个过程，PFC 2D 可以模拟颗粒间的相互作用问题、大变形问题、断裂问题等，适用于以下几个方面：

（1）在槽、管、斗、筒仓中的松散物体流动问题；

（2）矿区采空区中的岩体断裂、坍塌、破碎和流动问题；

（3）介质基本特性研究，如屈服、流动、体变等；

（4）固体介质中的累积破坏与断裂问题等。

综上，根据 PFC 颗粒流程序的特点，PFC 颗粒流程序也可用来进行矿岩可崩性的分析。

3.4.3.2　PFC 颗粒流程序原理

A　基本假设

颗粒流方法在模拟过程中作了如下假设：

（1）颗粒单元为刚性体，且为圆形（球）；

（2）接触在很小的范围内，即点接触；

（3）接触特性为柔性接触，接触处允许有一定的"重叠"量；

（4）"重叠"量的大小与接触力有关，与颗粒大小相比，"重叠"量很小；

（5）接触处有特殊的连接强度。

B 基本理论

颗粒流方法以牛顿第二定律与力–位移定律为基础，对模型进行循环计算。其计算循环过程如图3-13所示。

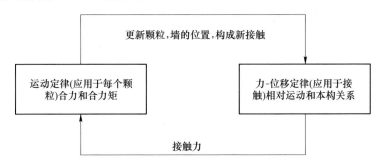

图 3-13　计算过程循环

C 力–位移定律

通过力–位移定律把相互接触的两部分的力与位移联系起来，颗粒流模型中接触形式有"球–球"接触与"球–墙"接触两种。

接触力 F_i 可以分解为切向与法向分量：

$$F_i = F_i^n + F_i^s \tag{3-11}$$

式中　F_i^n——法向分量；

F_i^s——切向分量。

法向分量可以根据下式计算：

$$F_i^n = K^n U^n \boldsymbol{n}_i \tag{3-12}$$

式中　K^n——接触点法向刚度；

U^n——接触"重叠"量；

$\boldsymbol{n}_i$——接触面单位法向量。

而切向接触力以增量的形式计算：

$$\Delta F_i^s = - K^s \Delta U_i^s \tag{3-13}$$

$$\Delta U_i^s = V_i^s \Delta t \tag{3-14}$$

式中　K^s——接触点切向刚度；

ΔU_i^s ——计算时步内接触位移增量的切向分量；

V_i^s ——接触点速度的切向分量；

Δt ——计算时步。

式（3-12）和式（3-13）中法向接触刚度 K^n 和切向接触刚度 K^s 根据互相接触颗粒的几何参数以及接触模量确定，在具体计算时首先根据被模拟介质特性设定某一值，然后通过试算逼近目标值的方法确定其值。

可通过迭加求出切向接触力分量：

$$F_i^s \leftarrow F_i^s + \Delta F_i^s \qquad (3-15)$$

调整由式（3-12）和式（3-13）确定的法向与切向接触力，使其满足接触本构关系。

D 运动定律

单个颗粒的运动由作用于其上的合力和合力矩决定，可以用颗粒内一点的线速度与颗粒的角速度来描述。运动方程由两组向量方程表示，一组是合力与线性运动的关系，另一组是表示合力矩与旋转运动的关系，分别如式（3-16）与式（3-17）所示。

线性运动：

$$F_i = m(\ddot{X} - g_i) \qquad (3-16)$$

旋转运动：

$$M_i = \dot{H}_i \qquad (3-17)$$

式中 F_i ——合力；

m ——颗粒总质量；

g_i ——重力加速度；

M_i ——合力矩；

$\dot{H}_i$ ——角动量。

3.4.3.3 颗粒流方法模拟途径

利用颗粒流方法进行数值模拟的主要步骤如下：

（1）建立模型。首先根据模型图建立数值试验模型，综合考虑多种因素来描述模型的大致特征，包括颗粒单元的设计、接触类型的选择、边界条件的确定以及初始平衡状态的分析。

（2）构造并运行简化模型。在建立实际工程模型之前，先构造并运行一系列简化的测试模型，可以提高模拟效率。通过这种前期简化模型的运行，可对力学系统的概念有更深入的了解，有时在分析简化模型的结果后（如所选的接触类型是否有代表性；边界条件对模型结果的影响程度等），还需对第（2）步加以修改。

（3）补充模拟问题的数据资料。模拟实际工程问题需要大量简化模型运行的结果，对于地质力学来说包括几何特性、地质构造位置、材料特性、初始条件、外载荷等。

（4）运行计算模型与结果分析。在模型正式运行之前先运行一些检验模型，然后暂停，根据一些特性参数的试验或理论计算结果来检查模拟结果是否合理，当确定模型运行正确无误时，连接所有的数据文件进行计算，再对计算结果进行分析。

3.4.3.4 模型描述

在 PFC 3D 模型中，岩体由一系列相互关联的密集球状粒子代替，如图 3-14 和图 3-15 所示。PFC 方法的优点在于，无论对于线性和非线性的材料特性，微观的简单本构关系均可在宏观范围内形成复杂的响应关系。因此，通过调整微观属性，PFC 模型就可得到实验方法获得的刚度、强度和峰值后响应（如软化率）。在这种情况下，PFC 3D 所需的参数有粒子之间接触的正常刚度和剪切刚度（k_n 和 k_s），正常黏结强度和剪切黏结强度（F_c^n 和 F_c^s），以及粒子之间的摩擦角。这些粒子的微观力学性能可被校正成岩体的弹性特性和强度特性。

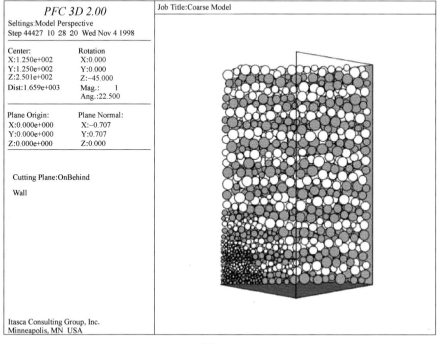

(a)

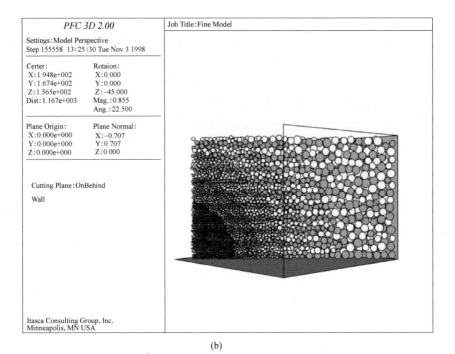

(b)

图 3-14　PFC 3D 中使用的"粗糙"和"精细"离散化模型图
(a) 粗糙模型；(b) 精细模型

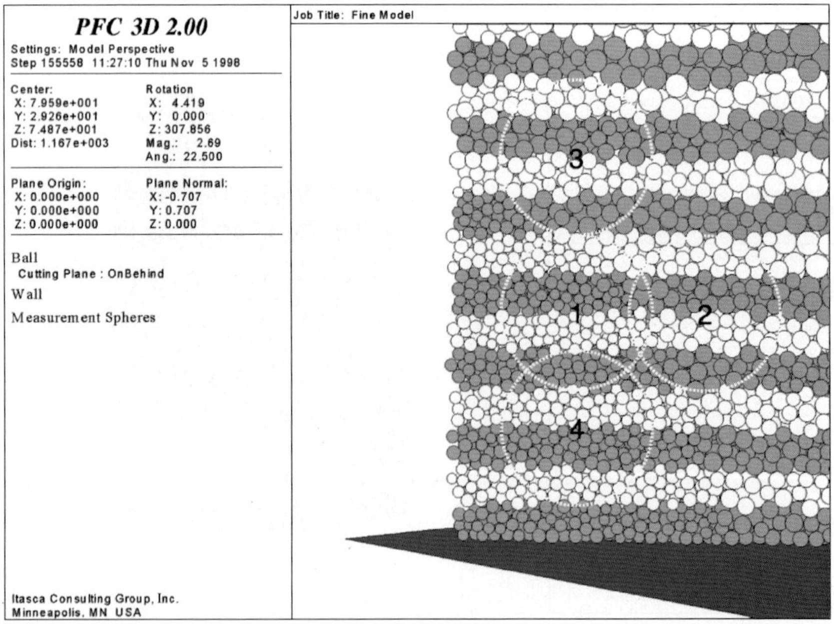

图 3-15　崩落区域用于衡量平均应力和应变的球形体特写（精细模型）

3.4.3.5 PFC 颗粒流程序在矿岩可崩性评价方面的应用

PFC 模型有着一个基于宏观特性的明显的临界应变，该特性可通过假设不同的微观性质和接触模型来改变，因此，PFC 模型能够进行矿岩可崩性预测以及崩落区形状的预测。

如上所述，PFC 模型有着一个基于宏观特性的明显的临界应变，该特性可通过假设不同的微观性质和接触模型来改变。测量并记录的临界应变值可作为 PFC 模型的属性，用于 PFC 分析中。目前，对于 PFC 3D 可崩性模型而言，其将岩体中的原岩应力视为静水压力，而无构造应力。然而，该模型只有在原岩应力条件下才能更准确地评价矿岩的可崩性。目前，该软件的功能允许在 PFC 3D 模型中分配不同的原岩应力。粒子大小对可崩性影响的作用也需加以评估、考虑。另外，相关学者探索的更为有效的方法是将 PFC 模型与连续模型相结合。即将现有的岩体几何建模工具与 PFC 程序结合，如 FracMan 和 PFC，可用于构建岩体结构的微观模型，通过进行数值模拟实验建立不同的破裂模式、岩体脆性、节点的连续性以及依据时间变化决定岩石破坏程度的模型，获得连续模型的基础力学性质，对矿岩可崩性及矿岩崩落效果进行分析研究。

3.5 矿岩崩落块度概述

3.5.1 简介

矿岩崩落块度预测是以岩体构造调查结果为基础进行统计分析，再结合地应力、矿岩强度、节理力学性质等影响因素建立块度模型，求出矿石块度组成。进行自然崩落法块度预测，就是要推测出岩体的自然块度和在装矿点需要处理的块度。一般可分为三种块度，即岩体块度（自然块度）、初始块度和出矿块度（后面也称次级块度）。自然崩落法的运营总体上是否成功和盈利很大程度上取决于岩石在崩落过程中岩块的破碎程度。

影响矿石块度的设计和工艺参数通常包括（如 Laubscher 1994，2000）：

（1）放矿口的尺寸和间距；

（2）设备的选择；

（3）放矿控制程序；

（4）放矿速率；

（5）卡斗和二次破碎/爆破相关的成本和损失；

（6）贫化率；

（7）矿石破碎和磨矿工艺和成本。

在崩落过程中预测岩体块度要求掌握岩体的自然块度以及岩块在放矿过程中

的破碎过程。在岩体崩落过程中每一阶段都有其自然的进程，每一个阶段都为下一阶段形成一个起点，在每个阶段都有一些复合因素的影响及岩体破碎的力学效应引起岩体自然块度的进一步破碎。

3.5.2 崩落块度影响因素

前面提到崩落块度分三种块度：自然块度、初始块度和出矿块度。在崩落的每个阶段会有一个自然发展的过程，同时也正是每个阶段各影响因素和崩落机制之间的复合效应，引起了块度的变化。

自然块度是完全由岩体内不连续面网络控制的，更准确地说自然块度的形状及尺寸是直接由岩体内现有的开放不连续面的几何形状决定的。初发的或闭合的不连续面具有一定的剪切及抗拉强度，并不影响自然块度的形成，只是影响初始块度及出矿块度，即在后续的进程中这些不连续面会形成新的开放不连续面。不连续面的产状、大小、间距、条件及终端是形成不连续面网络的主要参数。对各水平块度的预测结果精确程度直接受这些主要参数的控制。

一旦开始崩落，由于岩体内荷载条件的变化即形成初始块度。在这一阶段岩体内存在的弱面开始出现破坏，而且在高应力或应力引起崩落的条件下原岩也可能产生破坏。这些破坏的程度取决于不连续面及受力初始块体的强度及作用力的大小和方向。这种由于围岩应力形成的初始块度分布要比单纯由重力引起崩落形成的初始块度更小。

矿岩开始发生崩落后从崩落顶板掉落至矿堆，再从放矿漏斗顶部流动至放矿点，在这个过程中由于重力和块体之间的挤压摩擦作用，岩块会发生进一步破碎，这个过程中产生的块度称作出矿块度。闭合的或者愈合的不连续面在压力作用下发生破碎，导致在崩落（出矿块度）中的不连续面将会扩大，在原有的不连续面上定义的完整的岩体也会随着破碎产生新的断裂。初始岩块的大小形状最终由原有的不连续面网络的几何结构和诱发型断裂来定义。出矿块度受以下因素控制，即崩落体内的应力状态、矿体的组成及力学特性、出矿速率、出矿高度及块体在聚矿槽驻留的时间。矿体的力学特性由以下各因素构成：

（1）前期已存在的不连续面的扩展；

（2）充填及闭合不连续面的开裂；

（3）沿片理及层理面的开裂；

（4）在增加的重力荷载作用下破碎；

（5）崩落区内应力产生的压、剪破坏；

（6）由拉应力引起的个别块体的破坏；

（7）块体长度方向的弯曲破坏；

（8）块体边角磨损减小了块体尺寸。

3.6 崩落块度测量与预测

3.6.1 物理测量和观察法

为使得自然崩落法中块度预测的方法更加可靠准确，一般会通过块度测量方法来验证。对矿岩块度测量方法的研究已经历了半个多世纪。研究结果表明，矿岩破碎后的块度分布具有一定的分布规律性。崩落法矿山中对崩落块度进行准确测量是很难实现的，这里介绍的大多数方法来自生产爆破中使用的块度测量方法。常用的块度测量方法主要有筛分法、不合格大块计数法、矿堆直接测量法和二次爆破岩块统计法。

（1）筛分法。在各种测试方法中，精度首推筛分方法。在崩落法矿山生产过程中，由于生产成本和效率的原因，应用受到一定的限制。所以，筛分方法适用于某些筛分量小，需要准确地了解材料粒度组成的场合，以及对其他测试方法的测试精度进行标定。

（2）二次爆破消耗雷管计数法。在实际生产中经常采用统计二次爆破消耗雷管的数量来描述崩落的效果。这一参数只能给出不合格大块率，不能得到有关块度分布的详细数据。

（3）直接测量法。该方法是对崩落放矿口表面的岩块直接进行测量。由于表面岩块数量多，测量工作费工费时，影响正常生产，且作业不安全。为了减少上述缺点，德国弗赖贝格矿业学院提出了一种称为线段测量的方法。该方法的实质是在矿堆上设置若干条直线，分别测量直线上各个岩块占直线的长度，然后利用数学公式计算各级岩块的分布。

物理测量和观测法只能在生产过程中使用，并且存在很大的局限性，它不可能为自然崩落法的可行性研究和开采设计提供必要的矿石块度参数。

3.6.2 预测法

预测矿石块度的方法可分为以下三类：间接法、图像法和节理网络模拟法。

3.6.2.1 间接法

间接法是根据岩体特性参数对崩落矿石块度进行定性评价的一种方法，是一种比较接近经验的预测手段。

Deere（1964）提出了一种由钻孔岩芯资料评定岩石质量（RQD，即 Rock Quality Designation）的指标，并根据 RQD 值的大小，将岩石分为五类，且 RQD 值越大，岩石稳固性越好，可崩性越差，块度越大。但是 RQD 值容易受测量方向的影响，为了克服这个缺点，Kazi 和 Sen（1985）建议采用 V. RQD（Voliumetric

Rock Quality Designation）指标，它类似于平均块体体积，但只能从整体上反映块体体积的分布，不能反映较小的或较大的块体的比例。

Franklin（1974）建议用节理间距指标 I_f 描述块体尺寸。I_f 是具有代表性的块体的直径，可以通过观察选取有代表性的岩芯尺寸或暴露面块体尺寸并计算它们的平均尺寸获得。国际岩石力学学会（1978）建议采用类似于 I_f 的块体尺寸指标 I_b 来描述块体尺寸，它是通过肉眼观察选取几个有代表性的块体尺寸并计算它们的平均值获得。很显然，I_f 和 I_b 是半定量的块度预测方法，在实际应用中有很多局限性。另外，国际岩石力学学会还建议用单位体积节理数指标 J_v 来预测块度。

Sen 和 Eissa（1992）采用式（3-18）计算岩体内棱柱形、板形或条形块体的体积，这种计算方法的前提是假设岩体内包含几组（一般 3 组）已知平均间距的节理组，通过平均节理间距就可以确定一般的或典型的块体的形状和大小。用这种方法进行块度预测也不能反映块度尺寸的范围和分布。

$$V = \frac{1}{J_v}\left(\frac{1}{\lambda_1\lambda_2} + \frac{1}{\lambda_1\lambda_3} + \frac{1}{\lambda_2\lambda_3}\right) \tag{3-18}$$

式中　J_v——单位体积节理数；

　　　λ_i——单位长度内第 i 组节理的条数，即节理频率。

挪威土工研究所（NGI）的巴顿等人（Barton 等，1974）分析了 200 多座已建隧道的实测资料，提出了一种岩体分类方法，即 Q 值法，RQD/J_n 代表块体尺寸大小，它可以满足特定的块度预测的要求，但它不能给出块度的具体范围和分布。

亨德森钼矿曾根据金刚石钻孔岩芯和矿山测量图获得的资料，采用改进的 CSIR 分类法，另外还考虑了有关节理组数以及初始和二次节理表面的不规则性，确定节理间距和条件分值，对各中段岩层的崩落条件及块度进行了比较。

Bieniawski（1973，1976，1977 和 1984）提出了一种与 Barton 等人相类似的岩体分类方法（RMR 系统，即 Rock Mass Rating）。

$$RMR = \sum_{i=1}^{6} RMR_i \tag{3-19}$$

式中，RMR_i 表示所考虑各岩体性质参数分值。

RMR 值的变化范围在 0~100 之间，且 RMR 越大岩体的稳固性越好，可崩性越差。按照 RMR 的取值范围岩体可以分为五类。各类所对应的岩体可崩性、块度及二次破碎量见表 3-3。

表 3-3　RMR 法评价

RMR	0~20	21~40	41~60	61~80	81~100
可崩性	很好	好	中等	不好	很不好
块度	很小	小	中等	大	很大
二次破碎	很少	少	不定	多	很多

Laubscher 在 RMR 法的基础上，考虑采矿特殊条件的要求，对岩体 RMR 值进行了修正，于 1977 年提出了 MRMR 评价方法。按照 MRMR 的取值范围岩体可以分为五类，各类所对应的岩体可崩性、块度及二次破碎量见表 3-4。

表 3-4 MRMR 法评价

MRMR	0~20	21~40	41~60	61~80	81~100
可崩性	很好	好	中等	不好	不可崩
块度	很小	小	中等	大	—
二次破碎	很少	少	不定	多	—

从以上分析可知，间接法主要是对崩落矿石块度进行初步定性评价。由于各种方法都是以影响块度的某个指标或相关指标的综合来定性评价块度，存在一定的片面性，因此这些方法不能给出块度的尺寸范围和分布。但由于这些方法所需的数据大多可以通过钻孔岩芯记录和钻孔岩芯描述来获得，所以，可以用在新矿山开采或老矿山新水平开采的可崩性评价及矿石块度预测的初步研究中。同时，这种方法具有较好的工程通用性，便于大力推广。而且通过对各种分类方法进行适当的修正和补充，完全可以应用于自然崩落法矿岩可崩性评价和崩落块度预测。Memahon、Laubscher 和 Taylor 等已在 Urad、Henderson、Climax 等矿做过尝试，且已经获得了良好的效果。

3.6.2.2 图像法

随着计算机技术及图像处理技术的发展，尤其是图像处理技术在其他领域中应用（如医学、生物学等）的日益广泛，从 20 世纪 80 年代末开始，图像分析法逐渐被用于评价矿岩块度的分布。其基本思想是对矿堆图像进行分割，得到矿岩块体在摄影平面上的二维投影轮廓，然后通过一定的重构技术，实现由二维向三维的扩展，获得三维块体的块度分布。这一类方法在数学原理上属于积分几何学，在处理方法上采用的是蒙特卡罗法。

图像分析过程有三个阶段——采样、图像采集和图像分析。采样的过程是从被分析过的破碎材料中选择有代表性的图像。图像采集包括采取用于能够成功分析的质量足够的图片。图像分析过程是通过图像确定岩体碎块的尺寸分布，并采用立体测量学的方法对其修正。由于图像分析法对块度的评价依赖于从某一截面或表面获得二维测度的岩块信息，因此评价结果的可靠性除了与所获取的二维信息的可靠性有关外，还主要取决于块体二维、三维信息转换模型的正确性。

在早期的研究中，人们普遍采用线段法和面积法直接进行块度分布的评价。在当前的应用中，块体形状假设被广泛地用于这种信息转换，即将块体假定为具有某一单一规则形状，如球状、立方体状或椭球体状等，根据假设的块体形状，利用几何概率学解析方法或半经验方法，从图像分割中获得的单个块体的二维特征参数就可以转换为三维参数，从而得到矿岩的块度分布。

然而由于破碎后的块体形状各异，采用这种方法事实上难以获得准确的重建。对各种形状假设条件下进行的矿岩块度分布与实际块度分布的比较研究表明，对于同一矿岩块体样本集合，不同形状假设得到的块度分布有很大的差异，且都与块度的真实分布有一定的偏差。

在国内，应用图像法进行块度预测主要集中在对爆破块度的预测，取得的主要成就如下：

马鞍山矿山研究院采用静摄影拍摄爆堆岩块，取得随机底片，经适度放大取得照片，再用人工方法加宽岩块边界（勾边）和修涂每个岩块的中间层次（表白），修描后的照片经灰度检测的图像分析系统处理，取得中间结果，再用电子计算机进行处理，最终建立岩块的分布规律。王争华等根据图像中不同岩块以及各岩块自身的灰度分布特征，基于计算机对灰度图像的基本识别功能，找出合理、有效、可行的岩块边界自动识别方法及块度特征量统计方法，开发了一套较为完整的爆堆矿岩块度图像自动处理分析软件系统。题正义等建立了利用摄影测量和计算机图像处理求算分形维数的方法和爆堆块度分布的分形计算模型。栾丽华等把小波边缘检测技术应用于爆堆图像分割处理中，提出基于最优条件下二次B样条小波和自适应模极大值的图像边缘检测算法，采用形态学中的膨胀技术对矿岩边缘进行连接处理，在边缘提取的基础上，利用自主设计的一套算法实现了对图像中岩块几何特征量（面积、周长等）的计算，进而完成了爆堆块度分布的自动统计分析和结果输出。

目前，国际上推出了"FRAGSCAN""WipFrag""Split"等块度预测图像处理系统。

FRAGSCAN 系统是 Schleifer 和 Tessier（1996）开发的以爆堆表面的图像来评估整个爆堆块度分布的图像系统，它与其他图像处理系统的不同之处在于它不通过图像边界识别辨别不同的块体图像轮廓，而是通过一套运算法模拟筛分法把块体图像分成不同的尺寸级别，然后假设块体为球状，把获得的块体可见面的面积转换为体积或重量，并通过小规模的实验预测整个爆堆的块度分布。Schleifer 和 Tessier（1996）在以下三个方面应用了 FRAGSCAN 系统：首先是用来测定矿石拖车里的矿石块度，从而优化采石场的爆破参数；其次是应用该系统评估传送带上的块体的大块率；最后应用该系统进行出矿口之前的矿石质量控制监测。

WipFrag 系统是一套通过分析照片或录像带里的图片来测定块度分布的图像处理系统。WipFrag 系统分析的图像主要来自移动摄像机、固定照相机或其他数字化文件。WipFrag 系统分两步来实现对块体图像边界的识别，首先利用阈值和数学形态学梯度计算方法初步生成块体边缘部分轮廓，然后利用重构技术生成完整的块体边界轮廓。

利用数字图像技术对某自然崩落法矿山放矿口矿堆块度进行分析，放矿口矿堆原始照片和处理后的照片分别如图 3-16 和图 3-17 所示。通过对处理后照片进行数据处理，可得出岩块的大小尺寸结果。根据数字图像分析结果，测量区域的大块率为 6.96%，而现场测量的大块率为 7.27%。图像处理得到的大块率与现场测量得到的大块率误差为 2.7%，所以图像分析法处理崩落块度的方法是可行的。

图 3-16　放矿口矿堆原始照片

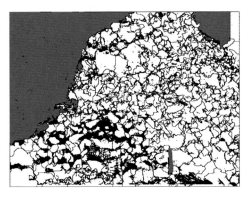

图 3-17　处理后的照片

虽然上述系统取得了一定的成果，但不可否认的是，这些系统的推出者也承认，他们的处理结果仍然与筛分法的结果存在一定的误差。当然，这些误差有些是由于两种方法本身特点导致的系统性误差，如：筛分时矿岩总是以最小的尺寸从筛网中落下，而图像分析时，矿岩块总是以最稳定的方式平躺在爆堆中，从而使得图像分析测定的尺寸大于筛分方法测定的尺寸。虽然如此，但由于图像处理技术存在一定优势，使其仍然成为作为工业标准的块度测量方法——筛分法的唯一可能的替代方法，这方面的研究仍然方兴未艾，是国内外众多学者关注和研究的热点。尤其是近年来，随着新图像处理方法的出现及其在其他领域的成功应用，为块度测定的图像处理技术提供了新的动力及手段。

3.6.2.3　节理网络模拟法

节理网络模拟法就是一种根据节理空间展布状态及节理面条件的统计分析结果，采用 Monte Carlo 模拟技术模拟节理面对岩体的切割情况，并利用有关崩落和放矿过程的力学知识，预测崩落矿石块度的分布。

岩体模拟的基础是节理概念模型，它是岩体内节理产生的方式，并且是节理转换成三维状态的法则。因此节理概念模型的有效性直接决定着岩体模拟的有效性。有众多学者在这方面进行了研究，并且构建了一系列模型。第一个概念模型是 Snow（1965）提出的直交模型，用它进行水文学模拟相对比较简单。后来更完善的模型被提出来，如泊松区域模型（Baecher 等，1990）、棋盘模型（Veneziano，1978）、分级模型（Lee 等，1990）、分形法（Barton 和 Larson，1985）以及地质统计法（Gervais 等，1995），都可以用来模拟比较符合实际情况的原始节理网络。

在岩体节理模拟的基础上，众多学者对应用节理交切模型预测块度进行了探索，并建立了一系列规则、方法和软件预测系统。

D. H. White（1977）对 Lakeshore 厚大硫化矿进行了矿体自然崩落特性的研究，第一次用岩体结构模拟来预测崩落矿石块度。他利用 Call 等人的统计结果，采用 Monte Carlo 模拟技术来获得随机的裂隙方位，并绘制在模拟岩石剖面上。根据垂直剖面的方位，把所有节理的倾向和间距转换成视在的倾向和间距绘在岩石剖面上，形成一个二维的岩面模型，然后测量裂隙线交错形成的多边形的尺寸，并假设每个多边形代表一个体积等于它的最大可见尺寸的立方体，再根据二维模型推断三维模型。

DaGame（1977）利用详细调查所得的数据与 Monte Carlo 技术试验了一种与 White 的方法相类似的方法来预测爆破块度特性。其方法是在选定的模型尺寸内根据节理间距、节理倾角及倾向的概率分布，按各裂隙面距坐标原点的顺序及距离依次分组产生裂隙面，并且生成一个具有方向的号码（Z 轴正向为正，负向为负）与距原点的平面间距的平面素描文件。选定模型的一部分（子块），读取平面素描文件，由所读出的平面对子块进行切割，确定每一块被模拟平面和子块边界限定的多面体，每一个新读的平面都与已有的子块交叉，估算每一块已有的多面体，从而形成包括切割平面数和切割多面体的交叉点（叉点）、每个平面上的叉点数、叉点的 ID 和每个叉点的坐标新的素描文件，直到所有的素描文件读完为止。将带有子块界面的块剔除，并用与 X-Y 轴平面平行的水平面通过多面体叉点切割多面体，计算每一个所截平头棱锥体部分体积来实现对每一个多面体体积的计算。同时，只用记录的最大距离来计算每个叉点组合间的距离，用容积系数来描述多面体的形状。

R. D. Call（1982）曾根据裂隙频率引出矿石块度的等效尺寸概念对 D. H. White 的预测方法进行修正。J. P. Savely（1982）采用 Call 的修正方法，在 $c = 1.6$ 的情况下，作出了一组裂隙频率 f 为 1、2、3、4、5、6、8、10、15、20 时有效尺寸和累积块度的百分比分布曲线，对 INSPIRATION 矿块度分布进行研究。

Amitabha Mukherjee 和 Ashraf Mahtab（1987）提出了一种新的块度预测方法。这种方法考虑了节理系统的几何参数及力学参数，引入节理持续性系数及有效间距的概念，通过对分布于崩落矿块垂直剖面上的两组节理建立二维模型，对矿石崩落后的块度分布（Post-failure Size Distribution）进行了 Monte Carlo 模拟研究，并对岩石强度、节理学和持续性及节理面间距等因素对崩落矿石的块度的影响进行了分析。Villaescusa（1991）开发了"Joints"软件体统，它通过分析节理组的尺寸、位置和产状，模拟三维岩体几何特征，它主要用于爆破块度的初步预测；后来该系统又通过利用几何概率学、统计理论和数学立体测量学进行了当时最先进的改进。

Esterhuizen 开发了 BCF（Block Cave Fragmentation）系统，其是一款专门用于预测自然崩落法实施过程中产生的块度的软件。在模型中考虑的许多因素是基于 D. H. Laubscher 博士以及国际崩落法协会的合作者的经验。该系统用简化的技术来确定原始块度，并用经验法则来预测崩落块度和放出块度。该系统首先在南非的一家矿山进行了应用，后来又进行了改进，并用于 Palabora 矿山自然崩落法可行性研究。BCF 是目前在自然崩落法块度预测中应用最多的一套系统。

国内，赖森华和童光旭（1988）在题为《节理岩体计算单元生成与崩落块度预测》一文中介绍了他们用计算机进行块度预测的二维模型与方法，这种方法与 White（1977）介绍的方法相同。潘别桐、井兰如等（1987）对长江三峡水利枢纽三斗坪坝基和船闸岩体进行了二维结构概率模型专题研究，建立了结构面参数概率模型，模拟坝基和船闸岩体节理网络发育形式，为建立坝基岩体结构力学模型和水文地质模型提供了依据。邬爱清和周火明（1998）结合三峡永久船闸的施工开挖，对典型区段岩体节理进行了调查和统计，根据对典型区段资料的处理分析，将岩体三维网络模拟与关键块体理论结合起来对三峡船闸高边坡岩体进行结构概化模型研究。王渭明等（1997，2000）把岩体节理网络模拟用于地下巷道危石的预测和评价，引用块体理论和 Bayes 推测公式建立了巷道危石的预测模型。陈祖煜、汪小刚和杜景灿等进行了基于节理三维网络模拟确定岩体综合抗剪强度和连通率的研究。通过节理网络模拟将结构面系统反映到模拟空间中，根据岩体内结构面的空间位置关系和结构面与岩桥的相互作用的破坏机理，确定抗剪力最小的节理-岩桥组合。于青春（2000）和宋晓晨（2004）采用岩体节理三维模拟确定岩体节理的空间分布，并在此基础上进行了裂隙岩体渗流研究。杨春和（2008）等在研究岩体各优势组节理面密度、节理迹长、节理产状等的取值方法后，利用 VC++6.0 结合 OpenGL 技术，编制出节理三维模拟程序 Joint SA，通过随机性构造节理和确定性原生节理模拟，实现了随机岩块岩体节理三维网络可视化。

3.7 BCF 自然崩落法块度预测程序

3.7.1 背景

Block Cave Fragmentation（BCF）是一个用于评价自然崩落法放矿点块度分布的程序，它是一个集理论分析与经验规则为一体的专家系统。该系统用简化的技术来确定原始块度，并用经验法则来预测崩落块度和放出块度。BCF 矿岩崩落块度预测程序最初在南非 Premier 矿进行应用，后来又进行了改进，并用于 Palabora 矿山自然崩落法可行性研究，这些改进包括改善新的现场块度生成模型、修正的块度预测经验法则、引入堵塞预测模型（在 Palabora 项目中提出的）和改善用户界面。

该软件包括 3 个主要模块：

（1）第一个模块。根据岩石强度、节理产状、间距等统计数据和区域应力计算初始块度。

（2）第二个模块。通过考虑块体的高宽比、块体强度、崩落压力、崩落过程中成拱作用产生的应力、出矿速率及出矿高度等计算出矿块度。

（3）第三个模块。研究出矿块度在出矿漏斗产生卡斗的可能性。

3.7.2 初始块度预测

3.7.2.1 初始块度输入参数构成

初始块度是指从周围岩体分离出来时的岩石块度。初始块度模块利用节理组数据、诱导应力和崩落面走向来模拟原始矿块从围岩中分离的形式。

初始块度模型需要输入以下数据：

（1）节理。每一组节理的平均倾角和倾向，倾向和倾角的范围，平均、最大和最小节理间距，节理间距的分布类型和节理条件。如果条件允许，用户也可以输入每一组的节理迹长。

（2）岩体强度。岩体强度用以计算初期块度过程中的潜在劈裂应力以及决定放出体中成拱时岩块是否可以破碎。同时需要输入完整岩石强度、岩体分级以及霍克-布朗经验参数失效的标准（Hoek、Brown，1980，1997）。

（3）崩落面方向。崩落面的方向决定了崩落过程中主应力的方向，需要获得崩落面的倾向和倾角数据。

（4）应力。崩落面的应力可确定在沿节理表面形成块体时是否会出现挤压、剪切或拉伸的情况，岩体原岩应力大小也需要确定，这些应力数据可能需要通过数值模拟或现场测量来获得。

初始岩块的定义是基于节理出现频率，根据选出的 3 个节理面生成岩体边角。一旦岩体边角被定义，剩下的岩石面将由节理间距、迹线长度、沿节理表面的剪切强度和穿过节理表面的拉伸强度共同决定。依据应力场可知，节理既可能剪切形成块面，也可能发生挤压。如果节理面被挤压，节理中的拉伸应力可能会将两个表面挤压形成一个更大的块，称为结合块。该过程如图 3-18 所示。

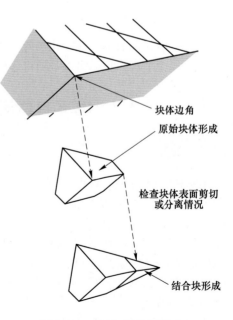

块体边角

原始块体形成

检查块体表面剪切或分离情况

结合块形成

图 3-18　BCF 初始块的形成

3.7.2.2 岩体条件参数输入

根据某自然崩落法矿山工程地质资料与实验数据，确定块度预测软件输入参数，如图 3-19 所示。

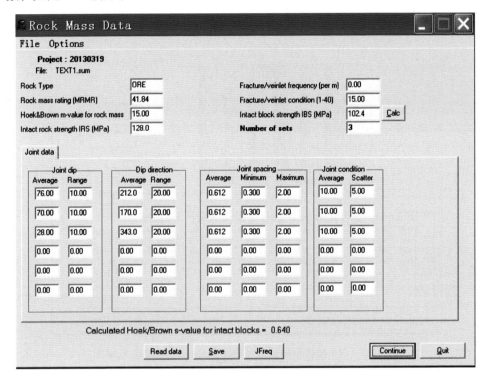

图 3-19 初始块度预测参数

Rock Type—岩石类型；Rock mass rating（MRMR）—岩体 MRMR 分值；

Hoek&Brown m-value for rock mass—Hoek & Brown *M* 值；Intact rock strength IRS（MPa）—完整岩石强度；

Fracture/veinlet frequency（per m）—裂隙或细脉频率；Fracture/veinlet condition（1~40）—裂隙或细脉条件；

Intact block strength IBS（MPa）—完整岩块的强度；Number of sets—节理组数；Joint dip—节理倾角；

Dip direction—节理倾向；Joint spacing—节理间距；Joint condition—节理条件

崩落面与地应力参数见表 3-5。

表 3-5 崩落面与地应力参数表

崩落方位	崩落面倾角/(°)	45	45	45	45
	崩落面倾向/(°)	0	45	90	135
应力	倾向应力/MPa	2.04	3.35	4.66	3.35
	走向应力/MPa	17.09	14.47	11.85	14.47
	法向应力/MPa	9.82	11.13	12.44	11.13

3.7.2.3 初始块度预测结果

在以上参数输入后，应用 BCF 程序对初始块度进行预测，其结果如图 3-20 所示。

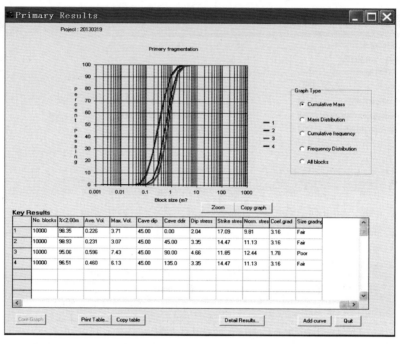

图 3-20 初始块度预测结果（图中 Block size 的单位为 m³）

Cumulative Mass—累积体积频率曲线；Ave. Vol.—平均块度体积；Max. Vol.—最大块度体积

根据计算结果可以看出，崩落面沿 0°方向崩落时，小于 2m³ 的块度达到 98.35%，大块率较少，平均块度为 0.226m³，最大块度为 3.71m³；崩落面沿 45°方向崩落时，小于 2m³ 的块度达到 98.93%，大块率较少，平均块度为 0.231m³，最大块度为 3.07m³；崩落面沿 90°方向崩落时，小于 2m³ 的块度为 95.06%，大块率较多，平均块度为 0.596m³，最大块度为 7.43m³；崩落面沿 135°方向崩落时，小于 2m³ 的块度为 96.51%，大块率较多，平均块度为 0.460m³，最大块度为 6.13m³。

由此可以得出，崩落面沿近南北方向崩落，矿石的平均块度与大块度相对较小，适宜进行大规模崩落采矿作业；崩落面若沿近东西方向崩落，平均块度与大块度增大。

3.7.3 次级块度预测

3.7.3.1 次级块度参数构成

次级块度指的是矿岩从某一高度脱离崩落顶板起，在放矿过程中不断碰撞、磨损、破裂后，最终达到放矿点的矿石块度，亦即出矿块度，为与 BCF 软件所称的叫法（Secondary Fragmentation）一致，这里称之为"次级块度"。假设放矿高度给定为 150m，则出来的块度结果是岩石从 150m 高运动到放矿口的岩石块度。

次级块度模块应用的基本原则为：长宽比大的岩块相对于长宽比小的岩块更容易发生破碎。程序将岩块崩落运移至放矿点的单位距离定义为循环，循环高度定义为确保长宽比为 10∶1 的岩块发生劈裂所必须放下的垂直距离，这个距离与岩块的强度直接相关。循环高度和循环过程中岩块劈裂的可能性同时受岩块长宽比、岩块强度、岩体内部节理、崩落应力、放矿效率和岩块之间细小材料的影响。

宽高比：如果岩块的宽高比大于等于 10，则默认它将在一个循环内发生劈裂；当长宽比为 1 时，劈裂的概率下降到 10%。

节理：如果岩块为结合块，那么它包含节理且劈裂的可能性大大增加。程序默认结合块劈裂可能性为正常情况下的 2 倍，因此一个循环中高宽比大于等于 5 的结合块 100% 劈裂。

放矿速率：块体在放矿椭球体中存在的时间受放矿速率的影响，而岩块在放矿柱中的时间又反过来影响二次块度。较高的放矿速率会导致岩石块度过大，对此，程序参考经验因素并通过增加或减小循环高度来解决这个问题。

缓冲效果：碎岩颗粒会阻止大块之间的接触，同时起到缓冲作用，且降低块体劈裂的可能性。初始块度阶段存在的碎块被视为拥有缓冲作用，次级块度过程中生产的细碎块体相比于大块更快地从放矿柱中流出，由此不会造成后续的缓冲作用。

崩落高度和崩落压力：当用户定义了放矿高度后，程序会利用岩石的膨胀系数计算崩落矿岩的相应高度，崩落高度会持续增加直至地表或其自由面。崩落压力一般由崩落矿岩的高度决定，崩落压力可通过岩块上方的崩落矿岩静载荷以及放矿空间宽高比来计算。当处在一个狭窄的放矿空间内时，崩落矿岩的大部分重量将传递给围岩，从而可减小崩落压力。

岩块棱角磨损：放矿过程中，岩块在重力和相互挤压作用下发生流动，岩块棱角将进一步磨损，从而产生更多细小岩块。程序利用节理方向变化情况来决定产生细小碎块的数量，不确定的是，节理方向变化越大，岩块棱角也就越容易磨损且产生更多的碎岩。如果岩体通过多次循环放出，那么边角的磨损会产生相当大比例的细碎块体。

成拱作用：放矿过程中，放矿口可能发生临时成拱卡口现象。当岩块在成拱应力作用下劈裂或岩块滑出弯拱时拱可能被破坏。如果发生劈裂，那么成拱作用引发的应力必然大于岩块强度，而成拱应力假定为岩块。一般使用经验关系来判定临时拱中可能的应力水平以及成拱作用导致的岩块劈裂数量。

3.7.3.2 次级块度参数输入

根据初始块度预测结果，输入次级块度预测参数，如图3-21所示。

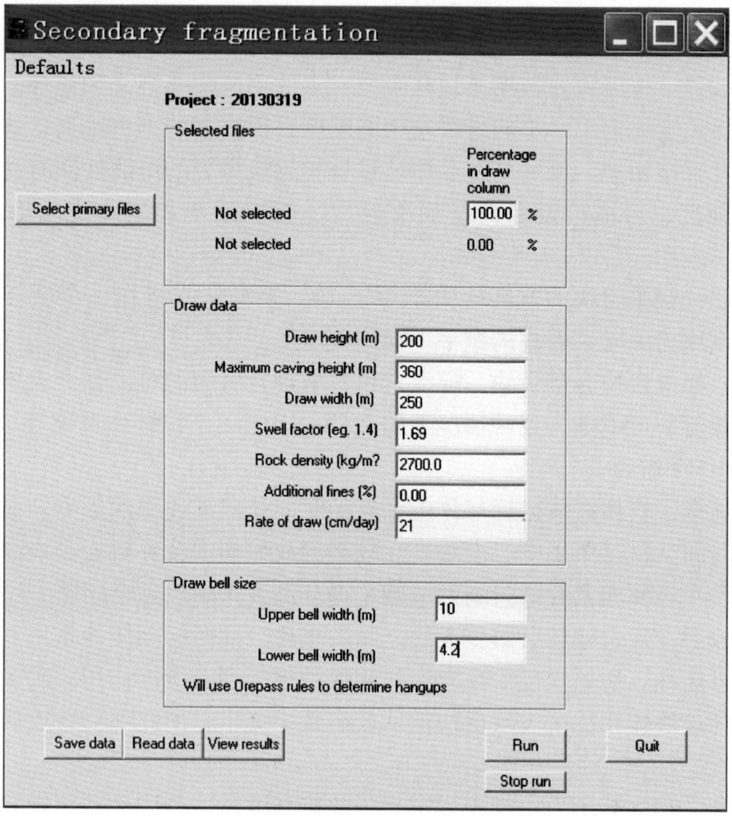

图 3-21 次级块度预测参数

Draw height（m）—放矿高度；Maximum caving height（m）—最大崩落高度；Draw width（m）—放矿宽度；

Swell factor—松散系数；Rock density（kg/m³）—岩石体重；Additional fines（%）—附加粉矿率；

Rate of draw（cm/day）—放矿速度；Upper bell width（m）—聚矿槽上口尺寸；

Lower bell width（m）—聚矿槽下口尺寸

3.7.3.3 次级块度预测结果

次级块度预测计算中，可根据不同的崩落面推进方向，调整放矿柱比例，本次模拟三种放矿模式，如图3-22所示，计算结果如图3-23所示。

模式一推进方向，小于$2m^3$的块度达到99.48%，平均块度为$0.150m^3$，最大块度为$2.58m^3$；模式二推进方向，小于$2m^3$的块度达到99.23%，平均块度为$0.286m^3$，最大块度为$2.84m^3$；模式三推进方向，小于$2m^3$的块度达到99.17%，平均块度为$0.228m^3$，最大块度为$3.81m^3$。

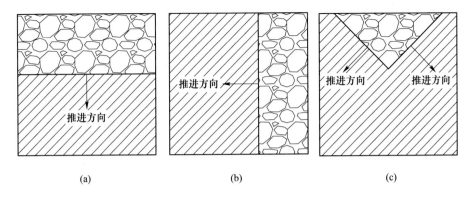

图 3-22　次级块度预测模式

（a）模式一；（b）模式二；（c）模式三

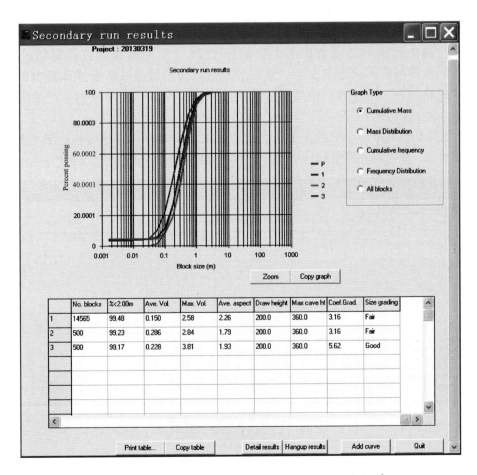

图 3-23　次级块度预测结果（图中 Block size 的单位为 m³）

三种模式的崩落方式，计算出的最终大块率都比较低，平均块度也在正常崩落块度范围，模式三的最大块度相对较大，需要进行二次破碎。总体上，以上推进方式均适宜进行自然崩落，具体可根据矿体形态与首采区范围进行调整。

3.7.4 卡斗分析

BCF 的卡斗（堵塞）分析模块是根据次级块度的分析结果来决定放矿漏斗中卡斗情况，该模块的目的是预测潜在的卡斗情形。模块定义了放矿漏斗顶部的卡斗为"上部卡斗"，在漏斗底部狭窄部位的卡斗为"下部卡斗"。程序默认当岩块个数少于 25 个（5×5）且占据了放矿漏斗 40% 的面积时，就可能发生卡斗现象。

用户输入放矿漏斗各部分的水平横截面面积后，程序从结果文件中读取岩块的次级块度并根据岩块体积和长宽比来确定近似长度和横截面尺寸，然后随机选择两个岩块的尺寸用于计算横截面面积。对横截面面积进行累加直到超过漏斗面积 40% 或者块的个数超过了 25 个。如果块的数量先超过 25 个，则程序判定不会形成卡斗。该方法的结果与小规模放矿点物理模型的结果一致性较高，卡斗分析的结果可以用来评估因卡斗堵塞导致的生产延期以及卡斗处理次数。

这里仍然将前一小节的次级块度结果输入 BCF 程序中，进行放矿漏斗卡斗堵塞模拟，模拟漏斗堵塞运行结果如图 3-24~图 3-26 所示。

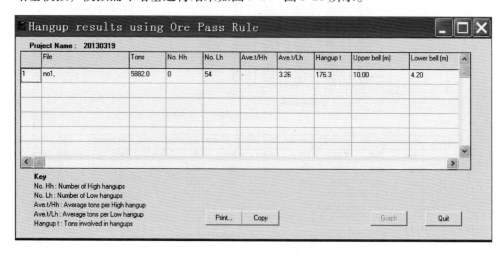

图 3-24 模式一堵塞运行结果

从三种模式的堵塞运行结果来看，均有少量大块矿石在聚矿槽下口堵塞，下口堵塞率（堵塞矿量/总矿量）分别为 3.00%、6.42%、4.09%。

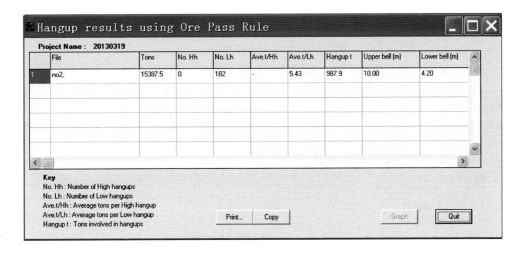

图 3-25　模式二堵塞运行结果

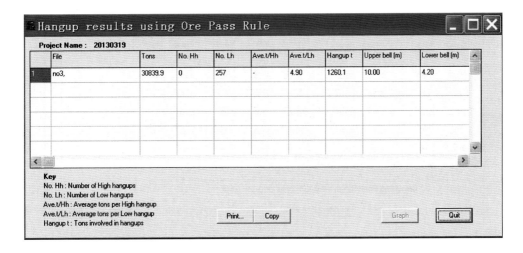

图 3-26　模式三堵塞运行结果

3.7.5　崩落块度预测实例

3.7.5.1　铜矿峪铜矿崩落块度预测

铜矿峪铜矿 4 号及 5 号矿体均有两组优势节理。

4 号矿体：

第一组：260°~340°，倾角 59.2°，1.18 条/m。

第二组：倾向 80°~150°，倾角为 62.2°，1.37 条/m。

4 号矿体实测数据中，缓倾角节理（15°~35°）约有 20 条，倾向 310°~

320°，节理密度为 0.233 条/m。

5 号矿体：

第一组：280°~350°，倾角 62.9°，1.316 条/m。

第二组：倾向 110°~180°，倾角为 53.9°，1.176 条/m。

5 号矿体实测数据中，缓倾角节理（15°~35°）约有 19 条，节理密度为 0.232 条/m。另一组倾向为 10°~90°节理组约有 40 条，节理密度为 0.32 条/m。

根据以上节理条件，应用 BCF 程序对铜矿峪铜矿崩落块度进行预测。

初始块度预测参数输入如图 3-27 所示。

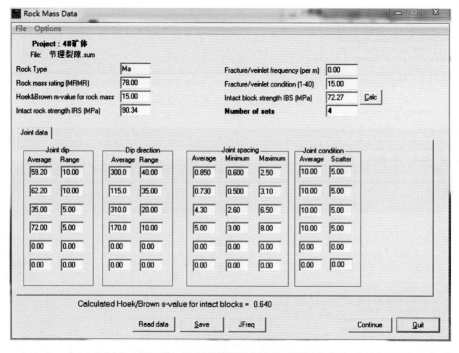

图 3-27　4 号矿体初始块度预测参数

A　初始块度预测

a　4 号矿体初始块度预测

应用 BCF 程序对铜矿峪铜矿初始崩落块度进行预测，其结果如图 3-28 所示。

通过预测，得出 4 号矿体可崩性评价预测结果，根据计算结果可以看出，小于 2m³ 的块度达到 65.27%，大块率较少，平均块度为 1.14m³，最大块度为 10.95m³。

b　5 号矿体初始块度预测

同样通过输入 5 号矿体条件参数，应用 BCF 软件对 5 号矿体初始块度进行预测，得到 5 号矿体预测结果，如图 3-29 所示。

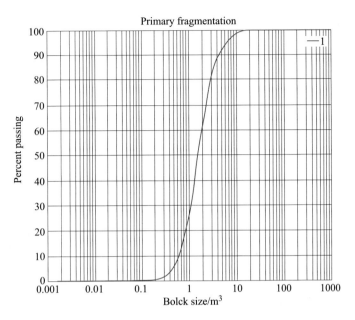

图 3-28 4 号矿体初始块度预测结果

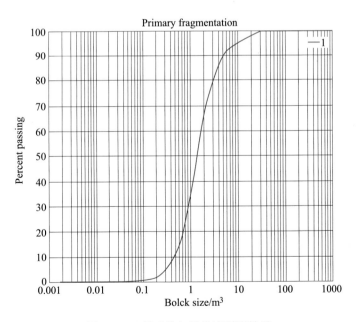

图 3-29 5 号矿体初始块度预测结果

通过初始块度预测结果可知，5 号矿体小于 $2m^3$ 块度为 69.38%，平均块度为 $0.888m^3$。

B　不同放矿高度下次级块度预测结果

a　4 号矿体次级块度预测

次级块度预测所需输入的参数主要有放矿高度及崩落高度等，由于放矿过程中矿岩相互间发生挤压摩擦作用，矿岩进一步磨碎，因此出矿块度会进一步减小，即大块率发生降低，所以放矿高度对矿岩出矿块度有很大的影响。在自然崩落法开采初期，放矿高度比较小，在后期拉底完全形成后放矿高度会逐渐增加，因此为了解自然崩落法开采过程当中的矿岩次级块度变化，在矿岩次级块度预测时，可输入不同的放矿高度来进行预测。

根据放矿设计，4 号矿体次级块度预测输入参数如图 3-30 所示，其中放矿高度从 30m 递增到 120m，递增梯度为 30m。

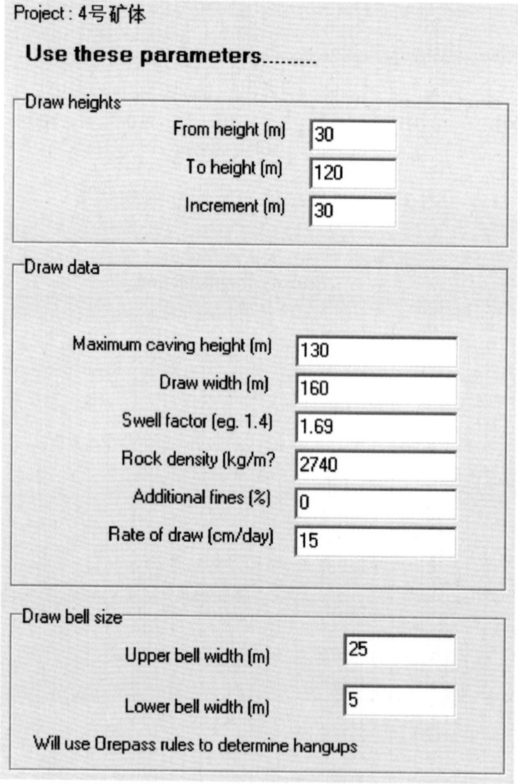

Project : 4号矿体

Use these parameters.........

Draw heights

From height (m)　30
To height (m)　120
Increment (m)　30

Draw data

Maximum caving height (m)　130
Draw width (m)　160
Swell factor (eg. 1.4)　1.69
Rock density (kg/m?　2740
Additional fines (%)　0
Rate of draw (cm/day)　15

Draw bell size

Upper bell width (m)　25
Lower bell width (m)　5

Will use Orepass rules to determine hangups

图 3-30　次级块度预测参数

不同放矿高度下 4 号矿体次级块度预测结果如图 3-31 所示。

从次级块度预测结果可以看出，4 号矿体放矿高度达到中段高度 120m 时，南部矿体小于 $2m^3$ 的块度达到 80.07%，平均块度为 $0.578m^3$，计算出最终大块率比初始块度要低。

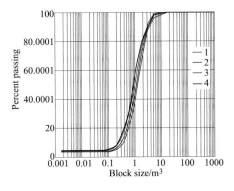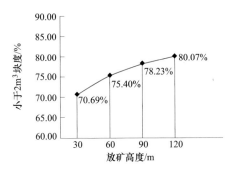

图 3-31　4 号矿体次级块度预测结果

b　5 号矿体次级块度预测

5 号矿体次级块度预测结果如图 3-32 所示。

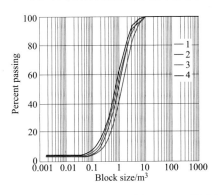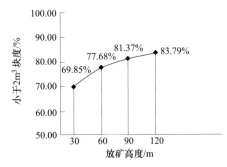

图 3-32　5 号矿体次级块度预测结果

从次级块度预测结果可以看出，5 号矿体放矿高度达到中段高度 120m 时，南部矿体小于 2m^3 的块度达到 83.79%，平均块度为 0.374m^3，最终大块率比初始块度要低。

从 4 号矿体和 5 号矿体不同放矿高度下的次级块度预测曲线结果可以看出，放矿高度初期增加过程中，块度变化较明显，到生产后期块度逐渐趋于稳定，这与自然崩落法矿山实际生产情况是符合的。另外，从可崩性结果来看，5 号矿体大块率要小于 4 号矿体，崩落效果 5 号矿体要好于 4 号矿体。

根据铜矿峪铜矿现场实际生产情况可知，目前崩落矿岩出矿大块率在 20%~30%，BCF 软件预测的矿岩崩落块度结果与实际情况是比较吻合的，说明 BCF 软件在矿岩崩落块度预测方面可靠性高，预测结果可用于指导自然崩落法矿山前期研究和设计。

3.7.5.2　普朗铜矿崩落块度预测

普朗铜矿首采区南北两侧岩石稳定性差别较大，放矿块度差异也较大，南侧块度普遍要小于北侧块度，北侧出现较多大块。现应用 BCF 程序分别对普朗铜矿南北区崩落块度进行预测。

A　初始块度预测

初始块度预测参数输入如图 3-33 和图 3-34 所示，图 3-33 为南区矿体初始块度预测输入参数，图 3-34 为北区矿体初始块度预测输入参数。

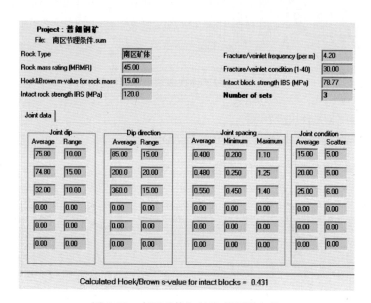

图 3-33　南区矿体初始块度预测参数

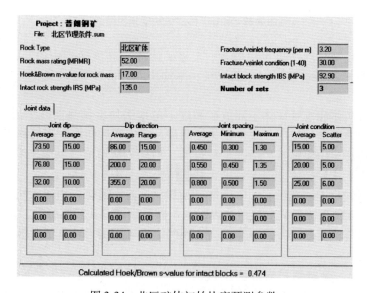

图 3-34　北区矿体初始块度预测参数

应用 BCF 程序对普朗铜矿南部矿体和北部矿体的崩落块度分别进行初步预测，其结果如图 3-35 所示。

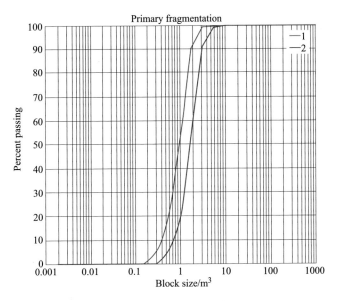

图 3-35 南、北部矿体初始块度预测结果

根据计算结果可以看出，南部矿体小于 $2m^3$ 的块度达到 94.1%，平均块度为 $0.725m^3$，最大块度为 $3.16m^3$，大块率少。

北部矿体小于 $2m^3$ 的块度为 65.19%，平均块度为 $1.27m^3$，最大块度为 $6.29m^3$，说明大块率较多。

B 次级块度预测结果

根据普朗铜矿自然崩落法开采设计，输入南部矿体次级块度预测参数如图 3-36 所示，其中放矿高度从 30m 递增到 150m，递增梯度为 30m。北部矿体次级块度预测输入参数如图 3-37 所示，放矿高度从 40m 递增到 240m，递增梯度为 40m。

普朗铜矿南部矿体不同放矿高度下次级崩落块度预测结果如图 3-38 所示；北部矿体不同放矿高度下次级崩落块度预测结果如图 3-39 所示。

从次级块度预测结果可以看出，南部矿体放矿高度达到中段高度 150m 时，南部矿体小于 $2m^3$ 的块度达到 99.04%，平均块度为 $0.314m^3$，最大块度为 $2.11m^3$；北部放矿高度达到中段高度 240m 时，北部矿体小于 $2m^3$ 的块度达到 91.05%，平均块度为 $0.493m^3$，最大块度为 $4.23m^3$，计算的最终大块率都比初始块度要低。从曲线结果可以看出，放矿高度初期增加过程中，块度变化较明显，到生产后期块度逐渐趋于稳定。

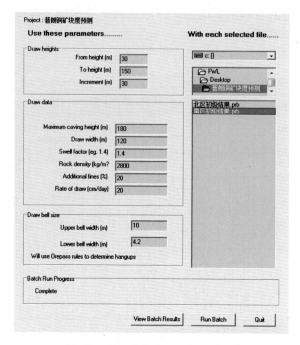

图 3-36　南部矿体次级块度预测参数

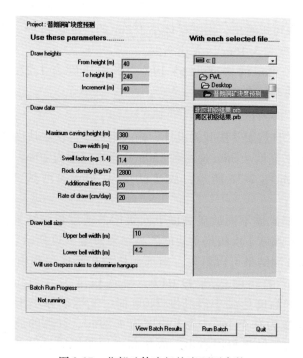

图 3-37　北部矿体次级块度预测参数

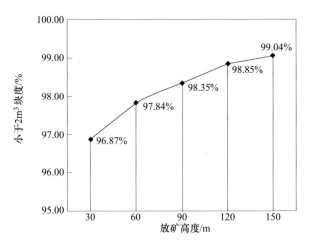

图 3-38 南部矿体不同放矿高度下对应次级块度曲线

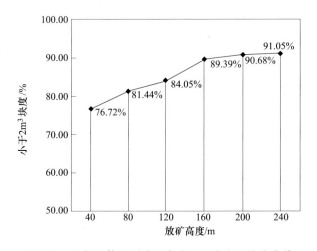

图 3-39 北部矿体不同放矿高度下对应次级块度曲线

3.7.6 BCF 程序评价

BCF 是一种可以快速预测评价崩落块度主要因素的专家系统，该程序可在项目前期快速进行敏感度和对比分析并作出评价，通过铜矿峪铜矿和普朗铜矿的矿岩崩落块度预测实例说明了 BCF 软件能准确地预测矿岩崩落块度，可为自然崩落法矿山研究和设计提供可靠的技术支撑。

BCF 使用蒙特卡罗方法从输入的节理统计资料中随机选取方向、间距、迹长等参数相互独立地生成岩块，同时评估岩块表面的压力大小和方向，用于判断发生剪切破坏的可能性，并将估测的岩体强度和方向考虑在内。

由于 BCF 将岩体模型和块度模型结合到一个程序中，初始岩体的节理统计资料并没有在模型中充分还原或在块度程序中提及。岩块尺寸由岩块的长宽比或节理面方向的剪切情况限定，改进后的节理迹长可以用于限定岩块尺寸；在岩块破碎并增加时，节理条件并未考虑进去，岩块的生成是独立于节理统计资料的，改进后的初始块度过程中岩块增量由节理条件限制；另外，如若采用构建原始岩体的方法，则可能会导致模型预测能力产生偏差。因此，BCF 在相关功能方面还需进一步改进完善。

参 考 文 献

［1］ Brown E T. Block Caving Geomechanics［M］. Queensland，Australia：Julius Kruttschnitt Mineral Centre，2007.

［2］ 于润沧. 采矿工程师手册（下册）［M］. 北京：冶金工业出版社，2009.

［3］ 王李管. 矿块崩落法崩落矿石块度预测技术研究［D］. 长沙：中南工业大学，1988.

［4］ 刘育明，等. 特厚大矿体高效连续自然崩落法开采技术研究报告［R］. 北京：中国恩菲工程技术有限公司，2015.

［5］ Laubscher D H. Caving mining-the state of the art. Underground mining methods：engineering fundamentals and international case histories［M］. Littleton，Colorado：Society for Mining，Metallurgy and Exploration，2001：455~463.

［6］ Cumming-Potvin D，Wesseloo J. Numerical simulations of a centrifuge model of caving［J］. Proceeding of Caving 2018，Australian Centre for Geomechanics，Vancouver.

［7］ Hebert Y，Sharrock G. Three-dimensional simulation of cave initiation，propagation and surface subsidence using a coupled finite difference-cellular automata solution［J］. Proceedings of Caving 2018，Australian Centre for Geomechanics，Vancouver.

［8］ 赖森华，童光煦. 节理岩体计算单元生成与崩落块度预测［J］. 有色金属（矿山部分），1988（3）：17~22.

［9］ 邬爱清，周火明. 3-D 岩体结构模拟分析系统及三峡船闸高边坡岩体结构概化模型研究［R］. 武汉：长江科学院，1998.

［10］ 冯兴隆. 自然崩落法矿岩工程质量数字化评价及模拟技术研究［D］. 长沙：中南大学，2010.

［11］ 范文录，刘育明，陈晓云，等. 眼前山铁矿矿岩分区可崩性评价研究［J］. 中国矿山工程，2020，49（1）：27~29.

［12］ 陈晓云，范文录，夏长念，等. 自然崩落法矿岩崩落块度研究现状与趋势［J］. 中国矿山工程，2020，49（3）：17~19.

［13］ 李光，刘育明，范文录，等. 眼前山铁矿矿岩崩落块度预测研究［J］. 中国矿山工程，2019，48（5）：14~16.

［14］ 陈小伟，刘育明，葛启发，等. 基于 BCF 软件的自然崩落法矿岩崩落块度预测研究［J］. 中国矿山工程，2019，48（6）：6~9.

4 底部结构形式和主要作业水平布置

底部结构对自然崩落法矿山而言，主要是指拉底层至出矿水平之间的工程结构，肩负着自然崩落法拉底、放矿、出矿等重要任务，是自然崩落法开采的核心工程。由于其形成后的三维空间非常复杂，另外不同特点的矿山其底部结构形式也有多种变化，进一步增加了底部结构的复杂性，但是底部结构形式直接关系到矿山的作业效率和生产成本；此外，底部结构的形式还是主要作业水平（尤指拉底水平和出矿水平）布置的基础，所以，对自然崩落法矿山而言，选择合适有效的底部结构形式至关重要。

4.1 底部结构形式

最早的自然崩落法矿山是在美国问世，随着生产设备特别是出矿设备的不断发展，矿山底部结构下的放（出）矿方式也在变化。20 世纪 60 年代之前，自然崩落法主要用于开采松软破碎不稳固的矿体，由于矿体的可崩性较好，当时主要采用格筛重力放矿，崩落的矿石完全依靠重力经格筛筛分后，合格矿度的矿石从放矿点直接进入溜井，然后再装入矿车，目前这种出矿的底部结构形式基本上已经消失了。随后又出现了电耙出矿的底部结构形式，矿石从放矿点放出后，经过电耙将矿石耙入电耙道端部的溜槽，然后直接装入矿车。随着岩石力学的发展和无轨铲运机设备的应用，自然崩落法也逐渐应用到了硬岩稳固的矿山，矿石合格块度也得到了大幅提升，这在一定程度上突破了硬岩矿山崩落矿石块度较大的瓶颈，特别是矿岩条件预处理技术在矿山的应用，进一步扩大了自然崩落法的应用范围，大幅提高了生产效率，有效降低了生产成本，从而推动了自然崩落法在世界范围内的迅速发展。

4.1.1 电耙出矿形式的底部结构

随着无轨设备的发展，特别是大型铲运机在矿山的普遍应用，再加上自然崩落法逐渐向硬岩矿山发展，电耙出矿的底部结构形式已经不再适应现代矿山的发展，因此在近些年来新建的自然崩落法矿山中已经不再使用了。目前还有一些矿山由于历史的原因，部分矿段还在继续采用电耙出矿，例如菲律宾的 Philex 铜金矿和中国的铜矿峪铜矿等。

电耙出矿形式的底部结构工程布置见第一章中的图 1-4。出矿水平的电耙道两侧对称布置指状天井,即矿石溜槽,作为上部崩落矿石的下放通道。指状天井上口布置拉底巷道,用于钻凿上向的扇形拉底炮孔,拉底巷道平行电耙道布置。随着拉底工作的持续推进和拉底空间的扩大,上部矿石逐渐形成稳定的崩落,崩落的矿石通过指状天井下溜至电耙道。电耙道内的矿石通过电耙被耙至其端部的溜槽内(电耙道现场如图 4-1 所示),然后给下方运输水平的矿车装矿,最后运出采场。图 4-2 所示为铜矿峪铜矿 690m 中段电耙出矿水平和有轨运输水平的复合图。

图 4-1　自然崩落底部结构的电耙道

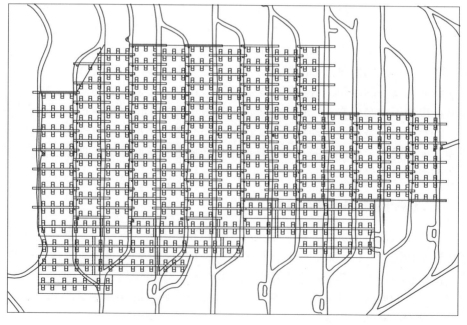

图 4-2　铜矿峪铜矿 690m 中段电耙出矿水平和有轨运输水平复合图

电耙形式的底部结构由于其存在工人劳动强度大、生产效率低、适应的矿石矿度小、漏斗卡斗频繁且处理困难、放矿控制难度大等诸多缺点，已经慢慢被淘汰。目前，国内外大型的自然崩落法矿山基本上均采用铲运机出矿形式的底部结构。

4.1.2 铲运机出矿形式的底部结构

铲运机设备的广泛应用极大推进了自然崩落法的发展。例如，大幅度提升了单位面积的产能，使矿山生产规模越来越大，在世界范围内已经出现了多座年产千万吨规模以上的矿山，例如智利的 Teniente 铜矿、澳大利亚的 Cadia East 铜矿、南非的 Palabora 铜矿、印度尼西亚的 DOZ 矿和 Grasberg 矿、蒙古的 Oyu Tolgoi 铜金矿以及中国的普朗铜矿等。自然崩落法对崩落块度的适应性进一步增大，从而推动了自然崩落法矿山从软弱破碎矿体向硬岩较稳固矿体的发展。由于铲运机具有灵活性和可操作性，多座自然崩落法矿山建成了自动化作业采区，例如 Teniente 铜矿的两个采区、澳大利亚的 Northparkes 的 E48 采区。

铲运机出矿形式的底部结构工程布置如图 4-3 所示，这种底部结构相对于电耙出矿方式工程结构尺寸大幅增加，机械化程度显著提高，对于矿石的崩落块度适应性明显增强。从图 4-3 可以看出，铲运机出矿的自然崩落法中段从上至下主要由拉底水平、出矿水平和运输水平等组成，另外还要在这些水平之间增加相应的进风水平和回风水平，以满足采场通风的需要。

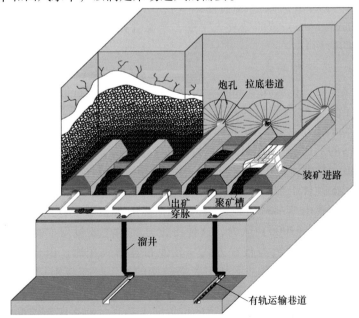

图 4-3　铲运机出矿方式的底部结构工程布置

出矿水平的出矿巷道位于桃形状矿柱内，工作人员和设备均不需要进入采场之内作业，作业面始终位于空间尺寸相对较小的巷道内，因此相对其他空场法开采而言，在作业安全上具有很大的保证，且作业环境良好。目前自然崩落法经过多年的发展出矿水平存在多种布置形式，具体情况将在 4.2 节中进行详细叙述。

拉底水平位于出矿水平之上，其主要作用是在巷道内进行凿岩爆破，在回采中段底部形成一层连续的空间，为上部矿体的自然崩落提供自由面。拉底巷道一般平行于出矿巷道布置，有的布置在桃形矿柱顶部，也有的布置在桃形矿柱的肩部，具体可根据矿山的情况确定。

出矿水平和拉底水平之间由聚矿槽进行连接，上部采场内崩落的矿石在重力作用下汇入聚矿槽，在出矿水平利用铲运机将矿石从放矿点铲出，运至脉外或脉内的溜井或破碎硐室内，随着下部矿石被铲出，上部矿石又逐渐下落到达出矿水平。

4.2　出矿水平

4.2.1　出矿水平形式

根据出矿设备的不同，出矿巷道的布置形式也不相同，出矿设备主要有电耙和铲运机。由于电耙基本上已经被自然崩落法矿山淘汰，因此这里主要介绍铲运机出矿时的巷道布置形式。

自然崩落法矿山采用铲运机出矿的巷道布置形式很多，但大同小异，主要可分为 5 种，即连续堑沟式、鲱鱼骨式（Herringbone）（人字形）、分支鲱鱼骨式（Offset herringbone）或叫分支人字形、亨德森式（Z 字形）、特尼恩特型布置形式（平行四边形）。

4.2.1.1　连续堑沟式

奥地利奥美磁铁矿公司（Austro-American Magnetite Company）矿山在高应力条件下采用了连续堑沟或堑沟布置，这种布置也同样用于津巴布韦的 Shabanie 矿、美国的 San Manuel 矿。图 4-4 所示为奥美磁铁矿公司矿山的布置结构图，底部结构聚矿槽的形成和拉底工作合并为一项工作进行，即利用聚矿槽底部的巷道作为拉底巷道，钻凿上向的扇形炮孔，爆破后即可形成连续的堑沟式聚矿槽，并可同时在桃形矿柱体上部形成连续的拉底空间。

这种布置方式由 Weiss（1981）提出，在高应力条件下有助于桃形矿柱的稳定，但是 Laubscher（2000）认为，这种布置方式的主要桃形矿柱缺少次级桃形矿柱的横向支撑。连续堑沟布置方式与其他布置形式相比，由于减少了拉底水平，因此具有较低的开挖率，更利于底部结构的稳定。在应用这种布置形式时，为减少原岩应力的影响，应将连续堑沟平行于主水平应力方向进行布置。

这种布置形式下，如果拉底巷道的位置向上抬高，那么底部结构就会出现一个次级的桃形矿柱，Jude（1990）对 San Manuel 矿进行的二维数字应力模拟试验

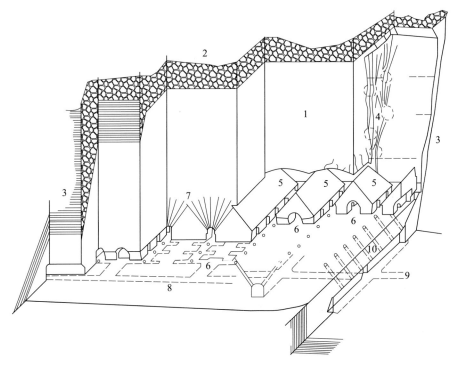

图 4-4　用于奥美磁铁矿的连续纵向堑沟布置（Weiss，1981）
1—矿体；2—上部已崩落的区域；3—围岩；4—端部割帮；5—聚矿槽；6—出矿巷道；
7—扇形拉底炮孔；8—沿走向巷道；9—主运输巷道；10—泄水钻孔

表明，在没有抬高拉底巷道时，掘进可以在无应力区内进行，并且可以使应力集中维持在出矿巷道之上，但是如果抬高拉底巷道将会导致这种情况消失，不利于底部结构的稳定。连续堑沟布置形式的缺点是出矿巷道中几个放矿点放出的矿石均是同一个聚矿槽中的矿量，因此其放矿椭球体会受到几个放矿点放矿的影响，生产时的放矿控制难度较大。

4.2.1.2　鲱鱼骨式布置（人字形布置）

图 4-5 所示为津巴布韦 King 矿采用的鲱鱼骨式布置形式，其出矿巷道两侧的放矿点是对称布置的。与其他布置形式相比，这种形式对巷道的稳定性不利，因为出矿巷道两侧的装矿进路在同一点与出矿巷道连接，再加上交岔点处两个锐角实际上会被做成圆角，这样将会进一步增加交岔点处的跨度。在出矿作业中，这种布置形式使铲运机无法退到对侧的进路中去，也不便于设备转弯，一定程度上会影响出矿效率。因此，典型的鲱鱼骨式布置方式目前在矿山中实际应用较少，均对其作了修改以改善其工作状况。

4.2.1.3　分支鲱鱼骨式布置（分支人字形布置）

分支鲱鱼骨式布置形式如图 4-6 所示，出矿巷道两侧的放矿点呈分支或错开式布置。和鲱鱼骨式布置相比，这种形式改善了巷道交叉点的稳定性和铲运机作业效率。这种系统最初在美国 Henderson 钼矿和加拿大 Bell 矿使用，后来成为自然崩落法作业中最常用的布置形式，如澳大利亚的 Northparkes 矿，南非的 Palabora 矿、Premier 矿的 BB1E 和 C-Cut，印度尼西亚 Freeport 的 DOZ，以及中国的普朗铜矿和铜矿峪铜矿二期工程 530m 中段等矿山或采区都采用了这种布置。

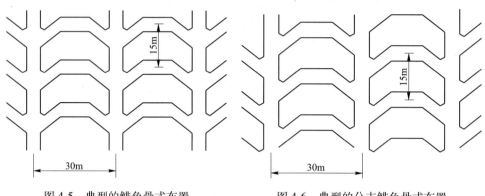

图 4-5　典型的鲱鱼骨式布置　　　图 4-6　典型的分支鲱鱼骨式布置
（图片来自 Esterhuizon，Laubscher）　　（图片来自 Esterhuizen，Laubscher）

铜矿峪铜矿二期工程 554m 出矿水平布置情况如图 4-7 所示，普朗铜矿出矿水平局部放大图如图 4-8 所示。

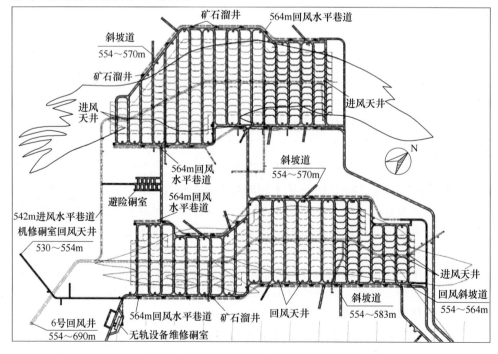

图 4-7　铜矿峪铜矿 554m 出矿水平布置图

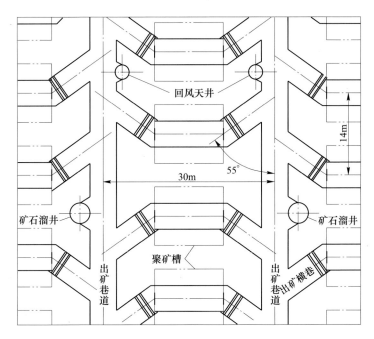

图 4-8　普朗铜矿出矿水平局部放大图

4.2.1.4　亨德森式布置

亨德森式布置方式如图 4-9 所示，相对的放矿点进路在一条直线上，并与出矿巷道斜交，放矿点和聚矿槽与出矿巷道垂直布置，聚矿槽两端放矿点的出矿进路成对角线布置。这种布置首先用于美国的 Henderson 钼矿，因此称之为亨德森式布置，但是 Henderson 钼矿随后的采区并没有采用这种形式，目前已无其他矿山采用这种布置。

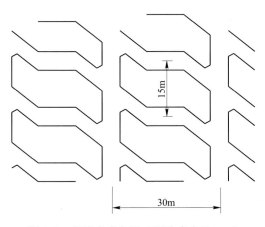

图 4-9　亨德森式布置（图片来自 Brown）

4.2.1.5 特尼恩特布置

智利特尼恩特矿开发设计了如图 4-10 的布置形式，出矿进路与出矿巷道成 60°夹角直线布置。图 4-10（a）所示为采用方形聚矿槽的原始布置，与出矿进路成正交。图 4-10（b）所示为特尼恩特矿为不同开采条件开发的多种改进方案之一，聚矿槽形状加强了放矿点之间的相互影响并改善了中深孔爆破设计。图 4-11 是一个类似的正用于 Henderson 钼矿的布置形式，出矿巷道和出矿进路成 56°角，放矿点被一个小的岩柱分为两部分。

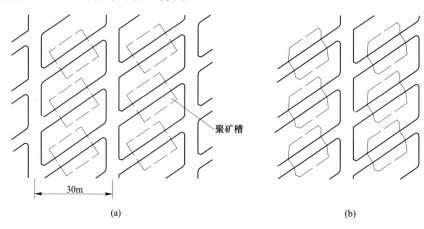

图 4-10　特尼恩特矿的布置

（a）典型的特尼恩特布置（图片来自 Esterhuizen，Laubscher）；（b）改进后具有十面体聚矿槽的
特尼恩特布置（图片来自 Jofre）

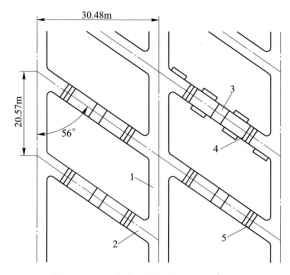

图 4-11　亨德森矿新型出矿水平布置

1—出矿巷道；2—放矿点；3—矿柱；4—混凝土底板延伸；5—眉线钢架

特尼恩特和亨德森新型布置形式的一个优点是铲运机可以退到相对的出矿进路中进行转弯或当眉线磨损时进行直线装矿，铲运机的铲斗可以更加靠近放矿点，处理放矿点的大块更加便捷。这种布置唯一的缺点是它不适合采用电动铲运机出矿，因为电动铲运机尾部的电缆会影响作业。目前特尼恩特布置形式在国际上超大型矿山应用普遍，这些矿山主要以柴油铲运机出矿为主，如特尼恩特矿的 Esmaralda 采区、丘基卡马塔矿，印度尼西亚的 Grasberg 矿，蒙古国的 Oyu Tolgoi 矿等。

4.2.2 出矿水平结构参数

出矿水平参数的选取受众多因素的影响，并将直接关系矿山的生产效率和生产放矿效果，因此对今后矿山生产有很大的影响。出矿水平的结构参数，会随着各个矿山不同的工程地质条件和出矿设备不同而变化，因此采用自然崩落法生产的矿山在实际生产中会根据自身的特点，经过长期的不断探索，逐渐找到适合自己的最佳参数。表 4-1 中列出了国内外部分自然崩落法矿山在生产中采用的出矿水平参数及崩落矿岩情况。表 4-2 列出了部分国内外自然崩落法矿山中出矿水平布置形式和采用的主要出矿设备。

由表 4-1 和表 4-2 可以看出，放矿点的间距布置参数大多在（15~18）m×（14~18）m 之间，出矿水平采用分支鲱鱼式布置的较多，其次是特尼恩特布置形式。放矿点的间距直接影响生产过程中矿石的损失和贫化，参数的选取主要根据预测的矿石崩落块度、矿岩的稳定性等条件综合确定。出矿水平的布置形式一定要适应出矿设备的运行，并保证生产中的安全，避免事故发生。

另外，目前从国内外自然崩落法矿山的生产情况来看，出矿设备逐渐向大型化的铲运机发展，这与自然崩落法逐渐由软岩矿山向硬岩矿山发展、生产规模越来越大的趋势有关。

4.2.3 出矿水平布置

出矿水平是自然崩落法矿山的一个重要水平，其工程布置直接关系到矿山的生产效率和其他水平的布置方式，其主要考虑的因素有出矿巷道、装矿进路、放矿点、卸载点、进风和回风。出矿巷道、装矿进路的布置方式在 4.2.1 节中已经做了详细介绍，此处不再重复，下面重点对矿石卸载和进回风工程等进行介绍。

4.2.3.1 矿石卸载工程布置

采用铲运机出矿时，大部分矿山是将矿石从出矿点运出直接卸至溜井内，然后通过溜井下部的装矿设施给运输设备装矿，之后运至破碎硐室进行破碎后提出地表。溜井布置主要根据矿体的厚度确定，当矿体的厚度不是很大时，矿石溜井一般宜布置在脉外。布置在脉外时，溜井可以避开拉底过程中拉底前锋线上应力

表 4-1　国内外自然崩落法矿山出矿水平参数

序号	矿山名称	矿石类型	中段高度/m	底部结构尺寸/m×m	矿岩类型	抗压强度/MPa	RMR
1	Northparkes E26 Lift 1	Cu, Au	>400	14×14	粗粒玄武岩、石英斑岩	50~60	53
2	Northparkes E26 Lift 2	Cu, Au	350	18×15，出矿进路间距30m	石英二长斑岩、黑云母、火山岩	通常80~91，最大136~227	黑云母和火山岩 50~57
3	Ridgeway	Cu, Au	200	20×15，出矿进路间距30m		二长石英岩93~155，火山岩87~150，沉积岩88~144	60~70
4	Freeport IOZ	Cu, Au	最大350	18×15，出矿进路间距30m	闪长岩、矽卡岩、角砾岩、白云石-大理岩	上盘至下盘10~219	上盘至下盘25~65，预测大于1m的块度小于30%
5	Palabora	Cu	460	17×17，出矿进路间距34m	碳酸盐岩	90~160，粗粒玄武岩，岩易碎，其强度高达320，断层中风化后只有80	矿石平均61，节理发育的为57，不发育的为70
6	Premier Mines（BA5采区）	金刚石	BA5: 80~140 BBIE: 148~163	15×15、15×18	辉长岩	金伯利岩50~193，辉长岩180~400	45~65
7	El Teniente（Esmeralda采区）	Cu	120~180	15×17.3	安山岩、角砾岩、闪长岩	98.1~117.7	50
8	Henderson（7210）	Cu	122~145	17×15.5	花岗岩、流纹岩	100~275	27~60
9	Resolution	Cu	200~500	20×15	斑岩型铜矿	50~100	60~70
10	Bingham Canyon	Cu, Mo, Au, Ag	350	15×15	石英岩、石英二长斑岩、矽卡岩	54~88	上: 32、45、61; 下: 46、54、66
11	Oyu Tolgoi	Cu, Ag	180~500	15×14，出矿巷道间距28m	斑岩型矿化体、二长闪长岩	40~70	
12	铜矿峪铜矿	Cu	120	15×15，出矿进路间距30m	石英斑岩	99.4~106.4	55~61
13	普朗铜矿	Cu	200	15×15，出矿进路间距30m	石英闪长玢岩	61.0~182.1	41~43

表4-2 国内外自然崩落法矿山出矿水平布置形式及出矿设备

序号	矿山名称	矿石类型	生产规模 /万吨·年⁻¹	出矿设备	出矿水平布置
1	Northparkes E26 Lift 2	Cu, Au	500	TORO 450E（载重约10t）	分支鲱鱼骨式布置
2	Ridgeway	Cu, Au	600~1000	20t 的柴油铲运机（SANDVIK 和 CAT）	
3	Cadia East	Cu, Au	2400~2600	20t 的柴油铲运机（SANDVIK 和 CAT）	特尼恩特布置
4	Freeport IOZ	Cu, Au	700	14t 的柴油铲运机（SANDVIK），平均运距175m	分支鲱鱼骨式布置
5	Palabora	Cu	1000	TORO1400 共 9 台，德国 ELEPHOSTONE 1700 共 10 台	分支鲱鱼骨式布置
6	Premier Mines（BA5 采区）	金刚石	300	5~7m³ 的 TORO 电动或柴油铲运机	分支鲱鱼骨式布置
7	Finsch	金刚石	17000t/d	TORO 007（LH410）	
8	El Teniente（Esmeralda 采区）	Cu	3500	6m³ 铲运机	特尼恩特布置
9	Salvador	Cu	250	6~7m³ 铲运机	分支鲱鱼骨式布置
10	Henderson（7210）	Cu	600	7.4m³ 铲运机	亨德森式
11	Resolution	Cu	11 万吨/天		分支鲱鱼骨式
12	Oyu Tolgoi	Cu、Ag	9 万吨/天	14t 柴油铲运机	特尼恩特布置
13	Bingham Canyon	Cu、Mo、Au、Ag	72500t/d	4.5m³ 的电动铲运机	分支鲱鱼骨式布置
14	Chuquicamata	Cu、Mo	14 万吨/天	20t 柴油铲运机	特尼恩特布置
15	铜矿峪铜矿	Cu	600	10t 电动铲运机	分支鲱鱼骨式布置
16	普朗铜矿	Cu	1250	14t 电动铲运机	分支鲱鱼骨式布置

集中的破坏，有利于溜井的安全稳定；还可以减少底部结构由于需要布置溜井卸矿硐室进行的大空间开挖，保证底部结构的整体性，这对于底部结构的稳定性也至关重要；此外，溜井之间的间距可以适当调整，使运输水平的布置更加灵活。但是，对于特别厚大矿体而言，铲运机的运输距离过大，将导致出矿成本过高；另外，过长的距离还会对电动铲运机的使用产生一定的限制。

当矿体厚度很大时，为了减小铲运机的运输距离，一般宜布置在脉内。溜井布置在脉内时，可以节约运输距离，降低出矿成本，提高出矿效率；由于运输距离大大缩短，这样可减少电动铲运机受电缆长度的制约，因此可采用对井下污染较小的电动铲运机出矿。但是也存在一些缺点，例如对底部结构的完整性会有一定的破坏，特别在岩石条件较差的矿山，这种缺点表现得尤为突出；拉底过程中的应力集中会对溜井卸矿硐室及井口造成不同程度的破坏，可能会增加工程的维修量；由于每条穿脉内都要布置溜井，这对溜井的间距进行了限制，对下部运输水平的布置也会有较大的制约。

铜矿峪铜矿矿体厚度一般在 100~150m，出矿穿脉的长度均在铲运机的有效运距之内，因此其矿石溜井布置在脉外（如图 4-12 所示），这样减少了底部结构的开挖量，对底部结构的稳定性具有积极作用。

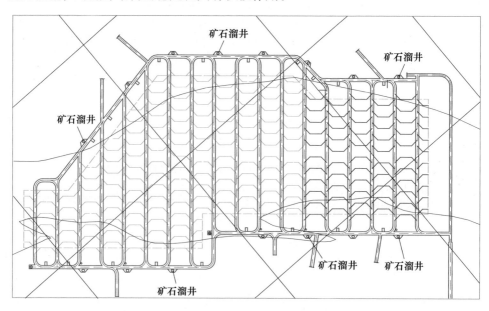

图 4-12　铜矿峪铜矿溜井布置位置

普朗铜矿 KT1 矿体长 2240m，南部矿体分布较宽，达 450~700m，中部宽度变窄，为 80~260m，南部宽度为 300~400m。由于部分区域矿体厚度较大，超出了铲运机的有效运距，因此溜井只能布置在脉内，具体如图 4-13 所示，根据普朗铜矿矿体的厚度，一条出矿穿脉内布置了 2 条溜井。

采用自然崩落法开采时，特别是硬岩矿山，从采场崩落下来的矿石块度较大，为防止溜井内出现堵塞，通常在溜井口设置格筛，如果块度超过允许块度就应先进行解块。由于矿石块度较大，因此在卸矿时矿石对溜井格筛的冲击力就大，一般采用工字钢、钢板或钢轨制作的格筛很容易受到冲击破坏，不但会造成经济损失，更重要的是维修频繁，影响矿山的生产效率，如果安装不当，甚至溜井放矿会成为矿山生产"卡脖子"的咽喉通道，因此安装满足要求的溜井格筛对于自然崩落法矿山而言非常重要。

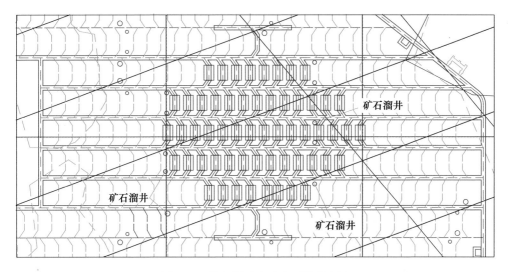

图 4-13 普朗铜矿出矿水平溜井布置

铜矿峪铜矿溜井口的格筛网格为 1.2m×1.2m，二期工程投产初期溜井格筛是由钢板组合件制作的，从格筛的使用情况来看，钢板组合梁格筛在大块矿石的冲击下，焊缝开焊，解体脱落，安装的 5 套格筛仅用了 3 个月就已全部损坏，无法控制入井大块块度，导致 530 中段溜井振动放矿机卡斗，爆破频繁，影响生产。在此种情况下，经过技术人员多方调查、分析，最终研发出了分体铸造组装格筛。其主要特点是结构强度高，能够满足采场生产要求；耐磨性好，可以重复使用；单耗低，综合经济效益好。另外还有效减少了溜井堵塞现象，能够保证生产顺利进行，大大提高了矿山的生产效率。目前矿山主要溜井均采用分体铸造组装格筛，迄今为止还未出现损坏现象，现场反应使用情况良好。该溜井格筛获得了国家授权发明专利（ZL 2015 1 0072065.1）。溜井格筛现场图如图 4-14 所示。

图 4-14 溜井格筛现场图

除了在出矿水平布置溜井的方式外，还有部分矿山在生产中直接将采场回采出的矿石卸入破碎站内（详见第 5 章），这样破碎后的矿石可以通过胶带运输的方式提出地表，从而节省了溜井、有轨运输水平或无轨运输水平，同时也可以在一定程度上减小矿石的提升高度。但是这种布置方式的缺点是由于铲运机运距的影响会相应增加破碎站的数量。采用这种布置方式的矿山有南非的 Palabora 铜矿（如图 4-15 所示）、智利的 Chuquicamata 铜矿（如图 4-16 所示）以及澳大利亚的多个矿山。

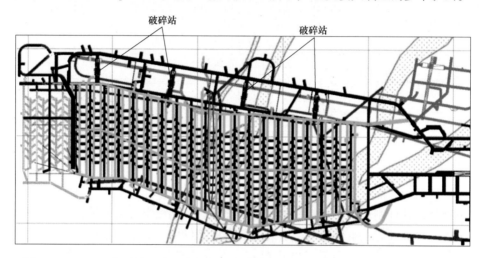

图 4-15　Palabora 铜矿出矿水平布置图（图中黑色巷道为出矿水平，图片来自 Diering）

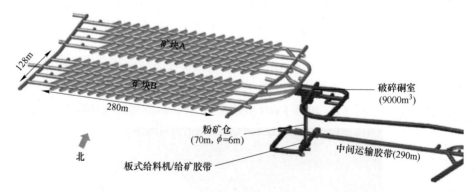

图 4-16　Chuquicamata 铜矿出矿水平布置图（图片来自 Paredes）

4.2.3.2　进回风工程布置

自然崩落法出矿水平的出矿巷道除了在矿体外有巷道可以联通外，在矿体内部相互之间是完全独立的，出矿穿脉内铲运机、破碎设备等作业时均应有独立新鲜风流供给，并且还必须有各自的回风通道，否则就会造成不同作业点之间的污风串联或者风流分配不均的问题。另外由于出矿水平的放矿点的布置具有很强的规律性，且会覆盖所有的开采范围，因此在出矿水平脉内一般没有可以布置进回风巷道的位置。为此，自然崩落法矿山一般会有一个或两个专用的水平用于进回风。例如铜矿峪铜矿、普朗铜矿和智利的 Chuquicamata 铜矿等都设有专用的进回风水平，图 4-17 所示为 Chuquicamata 铜矿的进回风水平布置图。

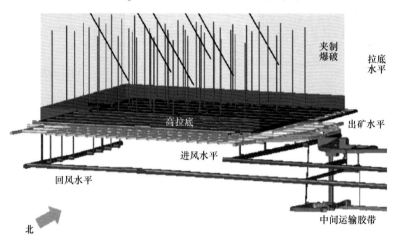

图 4-17　智利 Chuquicamata 铜矿进回风水平布置（图片来自 Paredes）

4.2.4　副层的设置

自然崩落法矿山适合矿体厚度比较大的矿体，矿体最好是急倾斜或垂直。但是有些矿体虽然厚大，也具备自然崩落法开采的条件，但属于倾斜或缓倾斜矿体。众所周知，矿体从顶板上自然崩落下来的矿石呈自由落体，垂直下落，因此这就会造成位于矿体下盘的矿体由于不在崩落范围内（即下部没有形成拉底空间），无法在出矿水平采出的问题。对于倾角较小的矿体，在矿体下盘不能崩落下来的矿体所占比重相当大。如果下盘采用其他崩落法回采，例如无底柱分段崩落，则会存在两个问题：首先，自然崩落法开采顺序自下而上崩落，而无底柱分段崩落法自上而下分段崩落，且在一个矿体的不同部位进行，生产时如何衔接，是否能保证生产的安全等存在诸多不确定因素；其次，对于贫矿体而言，矿石品位较低，而无底柱分段崩落法采矿的生产成本相对较大，因此如果采用无底柱分段崩落法开采则矿山效益会大大降低，甚至出现亏损。

国内外自然崩落法矿山一般通过采用副层来解决这个问题。例如铜矿峪铜矿，其矿体的倾角在 50° 左右，因为矿体倾角较缓，为了充分回收矿石，减少损失率，在开采设计时通过多种方案比较，最终确定了副层的布置方案，即在 4 号矿体下盘布置了 584m 和 614m 两个副层，5 号矿体下盘布置了 583m 和 603m 两个副层。根据副层负责的上部矿体厚度，出矿巷道分沿矿体走向布置和垂直矿体走向布置两种情况，其他结构参数同主层。4 号矿体两个副层的平面复合布置图如图 4-18 所示。从生产情况来看，这种副层布置方式无论从矿石回采率，还是生产成本方面都具有较好的效果。

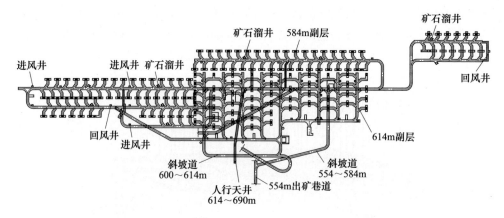

图 4-18　4 号矿体两个副层出矿水平平面复合图

对于倾斜矿体，除了在主层之上布置副层之外，还有一种称为倾斜崩落的布置方式。倾斜崩落的出矿水平不在一个平面上，而是沿着矿体倾向方向，划分为不同的分段高度，将出矿水平的放矿点分别布置在这些不同的分段上，从剖面图上来看，放矿点沿着矿体倾向布置。倾斜崩落的布置方式主要应用于当不能在一个水平布置所有放矿点时的情形，通常还需要矿体具有界限分明的倾斜下盘。采用这种布置方式的矿山有美国的 Bingham canyon 铜矿、津巴布韦的 King 矿等，图 4-19 所示为 Bingham Canyon 铜矿的剖面图。

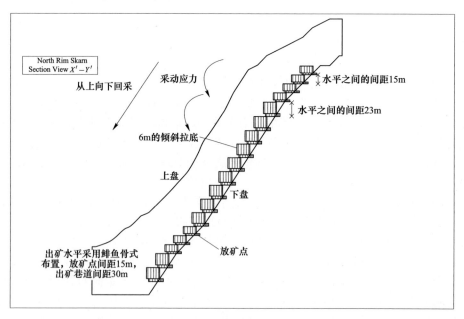

图 4-19　Bingham Canyon 铜矿北缘矽卡岩生产剖面（图片来自 Damien Hersant）

146

4.3 放矿点和聚矿槽

4.3.1 放矿点布置

放矿点是在出矿水平出矿巷道两侧开挖的不连续工程结构，通过它可以将崩落或破碎的矿岩从采场装载并运出。放矿点的布置对于自然崩落法矿山的生产非常重要，它不仅关系到有效的回采范围大小，而且还对于生产中的放矿控制有着重大影响作用，因此在放矿点布置时应考虑诸多因素。

4.3.1.1 出矿水平

对于一个计划采用自然崩落法的矿山，首采中段标高的确定非常重要，这关系到矿山开拓系统的选择、生产排产计划安排和前期矿山效益的好坏。一般在确定首采中段时，应根据矿体的赋存情况，利用专业的软件（例如，Footprint Finder）根据矿石价值和开采成本，通过对不同开采水平进行计算，找出经济效益最佳的开采标高。表 4-3 列出了某矿的计算结果，从表中可以看出 1245m 水平开采时经济效益最佳。之后再综合考虑回采范围的大小、形状、有效的放矿高度、资源回收率和基建投资等各种因素，最终确定最佳首采中段和整个矿山开采的中段划分。

表 4-3 **Footprint Finder 计算的某矿最佳开采标高**

回采标高/m	采出矿石量/t	回采收益/万元	回采面积/m²	Cu 品位/%
705	6882	18595	42800	0.762
735	8508	32383	53200	0.794
765	10183	48870	64400	0.821
795	12653	69019	80800	0.833
825	14878	92606	96800	0.847
855	17049	119974	112000	0.864
885	18848	150662	124400	0.886
915	21773	187625	144800	0.897
945	24765	231257	165200	0.911
975	27679	279668	186000	0.927
1005	62721	546795	438800	0.863
1035	69194	642060	494400	0.875
1065	76512	727905	560800	0.876
1095	82503	797424	622000	0.877
1125	89480	858280	694800	0.871

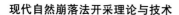

续表 4-3

回采标高/m	采出矿石量/t	回采收益/万元	回采面积/m²	Cu 品位/%
1155	93388	901031	747600	0.869
1185	95237	927332	776400	0.870
1215	96032	938099	798800	0.868
1245	97236	939576	834000	0.862
1275	96190	930209	866400	0.859
1305	93491	905327	888000	0.857
1335	88260	851507	888800	0.854
1365	82167	779407	874800	0.848
1395	74450	712617	834000	0.849
1425	67259	660389	783600	0.854
1455	56758	602159	651600	0.875
1485	47974	556887	559600	0.902
1515	43414	514018	546400	0.906
1545	38981	464893	530400	0.906
1575	7446	25086	503200	0.912
1605	9339	40426	476800	0.916
1635	11831	58397	436800	0.922
1665	13936	80455	405200	0.927
1695	16193	105882	380400	0.924
1725	17688	134768	336000	0.926
1755	20686	168561	297600	0.925
1785	23158	208713	282800	0.929
1815	25777	254779	255200	0.939
1845	58814	498947	196400	0.948
1875	66640	594875	135200	0.966
1905	72920	686948	89600	1.010
1935	79038	764280	12800	1.388

4.3.1.2 放矿点的间距

放矿点的间距大小关系到底部结构工程量大小以及生产中的放矿控制,如果确定的放矿点间距不合理,将会给今后的生产带来很大的负面影响。如果间距过大,则会有大量的矿石滞留在采场无法放出,放矿点之间会产生岩柱,并会对底部结构施加集中荷载。如果间距过小,则会造成底部结构中开挖的空间占比较大，一方面掘进工程量过大；另一方面降低了底部结构的稳定性，将造成较大的不利影响，因此设计中确定合适的放矿点间距十分重要。

确定合适的放矿点间距需要认真分析诸多因素间的相互关系，包括矿石崩落块度大小和流动特征（随着连续放矿发生的变化）、出矿设备、影响底部结构稳定性的工程地质条件等。很显然，随着放矿点间距的增加，必须开拓的放矿点数量和开拓费用将减少，同样也增大了放矿点之间岩柱的尺寸，可以允许加宽巷道和采用更大的出矿设备来提高生产效率。但是加大放矿点的间距也可能会造成放矿椭球体之间无法交汇，致使采场中的部分矿石放不出来而损失，也容易形成相对稳定的岩柱，从而给底部结构施加附加荷载，影响底部结构的稳定。

放矿点间距首先应根据预测的矿石崩落块度结果来确定，因为矿石块度大小对于矿石的流动性影响很大，如果崩落后的矿石块度大，则后期放矿产生的放矿椭球体就会"胖"，此时放矿点间距就应适当放大；如果崩落后的矿石块度小，则后期放矿产生的放矿椭球体就会"瘦"，此时放矿点之间的间距就应适当减小，因此放矿椭球体短轴的长度是崩落块度的函数。在矿山设计阶段，放矿假设的椭球体可以提供选择初步间距的依据，假设的放矿椭球体大小可以从数值模拟或物理模拟试验中获得，另外也可通过大规模试验或在生产中测定获得。

4.3.1.3 放矿点的有效性

确定合理的开采范围，其实就是确定合理的放矿点数量及其分布。对于一个具体矿山而言，由于矿石赋存的不均匀性，有的矿段品位高，有的矿段品位低，大的矿体内还有一些夹石，这对放矿点的有效性均有很大的影响。

对于矿体边部的放矿点，应保持相邻放矿点之间的连续性，当出现个别孤立的放矿点或部分孤立的放矿点（其组成的面积不能达到连续崩落的要求）时，应将这些放矿点从有效放矿点中除掉，因为即使生产中把底部结构形成并完成拉底工作，上部的矿石也难以形成自然崩落。

对于矿体内部无效的放矿点，由于矿体内不可避免地会存在夹石，因此部分放矿点上部对应的放矿柱可能品位很低，甚至没有品位，此时这样的放矿点应作为有效放矿点处理。在基建过程中必须完成这些放矿点的建设和拉底工作，因为如果生产中不能将夹石一起崩落运出采场，则随着周边矿石的积压，这些岩柱上将会出现很大的应力集中，并会对底部结构的稳定性造成很大的影响，甚至出现大范围坍塌的安全事故。另外，如果在采场留下岩柱，还会对矿体的连续崩落形成障碍，从而导致附近的矿石不能崩落，对生产影响较大。

4.3.1.4 放矿点的有效放矿高度

放矿点的有效放矿高度直接关系到该放矿点从经济上考虑是否值得建设，如果放矿点上方的放矿柱高度过小，其可回采出矿石量的经济价值不能弥补该放矿点的建设费用和生产成本，则该放矿点就是不经济的。因此在确定放矿点时，应根据矿石品位、市场价格、单个放矿点的基建投资和矿石生产成本等因素，确定一个有效放矿点的最低放矿柱高度，进一步优化放矿点的数量，以此确定最佳的自然崩落法经济开采范围。

4.3.2　放矿点参数

从底部结构稳定性来说，放矿点和放矿点巷道尺寸应该尽可能小，但实际上放矿点参数还应综合考虑矿石的块度、装载设备的尺寸以及作业条件，考虑矿石的性质，并且还应该考虑尽量避免大块堵塞。国际上通常采用体积大于 $2m^3$ 的大块所占百分比作为矿体产生大块的衡量标准，这个尺寸相当于一个边长为 $1.26m$ 的立方块。基于模拟试验和现场试验，建议放矿点尺寸应该为最大块的 3~6 倍。实际上在硬岩矿体中，典型铲运机作业的放矿点巷道宽和高均在 4m 左右或更大，但是由于矿石的崩落块度较大，从而导致放矿点的有效参数会小于此参数，这对正常生产可能会带来较大的影响。随着自然崩落法逐渐向硬岩矿山发展，崩落的块度越来越大，为了减少矿石的崩落块度，提高自然崩落法生产效率，当前国际上已有不少矿山在实施崩落之前对矿岩崩落条件进行预处理，改进矿岩的可崩性，减小崩落块度，目前矿岩条件预处理主要采用的方法是水压致裂，其次是爆破致裂。

放矿点和出矿巷道在金属矿山中典型的形状为弧形的顶板，在很多情况下，特别是随着跨度的增加，弧形的顶板比平的顶板更加稳定，同时也更容易通过凿岩爆破形成，另外，采用喷射混凝土和钢筋网支护对弧形顶板而言更加具有可操作性。

放矿点眉线位于装矿进路与聚矿槽交接处，特指装矿进路断面的上半部分区域，其对于放矿点的稳定性具有较大的作用。从放矿点眉线的稳定性方面考虑，其方向应与岩体中的主要和次要不连续面方向相垂直，这有利于加固眉线。在存在一组或多组走向相当陡峭的不连续面的岩体中出矿水平采用分支鲱鱼骨式布置的情况下，眉线布置的首选方向为图 4-20 左侧所示方向，即不连续面的走向垂直于眉线所在的平面。这时穿过放矿点眉线的水平或近似水平的诱导应力易于加固眉线处的不连续，减少可能滑落和坍塌的岩块数量。传统的岩石工程分析认为（例如 Hoek 和 Brown，1980），如果考虑出矿巷道的稳定性，这个眉线布置方向是不合适的。

另一方面，图 4-20 右侧显示出矿水平布置方向对出矿巷道的稳定性是合适的，但是对于放矿点眉线的稳定性是不合适的。不连续面平行于眉线所在的平面，并且平行于穿过眉线的诱导应力，这就意味着诱导应力不能加紧不连续面，许多大块岩石将会比前一种情况更容易从眉线上滑落。

因此从上述的分析可见，出矿巷道和眉线方向对于应力方向是矛盾的，所以

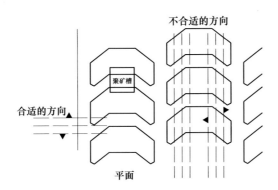

图 4-20 不连续面和开挖方向对放矿点眉线稳定性的影响（图片来自 Laubscher）

在具体矿山中，应充分考虑最大主应力的方向和大小、放矿点的服务时间和节理裂隙发育情况等，综合考虑放矿点的布置。

4.3.3 聚矿槽形状

聚矿槽位于出矿水平和拉底水平之间，形状上像一个槽体的开挖结构，是崩落或破碎的矿石流向放矿点的通道。聚矿槽形状可以起到改善矿石流动性的作用，因为其上部的几何形状会影响放矿椭球体的形状，因此会对放矿过程中的矿石损失贫化指标造成较大影响。另外，在聚矿槽形状和主次桃形矿柱的强度之间还必须综合考虑，主次桃形矿柱体必须在聚矿槽和放矿点的寿命期间保持稳定，不能仅考虑增加采场矿石的流动性，随意减少底部结构矿柱的尺寸。除了矿石流动和岩柱强度这两个主要的因素之外，聚矿槽形状同样受拉底设计和实际凿岩爆破的影响。

图 4-21 所示为横切主桃形矿柱和聚矿槽的三种可能的设计断面。

图 4-21 中三种情况表明聚矿槽上部倾斜度对崩落矿石流动特性具有重要的影响。在图 4-21（a）中，主桃形矿柱上方采用平顶结构，该结构阻止了桃形矿柱上方矿石的流动性，因此放矿带间相互影响较差，矿量可能受到损失，同时会在矿柱顶部出现矿石堆积。图 4-21（b）为第二种情况，聚矿槽上部倾斜，但其他设计参数保持不变，放矿带之间的相互影响改善，这对采场放矿具有很大的改进，但矿柱的尺寸有所减小，其稳定性会有所下降。图 4-21（c）中将主桃形矿柱体进一步圆滑，这样改变之后采场出矿更加有效，进一步改善了矿石流动特征，且有效加粗了放矿椭球体，减少了采场矿石损失，但矿柱的尺寸进一步缩小，因此其承压和承受磨损的强度也显著降低。根据上述三种方案的分析结果，设计之前必须综合考虑矿岩稳定性、服务时间、放矿点间距和矿岩流动性等各种因素，综合进行评估，以便确定最佳的放矿槽几何外形。图 4-22 所示为铜矿峪铜矿 530 中段采用的聚矿槽几何形状。

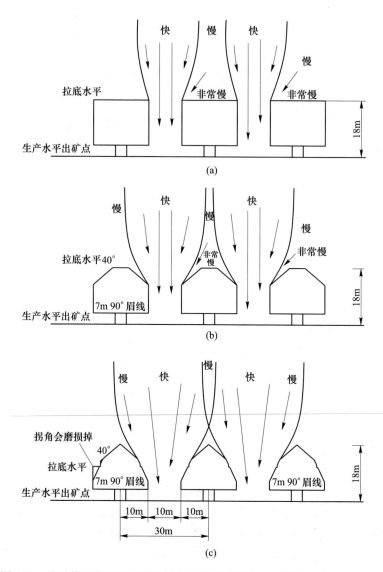

图 4-21　聚矿槽形状对矿石流动性和矿柱形状的影响（图片来自 Laubscher）

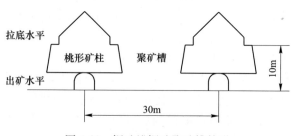

图 4-22　铜矿峪铜矿聚矿槽外形

4.4 拉底水平

拉底水平是自然崩落法底部结构中重要的一个组成部分，一般位于出矿水平之上（也有少数处于同一个平面上），其主要作用是在矿体内拉开一层连续的空间，使上部矿体失去支撑，并随着拉底空间的持续扩展矿岩在自身重力和应力作用下逐渐向下塌落，以此达到上部矿岩自然崩落的效果。自然崩落法矿山的拉底工作还有以下重要影响：

（1）拉底工作影响工程的稳定性。拉底效果的好坏，直接影响着能否形成有效的拉底空间。若拉底效果不好，则会在采场中间出现岩墙，这不仅会缩小拉底面积，而且还会在岩墙处产生应力集中，使得岩墙周围的工程处于高应力区内，会对相邻工程的稳定性在一定程度上产生破坏。

（2）拉底工作影响矿体的崩落块度。拉底工作的另一个重要目的是对地压进行控制与管理，通过合理的拉底，以引导地应力进行重新分布，使之朝着利于矿块崩落、减小大块率的方向发展。

（3）拉底工作的强度大小，还影响矿山的生产能力。若拉底强度不足，必将影响矿体的崩落量，使得产量不足；若拉底强度过大，则会导致活动的放矿点越来越多，对放矿管理带来更大的困难。

（4）拉底顺序计划还会影响矿山开采的损失、贫化指标。不合理的拉底顺序，使得废石过早混入，贫化时间提前，这样就会造成不必要的开采损失，降低经济效益。

因此，拉底水平的布置和参数确定对于自然崩落法矿山非常重要，特别是在矿山投产之初，它关系到矿山能否顺利投产。

4.4.1 拉底断面形状

拉底的垂直断面形状对拉底的难易程度和效果及初始崩落的效果有较大的影响。考虑拉底工程投入、拉底效果、矿岩的稳固程度和所采用的凿岩设备，拉底主要有四种形式。

4.4.1.1 环形扇形孔爆破

这种方式在目前国内外自然崩落法矿山中应用较多，其中最典型的是特尼恩特矿采用的形式（如图 4-23 所示），拉底巷道位于出矿巷道的正上方，与出矿水平相距一般在 12~18m 之间，拉底巷道之间的间距等于出矿巷道的间距。这种方式拉底巷道数量少、工程量省，但是凿岩时需要打下向倾斜孔，一般用中深孔凿岩台车凿岩。这种方式原则上对破碎矿岩不适用，因为在破碎岩石中打下向孔容易出现塌孔，掏孔困难；另外两条拉底巷道之间的中间部位爆破不好，容易在聚矿槽顶部形成岩柱，无法与聚矿槽顺利贯通。这种方式的优点是拉底后形成的空间较大，拉底后的顶板相对较平整，对于初始崩落的大块矿石更加适应，不易出现初始崩落就造成大块堵塞拉底空间的现象。

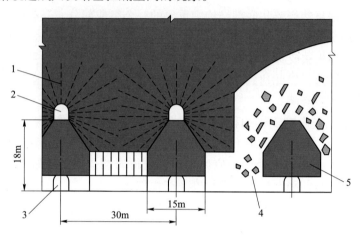

图 4-23 特尼恩特矿采用的环形扇形孔爆破拉底形式
1—拉底炮孔；2—拉底巷道；3—出矿穿脉；4—聚矿槽；5—桃形矿柱

铜矿峪铜矿二期工程 530m 中段开始拉底时也是采用的这种断面形式，随着拉底工作的推进，在生产中发现，这种方式存在较多的缺陷。由于存在部分下向钻孔，在拉底爆破时后面的下向钻孔容易出现堵孔现象，清理非常困难，且耗费大量的人力物力，严重影响拉底推进速度，导致不能及时拉底爆破，释放工作面的应力，从而进一步加重了底部结构的破坏；另外在拉底过程中由于下向炮孔爆破不易控制，从而造成多个聚矿槽顶部不能与拉底空间进行贯通，为了贯通聚矿槽顶板，在底部结构内又施工了部分钻孔并进行爆破，在此过程中不可避免的对桃形矿柱的整体性和稳固性造成较大影响，从而导致部分区域底部结构失稳。

为此，最后经过技术分析将桃形矿柱顶端的拉底巷道移至桃形矿柱体的肩部，将原来的一条拉底巷道改为两条，如图 4-24 所示。双拉底巷道上向孔拉底方式可避免钻凿下向孔，提高了拉底爆破效率，并彻底解决了聚矿槽顶部难以贯通拉底空间的问题，保证了拉底质量，并减少了应力集中，在一定程度上增加了底部结构的稳定性。实践证明应用效果良好。

4.4.1.2 倾斜窄断面拉底

这种拉底方式是采用小空间拉底，拉底后的顶板呈锯齿状（如图 4-25 所示）。为保证破碎矿石具有较好的流动性以利于清理拉底底板，拉底倾角应该大于破碎矿石和原岩之间产生的摩擦角。采用这种方式的拉底巷道比上一种方式要多，但不需要打下向倾斜孔（与铜矿峪铜矿布置拉底巷道的方式相同），对较为破碎的矿岩更适用。

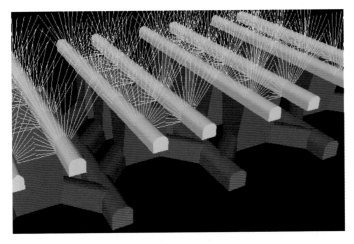

图 4-24 双拉底道炮孔布置

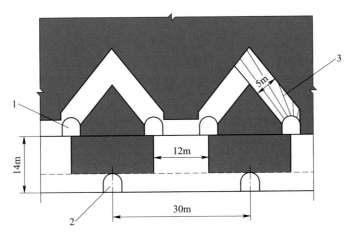

图 4-25 窄倾斜形断面拉底形式（Northparkes Lift 2 的拉底形式）
1—拉底巷道；2—出矿穿脉；3—拉底炮孔

锯齿状的顶板有利于矿岩崩落，拉底爆破的工程量较小，特别是采用前进式拉底和预拉底方式时，需要从拉底工作面铲运出的矿石量较小，有利于提高拉底速度。但是这种拉底的断面形式在初始崩落时会产生较大和较多的大块，这对矿山投产初期具有不利的影响。另外，采用这种断面形式形成的桃形体较规则，但其顶部不易贯通，易残留矿柱，易产生应力集中，对桃形矿柱的稳定性会产生不利影响；窄断面拉底时由于断面尺寸较小会存在较大的夹制作用，增加了顶板矿岩不能充分破裂的风险。此外，钻孔偏斜会加剧夹制问题。

国际上采用这种拉底方式的矿山较多，特别是在矿体埋藏深、高应力环境下，如南非 Palabora 矿和 Northparkes E26 的第二中段（Lift 2）。

4.4.1.3 堑沟拉底形式

这种拉底形式就是不再设单独的拉底水平，而是将拉底水平与出矿水平布置在同一个平面上，利用连续堑沟的下部巷道作为拉底巷道，钻凿上向扇形孔，连续爆破进行拉底，如图4-26所示。

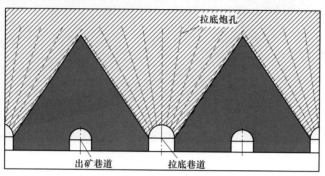

图 4-26　堑沟拉底形式

采用这种拉底方式的主要优点有：减少了一个拉底水平，可以节省拉底工程量；聚矿槽与拉底工作同时进行，可以提高拉底速度。但是其缺点也很明显：桃形矿柱体外形尺寸受到限制，并且没有与主桃形体垂直的小桃形体，其底部结构的稳定性存在很大问题，对于破碎岩体和应力较大的矿山尤甚；由于聚矿槽是一个连续的堑沟，各个放矿点之间放矿时会产生较大的影响，不利于放矿管理。目前采用这种方法拉底的矿山有奥地利奥美磁铁矿和铜矿峪铜矿410m中段的494m副层。

4.4.1.4 平面拉底

平面拉底形式是指采用较为平缓的钻孔进行拉底，拉底后形成的空间为一个较为平缓的空间，这种拉底方式的拉底高度较低，仅比拉底巷道稍高，图4-27所示为 Teniente Esmeralda 采区采用的拉底断面形式。

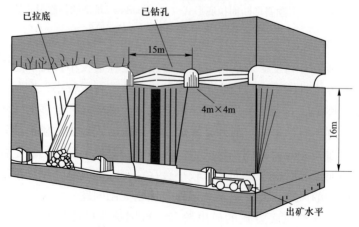

图 4-27　平面拉底形式（图片来自 Leiva and Durán，2003）

图 4-28 及图 4-29 所示分别为 El Teniente 矿 Esmeralda 采区的两种不同炮孔方式。如图 4-28 所示，炮孔通过两个相邻的拉底巷道进行钻凿，在中间交汇。图 4-29 所示为水平炮孔从一条拉底平巷钻至相邻的平巷。该拉底方式的缺点是炮眼根部爆破质量不佳，可能形成残余矿柱，此问题也可通过对炮眼根部进行交叠（呈 V 形）予以解决。

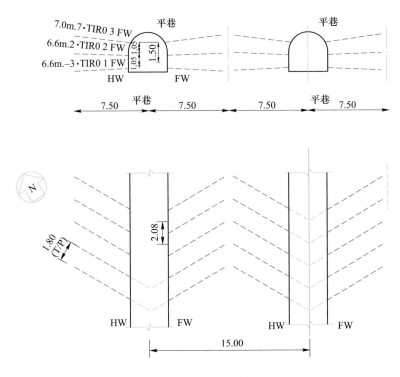

图 4-28　智利特尼恩特矿 Esmeralda 采区平坦窄式拉底（Leiva and Durán，2003）

平面拉底和倾斜窄断面拉底通常适用于较深的矿山，这是因为钻孔数量少，钻孔总体损失少，拉底推进速度快；拉底高度小，减少了应力集中强度，进而减少了相关潜在问题。

同样平面拉底形式也存在一定的不足，由于采用平面拉底形式，导致出矿巷道上部的矿柱顶部较为平缓，不利于崩落矿石的流动，易于堆积矿石（如图 4-30 所示），形成新的岩柱并造成应力集中，破坏底部结构；同时还会在聚矿槽上方形成一个稳定拱，从而阻止崩落的进一步持续发展。因此，有效地进行平面窄断面拉底，要求必须有丰富的经验和较高的技术水平。相比扇形拉底断面形式来说，平面拉底形成的矿石量较少，无法用于保证较高的初始生产能力。

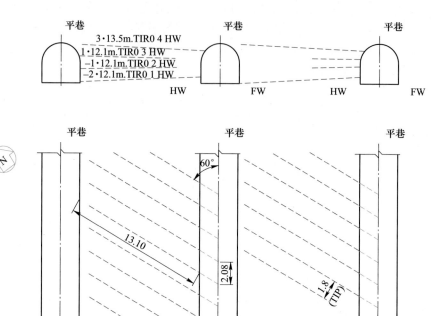

图 4-29　智利特尼恩特矿 Esmeralda 采区拉底设计（Leiva and Durán，2003）

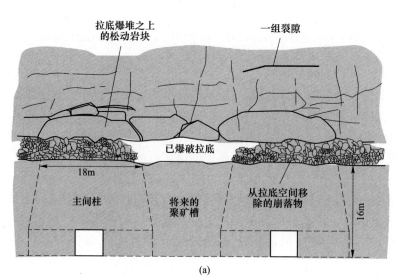

(a)

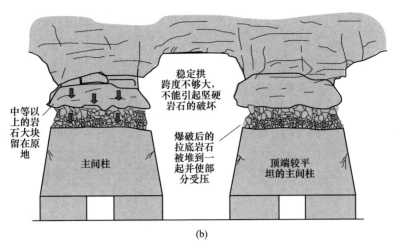

(b)

图 4-30 平坦拉底的矿石堆积问题（Russell，2000）

（a）聚矿槽开掘前；（b）聚矿槽开掘后

4.4.2 拉底高度

最初有人认为采用较大的拉底高度可以限制出矿水平巷道的诱导应力，或保证崩落发展和矿石流动按预想的进行。另外，高的拉底可以为矿山投产之前提供相对较多的矿石生产的来源，例如 Northparkes E26 的 Lift 1 便是采用了两个拉底分段，分段布置方式类似无底柱分段崩落法，两个分段的拉底总高度达 42m，如图 4-31 所示。

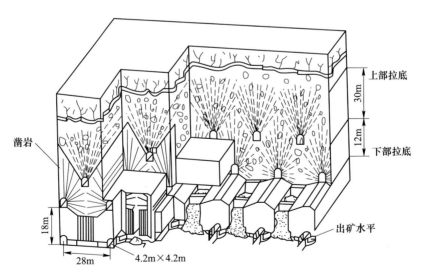

图 4-31 Northparkes E26 的 Lift 1 采用的拉底形式（图片来自 Vink，1995）

从采场内矿体的崩落情况来看，较高的拉底可使上部矿体易于破裂，因为增加了自由面区域。从生产初期放矿点处的矿石块度方面来看，较高的拉底高度，对于早期自然崩落的大块矿石在其向下流动过程中，会由于矿石间的相互碰撞、摩擦从而减小到达放矿点时的矿石块度，因此对于矿山投产初期的生产管理具有较大的优势。

虽然较高的拉底高度在一定程度上具有优势，然而生产中也存在如下缺点，使得绝大多数的矿山没有采用高拉底：

（1）必须采用深孔进行拉底，容易形成不规则的顶板，导致崩落效果不好；

（2）由于拉底水平的工程量增加较大，从而增加了矿山建设时间、初期投资和总的生产成本；

（3）拉底工程量大，需要在拉底过程中铲运出大量的松散矿石，降低了拉底效率，拉底推进速度慢。

国际上多座自然崩落法矿山的实践经验表明，拉底高度的确定应与矿山的实际情况相结合，特别是矿岩的可崩性、原岩应力等，因为这关系到矿山投产初期的初始崩落块度。假如拉底高度相对于初始崩落块度而言不够大，就会增加拉底崩落的矿石形成岩柱的可能，从而产生应力集中，并会对底部结构的稳定性带来极其不利的影响。表4-4给出了一些自然崩落法矿山矿块和盘区崩落作业中应用的拉底高度。

表 4-4 拉底高度实例

序号	矿山和部门	拉底高度/m
1	Teniente（Ten 4 sur B）	16.6
2	Teniente（Ten 4 sur C）	13.6
3	Teniente（Ten 4 sur D）	13.6
4	（Ten 4 sur D）	10.6
5	Teniente（Ten 4 sur FWD）	3.6
6	Teniente（Esmeralda）	3.6
7	（Sub 6 Experiement）	16.6
8	Teniente（Tte. 5 Pilares）	7.0
9	Teniente（1-13 Tte 3）	8.6
10	Teniente（1-14 Tte 3）	8.6
11	（HP Tte 3）	4.0
12	澳大利亚 Northparkes E26 Lift 1	42
13	澳大利亚 Northparkes E26 Lift 2	5
14	加拿大 Bell 矿	6
15	南非 Palabora（倾斜）	4
16	南非 Premier Mines（BA5 采区）	20
17	铜矿峪铜矿	15
18	普朗铜矿	15
19	美国 Bingham Canyon	4
20	智利 Chuquicamata	20

从表4-4中可以看出，除了澳大利亚的 Northparkes E26 矿区的第一个中段采用了较高的拉底高度以外，其余的矿山拉底均在20m以内。这些矿山的实际生产经验表明，采用较高的拉底高度并非是很好的选择，因为除了高拉底具有明显的缺点外，最重要的是较低的拉底高度也能满足矿山的生产需求。

参 考 文 献

[1] Brown E T. Block caving geomechanics [M]. Queensland：Julius Kruttschnitt Mineral Research Centre，2007.

[2] Hustrulid W A，Bullock R C. Underground mining methods：Engineering fundamentals and international case studies [M]. Society for Mining，Metallurgy，and Exploration Littleton，CO.，2001.

[3] 刘育明. 自然崩落法的发展趋势及在铜矿峪二期工程中的技术创新 [J]. 采矿技术，2012（3）：1~4.

[4] 张峰. 自然崩落法地压控制方法探讨 [J]. 金属矿山，2004（7）：1~4.

[5] 党军锋. 自然崩落法铲运机出矿底部结构的探讨 [J]. 中国矿山工程，2009（3）：14~16.

[6] 于润沧. 采矿工程师手册（下册）[M]. 北京：冶金工业出版社，2009.

[7] Paredes P，Leano T，Jauriat L. Chuquicamata underground mine design：the simplification of the ore handling system of Lift 1 [J]. Caving，2018.

[8] 夏长念，陈小伟，段文权. 某倾斜矿体副层设置方案探讨 [J]. 有色金属设计，2020（2）：1~4.

[9] Damien Hersant，Robert Atkins，John Singleton. Bingham Canyon-North Rim Skarn Cave [J]. Massmin，2008.

5 矿石运输提升系统

5.1 概　　述

自然崩落法的工艺特点是工序分区、互不干扰、作业集中，容易实现大规模开采，开采成本低。正因为这些特点，国际上自然崩落法开采的矿山主要以大型或特（超）大型矿山居多。结合矿石运输的方式和矿山的特点，国内外自然崩落法开采矿石运输有如下几种方式：

(1) 铲运机—溜井—有轨运输—破碎站方式；

(2) 铲运机—溜井—无轨卡车运输—破碎站方式；

(3) 铲运机—破碎站—胶带运输方式；

(4) 铲运机—溜井—破碎站—胶带运输方式。

由于自然崩落法开采大多是用于大规模矿山，因此其开拓系统（这里主要指矿石提升运输方案）以竖井开拓、胶带斜井（或平硐）开拓以及两者结合的方式居多。如果矿山所处是山地条件，也可采用电机车矿车运输的平硐开拓方式，如铜矿峪铜矿的一期工程、智利 El Teniente 矿现有的生产系统。在选择确定采用何种开拓方式时，应根据矿山的开采技术条件、地形地貌等多方面条件，再结合自然崩落法的特点，进行多方案技术经济比选来确定开拓方式。

单从竖井和胶带斜井两个开拓方式来说，选择开拓方式要重点考虑如下因素：

(1) 地形地貌条件、矿床开采技术条件、工程地质条件和水文地质条件等。

(2) 上部有较大含水层或复杂的第四纪地层时，一般要投入较大的堵水注浆工作，或者要采用冻结法施工，因此竖井开拓可以较好地穿过含水层，例如采用冻结法施工，当然在这种情况下也就不一定适宜采用崩落法开采了。

(3) 矿床埋藏越深，竖井方案的优势越强。

(4) 生产规模越大，开采深度越浅，则胶带方案的优势越大。

(5) 生产规模特别大（600 万吨/年以上）同时开采深度又很深时，竖井和胶带斜井方式在经济上的优势可能均等，则应考虑更多的因素，并应进行多方案详细的技术经济比较。

在国际上不乏开采深度很深，但因为生产规模超大而采用胶带斜井开拓（提升）的，如澳大利亚的 Cadia East 矿和智利的丘基卡马塔矿。

如前所述，自然崩落法开采作业比较集中、分区独立，出矿巷道基本上是在一个平面，因此由铲运机将矿石直接卸到破碎机中就有很多优势。

下面各节重点讨论从采场开始的矿石运输提升方式。国内外部分矿山的矿石运输提升方式见表5-1。

表5-1　部分矿山矿石运输提升方式

国别	矿山名称	矿石产量/万吨·年$^{-1}$	出矿设备型号或规格	矿石物流系统	主提升方式
澳大利亚	Northparkes E26 Lift 1	400	10t 电动铲运机（Toro450E）	铲运机—破碎站—胶带运输	胶带斜井—竖井
	Northparkes E26 Lift 2	500	10t 电动铲运机（Toro-450E）	铲运机—破碎站—胶带运输	胶带斜井—竖井
	Northparkes E48	500	10t 电动铲运机，自动化系统	铲运机—破碎站—胶带运输	胶带斜井—竖井
	Ridgeway	800	Ridgeway：柴油铲运机；Ridgeway Deeps：14t 电动铲运机（Sandvik LH514E），自动化系统	铲运机—破碎站—胶带运输	胶带斜井
	Cadia East	2400~2600	21t 柴油铲运机	铲运机—破碎站—胶带运输	胶带斜井
印度尼西亚	IOZ	700	柴油铲运机	胶带运输—溜井—破碎站	胶带斜井
	DOZ	8 万吨/天	柴油铲运机	铲运机—溜井—无轨卡车运输—破碎站	胶带斜井
	Grasberg	16 万吨/天	柴油铲运机	铲运机—溜井—有轨运输—破碎站	胶带平硐
南非	Palabora 第一中段	1000	柴油铲运机，Toro1400 和 Elephostone	铲运机—破碎站—胶带运输	胶带斜井—竖井
	Palabora 第二中段	1000	17t 电动铲运机	铲运机—破碎站—胶带运输	胶带斜井—竖井
	Finsch	约为17000t/d	12t 柴油铲运机	铲运机—卡车2005 年启用地下自动运矿系统	竖井

国别	矿山名称	矿石产量 /万吨·年$^{-1}$	出矿设备型号 或规格	矿石物流系统	主提升方式
智利	El Teniente 的 Esmeralda 采区	48000t/d	柴油铲运机	铲运机—溜井— 有轨运输—破碎站	有轨运输平硐
	El Teniente 的 Pipa Norte 采区	10000t/d	柴油铲运机	铲运机—破碎 站—胶带运输	有轨运输平硐
	Andina	1600	Rock Feeder（RF300） 出矿机	Rock Mover （RM900） 胶带 运输	Rock Mover （RM900） 胶带 斜井
	Salvador	250	柴油铲运机	铲运机—溜井— 破碎站	有轨运输
	Chuquicamata	14 万吨/天	柴油铲运机	铲运机—破碎 站—胶带运输	胶带斜井
美国	Henderson 矿 7210 中段	600	柴油铲运机	铲运机—溜井— 破碎站	胶带斜井
	Resolution	11 万吨/天	电动铲运机	铲运机—溜井— 破碎站	竖井
加拿大	New Afton	430~550	柴油铲运机 Cat R1600，10 台； Cat R2900，2 台	铲运机—溜井— 破碎站	胶带斜井
蒙古	奥尤陶勒盖 Oyu Tolgoi	9 万吨/天	柴油铲运机	铲运机—溜井— 无轨卡车运输—破 碎站	竖井
中国	铜矿峪铜矿一期 工程 810 中段	400	电耙 90kW	电耙—矿车加有 轨运输—主竖井— 有轨运输—选矿厂	有轨运输平硐
	铜矿峪铜矿一期 工程 690 中段	400	90kW 和 50kW 电耙	电耙—矿车加有 轨运输—选矿厂	有轨运输平硐
	铜矿峪铜矿二期 工程 530 中段	600	10t 电动铲运机	铲运机—溜井— 有轨运输—破碎站	胶带斜井
	普朗铜矿	1250	14t 电动铲运机	铲运机—溜井— 有轨运输—破碎站	胶带平硐

5.2 矿石运输提升系统

5.2.1 铲运机—溜井—有轨运输—破碎站方式

铲运机—溜井—有轨运输—破碎站方式（以下简称"溜井有轨运输方式"），是铲运机将矿石从出矿点铲出后运至溜井上部卸矿，矿石经溜井下部的给矿机给矿车装矿，由有轨列车运到集中卸矿站进行卸矿，矿石再通过主溜井进入破碎站进行破碎（粗碎），粗碎后的矿石通过胶带输送机或竖井提升到地表。该方式系统示意图如图 5-1 所示。溜井有轨运输系统在我国非常普遍，我国的两个自然崩落法矿山——铜矿峪铜矿二期工程和普朗铜矿均采用这种方式，国际上智利 El Teniente 矿的 Esmeralda 采区、印度尼西亚的 Grasberg 矿也采用这种方式。

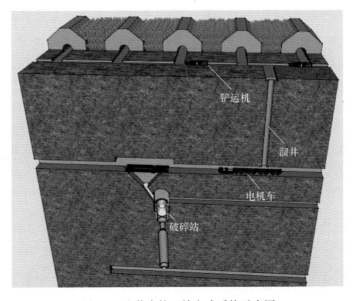

图 5-1 溜井有轨运输方式系统示意图

溜井既可以布置在矿体（采区）内，也可以布置在矿体（采区）外围，具体要根据采区的情况和采用的出矿设备确定。当采区范围大、铲运机运距长时，适宜将溜井布置在采区内或者叫脉内；反之，则布置在采区外即脉外合适。如果采用的出矿设备规格大，可充分发挥铲运机的作用，减少溜井的数量和降低溜井施工难度，即将溜井放在采区外。

溜井有轨运输方式的优点：

（1）对我国来说，由于电机车矿车主要为国产设备，造价相对较低，因而工程投资省；

（2）采用电机车运输，电耗成本低，维修量小，因而运营成本低；

（3）有轨巷道一般巷道断面较小，有利于巷道的稳定；

（4）不产生空气污染，井下环境好；

（5）易于实现电机车无人驾驶自动化运输。

溜井有轨运输方式的缺点：

（1）由于是轨道运输，且大规模矿山需要大吨位的矿车运输，列车的转弯半径要求大，因此工程布置不灵活；

（2）由于矿车尺寸的限制，要求矿石块度一般要小。如铜矿峪矿采用 $6m^3$ 底卸式矿车，合格矿石块度为小于 1.2m。

5.2.2 铲运机—溜井—无轨卡车运输—破碎站方式

铲运机—溜井—无轨卡车运输—破碎站方式（以下简称"溜井无轨卡车运输方式"），是铲运机将矿石从出矿点铲出后运至溜井上部并卸入溜井，矿石经溜井下部的给矿机给坑内无轨卡车装矿，由无轨卡车运到集中卸矿站进行卸矿，矿石再通过主溜井进入破碎站进行破碎（粗碎），粗碎后的矿石通过胶带输送机或竖井提升到地表。该方式的系统示意图如图 5-2 所示。溜井无轨卡车运输系统在我国一些矿山也有应用，如金川二矿区 1000m 中段的中段运输就是采用坑内 25t 的柴油卡车运输。国际上自然崩落法矿山采用这种方式的有南非的 Finsch 矿、美国的亨德森钼矿、加拿大的 New Afton 矿等。这种形式中的破碎机通常是旋回破碎机，一方面是破碎机能力大，另一方面是能承接的矿石块度大。通常破碎站里安装固定的液压破碎锤，一旦出现大块，就可操作破碎锤将大块解块。

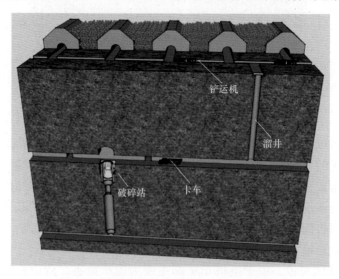

图 5-2 溜井无轨卡车运输方式系统示意图

溜井无轨卡车运输方式的优点：

（1）由于无轨卡车的机动灵活性，因此工程布置灵活；

（2）由于无轨卡车车厢尺寸较大，因此矿石的合格块度一般可允许有较大的尺寸；

（3）由于是集中运输，可较好地实现卡车无人驾驶自动化作业。

溜井无轨卡车运输方式的缺点：

（1）采用柴油卡车运输，井下污染大，通风量要求大，并且产生的热量大，不利于降温；

（2）由于卡车外形尺寸大，因而运输巷道断面大，不利于巷道的稳定；

（3）采用的大型卡车通常是国外进口设备，因而投资较大。

5.2.3 铲运机—破碎站—胶带运输方式

铲运机—破碎站——胶带运输方式（以下简称"破碎站胶带运输方式"），是铲运机将矿石从出矿点铲出后直接卸入井下的破碎机（粗碎），矿石经粗碎后通过胶带输送机提升到地表，或通过胶带输送机送至竖井旁的主溜井中，再由竖井提升到地表。这种方式的破碎站通常布置在采区外围。该方式系统示意图如图5-3所示。

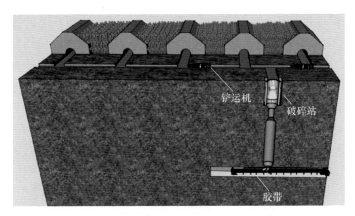

图 5-3　破碎站胶带运输方式系统示意图

破碎站胶带运输方式省去了矿石溜井和电机车或卡车运输环节，将矿石直接卸入破碎站进行破碎，从而使矿石物流系统大为简化，开拓工程量少，管理方便，矿石运输成本低。但这个系统由于铲运机运距较长的原因，每一个破碎站只能服务有限的区域范围，如开采范围大，则需要设多个破碎站，且一般来说要求铲运机的运距要远，因而增加了铲运机的运行成本。这种方式对于矿体走向不长的矿山具有较大的优势。

国际上采用这种方式的矿山主要有澳大利亚 Northparkes E26 的第一中段和第

二中段，以及 E48 的第一中段；南非 Palabora 矿的第一中段和第二中段，其中第二中段正在建设并即将投产；智利特尼恩特的 Pipa Norte 采区。

破碎站胶带运输方式的优点：

（1）矿石物流系统简单，省去了矿石溜井和电机车矿车或坑内卡车运输的环节，系统大大简化；

（2）矿石的块度原则上不受溜井尺寸、有轨矿车和坑内卡车的限制，灵活性大；

（3）矿山初期投资省、建设时间短、生产成本低；

（4）矿石运输提升系统很容易实现自动化控制。

破碎站胶带运输方式的缺点：

（1）由于一个破碎站需要服务较大的范围，因此铲运机的运距长，在矿石铲运环节上成本较高；

（2）由于破碎站服务范围的局限性，对于走向长的矿山需要设多个破碎站，且一个破碎站只能服务一个中段，使得破碎站建设的投资较大，管理也较复杂。

5.2.4　铲运机—溜井—破碎站—胶带运输方式

铲运机—溜井—破碎站—胶带运输方式（以下简称"溜井破碎站胶带运输方式"），是铲运机将矿石从出矿点铲出后卸到溜井中，溜井下部接破碎站，矿石经粗碎后通过胶带输送机提升到地表，或通过胶带输送机送至竖井旁的主溜井中，再由竖井提升到地表。系统示意图如图 5-4 所示。这种方式和前面 5.2.3 节介绍的方式相近，只是增加了一个溜井贮存/转运矿石的环节，其优缺点也基本上相同。

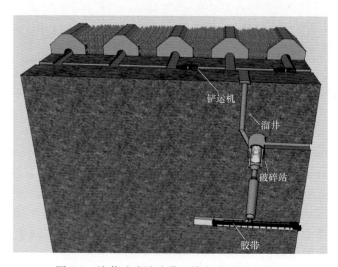

图 5-4　溜井破碎站胶带运输方式系统示意图

但也有另外一种形式，即溜井布置在采区内，溜井为枝状溜井，使得一个破碎站可以服务多条溜井和多个卸矿口，这是智利丘基卡马塔矿（Chuquicamata）曾经主推的方案，优点是一个破碎站可以服务多条溜井和多个卸矿口，减少了破碎站设置的数量，节省了投资，同时还减少了铲运机的运距，降低了生产成本；缺点是溜井系统比较复杂。这个方案最终未在丘基卡马塔矿采用。

5.3 矿石运输提升实例

5.3.1 铜矿峪铜矿

铜矿峪铜矿是我国第一家大规模采用自然崩落法开采的特大型矿山。铜矿峪铜矿床赋存于中条山北段下元古界绛县群铜矿峪变质火山岩的中上部，为火山-气液成因的沉积变质铜矿床，矿区内矿体较多，但主要以 4 号、5 号矿体最大，两者共占总储量的 90%。矿区地质总储量达 3.2 亿吨，铜金属达 200 多万吨。矿床上部出露地表，下部埋藏较深。全区平均地质品位仅 0.67%，虽伴生有钼、钴、金、银等有益金属元素，但品位均很低。两条矿体的形态均为透镜状，其产状与围岩基本上平行产出。矿体倾角 30°~50°，两矿体相距 110~130m，个别地段 170m，4 号矿体位于 5 号矿体的顶盘。矿体走向长 900~1000m，厚度一般为 80~240m。铜矿峪铜矿围岩及含矿岩石属稳固及中等稳固。

一期工程主要开采 690m 主平硐以上的矿体，主平硐位于矿体侧翼，与矿体基本上垂直，全长约 3800m。一期工程设计规模为 400 万吨/年，其中自然崩落法采区产量为 340 万吨/年，边部矿体采用有底柱分段崩落法，产量为 60 万吨/年。690m 以上中段采用平硐、竖井开拓方式。1 号竖井为罐笼井（930~690m），井筒净直径为 $\phi6.5m$，单层双罐，罐笼尺寸为 4.5m×1.76m；废石箕斗井（930~636m）的井筒净直径为 $\phi4.5m$，采用底卸式单箕斗，斗容 3.2m³，坑内废石提到 930m 地表矿仓，通过汽车运至水窑沟废石场。690m 水平主平硐硐口至选厂卸矿站运距约 850m，690m 中段及以上的矿石通过 20t 电机车牵引 10m³ 固定式矿车运输出地表到选矿厂。

一期工程自然崩落法从 810 中段开始生产，采用电耙出矿工艺，从 1989 年10 月开始拉底并出矿。一期工程自然崩落法开采，采用普通中深孔钻机进行拉底凿岩，主层采用 90kW 的电耙出矿，副层采用 50kW 的电耙出矿，810 中段采用电机车牵引 6m³ 底卸式矿车运输矿石。主层矿石在电耙道由电耙直接耙运到 6m³ 底卸式矿车上，然后由 14t 电机车牵引列车运至中段的主溜井，下放到 690 中段，在 690 中段主溜井下部经振动放矿机装入 10m³ 的固定式矿车，由 20t 电机车牵引列车经平硐运至选矿厂的翻车机站卸矿。

2000 年 690 中段投入生产。690 中段的开采工艺基本上同 810 中段，只是主层的矿石是由电耙直接向 10m³ 的固定式矿车耙矿。另外，在 4 号矿体试用了铲运机出矿工艺，目的是为二期工程采用铲运机出矿工艺进行试验。试验区采用 Atlas Copco 公司生产的 EST-3.5 型电动铲运机（斗容 3.5m³）出矿，铲运机将矿石卸到一个短的溜井中，然后装入 10m³ 矿车运到选矿厂卸矿站。

二期工程开采范围为 690m 以下的矿体，根据矿床储量和各方面因素的综合考虑，前期开拓系统按服务两个中段，即 530m 和 410m 中段考虑。410m 以下的矿体未封闭，待进行深部勘探后再进行系统的延伸。

二期工程设计生产规模为 600 万吨/年。自然崩落法工艺按无轨开采工艺布置，包括拉底水平、出矿水平、通风水平、回风水平、有轨运输水平以及副层开采水平。根据工程地质参数，采用先进的计算方法预测了矿石出矿块度分布，确定出矿水平出矿点采用错开型的鲱鱼骨布置形式，放矿点间距为 15m×15m。出矿设备采用载重 10t、斗容 4.6m³ 大型电动铲运机出矿。

出矿水平布置在 554m 水平，溜井布置在 4 号和 5 号矿体的脉外，溜井直径 φ3.5m，长 24m，溜井间距 60m。溜井上部设格筛，网格为 1.2m×1.2m。554m 出矿水平布置如图 5-5 所示。

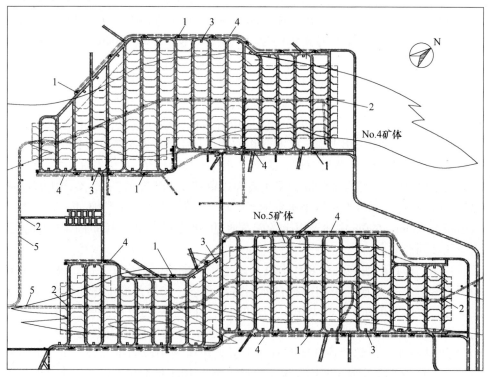

图 5-5　铜矿峪铜矿 554m 出矿水平布置图

1—矿石溜井；2—进风天井；3—配电室；4—564m 水平主回风道；5—542m 水平主进风道

运输水平布置在 530m 水平，采用穿脉装矿、环形运输，采用 14t 电机车牵引 6m³ 底卸式矿车运输矿石。530m 运输水平布置如图 5-6 所示。

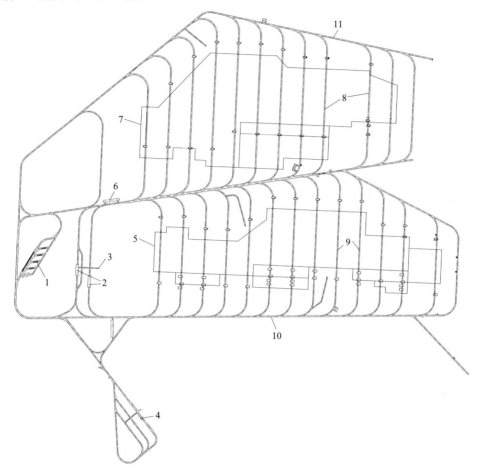

图 5-6　铜矿峪铜矿 530m 运输水平布置图

1—电机车维修硐室；2—矿石卸载站；3—回风天井；4—盲混合井；5—5 号矿体开采范围；
6—牵引变电所；7—4 号矿体开采范围；8—4 号矿体运输穿脉；9—5 号矿体运输穿脉；
10—5 号矿体下盘运输沿脉；11—4 号矿体上盘运输穿脉

　　二期工程井下设置集中破碎站。破碎站布置在 340m 水平，溜破系统服务 530m 和 410m 两个中段。采出矿石块度为 1200mm，破碎后块度≤300mm。破碎站安装有 54″旋回式破碎机 1 台，为便于运输，设备采用剖分式。破碎系统可满足 600 万吨/年生产能力。

　　根据矿山的实际情况，设计采用了胶带斜井、辅助斜坡道加盲混合井的开拓方案。胶带斜井和辅助斜坡道平行且相距 30m 布置，互相兼顾。斜井和辅助斜坡道平行布置，可以便于斜井中胶带运输机的维护，便于抛撒物的清理，从而也可以减小斜井的净断面。

矿石由胶带输送机经胶带斜井提升至地表，并经地表长胶带运送至选矿厂，系统简单、效率高。人员可以通过斜坡道从办公生产区进到采区，做到了快速、安全。采用的胶带斜井是国内金属矿山中最长的单条胶带斜井，采用的平行双斜井方式在国内也是第一次。胶带斜井中的主胶带输送机，长 3237m，带宽 1.2m，功率 3×1120kW，采用三电机驱动，采用先进的变频调速器驱动系统，工艺先进、控制水平高，为国内地下矿山之最。

胶带斜井长约 3120m，坡度为 12.99%，斜井净断面宽度 3.5m，净高 2.9m，底部有一条长约 55m 的转运胶带（即 U_1 胶带）。地表有一条约 800m 长的胶带接力将矿石转运至选矿厂。

斜坡道平行于胶带斜井，中心线相距 30m，斜坡道的坡度沿斜井平均为 12.99%，每隔 150m 设一条联落道，每 300m 设一个错车道。斜坡道在约 2250m 时，有一分枝上行至 554m 水平，坡度为 15%，合计斜坡道长 5000 余米。二期工程开拓系统纵剖面图如图 5-7 所示，斜井斜坡道系统平面布置如图 5-8 所示。

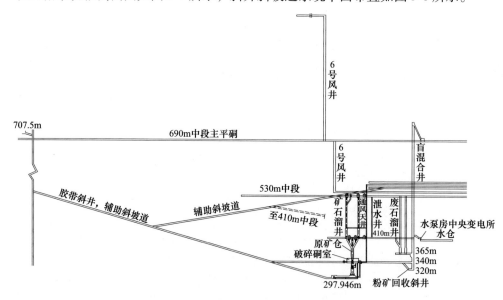

图 5-7　二期工程开拓系统纵剖面图

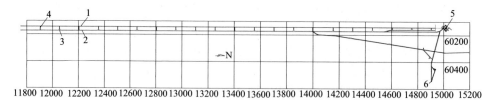

图 5-8　斜井斜坡道系统平面布置图

1—胶带斜井；2—辅助斜坡道；3—错车道；4—联络道；5—破碎站；6—盲混合井

井下胶带运输系统由水平的给矿胶带机（U₁胶带）和主斜井胶带机（即U₂胶带）组成。U₁胶带机长55m，胶带宽2m；U₂胶带机长约3237m，带宽1.2m。

与竖井提升相比，斜井胶带提升的优点是：

（1）具有连续输送的特点，生产能力大、自动化程度高、工艺简单、作业人员少；

（2）地表无高层井塔等构筑物，土建工程简单；

（3）在对于避开不良岩层方面及斜井口的选择方面，胶带斜井具有一定的灵活性，更能适应地表总平面布置及外部运输的需要；

（4）胶带斜井延深比竖井简单容易，施工安全、速度快；

（5）胶带斜井可以作为一个方便的安全出口。

缺点是：如果胶带段数多，则可能因为维修问题影响生产能力；胶带易出现撕带、跑矿，处理起来工作量大。

铜矿峪铜矿实现了井下矿石粗矿仓、破碎机、成品矿仓、给料振动放矿机、井下第一段胶带输送机、长距离胶带输送机到地表胶带输送机的远程控制和信息化管理，整个系统只需一个人控制即可，大大减少了作业人员，改善了工人的劳动条件。辅助斜坡道系统实现了交通信息化，由系统计算机对信号灯发出指令，在有通行指示灯时车辆才能通行，使辅助斜坡道这一咽喉通道能够安全、高效运行。

5.3.2 普朗铜矿

5.3.2.1 开采技术条件

普朗铜矿为该地区矿带中目前控制规模最大的矿床，其成矿作用发生于普朗复式斑岩体内，矿化与蚀变相伴进行，在岩体中心形成由细脉浸染状矿石组成的筒状矿体。该矿体成矿元素以铜为主，伴有金、银、钼、硫等有用组分。矿化带长2300m，宽600~800m，面积约1.09km²，呈穿窿状。矿化带内圈出主矿体KT1，另有5个小矿体，其中KT2位于KT1矿体上部，KT3~KT6分布在KT1周边，KT2矿体与KT1矿体一同回采。目前勘探工程控制标高为3600m，最深钻孔控制标高达3200m，尚未穿透矿化体。矿床规模达到大型，矿体形态简单。

KT1矿体产于普朗Ⅰ号斑岩体中心的钾化硅化-绢英岩化带内，受岩体和构造裂隙、围岩蚀变控制。含矿岩石主要为石英二长斑岩，其次为石英闪长玢岩、花岗闪长斑岩，南部有少量角岩。7~20线间有第四系冰碛物掩盖，其中0~4线在地表出露，出露标高3868~4023m，20线以北隐伏延伸至32线。矿体长1400m，其中首采区7~20线控制矿体长1200m，垂深17~750m。矿体呈筒状，北西向展布。平面上为一不规则的卵形，南部矿体分布较宽，达400~600m，北部宽度变薄，为200~300m。矿体控制厚度17~700m，平均550m，厚度变化稳定；剖面上呈穿窿状，向两侧倾斜。东侧倾向北东，倾角25°~57°，西侧倾向南西，倾角35°~83°。矿体中心部位矿化连续，向四周出现分枝。

通过矿体铜品位分布模型分析，发现铜品位 0.20%~3.74%，平均 0.57%，伴生有金、银、钼等有益金属元素，金品位平均 0.18g/t，银品位平均 1.27g/t。中部矿体厚大、品位高，向四周厚度逐渐变薄、铜品位逐渐变低。

首采区矿体围岩有石英二长斑岩、石英闪长玢岩、花岗闪长斑岩及少量角岩。顶、底板围岩具弱铜矿化，矿体与顶、底板岩石渐变过渡。

矿石无自燃和黏结性。地表允许塌陷。根据地质报告和岩石力学研究，矿体节理裂隙发育，岩体质量主要为Ⅲ类，矿岩可崩性中等。

5.3.2.2 开采布置

由于矿体厚大，设计首先开采 3720m 以上的矿体，采用分区开采，分为首采区、南区和北区。首采区位于矿体的中偏南部，长 500m、宽 330m，生产水平在 3720m，采高 85~295m，该区域含铜品位相对较高，有利于前期的经济效益。设计采用中深孔台车进行拉底凿岩，14t 的电动铲运机进行出矿。

采场溜井布置在出矿穿脉内，根据采场宽度不同每条出矿穿脉中布置 1~3 条溜井，采场溜井为垂直溜井，溜井净直径为 φ3.6m，溜井口设格筛，网格为 1.2m×1.2m，允许不大于 1.2m 的矿石进入。每个溜井垂深约 50m，溜井有效储矿容积约为 500m³。

5.3.2.3 开拓运输系统

根据普朗铜矿矿区地形特点、矿床开采技术条件等因素综合分析，确定采用平硐开拓胶带运输，中段采用有轨运输。

通往地表的平硐及竖井包括 3540m 胶带运输平硐、3660m 有轨运输平硐、3720m 无轨平硐、3600m 进风平硐、3700m 回风平硐、3850m 进风平硐及南回风井。普朗铜矿开拓系统纵投影图如图 5-9 所示。

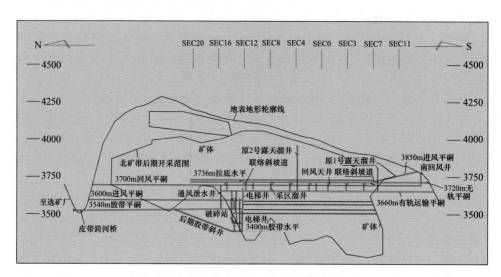

图 5-9 普朗铜矿开拓系统纵投影图

3720m 无轨平硐位于矿区西南，承担部分人员、材料、无轨设备的进出，承担生产期废石运输，并作为安全出口之一。巷道净断面尺寸（宽×高）为 4.5m×3.7m，路面采用 200mm 厚的混凝土路面。在 3720 无轨平硐中每隔 250m 设一个避让段，以便于无轨设备会让。

3660m 有轨运输平硐位于矿区西南，承担部分人员、材料、无轨设备和有轨设备的进出，并作为安全出口之一。巷道净断面尺寸（宽×高）为 4.7m×4.0m，路面采用平交道形式混凝土整体道床，便于无轨设备运输。

3540m 胶带运输平硐位于矿区西北，承担由坑内破碎站至选矿厂的矿石运输任务，并作为安全出口之一。3540m 胶带运输平硐净断面尺寸（宽×高）为 3.9m×3.2m。选矿厂一侧胶带卸料点标高为 3536.5m，破碎站一侧胶带受料点标高为 3553m，选矿厂与破碎站之间在美宰永河上架设一条胶带廊桥。胶带尾部至美宰永河段长度 1.4km，坡度为 4‰；美宰永河至胶带头部段长度 1.4km，坡度为 7‰。

3660m 水平为有轨运输水平，矿石运输采用无人驾驶电机车自动化运输，沿脉装矿、环形运输形式，设有两个矿石卸载站。矿石由采区溜井下放到 3660m 有轨运输水平，经振动放矿机装入矿车，采用 65t 的电机车单机牵引 20m³ 的矿车运输矿石，运至卸载站，破碎后的矿石通过成品矿石溜井（ϕ7.0m）下放到 3540m 胶带运输平硐，通过 3064m 长的胶带将矿石送往选矿厂。普朗铜矿 3660m 有轨运输水平布置图如图 5-10 所示。

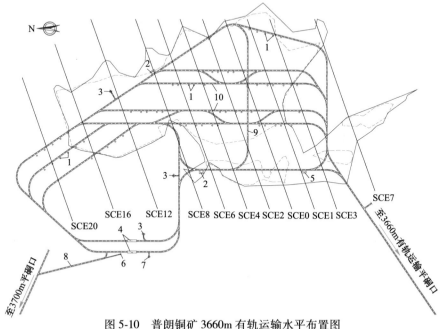

图 5-10 普朗铜矿 3660m 有轨运输水平布置图

1—矿石溜井；2—采区变电所；3—电梯井；4—矿石卸载站；5—坑内调度室；
6—回风天井；7—进风天井；8—措施斜坡道；9—储车场；10—运输巷道

普朗铜矿 2017 年 3 月 16 日开始试投产。2019 年 7 月当月出矿量达到 110 万吨，达到了设计生产能力，证明开采系统是合理的、可靠的。

5.3.3 印度尼西亚的 Grasberg 矿

5.3.3.1 基本情况

Grasberg（Aka Ertsberg）矿 3 个当前在生产的采矿区是 Grasberg 露天矿（16 万吨/天）、Deep Ore Zone（DOZ）自然崩落法矿山（8 万吨/天）、新试生产的 Big Gossan 空场法采矿区（目标是 7000t/d）。选矿厂的能力是大约 24 万吨/天。在 2016 年露天矿结束后，产量仍将保持 24 万吨/天，并将完全来自地下，其中 GBC（即 Grasberg 的地下自然崩落法开采）将是主要的矿石生产矿区（16 万吨/天）。

Grasberg 矿床是斑岩型铜金矿床，由多阶段闪长岩侵入到火山砾岩复合体的中心，矿化垂直延伸 1600m，从原始地表 4300m 标高到最低 2600m 标高。矿体宽度从大约 200m 到 1km 以上。

出矿水平为 2830mL。首采区放在品位最高的矿块。采用前进式拉底方法，拉底至少要超前 20m 才能做聚矿槽。矿山生产将持续到 2041 年结束，年平均金属产量（达产）为 10 亿磅铜，100 万盎司金。

矿山的主要入口是一条平硐，这条平硐名称为 AB 平硐，硐口营地 Ridge Camp 所处标高为 2500mL。AB 轨道运输平硐由 1435mm 准轨、约 18km 长轨道组成。

副井井深 353m，直径 ϕ8.5m，一个双层罐笼，刚性钢罐道。罐笼载重 38t，一次可载 240 人。该井连通的主要水平有提升机房/竖井顶部（2875mL）、拉底水平/混凝土搅拌站（2850mL）、出矿水平（2830mL）、矿石有轨运输水平（2775mL）、AB 轨道运输平硐车站（2535mL）。

通风入口标高 3000mL。4 条主进风道，4 条回风道，巷道尺寸为 6.8m×9m，满足全矿 2800m³/s 风量，4 台 4100kW 主混合流风机。

供电网路是来源于 34.5kV 和 13.8kV 电网。

5.3.3.2 GBC 轨道运输系统

人员：高峰时超过 750 人/班（2250 人/天），每班需要 3~4 列车，即每天需约 10 列，每车装 60 人，每列 4 节车，共 240 人。

材料：每天约 21 车材料运到 GBC。

废石：高峰开拓时约 2000t/d 废石，需每天 6 列车，每班 2 列。每列 10 个车，每个车 20m³，载重 70t。

轨道：采用 1435mm 标准轨，AS60 钢。井下为混凝土整体道床，地表为道碴道床。坡度为 1%（从硐口到 GBC 车站）。

机车（36t）、矿车、人车均是德国生产，材料车由加拿大 Nordic Mine Technology（NMT）公司生产。

在 GBC 车站有 25t 的桥式起重机。

矿山员工乘坐 6km 火车从地表 Ridge Camp 站到 GBC 车站，然后乘罐笼向上到达运输水平、出矿水平或拉底水平，矿山人员大多数是在出矿水平工作。在高峰时期，每班 600 多人要被派送到出矿水平。此外，除了混凝土站的材料外，大多数材料要送到出矿水平。

5.3.3.3 出矿水平

出矿水平设施包括：

（1）职工福利设施。柜子、食堂、厕所、教堂、清真寺。

（2）矿山办公室和控制室。

（3）材料处理。通过轨道从竖井到仓库区。

（4）仓库和维修仓库。

（5）移动设备维修车间和固定设备维修车间。

（6）燃油和润滑油站。

起重机硐室长达 400 多米，既服务维修车间，也服务仓库。

维修车间区域用于移动式设备预防性的维护和故障维修、某些固定设备的维护和维修。

设备主要的大修工作在地表进行。服务区设计同时满足 170 台设备的 10% 修理，不包括轻型车辆。分配到车间的人员由 170 名机械、电气和管理人员组成，这些人被安排在车间或采矿区工作。

主食堂能满足每餐 360 人就餐。准备好的食品用轻型车辆尽可能送到食堂，沿通风巷道直接送到矿区以避免多次处理。

出矿水平设施主要位于 Kali 闪长岩中，RQD 值为 70%～85%。有一个破碎带，RQD<40%，工程布置均尽可能避开该区域。

5.3.3.4 运输水平

GBC 轨道运输水平是矿石运输水平。矿石在出矿水平由铲运机铲运至布置在盘区内的溜井中，在溜井下部再装到有轨矿车中，由列车运至集中溜井处的卸矿站卸矿，矿石经破碎后通过长距离胶带送往位于地表的选矿厂。共设有 3 台 63″×89″ 旋回破碎机，粗碎后的矿石通过 2 条长 3km、宽 1.8m 的斜井胶带送到地表圆锥破碎机站。

GBC 轨道运输水平的列车由 20 个 20m³ 底卸式矿车组成，由 2 台 38t 电机车牵引，每列载矿 700t，需要 6 列工作，1 列备用。轨道系统设计采用全自动模式，包括溜槽装载、运输和卸矿，由该水平的派调室控制。当轨道运输系统全部完成后，将有 20 多千米的轨道，100 多个装载溜槽。整个轨道系统将全部在这个水平的有轨维修车间维护。

每班大约有 100 人在运输水平作业，包括电气工、机械工、列车司机和管理人员。

这个水平的设施有：

（1）职工福利设施。柜子、食堂、厕所、教堂、清真寺。

（2）办公室和控制室。

（3）材料处理。从竖井到仓库和储存区的有轨巷道。

（4）仓库和储存区。

（5）矿车和电机车修理车间和服务硐室。

5.3.3.5　混凝土搅拌站

混凝土搅拌站没有设置在稳固性好的 Kali 闪长岩中，而是位于 RQD 值较低、含有多个剪切带的石灰岩（Limestone）中。围岩必须采用长锚索加固，所有巷道均是锚索加喷射混凝土支护。

混凝土搅拌站：2 个搅拌系统，每个能力为 250m^3/d，用于喷射混凝土和浇注混凝土；2 个水泥仓，能满足 2 天的水泥用量。

5.3.3.6　矿山相关系统布置图

GBC 可行性研究是在 2003 年完成的，9 年后所有研究成果变成了现实。当达产时，GBC 将是世界上最大的自然崩落法采区。PT 印度尼西亚自由港在 Grasberg 地区采用自然崩落法已有 30 多年的历史，矿山的能力逐步增加，至今 DOZ 已达到 8 万吨/天，它是世界上产量最大的单个自然崩落法矿块。

矿山的相关系统和设施如图 5-11～图 5-19 所示。

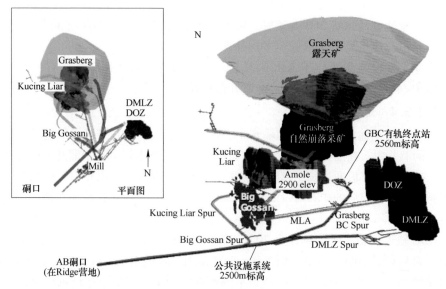

图 5-11　Grasberg 矿区矿体和主平硐轨道运输系统布置示意图（图片来自 A. B. Chuck）

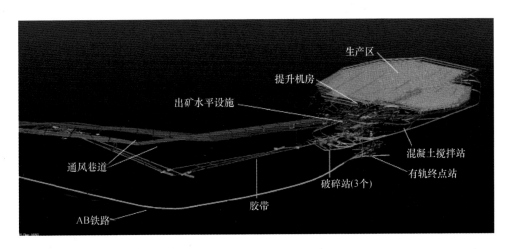

图 5-12 关键设施总体布置示意图（图片来自 A. B. Chuck）

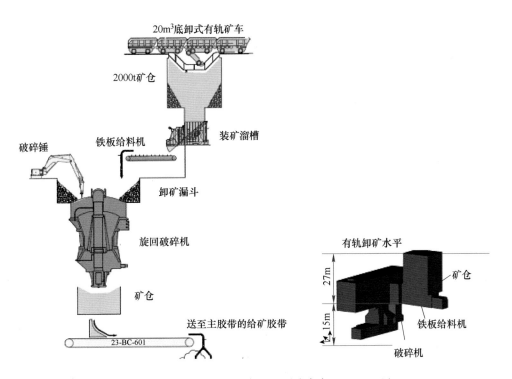

图 5-13 矿石物流系统示意图（图片来自 A. B. Chuck）

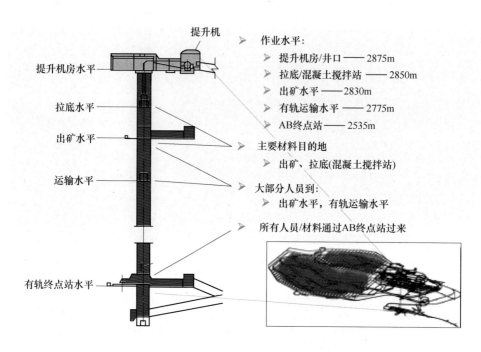

作业水平：
  - 提升机房/井口 —— 2875m
  - 拉底/混凝土搅拌站 —— 2850m
  - 出矿水平 —— 2830m
  - 有轨运输水平 —— 2775m
  - AB终点站 —— 2535m

主要材料目的地
  出矿、拉底(混凝土搅拌站)

大部分人员到：
  - 出矿水平，有轨运输水平

所有人员/材料通过AB终点站过来

图 5-14 GBC 副井纵剖面图（图片来自 A. B. Chuck）

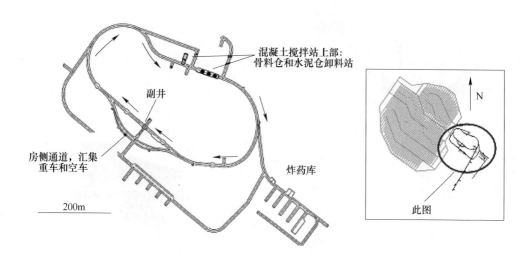

图 5-15 拉底水平副井车场平面布置和材料运输示意图（图片来自 A. B. Chuck）

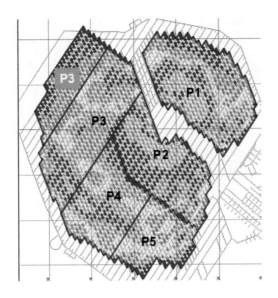

图 5-16　GBC 矿块布置和放矿点逐年建设推进示意图（图片来自 A. B. Chuck）

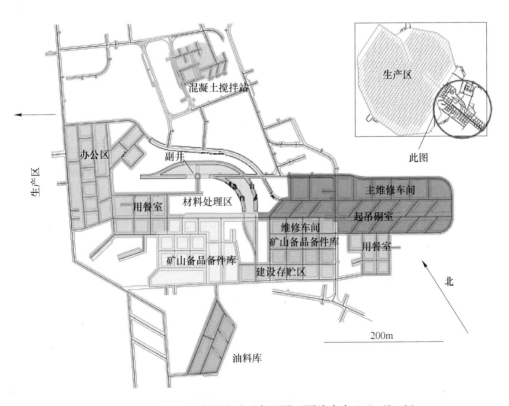

图 5-17　出矿水平固定设施平面布置图（图片来自 A. B. Chuck）

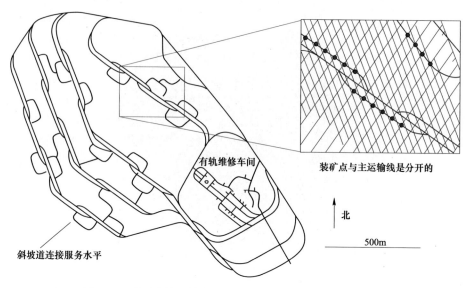

图 5-18　矿石有轨运输水平布置图（图片来自 A. B. Chuck）

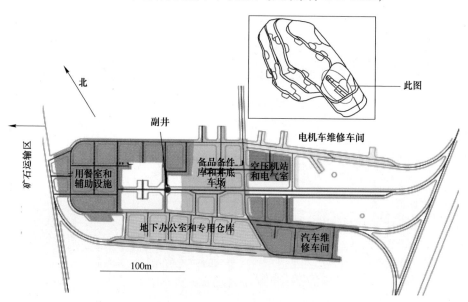

图 5-19　矿石有轨运输水平副井旁设施布置图（图片来自 A. B. Chuck）

5.3.4　美国亨德森（Henderson）钼矿

　　亨德森钼矿位于美国科罗拉多州丹佛市以西 80.5km 处，海拔 3170m，在北美洲大陆分界线东部。矿体的埋深超过了 1000m，最低的出矿水平在地面以下1600m，成为世界上最深的自然崩落法采矿的矿山之一。

该矿经过 10 年的开拓和投资 5 亿美元，于 1976 年开始生产。从 8100 水平开始开采（海拔 8100 英尺，即 2580m），该水平于 1993 年采完，1976~1991 年，在 8100 水平共采出矿石约 9000 万吨。第二个开采水平是 7700 水平，1992 年 7700 水平开始投入生产，开采到 2006 年。7210 水平大段高盘区于 2004 年开始生产，开采将持续到 2016 年（注：引自 2016 年的资料）。

　　1999 年之前，该矿的矿石是在 7500 水平装车，采用 50t 机车牵引 18t 矿车，通过 24km（16km 坡度 3% 的上坡隧道，7.2km 坡度 1% 的地面）双轨轨道运输运往选矿厂。由于机车运输系统维修费用的增加以及常常因事故影响生产，1996 年决定新建破碎系统和胶带斜井系统取代轨道运输系统。新系统于 1999 年完工，采用 4 台 72t 侧卸式卡车，辅以 2 台 36t 后卸式卡车（原服务于深部掘进），从 7065 主运输水平将矿石运往破碎站，破碎机处理能力为 2300t/h，破碎后的矿石由胶带运输机运往大陆分界线以西的选矿厂，在 7065 主运输水平设有 PLC 运输控制系统。

　　胶带运输由 4 段胶带机组成，第一段带宽 1.5m，长 25m，装有除铁装置；第二段长 1200m；第三段长 16.8km，穿越隧道；第四段在地面，长 6.7km，第三、四段胶带机宽度均为 1.2m。

　　亨德森矿开采系统如图 5-20 和图 5-21 所示。

　　7210 水平的设计类似于 7700 水平，做了如下改进：大崩落段高、更宽的出矿点间距、加强的钢筋网喷射混凝土支护、重新设计的放矿点眉线、可选择的路面建设方法、增加了排水巷道。和以往相比，这些改变将减少开拓费用 50% 以上。采用斗容 7.4m³ 的铲运机出矿，将矿石卸入溜井矿仓转到 7065 卡车水平，通过遥控装载溜槽给 72t 侧卸矿车装矿，矿石破碎站经过破碎后经胶带运至选厂。7210 水平位于山峰以下 1550m，破碎回收系统位于山峰以下 1643m。7210 水平的布置如图 5-22 所示。

　　生产水平在拉底水平以下 18.3m，生产巷道之间的间距为 30.5m，沿生产巷道放矿点的间距为 17.1m。根据生产巷道的长度、矿柱的高度和放矿量的不同，矿仓之间的间距在 102~137m 之间。矿仓长轴沿 7210 水平的生产巷道方向布置，每两条生产巷道之间布置一个矿仓。矿仓与 7150 通风水平的巷道垂直，允许向下进入矿石溜井的污风通过矿仓，这样可以减少活塞效应和减少粉尘对生产水平的影响，矿仓顶部有两个 $\phi2.1m$ 的矿石溜井与它相连，这两个溜井在同一个竖直平面内，与水平夹角均为 60°，分别从相反的方向过来，矿仓的储存量为 675t。矿仓布置如图 5-23 所示。

　　7210 生产水平选用铲斗为 7.4m³ 的铲运机，平均运距为 60m，铲运机的设计效率为 300t/（台·h）。

　　在 7065 运输水平，2004 年是使用 2~3 台 72t 卡车来完成生产的。卡车是刚架式，采用 5 轴系统。平均循环时间为 7min，平均效率为 560t/（台·h）。虽然这种卡车设计载重为 72t，但由于车厢衬板它的实际载重为 68t。

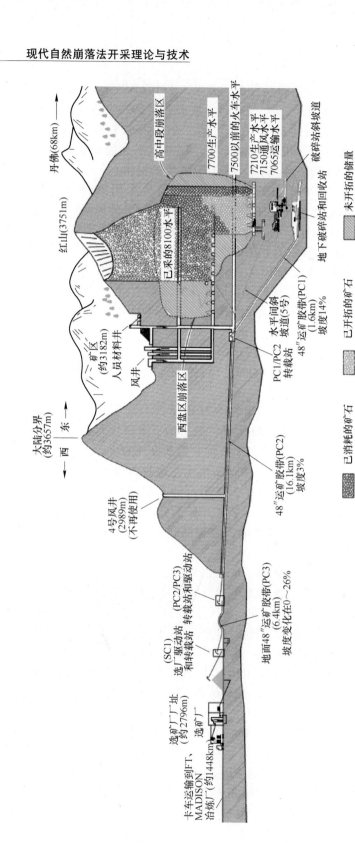

图 5-20　亨德森矿开采系统图（图片来自 K. Keskimaki）

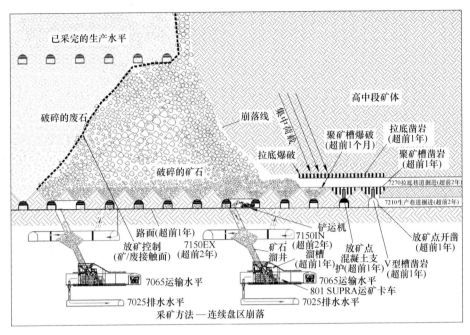

图 5-21　亨德森矿盘区开采系统图（图片来自 M. Callahan）

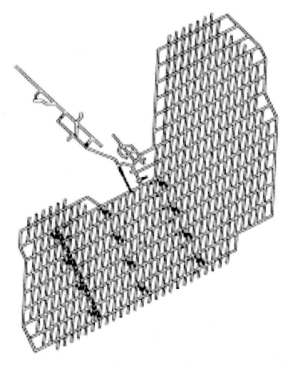

图 5-22　7210 生产水平布置图（图片来自 K. Keskimaki）

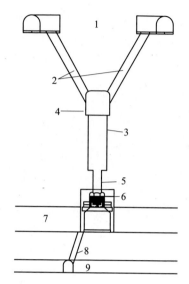

图 5-23　7210 水平矿仓布置图（图生来自 K. Keskimaki）

1—7210 生产水平；2—矿石溜井和回风天井；3—675t 矿仓；4—7150 通风水平；

5—矿石溜井；6—矿石溜槽；7—7065 卡车运输水平；

8—回风天井；9—7025 排水水平

　　7065 运输水平共有 7 个中心放矿溜槽装载这些卡车的矿石，首先卡车倒退到溜槽下面，装载完毕后卡车前行离开溜槽。这些溜槽由硐室内一个红外线监视器控制，溜槽和监视器可以在中央控制室控制。每个溜槽的设计能力为 200 万吨到 600 万吨矿石。

　　卡车是利用两条道路进行运输，平均运距 1000m。运输巷道的规格为 6.1m× 5.5m，这个规格的巷道足够单台汽车通行，卡车转弯受一个类似城市交通系统控制。7065 运输水平的设计生产能力为 20000t/d。

　　7065 无轨运输水平布置如图 5-24 所示，破碎硐室卡车卸矿如图 5-25 所示。

　　2000 年的资料显示运输设备的运营统计数据，见表 5-2。

表 5-2　铲运机和运输卡车的运营统计数据

类型	载重/t	台数/台	生产能力/t·h^{-1}	利用率/%	成本/美元·t^{-1}
铲运机	9.5	7	318	80	0.32
运输卡车	72	4	708	90	0.16

注：卡车的平均运距为 300m。

　　最新的一个生产区位于 7700 水平，布置如图 5-26（a）所示。这一个带称为西南盘区。开采范围宽 245m，由 8 条巷道组成，间距是 24.4m 和 30.5m（这是因为历史原因造成的）。在 220m 长的巷道中，聚矿槽的间距是 17.1m。

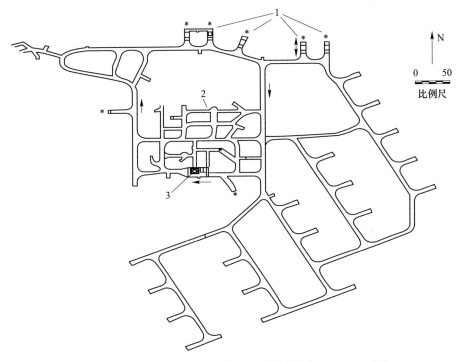

图 5-24 7065 无轨运输水平布置图（图片来自 K. Keskimaki）

1—倒退式放矿溜槽，∗ 为在用的放矿溜槽；2—卡车维修硐室；3—破碎站

图 5-25 亨德森矿破碎硐室卡车卸矿图（图片来自 M. Callahan）

在西南盘区设计时决定是把 4 个巷道溜井合成 2 个长溜井，然后又合成一个储矿仓和溜槽（如图 5-26（b）所示）。这个布置类似于之前 8100 水平采用

的,那是转运到有轨运输水平。每一条出矿巷道均匀地布置2条溜井。在盘区西部,从北和南溜井来的物料分别进入81W和91W溜槽(如图5-26(a)所示)。在东部,则分别进入82W和92W。这4个溜槽就支撑着整个西南盘区的全部生产能力。

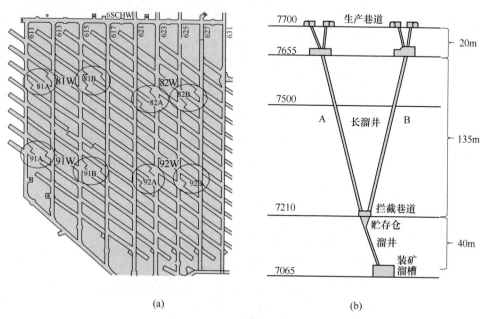

(a)   (b)

图 5-26 7700 水平西南盘区出矿水平及溜井布置图(图片来自 J. Gresham)

(a)西南盘区出矿水平平面图;(b)西南盘区溜井系统布置剖面图

7700 和 7655 之间的溜井为 ϕ2.1m,倾角 65°,上部有一个简单的格筛。

7655 和 7210 之间的溜井为 ϕ3m,倾角 70°,将矿石转运到一个 16.5m 高、4.3m 宽、13.4m 长的储矿仓中。长溜井直径大一些是为了减少溜井堵塞的风险。之下是 ϕ2.1m 的溜井,倾角 65°。整个溜井系统是从下往上施工。

5.3.5 加拿大 New Afton 铜金矿

New Afton 铜金矿位于加拿大不列颠哥伦比亚省坎卢普斯市西侧 10km 区域。上部采用露天开采,于 1977 年开始,1997 年闭坑。目前矿山已全部转入地下开采,采矿方法为自然崩落法。地下矿山和选矿厂由 New Gold 公司建设,于 2012 年 7 月正式投产。2014 年,该选矿厂矿石处理能力为 13100t/d,年产量 430 万吨,2017 年产量达到 550 万吨。

Afton 矿床为铜-金硅化渗透碱性斑岩型矿床,矿床主要岩性属于三叠纪 Nicola 岩组,由结晶多杂质的破碎岩浆岩构成。估算的矿石储量为 4200 万吨,Cu 品位为 0.84%,Au 品位为 0.56g/t,Ag 品位为 2.3g/t。

New Afton 矿地下开采区域位于 Afton 露天矿西侧的下部。目前主要生产区域为 Lift 1（即第 1 中段），包含东部和西部两个区域，其中西部矿块宽 130m，长 250m，东部矿块宽 110～130m，长 310m。东部矿块与西部矿块之间被 50～60m 厚品位较低、被划为围岩的区域隔开。Lift 1 开采方向是从西向东开采。

B3 区块位于 Lift 1 西侧下部 160m 处，紧挨着 Lift 1 的西侧。B3 矿块宽 100～110m，长 210m。除目前开采区域外，还有待开发的 C 区。C 区位于 Lift 1 下部约 550m 处，C 矿块设计为 100m 宽，430m 长。B1 和 B2 盘区的崩落高度平均约 350m，B3 盘区的崩落高度平均约 200m，C 矿块平均高度约 390m。

各个盘区的位置分布情况如图 5-27 所示。盘区分布坑内外复合示意图如图 5-28 所示。

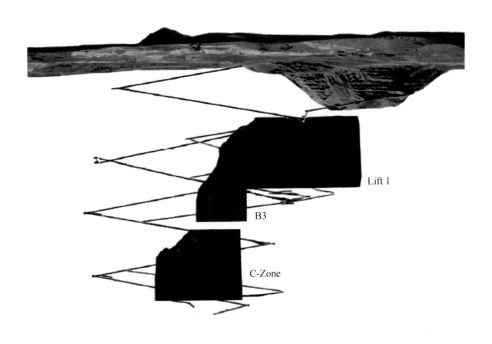

图 5-27　盘区分布示意图（主视图，图片来自 New Gold Inc.，2014）

矿石溜井布置在盘区内出矿巷道旁侧。采场的矿石通过铲运机从出矿水平的放矿点卸至采场的溜井内（出矿水平布置图如图 5-29 所示）。然后下放的矿石通过无轨运输水平（如图 5-30 所示）的卡车运至该水平的破碎硐室（如图 5-31 和图 5-32 所示），直接卸入破碎坑内。破碎硐室内设 1 台圆锥式破碎机，破碎后的矿石再由胶带运输到地表。采用的卡车为 Atlas Copco 生产的 5010（载重 50t）型 3 台和 Cat 生产的 AD45（载重 45t）型 5 台。

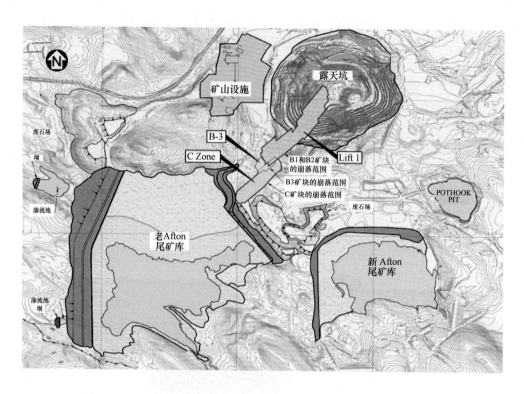

图 5-28　盘区分布坑内外复合示意图（图片来自 New Gold Inc. ,2014）

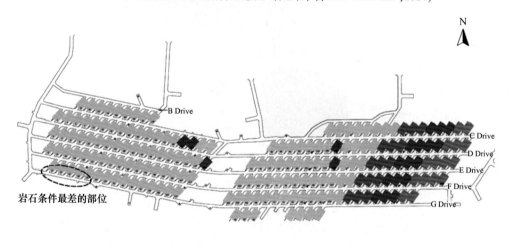

图 5-29　第 1 中段（Lift 1）出矿水平布置和拉底顺序图（图片来自 New Gold Inc. ,2014）

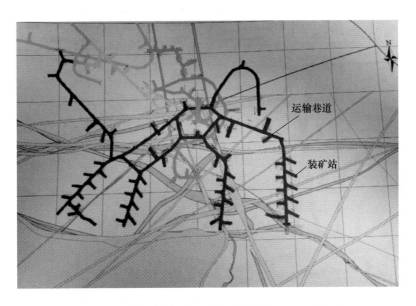

图 5-30 无轨运输水平布置图（图片来自 New Afton）

图 5-31 破碎硐室内的固定式破碎锤

图 5-32 卡车卸矿

New Afton 矿采用胶带斜井和斜坡道开拓系统。胶带提升由 4 段胶带组成，总提升高度约 700m，提升能力可满足矿山生产要求（2017 年为 550 万吨）；斜坡道直接从地表到井下最低胶带装矿水平；另外有 3 条进风井和 3 条回风井。

矿山整体开拓系统纵投影图如图 5-33 所示，平面复合图如图 5-34 所示。

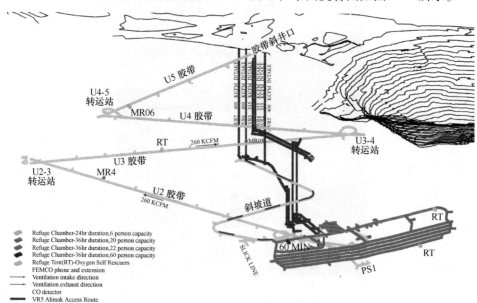

图 5-33 矿山开拓系统（图片来自 New Gold Inc., 2014）

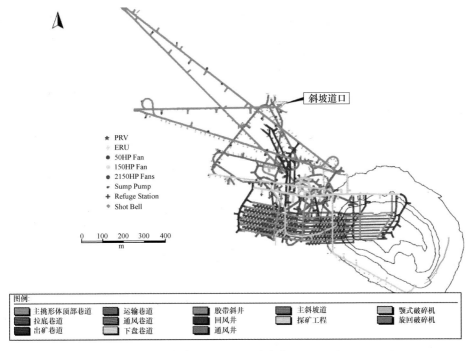

图 5-34　坑内工程复合平面图（图片来自 New Gold Inc. ,2014）

（图中复合了两个拉底水平、出矿水平、运输水平等平面）

　　出矿水平采用直通式放矿点形式，即出矿巷道两端放矿点是直线连通结构，与特尼恩特布置形式类似（如图 5-35 所示）。这种布置方式比早期设计的人字形

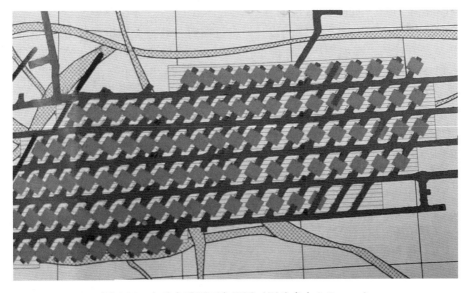

图 5-35　出矿水平平面布置图（图片来自 J. Parsons）

布置结构在稳定性、通风效果以及巷道通行上都有优势，同时设计上也较简单，巷道掘进速率也较高。矿石溜井布置在脉内出矿巷道旁侧，溜井口设有格筛，格筛孔（共 2 个）尺寸为 1.0m×0.7m，溜井的净直径为 ϕ2.4m，采用天井钻机掘进。非生产期间溜井口均用钢板进行临时封闭，以保证人员安全。

5.3.6 澳大利亚 Northparkes 矿

澳大利亚罗斯帕克斯（Northparkes）矿位于新南威尔士中部，共有 4 个斑岩型铜金矿床，分别是 E22、E27、E26 和 E48。E22 和 E27 是露天开采，E26 和 E48 是地下开采。这里主要介绍 E26 矿的第二中段和 E48 矿的系统布置。

5.3.6.1 E26 矿系统布置

E26 矿床是露天转地下的矿山，地下开采的采矿方法为自然崩落法。第一中段（Lift 1）高度约为 400m，第二中段（Lift 2）高度约 350m。无论是第一中段还是第二中段，均是采用铲运机将矿石直接倒入破碎机中进行破碎，破碎后由胶带输送至箕斗井旁的矿仓，然后由箕斗提升至地表。第一中段采用两台破碎机，第二中段采用一台破碎机。开采第一中段时矿山生产能力为 400 万吨/年，开采第二中段时矿山生产能力为 500 万吨/年。

E26 矿是澳大利亚第一个采用自然崩落法采矿的矿山。矿山建设是从第一中段（Lift 1）开始，1993 年 10 月开始建设，经过 3 年 9 个月，于 1997 年 7 月达到设计产量。

第二个中段（Lift 2）的建设是安排在 2003~2004 年完成，以取代第一中段。第二中段的设计产量为 500 万吨/年，生产约 6 年。为了维持低的开采成本，Lift 2 的段高为 350m，如图 5-36 所示。

Lift 1 的 RL9800 出矿水平的设计，被证明对于获得大的生产能力和低作业成本是灵活有效的，虽然周边的开拓工程较多，但可以允许两台电动铲运机同时向一台破碎机卸矿。为了减少基建投资，在 RL9450 的出矿水平，设计采用二选一的作业方法来减少开拓工程量。

和 Lift 1 不一样，Lift 2 原来准备安排 2 台破碎机放在出矿水平的一侧，后来就更加简化，只设一台破碎机。Lift 2 与 Lift 1 相比，其主要区别是：

（1）减少了周边的巷道（即脉外沿脉巷道）；
（2）减少了转向站（即交岔点）；
（3）在出矿巷道之间不设联络道；
（4）将放矿点间距从 14m×14m 增大到 18m×15m；
（5）6 条出矿道代替了原来的 14 个出矿区；
（6）单台铲运机卸矿点；
（7）增加了 6 个大块破碎点；
（8）减少了维修设施和作业支持设施。

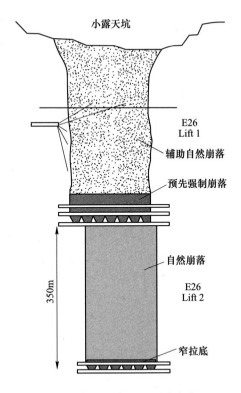

小露天坑

E26
Lift 1

辅助自然崩落

预先强制崩落

自然崩落

E26
Lift 2

350m

窄拉底

图 5-36　E26 矿纵剖面示意图（图片来自 S. Duffield）

Lift 2 出矿水平布置的优点是：

（1）铲运机仅仅在原矿仓卸矿点交会，不需要周边巷道；

（2）电动铲运机的牵引电缆主要在直线上延伸，电缆磨损小；

（3）风流从穿脉通过，减少了通风量，并易于调节；

（4）平均运距减小；

（5）由于直线段长，因而铲运机运行速度快，易于自动化设备运行。

Lift 1 出矿水平布置如图 5-37 所示，Lift 2 出矿水平布置如图 5-38 所示。

在 Lift 1 作业的电动铲运机车队有 6 台 Toro 450E，每台额定能力为 6m³（载重约 10t）。铲运机是由 1000V 卷筒电缆供电，在车后带有自动卷绳系统。卷筒电缆长度可达 260m。

Lift 2 出矿水平设计和作业方法需要考虑这些设备。然而外层的出矿穿脉（穿脉 1 和 6）对现有电缆来讲距离太长，因此需要采用长的电缆或柴油铲运机。

模拟表明 3 台铲运机给破碎机给矿，可以达到设计生产能力。

Lift 2 的破碎系统由一台 Krupp BK 颚式-旋回型破碎机组成（如图 5-39 所

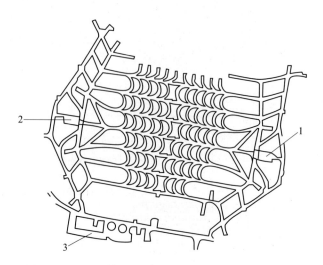

图 5-37　Lift 1 出矿水平布置图（图片来自 S. Duffield）

1—1 号破碎站；2—2 号破碎站：3—控制室和维修间

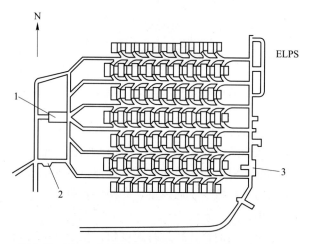

图 5-38　Lift 2 出矿水平布置图（图片来自 S. Duffield）

1—破碎站；2—监视室：3—维修间

示），将最大达 3m³ 的矿石破碎至-150mm。

　　矿石经一台振动放矿机送至 1840m 长的斜井胶带上，该胶带称为 C3，斜井坡度为 1∶6.4，送至转运点。一条长为 26m 转运胶带将矿石转向 90°，送至第二条主胶带上。第二条主胶带称为 C7，长 1140m，斜井坡度为 1∶5.4，该胶带将矿石送至竖井装载站之上的已有矿仓中。胶带斜井断面如图 5-40 所示。矿石再自动送至计量漏斗进入 18t 的箕斗中，箕斗由落地式摩擦轮提升机垂直提升 505m 至地表。开拓系统图如图 5-41 所示。

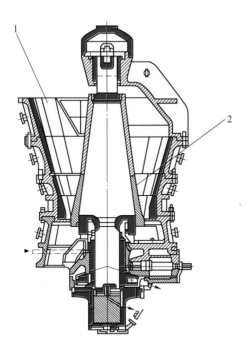

图 5-39　Krupp BK 160-210 颚式-旋回破碎机（图片来自 S. Duffield）

1—初级破碎（类似于颚式破碎机）；2—次级破碎（典型的旋回破碎机）

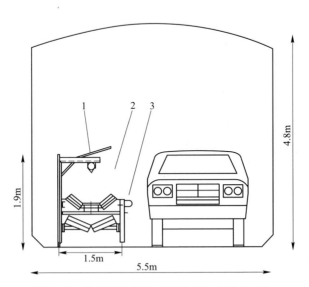

图 5-40　胶带斜井断面（图片来自 S. Duffield）

1—晒水系统；2—支架（每4m 一个）；3—管子（安全隔挡）

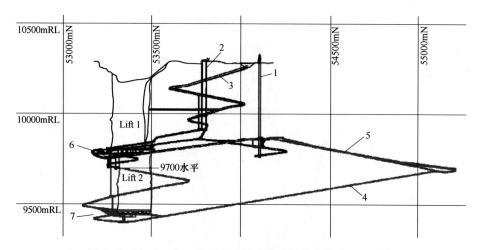

图 5-41　Northparkes 矿 E26 开拓系统（图片来自 S. Duffield）

1—提升竖井；2—风井；3—斜坡道；4—C3 运矿胶带斜井；5—C7 运矿胶带斜井；
6—第一中段（Lift 1）出矿和破碎水平；7—第二中段（Lift 2）出矿和破碎水平

5.3.6.2　E48 矿系统布置

E48 矿体设计仍采用自然崩落法，是 Northparkes 矿的第 3 个自然崩落法矿块。设计生产能力为 580 万吨/年，并要提高到 620 万吨/年，服务到 2024 年。

E48 矿体第一中段出矿水平仍然沿袭了 E26 矿体第二中段的设计理念。设计共有 10 条出矿进路，共 214 个放矿点。采用电动铲运机出矿，并采用 Sandvik 公司的 AutoMine 系统实现铲运机自动化出矿。布设了一个破碎硐室，共有 4 个卸矿点可同时卸矿，保证了矿山的生产能力，如图 5-42 和图 5-43 所示。

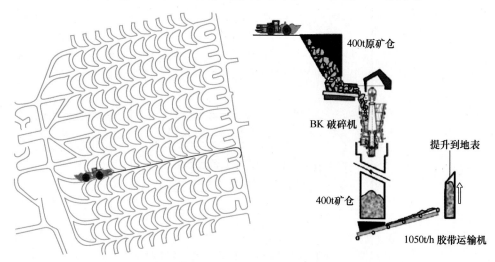

图 5-42　E48 矿体第一中段出矿水平平面布置图和矿石处理流程（图片来自 R. W. Angus）

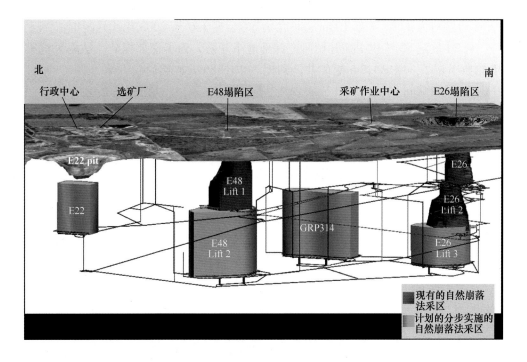

图 5-43　Northparkes 矿矿体位置和开拓系统（图片来自 R. W. Angus）

破碎机为颚式旋回破碎机（Jaw Gyratory Crusher），型号为 Krupp BK160 -190。采用这种破碎机有如下优点：

（1）适合于多条巷道直接向原矿仓卸矿；

（2）具有使磨矿能力最大化的破碎效果；

（3）破碎后的产品形状非常适合高速胶带运输系统。

5.3.7　南非 Palabora 铜矿

5.3.7.1　一期工程

Palabora 矿位于南非北部省，约翰内斯堡东北 560km，地面标高为 400m，气候为亚热带气候，平均年降雨量 480mm。

该矿为一大型斑岩型铜矿，矿石类型主要为黄铜矿和黄铁矿。矿体像一个椭圆形的垂直的火山岩管状，椭圆形管子的长轴和短轴分别为 1400m 和 800m，矿体在距地表 1800m 以下还未封闭，在矿体中心铜品位约为 1%，矿体边界接触带不明显。

矿体上部采用露天开采。露天矿 1966 年投产，生产规模为矿石 30000t/d，铜产量为 62000t/a。之后逐步发展到矿石 82000t/d，铜产量为 13.5 万吨/年。露天开采台阶高 14m，2 个台阶并段后达到 28m，露天坑采深 820m，露天坑上部 720m 边坡角为 47°，下部 100m 边坡角为 57°。露天矿于 2003 年 4 月闭坑。

从 20 世纪 80 年代中期开始研究深部地下开采，为了深部探矿，从露天坑第 30 台阶下掘了一条 φ4.8m 探矿井，到地表以下 889m，然后拉开水平探矿巷道，并进行了 24000m 的坑内钻孔探矿。

从 20 世纪 80 年代至 1996 年矿山进行了预可研、可研的研究工作。根据研究结果，1996 年 3 月决定开发 30000t/d 矿块崩落法矿山，延长矿山寿命 20 年。

据可研分析，最优边界品位为 Cu 0.8%，这个边界品位的可采储量为 2.45 亿吨，采出品位为 Cu 0.68%。另外附加的资源量为 4.67 亿吨，品位为 Cu 0.57%，位于附近和深部，开采面积 700m×200m。

一期工程设计开采段高约为 460m，因与露天边坡相交而变化。

工程从 1996 年 7 月开始，1999 年完成了副井和主井的建设（如图 5-44 所示），到达地表以下 1280m，两井之间相距 72m。

图 5-44　Palabora 矿主副井工业场地及露天坑（图片来自 D. P. Dawid）

副井 $\phi10m$，井深 1280m，井架高 86m，装备有单层罐笼，固定罐道，20 人的辅助罐笼是钢绳罐道，主罐笼载重为 35t，一次可装 155 人，额定速度为 12m/s，辅助提升机速度为 8m/s。

主井 $\phi7.4m$，井深 1280m，井架高 106m，装备 4 个 32t 的箕斗，钢绳罐道，最大提升能力为 42000t/d。采用塔式摩擦轮提升机，两个提升机功率为 5500kW，为全自动的提升系统。

通风井 $\phi5.76m$，深 924m，由天井钻机钻凿。

拉底水平在地表以下 1200m，距最终露天坑底部 460m。生产水平位于拉底水平以下 18m。

出矿设备为柴油铲运机，共有 19 台铲运机，其中 TORO 1400 柴油铲运机 9 台，德国 ELEPHOSTONE 1700 柴油铲运机 10 台。铲运机将矿石运到沿北部边界的 4 个破碎机，平均单程运距 175m。

4 台破碎机安装在生产区的北面，每一个破碎站都有 3 个卸矿点，可使 2 台铲运机同时卸矿，卸矿点装有格筛，网格为 1.4m，大块由液压破碎锤破碎，在地表控制室远程遥控。破碎机为 Krupp 1700mm×2300mm 颚式破碎机，出矿粒度为-200mm，破碎机能力为 750t/h，在每台破碎机下的矿石有效储存能力为 750t。矿石通过输送机送至主胶带机上，主胶带宽 1.6m，长 1360m，倾角为 9°（节省竖井深度 117m），主胶带输送机能力为 2400t/h，然后送至 2 个能力为 6000t 的主井矿仓中，最后通过生产井的 4 个 32t 箕斗提升。

所有地下固定设备和全自动运行的矿石提升机，均通过位于地表的控制室采用远程控制系统控制。

进风是通过主井和副井进风，通过通风井出风。2 台主要抽风机功率为 1250kW，安装在露天坑第 28 台阶。一台使用时风量为 340m³/s，两台排出总风量为 500m³/s。2 台 850kW 的风机安装在井下，总风量 600m³/s。主井旁一个 18MW 制冷厂供给冷水使空气降温，排出井下高达 50℃ 的高温和柴油设备产生的热量。

Palabora 矿第一中段开拓系统如图 5-45 所示，一期工程出矿水平布置平面图如图 5-46 所示。

5.3.7.2　二期工程

Palabora 矿二期工程亦即地下开采的第二个中段，开采第一中段之下的 400m 段高的矿体。设计服务年限 13 年，经计算矿石储量为 1.70 亿吨，含铜 109.8 万吨，含磁铁矿 3300 万吨，铜的品位为 0.65%，磁铁矿品位为 19%。

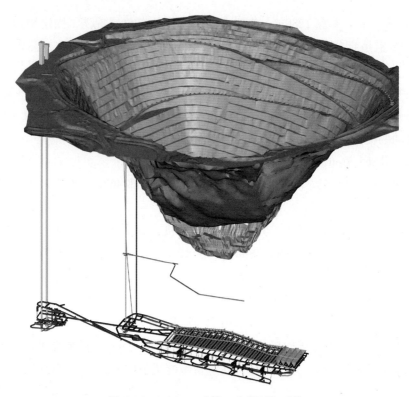

图 5-45　Palabora 矿第一中段开拓系统

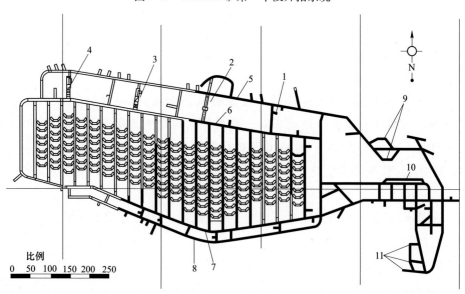

图 5-46　南非 Palabora 矿一期工程出矿水平布置平面图（图片来自 K. Calder）

1—1 号破碎站；2—2 号破碎站；3—3 号破碎站；4—4 号破碎站；5—北部主通道；6—北沿运输道；
7—南部内服务道；8—南部外服务道；9—进风风机；10—主维修车间；11—主回风道联接点

第一、二中段标高和部分参数见表 5-3。

表 5-3 第一、二中段标高和部分参数

水平名称	单位	标高	
		第一中段	第二中段
拉底水平	海拔标高	−800m	−1232m
出矿水平	海拔标高	−818m	−1250m
通风水平	海拔标高	−843m	−1275~−1300m
开采范围	m²	90746	148000
出矿点个数	个	314	434

第二中段是基于一期工程（即第一个中段）的实践和国际自然崩落法的经验进行设计的，仍然采用自然崩落法。根据矿床资源模型，采用 GEOVIA PC-BC 软件生成最优开采范围轮廓，并计算开采储量和品位，确定的开采范围为 148000m²。仍采用第一中段所用的出矿穿脉和放矿点间距参数，即 34m×17m。采用类似于第一中段的不对称鲱鱼骨式的放矿点布置形式。

设计的平均矿石产量为 32800t/d（干量）（湿量为 33500t/d），但设计能力可达到 40000t/d。

在第二中段稳定生产期间采用电动铲运机作业，采用山特维克 LH517 电动铲运机。系统的布置可以满足今后铲运机自动化作业。在第二中段，原岩温度高达 58℃，井下需要非常大的冷却能力。采用电动铲运机可以减少铲运机的发热量，从而减小制冷站的制冷需求。

共布置 2 个粗碎站，粗碎站位于开采范围北缘外，两者相距 170m。破碎站离矿体边缘至少 80m 远，以避免受崩落引起的集中应力影响。

矿石由 15.5t 的铲运机从放矿点铲出，送至矿段北侧的 2 个主破碎机中。每个破碎机由 4 个卸载点组成，以此来缓解铲运机之间的相互干扰。铲运机把矿石卸载至原矿仓，之后通过给矿机送至破碎机，破碎后进入储矿仓，然后下放到短的供料胶带上，该胶带位于生产水平（出矿水平）50m 之下。

破碎机型号为 ThyssenKrupp BK 63-75，为颚式旋回破碎机，该型号在 Northparkes 矿被证实能够应对大尺寸岩块，且是目前成本最低的方案。

第二中段只设 2 个破碎站，既减少了项目投资，又减少了第二中段的建设周期。这个方案虽然降低了铲运机到卸矿点的灵活性，但因为采用了能力达 2000t/h 的大型颚式旋回破碎机，因而降低了二次破碎量，成品矿石的块度下降，减少了对胶带的撕裂，对胶带输送有利，因而得到补偿。现场设置了关键的备件和专用的维修车间,使维修方便从而保证破碎机有较高的利用率。

深部开拓系统为双斜井系统,其中一条为胶带斜井,另一条为斜坡道,均是从第一中段下到第二中段。人和材料通过斜坡道运输,而永久的服务设施和胶带安装在胶带斜井中。胶带采用悬吊式安装。斜井和斜坡道的坡度为 9°,即 15.84%。

斜井净断面尺寸(宽×高)为 5.5m×5.5m;斜坡道净断面尺寸(宽×高)为5.6m×5.8m。生产巷道、拉底穿脉、放矿点巷道的净断面尺寸(宽×高)为4.5m×4.5m。

Palabora 矿第一、二中段开拓系统如图 5-47 所示。第二中段出矿水平和破碎站布置平面图如图 5-48 所示。第二中段井下矿石运输流程图如图 5-49 所示。

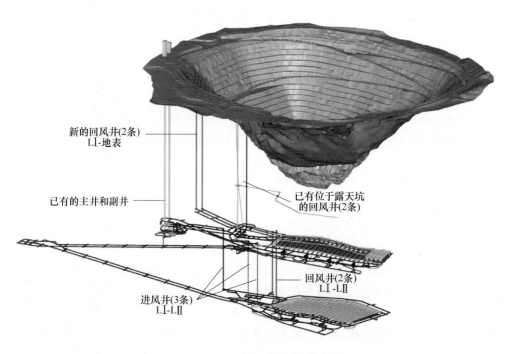

新的回风井(2条)
LI-地表

已有的主井和副井

已有位于露天坑
的回风井(2条)

回风井(2条)
LI-LII

进风井(3条)
LI-LII

图 5-47 Palabora 矿第一、二中段开拓系统(图片来自 S. N. Glazer)

5.3.8 澳大利亚卡迪亚东(Cadia East)铜矿

澳大利亚 Cadia Valley Operations 包括 Ridgeway Deeps、Ridgeway、Cadia East和 Cadia Hill 等矿山,该企业由 Newcrest 矿业有限公司运作。矿山位于悉尼以西250km,距离奥兰治小镇南部约 25km,矿区位置如图 5-50 所示。目前主要生产的矿山为 Ridgeway Deeps 和 Cadia East。

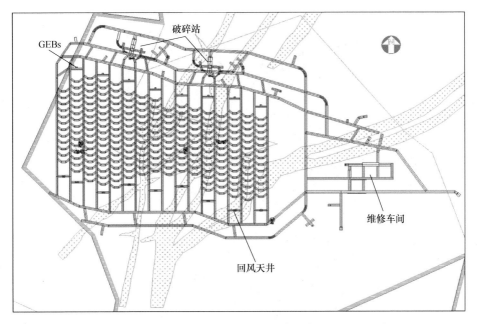

图 5-48　第二中段出矿水平和破碎站布置平面图

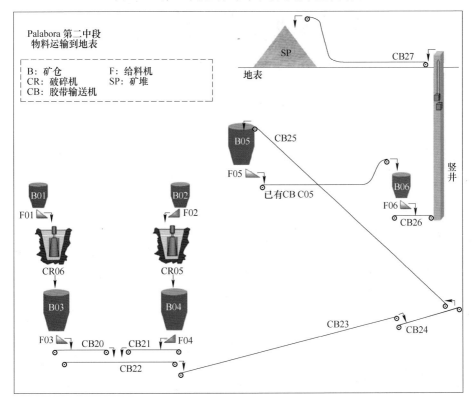

图 5-49　第二中段井下矿石运输流程

图 5-50　矿区位置（图片来自 A. Catalan）

　　Cadia East 铜金矿是澳大利亚最大的地下矿山，生产规模为 2600 万吨/年，矿山服务年限约 35 年。经济资源储量约 10 亿吨，其中金的品位为 0.6g/t，铜的品位为 0.32%，含低品位矿（当量 0.5~1g/t Au）20 亿吨。矿体埋藏深度约 1200~1500m，矿石的 RMR 值为 57~62，节理频率分布为 2 组/m。矿山采用大盘区崩落，分 2 个中段生产，第一个中段提升高度为 1225m，第二个中段提升高度为 1475m。PC1 盘区于 2013 年 1 月投产，200 个放矿点，截至 2014 年 3 月底，该盘区生产了超过 23 万盎司的黄金和 15000t 铜，2014 年 10 月崩透至地表；PC2 盘区于 2015 年投产，达产后合计生产规模达 2600 万吨/年。

　　矿山采用胶带运输矿石和斜坡道辅助运输的开拓方式（如图 5-51 所示）。计划开采 Lift 1、Lift 2 及 Lift 0 三个中段，其中 Lift 0 为贫矿后期开发，距离地表以下 800m。Lift 1 和 Lift 2 为两个主要盘区水平，即 PC1 和 PC2。第一个水平 Lift 1 位于地表以下 1200m，包含 PC1-S1 和 PC1-S2 两个盘区；第二个水平 Lift 2 位于地表以下 1445m，包含 PC1-S1 和 PC1-S2 两个盘区。PC1 和 PC2 盘区平面布置如图 5-52 所示，各个盘区大小见表 5-4。

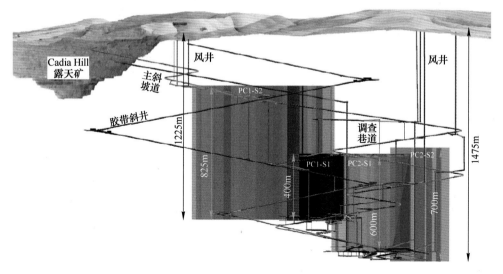

图 5-51 开拓系统纵剖面图（图片来自 A. Catalan）

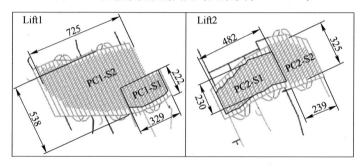

图 5-52 Lift 1 与 Lift 2 的出矿水平布置（图片来自 A. Catalan）

表 5-4 各盘区尺寸大小

中段	盘区名	开采范围/m×m	正常矿块高度/m	出矿水平
Lift 1	PC1-S1	175×300	400	4650
	PC1-S2	420×770	826	4650
Lift 2	PC2-S1	225×480	600	4455
	PC2-S2	230×315	700	4395

拉底位于出矿水平以上 20m。矿石经 20t 铲运机铲运至旋回破碎机破碎。破碎机的破碎能力为 1050 万吨/年，最大进料尺寸 2m×1.5m×1m，破碎后经皮带运至地表选厂矿石堆场。废石经卡车运至地表废石场。

由于矿石崩落块度较大，矿山采用水压致裂和爆破预处理等方式进行矿岩条件预处理，期间采用微震监测系统监测崩落岩石的微震事件位置和地应力变化情况。

由于矿体采用了集中预裂处理，在 0~30% 的崩落高度时，崩落速度为 115 ~ 280mm/d，平均 190mm/d；在大于 30% 的崩落高度时，崩落速度为 280 ~ 400mm/d，平均 320mm/d。初始放矿速度与裂隙发育大小的次级破坏有关。

井下由 6 段胶带机接力提升至地表，总提升高度 1400m，全长 7.1km，带宽约 1.5m，总装机功率为 26.7MW。该系统于 2012 年底投产运行。其胶带机从井下到地表依次为：

CV3033 长度为 922m，装机功率 4×1500kW；

CV3034 长度为 1026m，装机功率 3×1050kW；

CV3035 长度为 1731m，装机功率 4×1500kW；

CV3036 长度为 1731m，装机功率 4×1500kW；

CV3037 长度为 1350m，装机功率 3×1500kW；

CV3038 长度为 350m，装机功率 1×1050kW。

每段胶带机设计带速均为 5.5m/s，输送能力为 4400t/h，日需运输矿石为 72000t/d。胶带倾角 1∶5.3（18.87%，约 10.68°）。每段胶带机均采用头部拉紧方式。

5.3.9 蒙古奥尤陶勒盖（Oyu Tolgoi）铜金矿

奥尤陶勒盖矿位于蒙古南部戈壁区域，北距首都乌兰巴托约 600km，南距中国、蒙古边界线约 80km。该矿是一座储量大、品位高的斑岩型铜金矿，2012 年第三季度完成了初始盘区选定的可行性研究工作。第一个中段包括两个盘区，在投产第 7 年达到 90000t/d 的生产规模，第一个中段的总服务年限为 20 年。

该矿的第一个中段位于斑岩型的矿化体之内，矿体沿着北北东方向延长超过 3km，并被数条大的断层切断。高品位矿石（Cu 品位>2.5%）的垂直厚度从南部的 300m 至北部的 900m 不等，矿化体的倾角一般在 60° 以上。

生产水平的最大主应力大约为 60MPa，方向为北偏东 55°，见表 5-5。矿石的单轴抗压强度在 40~70MPa 之间，由于应力和矿石单轴抗压强度的比值非常高，因此对工程的稳定性影响较大。

表 5-5 1 号竖井的应力分布情况

主要应力	大小/MPa	倾角/(°)	方位角/(°)
σ_1	0.052D	0	55
σ_2	0.033D	0	145
σ_3	0.027D	90	55

注：D 为埋藏深度，m。

矿山开采设计中段平面复合情况如图 5-53 所示，出矿水平位于地表以下 1300m，盘区 1 和盘区 2 的开采范围长约 2000m，宽约 280m。矿柱的放矿高度从

180m 至 500m 不等，平均 390m，放矿范围内共有 2176 个放矿点，4.6 亿吨矿石服务年限超过 20 年。运输水平采用卡车运输，溜井直接为卡车装矿，卡车将矿石直接运至两台 60″×89″ 的旋回破碎机，破碎的矿石经过胶带斜井运至两个主井，提升至地表后，经过地表胶带运至选厂矿堆。

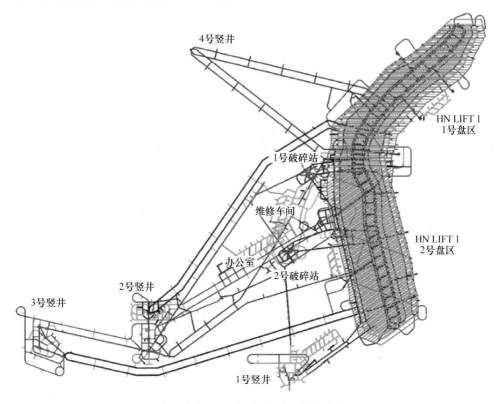

图 5-53 主要采矿工程平面复合图（图片来自 S. Amri）

采矿设计共包括 198km 的水平巷道和 17km 的垂直井筒，垂直井筒中包括 5 条竖井和 140500m³ 的开挖量。5 条竖井的主要功能如下：

1 号竖井，净直径 ϕ6.7m，基建期间作为主要通道，生产期间用作副井和进风井。

2 号竖井，净直径 ϕ10.0m，井筒内装备 1 套罐笼用于提升人员和材料，装备 2 个 60t 的箕斗满足 28000t/d 的生产能力，同时该井也用于进风。

3 号竖井，净直径 ϕ11.0m，装备有 4 个 63t 的箕斗，可满足 62000t/d 的生产能力，同时该竖井也用于进风。

4 号竖井，净直径 ϕ11.0m，用于回风。

5 号竖井，净直径 ϕ6.7m，用于回风。

第一中段采用前进式拉底策略。北部盘区的拉底巷道呈东西向布置，间距

14m，初始拉底位置自西端帮开始，然后以"V"字形快速从初始区域向外推进；之后以一个拉底面向东北方向推进，拉底面方向与拉底巷道呈 55°夹角，相邻拉底巷道的拉底面之间前后平均相差 10m。在南部盘区，拉底巷道旋转成东北-西南方向，这样可以减小拉底面的长度，并和最大主应力方向一致，初始拉底位置紧邻东部边帮，可以使拉底面和出矿水平的巷道与最大主应力方向具有很好的一致性。拉底水平的平面布置情况如图 5-54 所示。

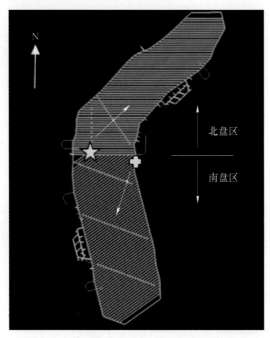

图 5-54　拉底水平平面图（图片来自 S. Amri）

出矿水平巷道与拉底巷道平行布置，北部盘区的出矿巷道成东西方向布置，南部盘区的出矿巷道成东北-西南方向布置，出矿巷道之间的间距为 28m，采用 El Teniente 布置形式，聚矿槽的间距为 28m×15m。出矿水平布置情况如图 5-55 所示。

出矿水平采用 14t 的柴油铲运机出矿，因为柴油铲运机较为灵活，相对电动铲运机而言更加适合 El Teniente 的布置形式，铲运机直接将矿石运至位于开采范围中部的矿石溜井。除了中央溜井之外，在矿体的东部和西部还设有几个周边溜井，这些溜井可以在中央溜井建设完成之前作为掘进期间的废石、拉底中的松动矿石和上部生产材料的通道，另外还可以作为中央溜井的备用溜井。

运输水平位于出矿水平以下 48m，运输巷道沿着矿体走向方向和中央溜井布置，在矿体内设一个环形运输巷道，与两个破碎站连通，在该水平还布置有一个卡车维修硐室和一个加油站。运输水平布置情况如图 5-56 所示。运输设备选用 80t 的侧卸式卡车，采用修改的 Henderson 钼矿的溜槽系统用于溜井给卡车装矿。

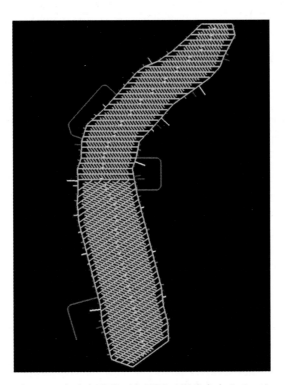

图 5-55 出矿水平平面布置图（图片来自 S. Amri）

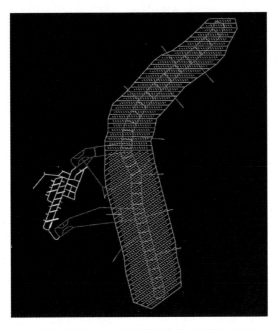

图 5-56 运输水平和出矿水平的复合图（图片来自 S. Amri）

参 考 文 献

［1］于润沧. 采矿工程师手册（上、下册）［M］. 北京：冶金工业出版社，2009.

［2］Brown E T. Block caving geomechanics［M］. Queensland：Julius Kruttschnitt Mineral Research Centre，2007.

［3］Ross I T. Northparkes E26 Lift 2 block cave—a case study［C］// Hakan Schunnesson, Erling Nordlund. Massmin 2008. Lulea：Lulea University of Technology Press，2008：25~34.

［4］Callahan M F, Keskimaki K W, Fronapfel L C. Constrction and operating Henderson's new 7210 production level［C］// Hakan Schunnesson, Erling Nordlund. Massmin 2008. Lulea：Lulea University of Technology Press，2008：15~24.

［5］Brannon Chuck A, Wynn J, Vergara-Lara Patricio R. Design update of the Grasberg block cave mine［C］// Massmin，2012.

［6］Brannon Chuck A, Patton Michael W, Toba Rudi. Grasberg block caving-logistical support system design［C］// Massmin，2012.

［7］Wyllie Angus R, Webster Sarah B. Northparkes mines—step change project［C］// Massmin，2012.

［8］Sinuhaji Amri, Newman Troy, O'Connor Scott. The development of lift 1 mine design at Oyu Tolgoi underground mine［C］// Massmin，2012.

［9］Callahan M F, Gillon J. An update on Henderson's 7210 production level［C］// Massmin，2012.

［10］刘育明. 大型矿山企业建设的创新和发展［J］. 采矿技术，2010（3）：117~120.

［11］刘育明. 自然崩落法的发展趋势和铜矿峪矿二期工程建设的技术创新［J］. 采矿技术，2012（5）：1~4.

6 拉底策略与拉底推进顺序

6.1 概　　述

拉底是自然崩落法工艺中一个重要环节，即用普通的回采方法采出阶段内矿体中某个水平的一个薄层矿石，形成一定高度的空区，为上部的矿岩自由崩落创造条件，这个过程即为拉底。拉底之后，空区上部的矿体失去支撑，矿岩在重力和应力的作用下发生崩落。当崩落的矿石从下部的出矿口逐步放出时，上层矿石将持续塌落到新形成的采空区内。随着在出矿点不断地将崩落的矿岩运走，矿岩自下而上持续进行自然崩落。

自然崩落法开采经验表明，拉底对于自然崩落法的成功应用起着决定性作用。拉底的作用与目的主要体现在以下两个方面：

(1) 提供充足空间，保证矿岩崩落的实现及持续进行；

(2) 获得要求的拉底尺寸以进行初始崩落，并使周围岩体的破坏最小。

在生产实践中，自然崩落法拉底工程中主要涉及以下几个方面重要因素，这些因素决定了自然崩落法拉底工程的质量：

(1) 拉底策略；

(2) 拉底的起点及拉底推进方向；

(3) 拉底的推进速度；

(4) 拉底高度；

(5) 拉底平面及垂直截面的形状等。

6.2 拉底策略

拉底策略是近些年来国际上自然崩落法研究的重点内容之一，布朗教授将拉底策略总结为四种（主要为前三种）：后拉底策略（Post Undercutting Strategy）、预拉底策略（Pre-Undercutting Strategy）、前进式拉底策略（Advance Undercutting Strategy）和亨德森策略（The Henderson Strategy）。

6.2.1 后拉底策略

后拉底策略是一种较早的传统的拉底策略，它是先进行出矿水平的准备工作，即先形成出矿巷道、出矿点、聚矿槽（道），之后再进行上面的拉底工作。早期的自然崩落法矿山主要采用后拉底策略。该拉底方式的优点是可以比其他方法更快地投入生产，在拉底水平不需安排专门为拉底用的溜井等倒运措施，只需进行凿岩爆破并保持拉底推进线和生产面推进线之间有 30m 的距离即可，矿石在拉底水平压实的可能性非常小。其主要缺点是，在拉底水平和出矿水平之间已形成好的底部结构岩体需处于高应力和多变化的应力状态，其支护和加固是在拉底集中应力带形成前完成，该方式在拉底过程中将会受到应力集中的影响，也限制了拉底的推进速度。

后拉底策略如图 6-1 和图 6-2 所示。

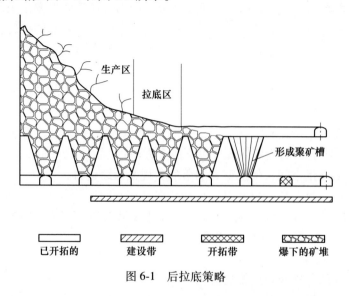

图 6-1 后拉底策略

早期的南非 Premier 金刚石矿（Premier Diamond Mine）BA5 矿体、澳大利亚 Cadia East 矿的 PC1 采区以及我国铜矿峪铜矿就采用该拉底方式。铜矿峪铜矿 690m、530m 中段的底部结构破坏严重，实际上反映了这种拉底策略由于应力集中给底部结构带来的问题。通过数值模拟研究也表明铜矿峪铜矿后拉底存在应力集中现象，图 6-3 所示为底部结构模型，图 6-4 所示为拉底之后聚矿槽施工模拟。

根据模拟结果可知，在拉底推进线约 20m 范围内区域（拉底下部岩体）处于应力集中状态，拉底推进线前方的聚矿槽在开挖过程中处于应力集中区域，底部结构容易发生破坏，与工程实际相符。

6.2.2 预拉底策略

预拉底策略是拉底工作在出矿水平开拓之前完成，即拉底工作全部完成以后再进行出矿水平开拓工作，或出矿水平掘进工作面滞后拉底工作面一段距离进

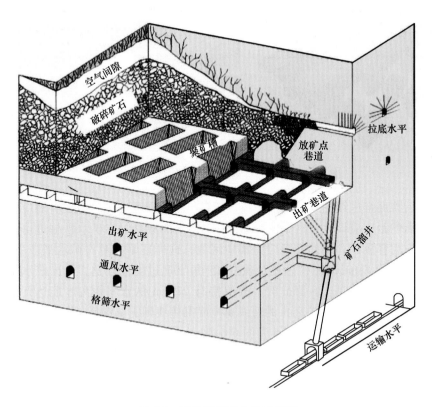

图 6-2　后拉底策略立体示意图

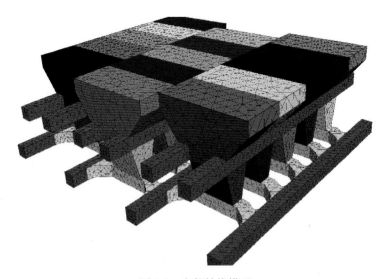

图 6-3　底部结构模型

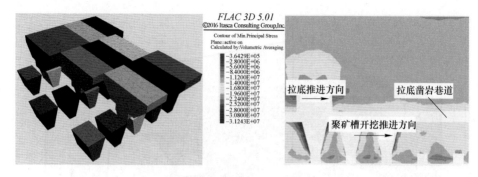

图 6-4　后拉底策略模拟

行，滞后拉底推进线的最小水平距离一般按 45°角原则确定。但在高地应力环境下，滞后的距离应该大于这个值，如果按 45°角的原则，出矿水平掘进可能不在完全的应力释放区，还是处于应力集中区内，这样还是会对出矿水平产生破坏。在特尼恩特的 Esmeralda 矿区就发现按 45°角出现过类似问题，当出矿水平和拉底水平之间的高度是 12~15m 时，须保持有 22.5m 的水平距离才能达到最满意的效果，而生产区（出矿区）的边线离拉底推进线则需要滞后 45~60m。

预拉底策略示意图如图 6-5 和图 6-6 所示。

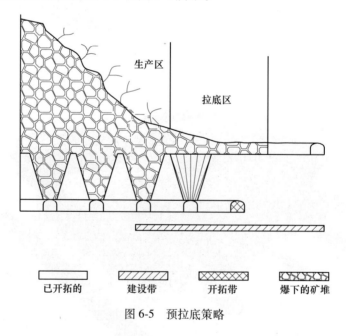

| 已开拓的 | 建设带 | 开拓带 | 爆下的矿堆 |

图 6-5　预拉底策略

预拉底策略的主要优点是：出矿水平开拓是在应力释放环境中进行，拉底工作是独立于出矿水平进行的，出矿水平的支护要求通常可低于后拉底策略，拉底水平爆破的矿废石堆可以减少对拉底推进面的集中荷载。该策略的主要缺点是：

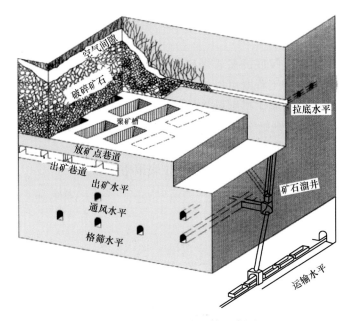

图 6-6 预拉底策略立体示意图

由于拉底水平下部的聚矿槽等工程没有形成，拉底需要增加额外的矿石倒运工程，如增加溜井等；聚矿槽掘进过程中可能出现高应力残余，矿石有可能压实引起放矿点堵塞等；前两个因素可能导致生产初期进展缓慢。

图 6-7 所示为智利特尼恩特矿实施的后拉底策略与预拉底策略的对比。

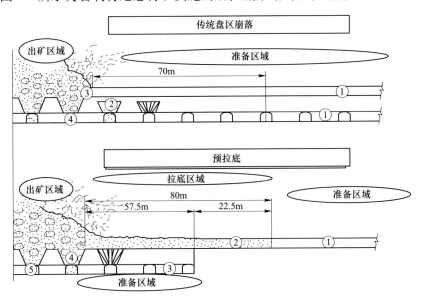

图 6-7 智利特尼恩特矿自然崩落后拉底策略与预拉底策略施工顺序对比（图片来自 Rojas et al.）

6.2.3 前进式拉底策略

前进式拉底策略是拉底的凿岩爆破工作在部分开拓好的出矿水平之上进行。出矿水平部分开拓好的工程既可以仅仅是出矿巷道（通常是出矿穿脉），也可以是出矿巷道加出矿点，聚矿槽则始终是在拉底以后的应力释放区进行，应力释放区通常是按照 45°角原则确定。该策略实质上是介于后拉底策略和预拉底策略之间的折中方案。

图 6-8 所示为智利特尼恩特矿前进式拉底策略示意图。

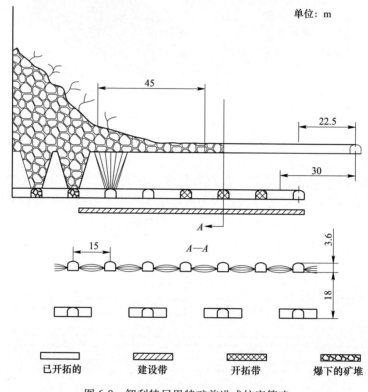

图 6-8 智利特尼恩特矿前进式拉底策略

该策略的主要特点是：

（1）和后拉底策略比较，出矿水平破坏减小，初期出矿量也减少；

（2）和预拉底策略比较，崩落能更快地投入生产，减少了因开拓时间长带来的问题；

（3）由于矿堆压实形成诱导应力残余的可能性减少；

（4）虽然仍需要为拉底增加矿石转运工程，但比后拉底策略所需工程增加并不多。

和后拉底相比，前进式策略由于在拉底推进后出矿水平还存在需要开拓的工程，其生产进度要慢些，主要是聚矿槽需要从出矿水平向拉底水平的碎石里掘进。但重要的一点是，前进式拉底方式避免了后拉底方法通常出现的出矿巷道既耗时又增加成本的巷道修复工作。由于它的内在的优点，当前国际上自然崩落法矿山越来越多地采用前进式拉底策略，通过精心的工程布置、支护和加固设计以及设备选择可使它的缺点减低到可允许的程度。

前进式拉底策略示意图如图 6-9 所示。

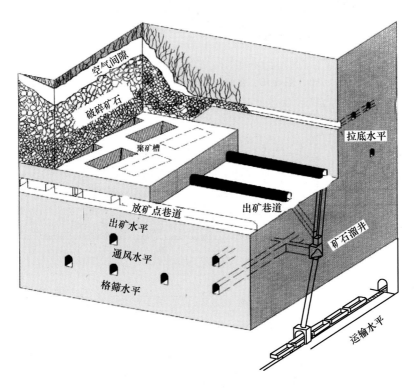

图 6-9 前进式拉底策略示意图

目前普朗铜矿采用前进式拉底策略，数值模拟研究以及现场生产经验表明，前进式拉底对底部结构的稳定性非常有利。图 6-10 所示为普朗铜矿前进式拉底底部结构模型，图 6-11 和图 6-12 所示为前进式拉底过程中的应力变化。

应力模拟结果显示拉底推进线前锋约 20m 范围内区域（拉底下部岩体）处于应力集中状态，最大主应力接近 33MPa，而在拉底推进线后方 40~50m 区域（拉底空区下部的岩体）附近应力已发生释放，该区域所受最大主应力在 3~15MPa，最大主应力减小，应力集中现象消失，且在应力释放区域再形成聚矿槽时，底部结构处于较好的应力状态，对维护底部结构稳定性有利。

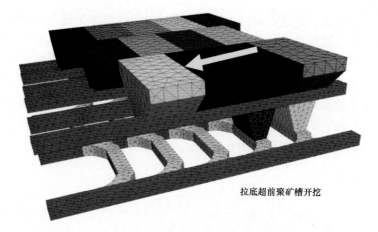

拉底超前聚矿槽开挖

图 6-10　普朗铜矿前进式拉底模拟

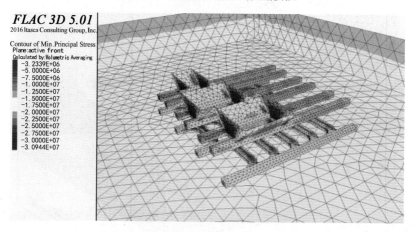

图 6-11　底部结构所受最大主应力

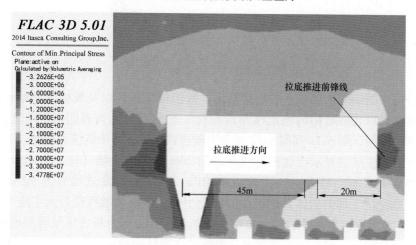

拉底推进前锋线

拉底推进方向

45m

20m

图 6-12　拉底推进过程最大主应力

6.2.4　亨德森式拉底策略

除以上三种主要的拉底方式外，还有亨德森拉底策略。亨德森策略是聚矿槽采用从拉底水平施工中深孔进行爆破，而且恰好在拉底爆破前进行，这可减少岩柱和出矿水平高应力状态的时间，从而减少破坏。但这种拉底策略不适合在挤压的地层条件下采用，因为炮孔易出现塌孔而堵塞。目前，这种拉底策略在国际上应用的比较少。

6.3　拉底推进顺序与拉底速度

6.3.1　拉底顺序与拉底形状

拉底的起始点和拉底推进线的最优方向选择受以下几个因素影响：

（1）矿体的形状；

（2）矿体内品位分布；

（3）原岩应力的方向和大小；

（4）矿体的强度和它的空间变化；

（5）矿体内存在的主要构造和构造的特征及方向；

（6）在拉底附近是否存在已有的崩落区。

假如矿体在平面上是长窄形的，则拉底推进线的方向受到限制。在这种情况下，通常必须在矿体的整个宽度上拉底，并且沿着走向方向推进，若以矿体中央为起点向两个方向后退式崩落则对达到设计的生产能力是有利的。

如矿体不是长方形，而是长宽尺寸大致相同或长宽都比较大时，则要考虑上面所列的各个因素。在长宽大致相同的情况下，通常崩落是在矿体的边界开始崩落并沿矿体对角线方向推进，如同 Northparkes E26 的 Lift 2、亨德森矿以及铜矿峪铜矿一样。

另一种方式是起始点在矿体的中央附近，拉底向矿体的边界发展，如南非 Palabora 矿一期工程。在这样的情况下拉底起始点必须考虑作业因素、品位分布、矿体的岩石强度和可崩性等。假如矿体在一个方向较长，就会出现是否满足自然崩落所要求的最小尺寸的问题。

原岩应力及其在拉底范围周围的重新分布和崩落的发展对初始崩落具有重要影响。假如推进方向与主水平应力的方向垂直，则拉底前方支撑带的应力集中程度较高，并将随拉底推进而增加，这会增加拉底巷道和出矿水平巷道破坏的可能性。但这种影响对较硬岩体克服岩石强度和实施诱导崩落是有利的。

矿岩强度的任何空间变化，都可能对诱导应力的影响起作用，影响崩落的开始和发展。因为崩落更容易从软弱岩体开始，并且拉底前方的诱导应力会随拉底推进而逐渐增加，因此拉底顺序应从矿体的软弱区域向坚硬完整区域推进。此外，从品位高的地段开始崩落有利于提高初期的出矿品位，产生较好的经济效益。

许多构造特征，例如断层和剪切带对初始崩落和崩落发展以及底部结构的稳定性有影响。因此，拉底过程中需要避免形成大的孤立岩楔，因为在重力作用下它可能落下，阻碍崩落的发展，并且对拉底巷道和出矿水平巷道形成附加的荷载。作为一个总的原则，拉底推进面应尽可能与连续构造或特征组的走向成正交推进，或背离断层面推进。

在许多崩落法矿山，矿体是以一系列矿块开采，在这种情况下，新的矿块应该以已采矿块为起始面后退开采，而不是迎着已采矿块开采，如图 6-13 所示。这可以防止在两个崩落的矿块之间产生高应力矿柱，导致周围的巷道由于诱导应力而破坏。

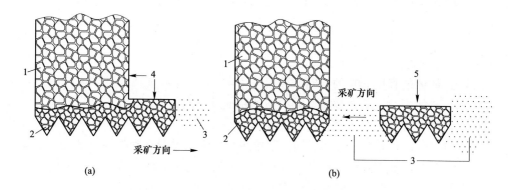

图 6-13　临近已有崩落矿块的矿块崩落起始点
（a）较优的采矿方向；（b）不利的采矿方向
1—已采采场；2—放矿点；3—高应力带；4—在水平和垂直方向可以自由位移的岩体；
5—仅可在垂直方向自由位移的岩体

图 6-14 所示为南非 Palabora 矿一期工程矿块崩落的拉底顺序过程。拉底从矿体中部的切割槽巷道开始，同时以 4 个拉底面向位于矿体外 20m 的北部和南部开拓巷道推进。南北向拉底宽度平均为 200m，东西向拉底最终长度为 700m。在东西向拉底完全形成之前，水力半径达到 45m 即开始崩落。

图 6-15 所示为印度尼西亚自由港 Grasberg 铜矿地下开采自然崩落法改进后的最新拉底顺序，主矿体在平面上分为 5 个矿块，根据矿体的形状、各矿块的品位分布、原岩应力的方向和大小以及矿岩条件等确定矿块的拉底顺序。首先从 PB1 和 PB2 矿块开始进行拉底，从矿体整体上来看，矿块拉底从东北向西南方向进行。在拉底顺序改进过程中，随着对开采技术条件的进一步掌握，Grasberg 铜矿使用 PC-BC 软件来进行拉底顺序的调整，如图中 PB1N 矿块中由于存在软弱

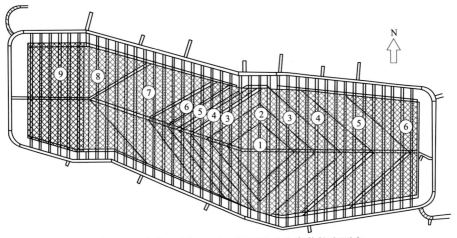

图 6-14 南非 Palabora 矿一期工程矿块崩落拉底顺序
（图片来自 K. Calder，P. Townsend，F. Russell）（①~⑨为拉底顺序）

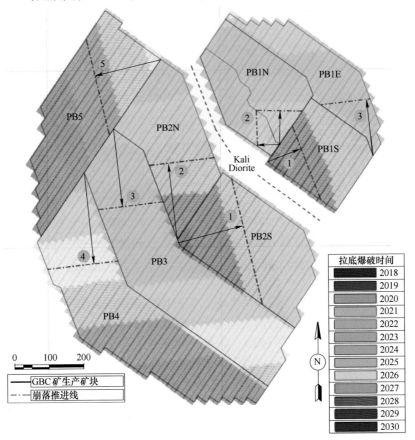

图 6-15 印度尼西亚自由港 Grasberg 铜矿自然崩落法开采拉底顺序
（图片来自 D. Beard，C. Brannon）

岩体带，为了保证不同条件下矿岩的崩落速度一致，PB1N矿块采用V形推进线且大致沿着软弱岩体带边界线进行拉底，从而保证矿岩崩落速度一致且可控，如图6-16所示。Grasberg铜矿2004年开始进行基建，2018年开始初始崩落，计划到2026年全面达产，达产后的产能为16万吨/天。

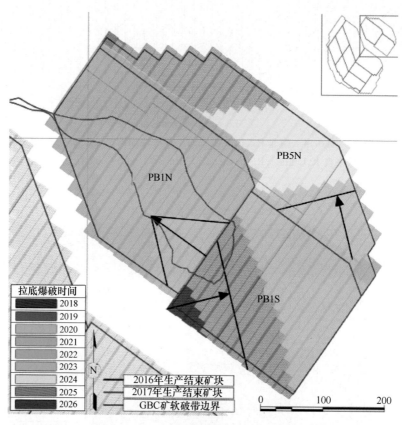

图6-16 含软弱岩体的PB1矿块拉底推进图（图片来自D. Beard，C. Brannon）

根据采矿经验和对诱导应力的考虑，应避免拉底推进面形状的突然改变或形成大的不规则形状，相邻推进面之间应减少超前或滞后量，拉底滞后通常应小于8m，以免引起拉底巷道大的破坏。应避免形成尖角，特别是凹角。相比凹面，凸面更有利于实现崩落。图6-17所示为拉底面形状和拉底方向在理想情况下的一些合理和不合理的特征，但在实际生产中并不是总能避免那些不合理的特征，例如矿体的边界形状较为不规则等。

6.3.2 拉底推进速度

对任何一个矿山要确定最优的拉底速度并不容易，实际上通常是在许多对立

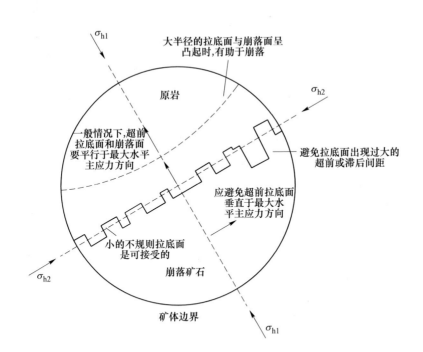

图 6-17　拉底形状和方向是否合理的平面示意图

的因素之间形成一种折中。这些因素如下：

（1）为了尽快在生产初期快速达到设计的生产能力而获得好的经济效益，要求加大拉底速度。

（2）在前进式和后拉底策略中，拉底速度不能超过聚矿槽和放矿点建设的速度。

（3）在高应力环境下，拉底推进速度过大可能加大对拉底巷道、桃形矿柱和出矿水平巷道的破坏程度，并且在某些情况下可能导致岩爆的发生。

（4）拉底推进速度应与矿体崩落速度相适应。当前崩落速度仅仅还只能由经验决定，仍然是一个需要从理论上和实践中进一步研究的课题。然而崩落速度是崩落顶板诱导应力及其与岩体强度关系的函数。总的原则是，要确保崩落区始终充满崩落下来的矿石，放矿速度不应超过"自然"崩落过程产生散体（崩落体积减去原岩体积的余量）的速度。假如放矿速度太快，在崩落顶板和崩落矿堆之间会产生一个大的空间，崩落顶板突然的或大量的冒落会导致灾难性的空气冲击波。表 6-1 中列出了几个矿山估计的崩落速度。

（5）在崩落形成后，拉底速度将受到放矿柱高度和出矿水平布置的影响，反过来又影响生产能力。

表 6-1　不同矿山估计的崩落速度

矿山和作业区	估计的崩落速度/m·d^{-1}
CODELCO 公司 El Teniente Sub 6 盘区崩落	0.2~0.3
CODELCO 公司 El Teniente Esmeralda 盘区崩落	0.17~0.2
De Beers 公司 Koffiefontein 矿（TKB 金伯利岩）	0.2~0.4
De Beers 公司 Premier 矿（TKB 金伯利岩）	0.1~0.12
De Beers 公司 Premier 矿（HYB 金伯利岩）	0.06~0.25
De Beers 公司 Finsch 矿（金伯利岩）	0.2
Palabora 矿	0.12
亨德森矿	0.27
Northparkes E26 的 Lift 1 矿块崩落	0.11~0.38

（6）对于某些弱岩和崩落块度很小的矿体，如果拉底速度和放矿速度过低，会导致矿石压实以及很难使破碎的矿石形成均匀的流动和出矿。

（7）除上述各种因素影响之外，为了达到最好效果，应使拉底推进的速度在时间和空间上保持匀速。

国际上的经验数据表明，在当前的矿块和盘区崩落法矿山中，拉底速度变化为每月 500~5000m^2，平均值是 2000~2500m^2/月。表 6-2 中列出了一些矿山成功使用的拉底速度的实例。

表 6-2　拉底速度实例

矿　山	拉底速度/m^2·月$^{-1}$
Kimberley 矿[1]	2700
De Beers Premier 矿 BA5，盘区崩落	900
De Beers Premier 矿 BB1E，矿块崩落	1100
特尼恩特矿的 Esmeralda，盘区崩落[2]	3000
Northparkes E26，矿块崩落	1600
Resolution	3750

①Kimberley 速度受需要减少对出矿水平岩柱破坏的影响。

②Esmeralda 速度受需要控制地震的影响。

6.4　拉底及开采水平应力

崩落发生于拉底自由面近处（区），该区岩体单元基本处于拉应力状态，因此，岩体崩落是拉应力作用下的脆性破坏行为。实践表明，岩体并非开挖即崩，而是随着拉底工作面的推进，首先经历一个充分的裂隙孕育发展过程，然后是一次较大规模的崩落，随后崩落区外围岩体经历一个应力调整过程，其间伴随少量小规模的阵发性崩落，崩落区外围岩体则达到暂时稳定的形态。随着工作面继续向前推进，拉底面积扩大，暂时稳定的崩落区外围岩体因失去平衡支撑，又发生较大规模崩落，这个较大规模崩落直接诱导远区外围岩体在更深部岩体内建立更大跨度的平衡结构，以维持暂时的平衡状态，使损伤影响区向深部蔓延。因此，崩落过程是与应力和时间相关的。这个过程中损伤区、崩落区的交替更换完全可以用损伤演化模型描述。

岩石的宏观破裂是由小破裂集中形成的，小破裂又是由更微小的裂隙演化和聚集而来，因此，岩石破坏是跨尺度损伤演化的结果。宏观破裂的尺度和数量表明损伤程度的大小。岩体经过历次的地质构造作用，发展成为这种损伤演化过程某一阶段的产物，称为初始损伤。在拉底条件下，裂隙岩体各级损伤在拉应力作用下，在各自有利的发育条件下重新被激活，继而将这种跨尺度损伤演化为宏观破坏。

出矿水平巷道的稳定性和较小范围内拉底巷道的稳定性对崩落法矿山矿石的有效开采是至关重要的。观察和测量表明，拉底形式和时间对出矿水平巷道的稳定性有着重要的影响，主要是因为在拉底推进前方附近诱导应力高度集中。

前面叙述过的许多因素对拉底水平巷道诱导应力的大小有着实质性影响，包括拉底与出矿水平开拓的时间关系、拉底面形状、拉底和出矿水平之间隔开的距离、崩落水力半径、拉底方向和原岩应力。对诱导应力水平的了解和对矿岩强度的估算，有助于预测拉底水平的破坏，从而优化拉底策略、生产水平和支护的设计。

表6-3列出由Batcher（1999）总结提出的五条拉底经验，其目的是降低拉底前锋附近的高应力水平，从而减少对出矿水平的破坏。

表6-3 减少对出矿水平破坏的拉底经验

序号	经　验	理　由
1	采用前进式拉底，假如不能采用前进式拉底，就应减少出矿水平巷道和出矿点开拓的百分比	（1）在拉底前锋存在高应力，它会使出矿水平已有巷道产生破坏； （2）出矿水平开挖的巷道越多，那里的应力水平越高
2	减少拉底前锋水平面的不规则形状	这些不规则形状将产生应力集中并加大出矿水平的破坏程度
3	在持续崩落形成之前，使拉底速度大于出矿水平的破坏速度	巷道承受拉底前锋高应力的时间越长，破坏就越大
4	如有可能，将拉底水平安排在出矿水平之上尽可能高的位置	距拉底前方的距离越远，应力越小

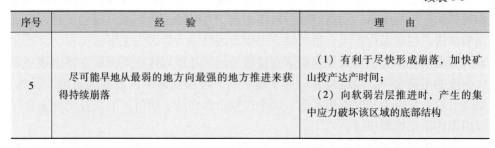

序号	经　验	理　由
5	尽可能早地从最弱的地方向最强的地方推进来获得持续崩落	（1）有利于尽快形成崩落，加快矿山投产达产时间； （2）向软弱岩层推进时，产生的集中应力破坏该区域的底部结构

Trueman 等人（2002）按照表 6-3 完成了参数研究结果，量化了部分经验，即对出矿水平巷道而言：

（1）在巷道中的诱导边界应力的大小对原岩应力和方向很敏感。

（2）假如为形成持续崩落水力半径加倍，在大多数原岩应力环境下，出矿水平的最大诱导应力增加大约 20%。

（3）当拉底和出矿水平之间的垂直间隔在 10~20m 的范围内时，垂直间隔增加或减少 5m 会导致在巷道边界的诱导应力有 10% 的差别，即间隔增加 5m，边界应力将减少 10%；反之，间隔减少 5m，边界应力将增加 10%。

（4）在静水原岩应力场的情况下，当水力半径为 25m 形成连续崩落时，拉底水平的最大诱导应力减少 15%，垂直诱导应力减少 30%。在出矿水平巷道，最大诱导应力减少 2%，垂直诱导应力减少 14%。

（5）在多种原岩应力状态下诱导应力会出现重大变化，即应力随着巷道靠近崩落推进面而增加，在崩落通过后减小。对最大原岩主应力大致水平并垂直于崩落推进方向的巷道顶板则是一个例外。

（6）对前进式拉底，超过崩落推进面 15m 处的巷道的诱导应力水平要低得多，这也进一步说明了 "45°法则"。对最大原岩应力大致水平并垂直于崩落推进方向的巷道顶板则也是一个例外。超过崩落推进面 15m 更远处的巷道，诱导应力水平通常连续下降，尽管递减速度很慢。

（7）对前进式拉底，在崩落推进面前方的任何巷道都要承受类似于后拉底方式的诱导应力。仅仅在崩落前锋后面形成的巷道，才从前进式拉底方式中受益。

对拉底巷道而言：

（1）总的来说，诱导应力的大小随形成持续崩落的水力半径的大小而变化。

（2）巷道段越靠近崩落前锋，诱导应力越高，从前锋第一个 15m 以外迅速下降；最大原岩主应力大致水平并垂直于巷道推进方向的巷道顶板中则是一个例外。

（3）拉底水平比出矿水平的最大诱导应力大。

6.5 拉底参数设计与拉底模拟

6.5.1 设计原则

拉底工作的目的是形成有效的拉底面积，使矿体实现持续、稳定的崩落，并且使崩落矿石的块度满足出矿的要求。拉底工作是一项复杂的系统工程，它所影响的范围和深度是比较广泛和全面的，而制约和影响它的因素又是错综复杂的。因此在生产中，要全面认识和考虑拉底工作，趋利避害。拉底工作的重要性主要体现在以下几个方面：

（1）拉底工作影响工程的稳定性。拉底效果的好坏，直接影响着能否形成有效的拉底空间。若拉底效果不好，则会在采场中间出现岩墙，这不仅会缩小拉底面积，而且还会在岩墙处产生应力集中，使得岩墙周围的工程处于高应力区内，从而在高应力的作用下，相邻工程的稳定性遭到破坏。

（2）拉底工作可转移应力集中和影响矿体的崩落块度。拉底工作是进行地压控制与管理的重要手段，通过合理的拉底，引导地应力进行重新分布，减小集中应力对底部结构的破坏，也可合理地利用地压，使其朝着利于矿块崩落、减小大块率的方向发展。

（3）拉底工作的强度大小还影响矿山的生产能力。若拉底面积不足，必将影响矿体的崩落量，使得产量不足。

（4）拉底进度的快慢还影响矿山开采的损失、贫化指标，不合理的拉底进度使得废石过早混入，贫化时间提早，这样将造成不必要的开采损失，降低经济效益。

6.5.2 普朗铜矿拉底参数设计

根据普朗铜矿矿体特征，3720m 中段位于矿体中间部位，矿体走向长度超过1000m，矿体最大厚度超过 500m，总拉底面积达 38 万平方米，矿体属于超厚大矿体。从矿石品位分布来看，位于勘探线 1~4 线之间铜品位高，往四周矿石品位逐渐降低。考虑到矿石品位、原岩应力、矿岩性质等方面因素，3720m 中段总体拉底顺序存在两种方式，第一种为全中段连续拉底，从矿体中间沿着菱形方式向四周推进，如图 6-18 所示。另一种是分区开采。

采用全中段连续拉底方式，随着拉底推进的进行，拉底前锋长度逐渐加大，导致正常的拉底速度难以保证，而过慢的拉底速度会引起拉底推进线前方的底部结构应力集中，造成拉底水平和出矿水平巷道的破坏。另外，随着生产的进行，这种方式引起生产管理范围逐渐增大，组织管理困难。因此，不推荐采用这种方式。

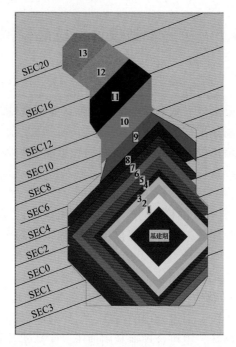

图 6-18　菱形推进连续拉底方式（图中数字是指进行拉底工作的年份）

　　另外一种方式是分区开采，是把 3720m 中段划分为 3 个矿块，独立进行回采，首先开采位于矿体中部的高品位矿体，按照首采矿块的矿石品位分布和矿岩性质初始开刀位置位于矿体中间，逐渐向东西两侧后退式回采，如图 6-19 所示。

　　综合考虑矿体形态、矿石品位分布、底部结构稳定性、生产组织管理等方面因素，决定将 3720m 中段划分为 3 个矿块进行回采，因中间位置矿岩比较破碎、断层交叉，且矿石品位高，故可作为初始拉底的合适位置。首采矿块回采完毕后，再对矿体南部矿块和北部矿块进行单独回采。

　　首采矿块位于整个矿体偏中南部，矿块尺寸为长×宽＝500m×330m，面积约 16.7 万平方米。初始拉底位置位于 1～4 勘探线之间的矿体中部，该区域矿石品位高，矿体内含有几条断层，矿岩条件较弱，有利于形成初始崩落和连续崩落，且从矿岩条件较差的地段向条件好的地段推进，有利于底部结构的稳定。

　　南侧矿块位于首采矿块的南侧，矿块尺寸长×宽＝180m×180m，面积约 3.3 万平方米，满足矿块持续崩落的条件。待首采矿块减产时，再进行南侧矿块的开拓和拉底工作，可保证生产接续。

　　北侧矿块位于首采矿块的北侧，矿块尺寸长×宽＝650m×250m，面积约 16.4 万平方米，待首采矿块减产时，进行北侧矿块的开拓和拉底工作，与南侧矿块同

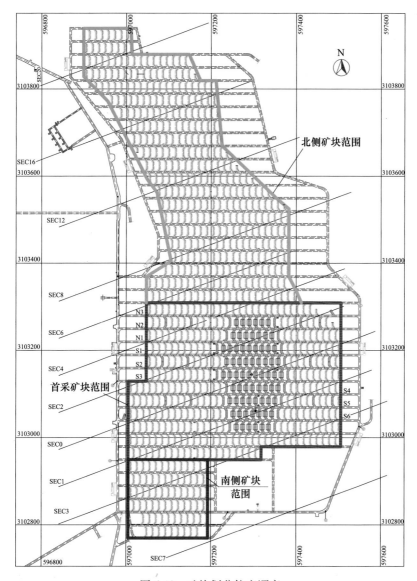

图 6-19　矿块划分拉底顺序

时生产，以保证生产能力接续。

根据普朗铜矿的特点，并借鉴国内外的生产经验，普朗铜矿的拉底布置形式和参数确定如下：

（1）拉底顺序。从采矿经验和诱导应力方面考虑，应该避免拉底平面形状出现急剧的变化和存在大的不规则形状，并且一条拉底线上的前锋面和滞后面之间的距离应该尽量缩小；平面上的拉底滞后不要超过 8m，避免拉底巷道的破坏。

圆形或正方形的拉底形式比长方形的拉底形式在同样面积的区域形成的水力半径较大，有利于矿体的崩落。

根据普朗铜矿确定的首采中段、矿岩条件和矿石的品位分布，决定从矿体较为破碎的地段开始初始拉底。拉底巷道布置方向和出矿水平的出矿巷道平行，为东西方向。拉底形式采用从中间向东西两侧后退式拉底扩展，扩展过程中要避免不利于矿石自然崩落和拉底巷道稳定的因素发生。

（2）拉底推进速度。拉底的推进速度受多种因素的影响，相对于特定的矿山来说，拉底速度直接决定着矿山所能达到的生产能力。根据普朗铜矿生产能力1250万吨/年的要求，结合首采中段的平均高度，普朗铜矿的拉底速度应在2800~3350m^2/月。这一拉底速度与国内外生产矿山的拉底速度相比，属于中等速度。因此在将来矿山生产中，拉底面临的压力和风险相对较小。

（3）拉底高度。普朗铜矿矿区内由于受断裂构造长期活动的影响，在岩体内或断裂的两旁发育有密集的节理裂隙。由这些密集节理组成裂隙带及结构面，同时为含矿热液提供了良好的储矿和导矿空间。岩体内裂隙构造发育，尤其是在矿化体内。从产出形态看，各种方向均有发育，只是在不同地段不同裂隙组的发育程度各有差异，但总体是以陡倾角者居多，裂隙宽一般均小于2mm，少数在5mm以上，个别达10mm，延伸多数在0.1~2.0m，少数大于2m。裂隙多呈现相互交错，穿插的网脉状产出，尤其是含矿裂隙，裂隙构造的成因类型较多，且产生的多级结构面对岩体的稳定起到制约作用。

根据地质报告描述，地层岩性较单一；岩石硬度坚硬为主；地质构造较发育；局部破碎带较发育；岩石较破碎，岩体结构类型以块状结构为主；局部地段易发生矿山工程地质问题；矿山工程地质勘探的复杂程度为中等类型。

从地质报告的描述和矿石可崩性研究结果来看，普朗铜矿的矿石可崩性及崩落的矿石块度指标相对较好，因此综合考虑生产初期崩落块度和矿石可崩性，在生产中确定采用相对中等的拉底高度，参考部分实例矿山的拉底高度经验，研究认为拉底高度确定为15m较为合适。

（4）拉底形状。拉底形状影响着拉底速度和矿块的初始崩落，对矿山生产特别是新建矿山具有重大的影响。表6-4中列出了部分国内外自然崩落法生产矿山采用的拉底形状。普朗铜矿矿石的可崩性为中等，为了减小前期的矿石块度、减少前期投产风险，参考实际矿山生产经验，拉底形状采用扇形断面形式。

表6-4　部分国内外矿山采用的拉底形状

序号	矿山名称	矿石类型	矿岩类型	拉底形状
1	Northparkes E26 Lift 2	Cu，Au	石英二长斑岩、黑云母、火山岩	扇形断面、倾斜拉底
2	Palabora	Cu	碳酸盐岩	窄断面拉底

续表 6-4

序号	矿山名称	矿石类型	矿岩类型	拉底形状
3	铜矿峪铜矿	Cu	变石英晶屑凝灰岩、变石英斑岩	环形扇形孔爆破
4	Resolution	Cu	斑岩型铜矿	扇形断面、倾斜拉底
5	Bingham Canyon	Cu、Mo、Au、Ag	石英岩、石英二长斑岩、矽卡岩	窄断面拉底
6	El Teniente	Cu	安山岩、角砾岩和闪长岩	环形扇形孔爆破

根据铜矿峪铜矿的生产经验，采用环形的拉底形状，即将拉底巷道布置在桃形矿柱的顶部，在拉底过程中因为拉底时炮孔深度不好控制，在拉底爆破时容易在聚矿槽顶部留下一个"楼板"，严重影响着拉底速度，为了避免这种情况的发生，将拉底巷道布置在桃形矿柱两侧的半腰位置，拉底形状采用上向扇形孔拉底，这样有利于加快拉底速度。

根据矿体的倾角和厚度、矿体产状、矿岩物理力学性质等因素综合考虑的结果，确定普朗铜矿一期首采中段为 3720m 中段，矿体最大崩落高度为 380m，平均崩落高度为 200m，与国内外自然崩落法生产的矿山相比，中段高度属于偏高行列，为保证底部结构在中段生产寿命内的稳定性，确定拉底水平高出出矿水平16m。普朗铜矿采用的各种参数及拉底形式如图 6-20 所示。

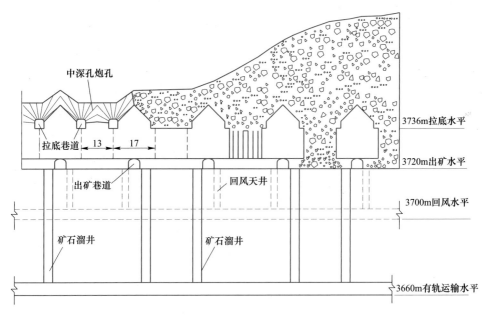

图 6-20 普朗铜矿拉底形式布置图

（5）割帮预裂措施。在自然崩落法矿山中，生产初期为了保证矿体顺利落矿，需要在矿体边缘布置割帮工程。普朗铜矿初始崩落区位于矿体中央，拉底向四周推进，因此生产初期不需要布置割帮工程。当拉底推进线到达矿体边缘时，为了保持矿体有效崩落，需在矿体边界布置部分割帮工程。

图6-21所示为普朗铜矿3720m水平平面图。图6-21（a）所示为矿体平面图，其中红色矿体表示矿石品位在0.5%以上，绿色矿体表示矿石品位在0.3%～0.5%之间，蓝色矿体表示矿石品位在0.25%～0.3%之间，棕色矿体表示矿石品位在0.25%以下。图6-21（b）所示为PCBC软件模拟后有效的放矿点布置图。根据有效的放矿点和确定的拉底水平结构参数，主层拉底水平平面布置图如图6-22所示。

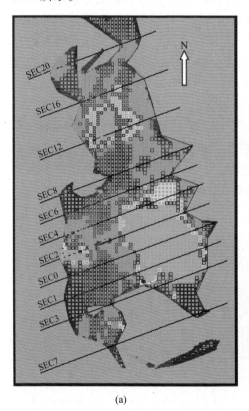

(a)　　　　　　　　　　　　　　　　(b)

图6-21　3720m 水平平面图

（a）矿体平面图；（b）放矿点布置图

从普朗铜矿矿体的空间分布形态和图6-22中可以看出，当矿体拉底崩落发展到矿体边缘时，为了形成有效的崩落，需要在矿体变形比较剧烈或矿体有效崩落宽度较小的地方布置部分割帮工程。图6-22中矿体拐角位置在崩落时

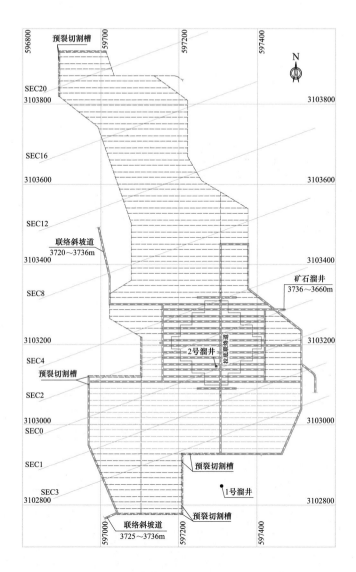

图 6-22　主层拉底水平平面布置图

容易受到周边岩石夹制的地段，因此为了维持矿体的持续有效崩落，需要在这些地方进行割帮，据统计需要布置割帮巷道的长度约为 1400m。根据类似矿山的实际生产经验，割帮工程的参数确定为：预裂高度 40m，预裂巷道规格 3.5m×3m。

对于普朗铜矿来说，矿石的可崩性为中等，因此生产中可能会出现矿石不能持续崩落或崩落矿石块度过大等不良情况。但是根据数值软件计算，大块率不高，产生的大块采用二次破碎台车进行处理。

6.5.3　普朗铜矿拉底模拟

针对普朗铜矿自然崩落法开采，通过 FLAC 3D 有限差分软件对首采区拉底作业进行模拟，可进一步了解拉底过程对岩体应力变化和塑性区分布的影响，普朗铜矿首采区与巷道模型如图 6-23 所示，首采区拉底布置如图 6-24 所示，其中首采区拉底范围如绿色区域所示。

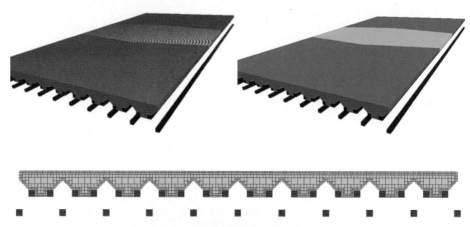

图 6-23　自然崩落法拉底结构局部模型

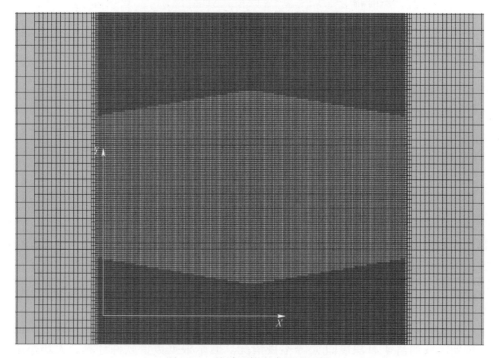

图 6-24　首采区拉底布置平面图

6.5.3.1　拉底后不同位置最大主应力

对比拉底后出矿水平巷道最大主应力结果可知（如图 6-25 和图 6-26 所示），拉底区域附近最大主应力明显要大于远离拉底区域剖面最大主应力值，在拉底区域附近，底部出矿水平整体所处最大主应力环境达到 20MPa，拉底区域附近表露出的最大主应力值达到 33MPa；而远离拉底区域底部出矿水平整体所处最大主应力环境约为 14MPa，远离拉底区域表露出的最大主应力值为 21MPa。以上结果说明，拉底附近区域受应力集中影响，因此为保证底部结构的稳定性，采用前进式拉底可明显改善底部结构的受力状态，对维护底部结构稳定性有利。

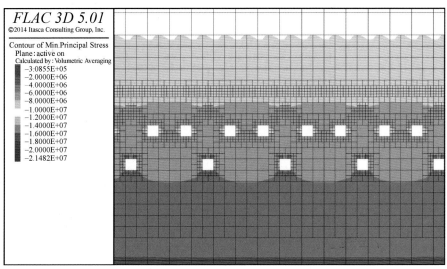

图 6-25　远离拉底区最大主应力

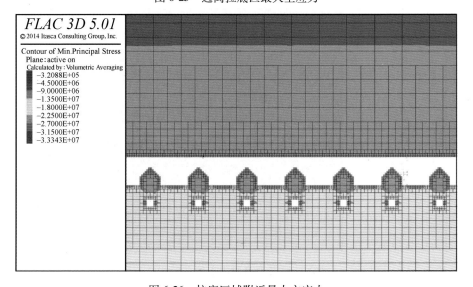

图 6-26　拉底区域附近最大主应力

6.5.3.2 拉底后不同位置最小主应力

图 6-27 和图 6-28 所示为拉底中央的最小主应力结果，首采区拉底后，拉底空间上下部分大范围出现拉引力，拉底上部岩体存在的拉应力可促使岩体持续崩落破坏，但对于拉底下部工程，拉应力容易造成底部结构和出矿水平巷道受拉破坏，巷道易发生底鼓，因此，底部结构应做好相应的支护措施；对比拉底中央最小主应力结果，远离拉底区域出矿水平巷道基本没有拉应力产生，以上结果也表明，拉底范围增大后，后期岩体中存在较大的拉应力，容易对底部结构工程产生破坏，需要提前做好防护。

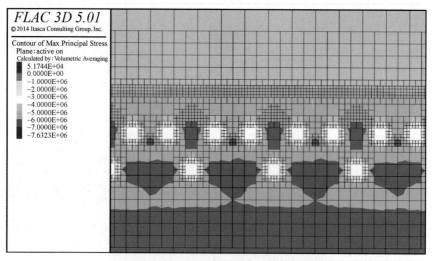

图 6-27 远离拉底区最小主应力

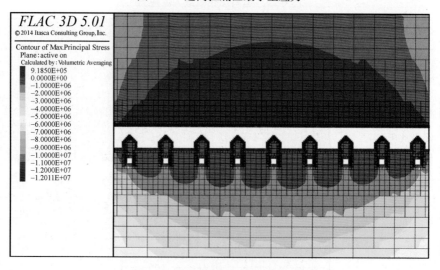

图 6-28 采区拉底中央最小主应力

6.5.3.3 拉底后塑性区变化

最后分析拉底后塑性区分布结果（如图6-29所示），拉底上部岩体呈现不同的塑性区分布：最下一层蓝色部分运行过程中受到剪切和拉伸破坏，红色部分也曾受到剪切和拉伸破坏，当前正受到拉伸破坏的影响；中间一层主要为绿色部分，稳定过程中受到了拉伸和剪切破坏，当前受到剪切破坏；最上一层为粉红色与深蓝色混合区域，该区域主要受到剪切破坏的影响。拉底空间上部岩体塑性区分布结果也能直接体现矿岩崩落的趋势，并预测矿岩崩落后崩落顶板的大致形态。

由出矿水平塑性区分布可知，拉底区域内出矿水平巷道受水平构造应力影响易发生受拉破坏，出现较多拉伸塑性区，因此，出矿水平巷道需加强支护，防止发生受拉破坏以及应力集中导致巷道受剪切破坏。

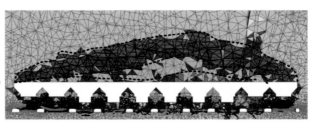

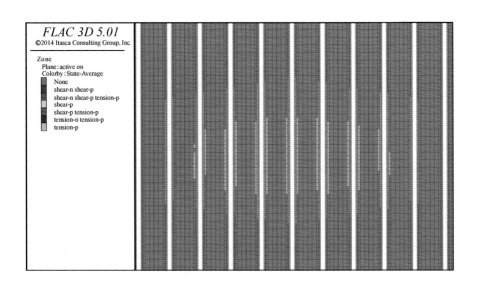

图6-29　拉底后塑性区分布

6.6 聚矿槽设计与形成

6.6.1 崩落矿石的重力流动

放矿点和聚矿槽设计除了其他因素外，还与崩落矿石块度和它的流动特征有关。目前对崩落矿石的重力流动特征仍没有确切的解释，根据研究成果和采矿积累的经验，已经可以对放矿点间距和设计提供一些指导原则，尽管还没有一个公式化的方法可以利用。

描述矿石的重力流动，仍主要采用流动椭球体理论，如图6-30所示。

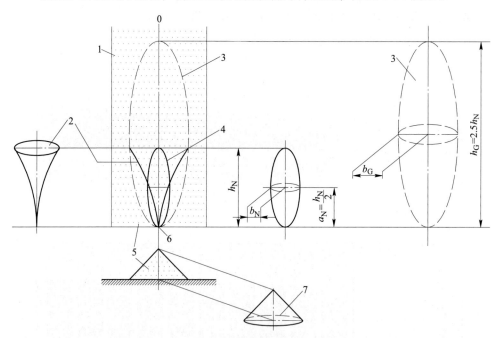

图6-30　矿石重力流动的椭球体概念（Kapil，1992）

1—材料（W）；2—体积为 V_F 的漏斗 F；3—E_G 是体积为 V_{EL} 的松散椭球体；

4—E_N 是体积为 V_{EE} 的放出椭球体；5—材料（R）；6—放矿口；7—体积为 V_C 的放出材料圆锥

许多新的实验和现场研究表明，"椭球体"并非始终是一个真正的椭球体，它的形状是流动物料中粒径尺寸分布和放矿口宽度的函数。对于相同放矿口宽度，粒径越小，运动椭球体就越长。运动椭球体的上部比真实椭球体趋向于变平或扩大，形状更像一个倒挂的水珠，特别是当放矿高度大和粒径尺寸不规则时尤其如此。对于更粗的、带棱角的和级配差别更大的物料，可能会产生更不规则的形状流动方式。然而为了简化计算和解释，这里仍研究原始的流动椭球体理论。

一个给定的运动椭球体形状可以用它的偏心率描述：

$$\varepsilon = \frac{(a_N^2 - b_N^2)^{1/2}}{a_N} \tag{6-1}$$

式中，a_N 和 b_N 是运动椭球体的长半轴和短半轴。

矿石的组成、粒径级配、力学特征和湿度都将影响椭球体的形状和偏心率，小块度的偏心率比大块度的大。偏心率同样受放矿速度的影响，较高的放矿速度使椭球体宽度变小，偏心率变大。

假定椭球体的所有水平横断面是圆的（虽然现在对此有质疑，认为是一个椭圆形断面），Janelid 和 Kvapil（1966）仍建议，ε 实际变化在 0.90 和 0.98 之间，大多数值在 0.92~0.96 之间。假设 E_N 是从一个已知高度 h_N 的运动椭球体放出的物料体积，那么椭球体的短半轴相应值可以按下式计算：

$$b_N = \left(\frac{E_N}{2.094\,h_N}\right)^{1/2} \tag{6-2}$$

或

$$b_N = \frac{h_N(1 - \varepsilon^2)^{1/2}}{2} \tag{6-3}$$

对这个椭球体，有一个对应的体积为 E_G 的有限椭球体，在它之外的物料是保持固定的。在两个椭球体边界之间的物料将松散和发生位移，但不会到达放矿点。Janelid 和 Kvapil 把这个松散系数表示为：

$$\beta = E_G/(E_G - E_N) \tag{6-4}$$

他们发现 β 在 1.066~1.100 之间变化，但对大多数崩落的矿石来说，β 趋向于范围的较小值，因此：

$$E_G \approx 15E_N \tag{6-5}$$

假定这个椭球体有和运动椭球体相同的偏心率，则式（6-2）、式（6-3）和式（6-5）可以用来计算它的高度：

$$h_G \approx 2.5h_N \tag{6-6}$$

随着物料逐步放出，运动椭球体和相应的有限椭球体的尺寸继续扩大。在崩落法布置设计中一个有用的尺寸是在高度 h_N 时有限椭球体的半径：

$$r = [h_N(h_G - h_N)(1 - \varepsilon^2)]^{1/2} \tag{6-7}$$

实际上，对于假设条件的范围及 Janelid 和 Kvapil（1966）给出的式（6-1）~式（6-7），$r \approx b_G$，Otuonye（2000）进一步给出了一个方程，可以用来按在任何高度 h 情况下测定的椭球体宽度 u 计算有限椭球体的体积 E_G：

$$E_G = \pi b_G^2 h \{1 - [2 - (u^2 + \omega^2)/(4b_G^2)]/3 - [1 - u^2/(4b_G^2)]^{1/2}[1 - \omega^2/(4b_G^2)]^{1/2}\} \tag{6-8}$$

式中，ω 为底部放矿口的宽度；有限椭球体的短半轴值 b_G 是已知的或估算的。

必须指出，在这个方法中涉及的大致关系和参数是为分段崩落法建立的，对于自然崩落法放出更粗块度的矿石，则需要得到验证。某些作者（例如，McCormick，1968）假定放矿带是圆柱形而不是椭球体，但设计原则在上述两种情况时差别不大，例如对于现在一些放矿柱非常高的矿山，圆柱形和椭球体放矿之间的区别是很小的。

6.6.2　放矿点间距

确定正确的放矿点间距必须认真分析以下诸因素间的相互关系，包括矿石崩落块度和流动特征（随着连续放矿发生的变化）、放矿方法和设计的放矿速度、影响岩柱强度的工程地质和设计因素、产量和成本组成以及达到生产能力所需要的放矿点数量。很显然，随着放矿点间距的增加，必须开拓的放矿点数量和开拓费用将减少，同样也增加了放矿点之间岩柱的尺寸，可以允许加宽巷道和采用更大的设备来提高生产效率。

放矿点间距同样是崩落块度的函数。放矿概念的椭球体可以提供选择初步间距的基础。应用这种方法应掌握放矿椭球体或有限椭球体的形状和尺寸的知识，这种知识既可以从模拟试验中获得，也可通过大规模试验或生产测定获得。

图 6-31 和图 6-32 所示为圆形横断面矿带的放矿原则。假如放矿带的横断面是另一种形状，比如类似椭圆形的，则会更复杂一些。一方面，在图 6-31（a）中，相邻放矿点的放矿带没有重叠，放矿带孤立发展，在放矿点之间留下未放出的矿石柱，这就可能造成矿石损失和增加脊柱的负荷，导致出矿水平巷道可能的破坏；另一方面，在图 6-31（b）中，两个放矿带之间有一个明显的重叠，没有矿石损失或施加附加荷载，但当放矿带接触到覆盖层的废石时，废石就有可能从两个放矿点之间混入，产生贫化。假如废石易成粉状并比矿石易于流动，就会加重这种影响。

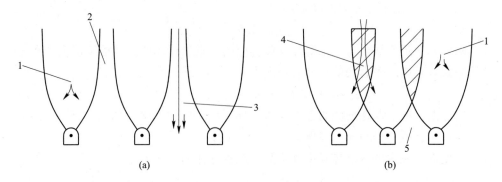

图 6-31　放矿点间距和放矿带关系垂直剖面

（a）过大的放矿点间距，没有重叠的放矿带；（b）过密的放矿点间距，重叠的放矿带

1—放矿带；2—矿石损失区；3—由于形成未拉动的矿石柱而重量集中；

4—过快放矿而贫化；5—矿柱减小引起支护问题

从这些简单的分析中可以得出如下结论，放矿点间距应该是使放矿带刚好重叠。这样作为第一个近似值，放矿点间距应该是略小于有限椭球体的短半轴 b_C 值的 2 倍。然而在自然崩落法中，应该考虑放矿点宽度 ω，或更精确地说，有效放矿点宽度 ω_a 的一个有限值，即刚好为相邻放矿带重叠的放矿点间距为：

$$S = \omega_a + 2b_C \tag{6-9}$$

图 6-32 进一步作了平面上放矿点的布置。假如放矿带的横断面是圆形的，最理想布置是按图 6-32（a）所示的六角形布置，这可以减少放矿带之间不能放出的矿石量。图 6-32（b）所示为方形布置，和同样间距的六角形布置相比，不能放出的矿石带要大。减小放矿点间距可以减少这些"死"矿带，但有其他不理想的结果，如增加开拓成本，减少矿柱尺寸和作业效率等。

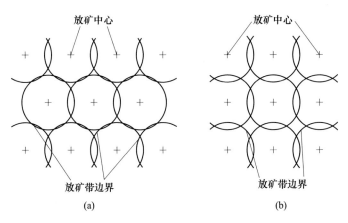

图 6-32　理想化的横断面放矿点间距离
（a）六角形；（b）方形

图 6-33 所示为把这种简单的方法应用到前面讨论的四种主要出矿水平布置的平面。为了进行比较，假定整个放矿带直径恒定约为 16m，以便相邻放矿带在次级峰上刚好重叠，这样由相同聚矿槽服务的两个放矿点放矿产生的一对放矿带在很大程度上是重叠的。除了前面讨论的优缺点之外，图 6-33 所示 El Teniente 型和分支人字形布置比其他布置形式有优势，因为在跨过主峰的放矿带之间留下的"死"矿带较小。然而，实际情况并不像图 6-33 所显示的那么简单。图 6-34 所示为分支人字形布置中放矿带的渐进发展情况，即随着放矿从一个孤立的放矿点到一个聚矿槽服务的两个放矿点，再到相邻聚矿槽，然后到另一线聚矿槽的相互影响。

6.6.3　聚矿槽形成

聚矿槽可根据矿山实际情况采用不同方式掘进形成，目前聚矿槽掘进效率较

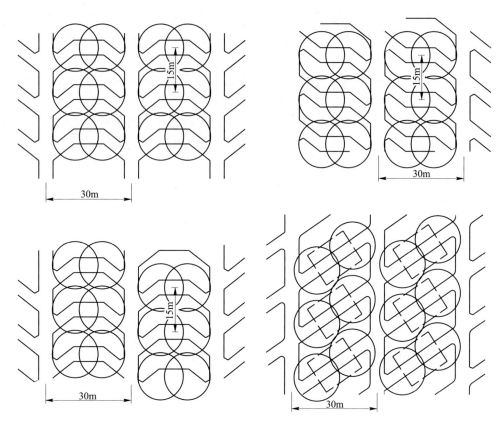

图 6-33　四种主要出矿水平布置类型的理想化横断面

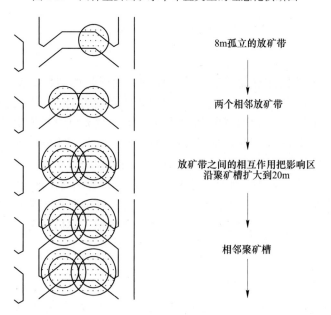

8m孤立的放矿带

两个相邻放矿带

放矿带之间的相互作用把影响区
沿聚矿槽扩大到20m

相邻聚矿槽

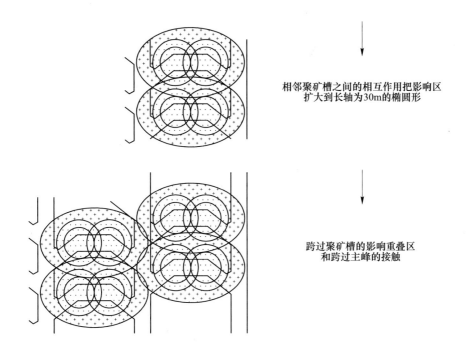

相邻聚矿槽之间的相互作用把影响区
扩大到长轴为30m的椭圆形

跨过聚矿槽的影响重叠区
和跨过主峰的接触

图 6-34　相邻聚矿槽放矿带相互影响的渐进发展

高的方式是在聚矿槽中央掘进切割天井，再采用后退式刷大形成完整的聚矿槽。如澳大利亚 Northparkes 矿、国内普朗铜矿的聚矿槽掘进都采用这种方式。

澳大利亚 Northparkes E26 矿 Lift2 中段采用前进式拉底策略，即在聚矿槽之后形成拉底，聚矿槽的掘进是在上部的拉底完成以后进行的。聚矿槽的切割天井采用 ϕ660mm 的盲垂直天井钻机钻孔。天井钻凿的范围是 ϕ0.5~0.75m；然后刷大到 1.5~2.0m；之后顺序爆破聚矿槽环形孔形成切割槽，再后退至放矿点眉线。在放矿点眉线之上岩柱有 10m 厚。

New Afton 矿采用前进式拉底战略，在尽可能的情况下，拉底至少要超前出矿水平中的聚矿槽开拓 17m，减少底部结构的应力集中，拉底方向均为从西向东进行。通常拉底爆破由 16 个直径 ϕ100mm 的孔组成，一次拉底平均推进 9.6m，每次平均消耗 3600~3900kg 炸药。聚矿槽眉线处采用钢拱架及喷射混凝土支护，以减少放矿过程中矿石对聚矿槽的磨损。聚矿槽底板为混凝土底板，有利于矿石装运。聚矿槽爆破设计为在聚矿槽中心施工一个 ϕ762mm 的大孔，作为自由面，其他 46 个炮孔直径为 ϕ100mm，单次聚矿槽需要炸药 7000~7600kg。巷道支护一般采用喷锚支护，并在喷射混凝土中加入塑料纤维，以增强喷射混凝土的整体强度。

亨德森矿拉底水平布置在底部结构桃形矿柱的顶部，分别与下部的出矿巷道对应，拉底时凿扇形孔。聚矿槽采用炮孔爆破的方式形成。底部结构和聚矿槽的 V 形切割槽如图 6-35 所示。采用后拉底策略，巷道和放矿点采用传统的凿岩爆破的方式掘进。支护是采用 1.6m 长和 2.3m 长的管缝式锚杆，以及金属网和 75~100mm 厚的素混凝土支护。放矿点眉线处额外增加 6.1m 长的注浆锚索和 100mm 厚的混凝土。

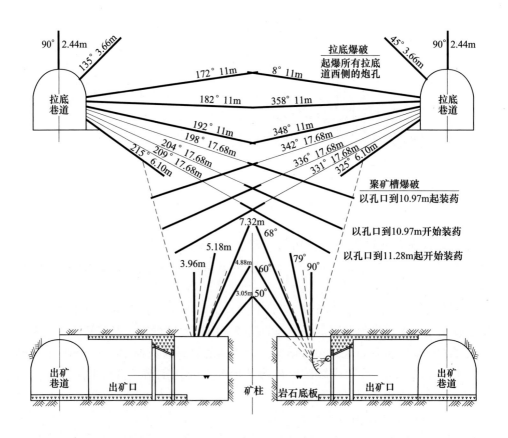

图 6-35　亨德森钼矿拉底和聚矿槽形成示意图（图片来自 Rech et al.）

普朗铜矿聚矿槽聚矿沟长 13m，高 16m，下宽 4.2m，上宽 10m，沟的开掘采用中间拉槽、中深孔劈漏爆破而成，如图 6-36 所示。

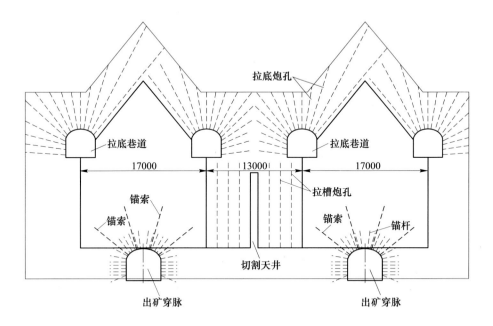

图 6-36　聚矿槽形成

参 考 文 献

[1] Brown E T. Block caving geomechanics [M]. Queensland：Julius Kruttschnitt Mineral Research Centre，2007.

[2] 于润沧. 采矿工程师手册（下册）[M]. 北京：冶金工业出版社，2009.

[3] Dennis Bergen R，et al. Technical report on the New Afton mine [R]. British Columbia，Canada，2015.

[4] 刘育明，等. 特厚大矿体高效连续自然崩落法开采技术研究报告 [R]. 北京：中国恩菲工程技术有限公司，2015.

[5] 刘育明，等. 特大型贫矿床超大规模低成本安全高效开采关键技术研究报告 [R]. 北京：中国恩菲工程技术有限公司，2019.

[6] 刘育明. 自然崩落法的发展趋势和铜矿峪矿二期工程建设的技术创新 [J]. 采矿技术，2012（5）：1~4.

[7] Fan Wenlu，Liu Yuming，Ge Qifa，et al. Numerical simulation of Pulang copper block caving mining with advance undercutting strategy [J]. Proceedings of Copper，2016：106~113.

[8] 范文录，刘育明，葛启发. 自然崩落法拉底过程底部结构稳定性研究 [J]. 中国矿山工程，2017，46（1）：1~4.

[9] Ge Qifa，Fan Wenlu，Zhu Weigen，et al. Application and research of block caving in Pulang

copper mine ［J］. Earth and Environmental Science，2017，108（4）：1~8.

［10］ Beard D，Brannon C. Grasberg Block Cave mine：cave planning and undercut sequencing ［J］. Proceedings of Caving 2018，Australian Centre for Geomechanics，Vancouver.

［11］ Calder K，Townsend P，Russell F. The Palabora Underground Mine Project ［J］. Proceedings of Massmin 2000，The Australasian Institute of Mining and Metallurgy，219~225.

7 巷道加固支护和管理

7.1 自然崩落法巷道加固支护的目的

自然崩落法矿块所有崩下来的矿石都需经过底部结构由装运设备运出采场，底部结构形式的不同在很大程度上决定了采场的生产能力、劳动生产率和矿石损失贫化指标的高低，决定了采准工程量的大小以及放矿工作的安全程度。为了保证底部结构满足生产及安全的需要，底部结构应满足以下要求：

（1）在矿块的整个放矿过程中，应保证底部结构具有足够的稳定性，使崩落下的矿（岩）石能够按计划放出；

（2）在保证底部结构稳固的前提下，尽量减少底柱所占矿量，降低矿石的损失贫化率；

（3）保证放矿、二次破碎等工作的安全和良好的工作环境；

（4）满足放矿工艺要求，有利于最大程度发挥出矿设备的技术能力；

（5）施工工艺简单，管理方便。

与其他采矿方法相比，自然崩落法的采矿中段高度大大提高，采矿强度大，中段回采年限长，从而使为出矿服务的矿山底部结构长期处于复杂的应力环境状态下，对其稳定性的维护造成了较大困难。自然崩落法底部结构工程除受到开挖扰动引起的应力重新分布影响外，还受采场产生的剧烈诱导周期地压的作用，以及矿石垮落、大块矿石二次爆破产生的冲击地压等，使底部结构长期处于动载作用环境。对于深井矿山而言，随着生产深度逐渐增加，深部地应力也越来越大，底部结构受到的挑战也逐渐增加。这使得底部结构的稳定性问题变得更加突出，因此对于自然崩落法矿山而言，研究巷道支护机理，加强底部结构的支护强度是确保矿山高效生产的重要保障。

7.2 加固材料和加固技术

随着向深部开采和巷道的延伸开挖，以及多种地质诱因（地下水、断层等地质构造）相互影响，岩体原有应力平衡改变，引起地应力重新分布。岩体结构的非均匀性以及构造的多期多次性，使采空区岩体均不同程度产生变形。通常，巷道变形破坏需经历调整变形、稳定变形和围岩裂化等过程。这种过程是在地压作用下,从深部围岩开始,逐渐到工程围岩表面,具有一定的阶段性,当岩体强度比较小,构造复杂时,就会引起巷道围岩变形、位移、破坏以至坍塌。为了防止围岩产生大的变形和位移,保证巷道在施工过程中有足够的稳定性和安全性,需要及时、准确地采取一些工程措施,以补偿围岩抵抗外力的能力,以便有效控制围岩变形或支承已松动的岩体。

根据巷道围岩与支护相互作用原理,为使围岩产生所需的位移,应采用"积极的"的巷道稳定性维护方法。即尽量增强岩体自身的稳定性和抵抗能力,因此对于地压较大的自然崩落法底部结构应采用以喷锚网支护为主并结合中长锚索支护的方式,提高喷射混凝土的强度,加长锚杆,从而在较大范围内使松动圈得到加固,达到抵抗地压和变形的目的。

多年来,国内外的专家学者在支护机理、支护设计、监测、支护材料更新等方面进行了大量的研究工作,取得了很多突破性研究成果,积累了丰富的理论和实践经验,形成了目前在世界范围内广泛采用的锚杆、锚索、喷射混凝土及其联合支护体系。

7.2.1 锚杆

7.2.1.1 锚杆支护原理

研究锚杆支护机理是为确立合理的支护方案提供科学的理论依据,随着锚杆支护应用技术的不断成熟和经验的积累,针对各种条件的锚杆支护作用理论相继提出并得以总结、完善,目前较为成熟的支护理论分为以下三类:一是基于锚杆的悬吊作用提出的悬吊理论、减跨理论、松动圈支护理论等;二是基于锚杆的挤压、加固作用提出的组合梁理论、组合拱理论以及楔固理论等;三是综合锚杆各方面的作用提出的锚固体强度强化理论、最大水平应力理论以及刚性梁支护理论等。

7.2.1.2 锚杆支护设计方法

锚杆支护设计是支护技术的主要内容和关键环节之一,是确保岩土工程稳定的核心,合理支护方式和支护参数的选择对充分发挥锚杆支护的优越性具有十分重要的意义。支护设计不合理,将造成两方面极端效应:一是支护参数过大,片面追求提高支护强度,造成严重浪费和延缓施工速度;二是支护强度不够,不能满足工程安全稳定性要求,酿成安全事故,致使人员伤亡和财产损失。

A 理论计算法

理论计算支护法是建立在结构力学和岩石力学基础上,根据围岩稳定性理论分析和锚杆支护机理研究得出的一些理论和经验公式进行支护参数设计的方法,目的是通过理论计算解决顶板的支护问题。该方法通过岩石力学计算法或荷载-结构模型计算法,分析巷道围岩的应力与变形,给出锚杆支护参数的解析解,是围岩稳定分析的主要理论方法。具有代表性的是苏联库兹巴斯矿区锚杆支护设计方法，该方法根据矿区的特定地质条件，应用冒落拱理论对围岩松动区状态进行分析研究，以此确定锚杆的间、排距参数。

B　工程类比法

工程类比法是建立在已有工程设计和大量工程实践成功运用的基础上，在围岩条件、施工条件及各种影响因素基本一致的情况下，根据类似条件的已有经验，进行待建工程锚杆支护类型和参数设计的方法。该法是一种依据经验，包含着较简单的经验公式进行设计，即建立在以往解决岩层控制的经验基础上的设计方法。因此，这种设计方法不是简单照搬，而是在搞清地质条件及围岩性质的基础上：（1）对巷道类别要准确界定，科学地进行围岩分类，针对不同的围岩类别和稳定性分析，根据巷道生产地质条件，确定锚杆支护形式和进行参数工程类比设计。（2）通过统计分析的方法得出荷载计算式或经验式，在材料强度理论的基础上，经过赋予可靠性指标或安全系数得以实际应用。

为了便于工程类比设计法的应用，国内外许多学者根据岩体的质量指标和分类方法（RQD 指标、RMR 分类、NGI 分类、Q 分类等），提出了用于巷道顶板的稳定性分类方法，如 Bieniawshi 的地质力学分类系统（RMR）方法、修正的 RMR 方法，考虑了岩体强度、岩石质量指标（RQD）、弱面间距、弱面条件和地下水等因素。1974 年，南非 Bieniawski 提出了国际上著名的节理岩体的地质力学分类方法 CSIR，挪威的 Barton 等人相继提出了基于节理影响的岩石质量指标分类法（Q 系统）、岩石载荷分类法、支撑时间分类法、岩石结构权值原则法（RSR）、强度-尺寸分类法等。

围岩分类研究为工程类比设计方法提供了依据，是支护形式选择和参数工程类比设计的基础，从统计意义上来说具有一定的高概率特征，具有简单、快速、易掌握的特点。

C　模拟分析法

模拟分析设计法利用对掘进工作面周围的应力与变形的分析来进行支护参数设计，包括数值模拟、相似模拟及物理模拟（电、红外或光弹）等。

随着计算机技术与岩石本构关系研究的发展，目前数值计算法在我国已经广为普及。用弹塑性力学理论分析围岩和支护结构的有限元程序也均已成熟应用于重要岩土工程；边界元及边界元与有限元耦合法的应用也有不少成果；用于裂隙岩体的块体理论和离散元理论也编出了相应的程序，已在求解岩土工程问题中得到应用，能够对复杂的巷道稳定与支护问题进行分析与研究。尽管在实际应用中仍存在许多问题，但人们逐步认识到用数值方法进行模拟必然是地下岩石结构设计和分析的重要手段之一。

数值模拟方法是通过对结构系统构造数学模型，利用计算机求解大规模的代数联立方程组来模拟结构系统的反应过程。澳、英两国采用以计算机数值模拟为基础的设计方法，他们在地质力学评估基础上，采用理论计算法和工程类比法进行支护方案设计；利用计算机，通过对支护结构系统构造的数学模型模拟可能遇到的应力场范围内岩层矿压显现与锚杆支护过程中的特性，分析、评价设计的各种锚杆支护系统或支护结构的可行性与可靠程度，进行初始方案优选与确定；然后开展现场监测；最后修改完善设计。

相似模拟及物理模拟是一种以相似理论为基础，通过用一定的相似材料构造物理参数与工程相似的模型，来研究实际工程问题的实验方法。能够在短时间内从一定程度上较为全面地反映岩土工程力学过程和变形形态，具有灵活性和直观性，是一种重要的、行之有效的方法，它被许多生产、科研单位广泛采用，是研究人员经常采用的研究手段。

D　动态信息设计法

动态信息法[1,2]是充分考虑生产活动特征而提出的动态设计方法，其特点是：一是设计不是一次完成的，而是一个动态过程；二是设计充分利用每个过程提供的信息。设计方法包括五个方面，即试验点调查和地质力学评估、初始设计、井下监测、信息反馈和修改设计、日常监测。其中试验点调查包括围岩强度、围岩结构、地应力和锚固性能测试等，在此基础上进行地质力学评估和围岩分类，为初始设计提供可靠参数。初始设计采用数值计算和经验相结合的方法，根据围岩参数和已有实测数据确定比较合理的初始设计；然后将初始设计实施于井下，进行详细的围岩位移和锚杆受力监测，根据监测结果验证和修正初始设计。正常施工后还要进行日常监测，以保证巷道安全。

E　耦合支护设计法

耦合支护设计是针对软岩巷道提出的一种全新的巷道支护设计方法。该理论针对软岩巷道围岩由于塑性大变形不协调特征，采取锚网索耦合支护措施，通过锚杆-围岩以及锚索-关键部位支护的耦合而使其变形协调，从而限制围岩产生的有害损伤变形，实现支护一体化、荷载均匀化，达到巷道稳定的目的。

根据软岩巷道围岩的变形机理，软岩巷道实现耦合支护的基本特征在于巷道围岩与支护体强度、刚度和结构上的耦合，如图 7-1 所示。

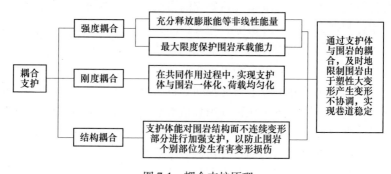

图 7-1　耦合支护原理

（1）强度耦合。由于软岩巷道围岩本身具有巨大的变形能，故采取高强度的支护形式不可能阻止其位移的变形，从而也就达不到成功进行软岩巷道支护的目的。与硬岩不同的是，软岩进入塑性后，本身仍具有较强的承载能力，因此对于软岩巷道来讲，应在不破坏围岩本身承载强度的基础上，充分释放围岩变形能，实现强度耦合，再实施支护。

（2）刚度耦合。由于软岩巷道的破坏主要是由变形不协调引起的，因此支护体的刚度应与围岩的刚度耦合，一方面支护体要具有充分的柔度，允许巷道围岩具有足够的变形空间，避免巷道围岩由于变形引起能量集聚；另一方面，支护体又要具有足够的刚度，将巷道围岩控制在允许变形的范围内，避免因过度变形而破坏围岩本身的承载能力。实现支护一体化、荷载均匀化。

（3）结构耦合。对于围岩结构面产生的不连续变形，可通过支护体对该部位及相邻部位加强耦合支护，限制其不连续变形，防止因个别部位破坏引起整个支护体的失稳。

7.2.1.3　锚杆支护应用

A　国外锚杆支护概况

20世纪30年代，奥地利人L.V.拉布采维茨发明了新奥法施工技术，该技术使锚杆和喷射混凝土技术得到推广应用，在世界各国得到迅速发展，成为世界各国矿山工程支护的主要形式，例如美国、澳大利亚、英国、法国、德国等发达国家已于20世纪下半叶广泛采用锚杆支护技术。

20世纪80年代后，国外锚杆支护迅速发展的主要原因是矿井开采深度日益增加，巷道断面不断扩大、压力增大、围岩变形严重、巷道维护条件困难，原来用金属支架的矿井型钢用量不断增加，棚距日益减小，但仍难以满足巷道维护的要求。不仅巷道支护费用增高，而且施工、运输更加困难、复杂。在这种情况下，各国纷纷寻求成本较低、运输与施工简单方便、控制围岩变形效果较好的支护方式，而锚杆支护在承载机理上的优势能够满足上述巷道支护的要求。

从世界范围看，锚杆支护技术的发展经历了以下五个阶段：

（1）20世纪40年代后期。机械式锚杆的研究与应用。

（2）20世纪50年代。采矿业广泛采用机械式锚杆，开始对锚杆支护进行系统研究。

（3）20世纪60年代。发明了树脂药卷，引发锚杆支护技术的一次革命，树脂锚杆在矿山得到应用。

（4）20世纪70年代。发明管缝式锚杆、水力胀管式锚杆并应用，研究锚杆新的设计方法，长锚索产生。

（5）20世纪80年代。混合式锚杆、组合锚杆、桁架锚杆及其他特种锚杆等得到应用，树脂锚固材料得到改进。

B 国内锚杆支护概况

自 20 世纪 50 年代以来，由于锚杆支护具有使用方便、节省钢材、价格便宜、易于实现机械化操作、可与传统支护形式联合使用、适用于多种地质条件等诸多优点，在我国也逐步得到了推广应用，特别是进入 20 世纪 90 年代，随着我国市场经济的建立与完善，低成本、高效率的锚杆支护技术更是得到各矿山企业的关注和重视，在研究和应用上得到了更快的发展。

相比美国、澳大利亚、英国等国家，我国的矿山地质条件更加复杂，对于各矿山岩体工程的支护形式和支护参数等需进行更具针对性的研究，通过众多专家学者不断探索和努力，尽管应用推广时间较晚，但仍取得了很好的研究成果和实践经验。

科研人员通过大量的课题研究，在巷道工程支护的理论和试验方面取得了很多有益的成果，并成功运用于矿山生产实践，针对不同的矿山地质条件和巷道工程实际情况，选用合理的支护形式和支护参数，为安全施工和优化设计提供必要的依据，为实现矿山的安全生产提供了技术保障，也为锚杆锚固技术在我国矿山企业的推广应用提供了理论和技术基础。

7.2.2 锚索

锚索支护是一种主动支护，较小密度即可达到良好的支护效果[3]。最初主要应用于地表工程，例如水库大坝、工程边坡、深基坑工程等，锚索施工时一般都会增加一些预应力，因此也称为预应力锚索。它的一端被固定在稳定地层中（或结构中），另一端与被加固物紧密结合，形成一种新的结构复合体。它的核心受拉体是高强预应力筋（预应力钢丝、钢绞线等）。它在安装后，可立即向被加固体主动施加压应力，限制其发生有害变形和位移。预应力锚索是一种高效经济和实用工程技术，得到了岩土工程行业的高度重视。

世界上大规模应用预应力锚索并获得成功的典型实例为 20 世纪 30 年代阿尔及利亚舍尔法大坝的加高加固工程。该坝在改扩建时把坝体加高了 3m，用 37 根预应力锚索进行加固，使其稳定。每根锚索由 630 根直径为 5mm 的高强钢丝组成，单孔施加荷载达到 10MN，锚索间距 6m，钢筋混凝土锚头设置在加高后的坝顶上，20 年后预应力损失仅为 9%。

此后越来越多的工程开始应用预应力锚索技术。20 世纪 50 年代以后，随着预应力技术的提高，锚固加固理论、设计方法、规程规范的逐步完善，以及锚索防腐手段的不断进步，预应力锚索的发展越来越快。目前岩体预应力锚索单根预应力承载力已达到 16MN（德国），单根锚索长度 114m。预应力锚索结构类型多样、种类繁多，并随着应用水平的提高，不断改进、完善。预应力锚固技术已广泛应用于岩土加固工程的各个领域，并积累了丰富的工程实践经验。

我国的预应力锚固技术应用始于20世纪60年代。1964年安徽省梅山水库在岩石坝基的加固中，首次成功使用了预应力锚索。该项工程共安装了102根锚索，单孔最大张拉荷载达到3.2MN，锚索束体预应力筋为直径5mm的高强钢丝，外锚头为混凝土柱状锚头，采用水泥浆体作永久防护。此后大吨位预应力锚固技术在国防、水电、矿山、公路等领域逐步推广应用。20世纪80年代以来，随着国内预应力材料、锚夹具、施工技术水平的不断提高，预应力锚索技术得到了迅猛发展。国内单孔安装荷载最大已达到10MN（李家峡水电站），单项工程预应力锚索数量已达4540余根（三峡水利枢纽永久船闸边坡加固工程），居世界首位。最近十余年来，随着国内经济建设大规模地展开，锚固技术在岩土工程的理论研究、技术创新、工程应用等方面都获得了许多新的成果，促使锚固技术逐渐成熟，主要表现在几个方面[4]：（1）已经成为岩土工程关键技术，效果显著；（2）发展速度快，应用规模宏大；（3）已成为岩土工程中可供首选的成套技术；（4）适应松软、破碎地质环境能力普遍提高；（5）大吨位锚固技术稳步提高；（6）水泥基锚固浆体综合性能优良，并得到广泛应用；（7）预应力材料、施工机具基本满足要求，创新快。

尽管预应力锚索在水电工程应用得很多，但由于施工工艺复杂和成本高的特点，因此在矿山应用较少。作为锚索的应用，在矿山更多的是采用非预应力锚索，其作用等同于锚杆，但由于锚固深度大，其作用有独特之处，普遍应用于采场顶板支护、大硐室支护、竖井加固支护等。

7.2.3　喷射混凝土

喷射混凝土是用气动法把混凝土喷射到岩石表面，为岩体提供被动的支护。喷射混凝土是由水泥、骨料、水以及其他混合物（如速凝剂或缓凝剂、塑化剂、微硅粉和加固纤维）组成的。

7.2.3.1　喷射混凝土的分类

喷射混凝土按施工工艺的不同可分为干法喷射混凝土、湿法喷射混凝土和水泥裹砂喷射混凝土；按照掺加料和性能的不同还可细分为钢纤维喷射混凝土、硅灰喷射混凝土，以及其他特种喷射混凝土等。目前较常用的工艺方法是干法喷射混凝土和湿法喷射混凝土；较常用的喷射混凝土种类是普通喷射混凝土（素喷混凝土）、钢纤维喷射混凝土和硅灰喷射混凝土。

喷射混凝土综合分类如图7-2所示[4]。

7.2.3.2　喷射混凝土的主要特点

喷射混凝土是借助压缩空气将混凝土物料高速喷射到岩面上。混凝土拌和料由喷嘴喷出的速度高达60~80m/s。在喷射过程中，水泥与骨料连续撞击，使形成的混凝土压密压实。因此，喷射混凝土具有较高的力学性能，并且与岩石、钢

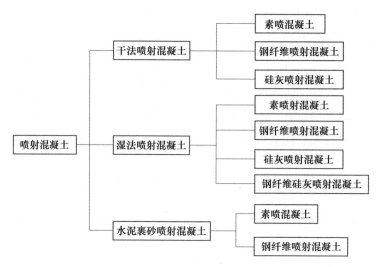

图 7-2　喷射混凝土综合分类

材及旧混凝土结构有很高的黏结强度。

在各种场地情况的土木工程地下施工方面,喷射混凝土的成功应用至少已有
60 年。喷射混凝土的成功之处在于其满足了井巷工程初步支护和加固的要求。
在过去的 20 多年中,喷射混凝土在地下采矿方面的应用逐渐增加,早期主要应
用于永久性的开挖工程,现在,在采场及坑内巷道中的应用也很普遍。在有可能
发生轻微岩爆的条件下,喷射混凝土也可作为支护和加固的一部分。在岩土工程
中,喷射混凝土不仅能单独作为一种加固手段,而且能和锚杆支护紧密结合,或
与挂网钢筋联合使用,已经成为岩土锚固工程的核心技术。

喷射混凝土用途广泛,但遇到不良地质条件,如松散膨胀岩层、节理裂隙非
常发育的破碎岩层,甚至淋水突水岩层时,必须因地制宜,采取有效的综合治理
措施,创造条件,使不宜采用喷射混凝土支护的地方也能发挥喷射混凝土的
作用。

7.2.3.3　喷射混凝土技术的发展

喷射混凝土技术自 20 世纪初开始发展至今已有 100 多年,我国于 20 世纪 60
年代开始从国外引入喷射混凝土技术,1965 年研制出第一台国产喷射机——冶
建 65 (罐式),60 年代后期引进 Aliva-300 型转子式干喷机,国内据此研制出转
Ⅰ型 (直通式),70 年代根据美国和日本技术研制出转 Ⅱ型干喷机 (转盘式),
减少了易损件数量 (橡胶结合板和耐磨衬板),以后所有国产干 (潮) 喷机都是
上述两种机型上的改进。

实现湿喷是我国隧道与地下工程界长期不懈追求的目标,早在国家"六五"

"七五"规划期间,煤炭、冶金等部门就投入了巨额科研经费进行联合攻关,并引进国外的湿喷机进行试验,曾研制出几种形式的湿喷机,但因种种原因未能推广,80年代后将研制重点转向了潮喷机。90年代中期,由于TK-961型湿喷机的研制成功,才为我国湿法喷射混凝土的大面积推广提供了有力的支持。TK-961型湿喷机以其独特的转子活塞凸轮喂料机构,尽显优越性能,使国产湿喷机跃升到一个新的水平。

随着喷射混凝土技术的发展,近年来逐渐出现了如下新亮点:

(1)高性能喷射混凝土。由于硅灰、钢纤维以及高效碱水剂等一大批新材料、新工艺的引进应用,使高性能喷射混凝土已成为可能。近年来,我国率先在水电工程、铁路隧道和大型地下硐室积极推广应用硅灰喷射混凝土、钢纤维喷射混凝土以及钢纤维硅灰喷射混凝土,要实现设计强度等级C30或C40已不再困难,从而将我国喷射混凝土的技术水平大大提高了一步。

(2)湿法喷射已成为发展的新亮点。湿法工艺最大的优点就是包括水灰比在内的混合料的配比能够准确计量和控制,从而使喷射混凝土的施工质量能得到可靠保证。尤其是湿喷工艺最适宜硅灰喷射混凝土和钢纤维喷射混凝土的施工。因此,在国内外矿山中采用湿喷工艺已成为发展趋势。

7.3 底部结构稳定性管理

自然崩落法具有开采能力大、采切比少、开采成本低等诸多优点,但是其主要巷道工程均集中于底部结构工程中,其中包括切割拉底、出矿、运输、通风等各项关键性工程,因此维护生产期间采场底部结构的稳定是该采矿方法能否成功实施的关键。底部结构在拉底过程中由于地压的集中,即使位于岩石强度大、完整性好的岩石中巷道工程也容易出现较大破坏,对于破碎岩体则更是如此,这将严重影响矿山正常生产进度,因此如何采取有效措施保证底部结构的安全尤为重要。

7.3.1 选择合适的支护方式

自然崩落法最初主要用于软岩的开采,因为软岩环境更加有利于矿石的自然崩落,但是随着技术的不断发展,目前越来越多的硬岩矿山也成功采用了自然崩落法。虽然硬岩矿山矿岩的可崩落要差一些,但是这对底部结构的稳定更加有利,不过从多座矿山的实际生产情况来看,其底部结构的稳定性不容乐观。其主要原因还是拉底过程中的集中应力过大,超出了底部结构中巷道支护体的承受能力。为此,在自然崩落法矿山生产中,无论是软岩矿山还是硬岩矿山,其底部结构中巷道的支护方式选择都非常重要。

通过对巷道的支护机理分析可知，维护井下井巷工程稳定的关键因素并不是支护体的刚度和强度，更重要的是加固巷道周边的岩体，让人工支护和围岩同时起到支撑作用，从而保证巷道的稳定性。因此，之前矿山采用的素混凝土、钢筋混凝土、钢拱架等传统支护方式也慢慢地被喷锚网、长锚索等积极的支护方式所代替。目前从国内外自然崩落法矿山的支护情况来看，传统的被动支护方式基本上已经消失，仅仅在放矿口眉线处还有应用，其余大部分工程均采用积极主动加固围岩的支护方式。

因此，在自然崩落法矿山的设计、生产中，均应将锚杆、锚索、金属网等支护方式作为首选的支护方式。另外，实际中还应秉承经济、适用、安全的原则，通过综合考虑实际揭露的岩体的变化情况、节理裂隙发育情况以及巷道工程的重要性等对具体的支护参数进行适当调整，以实现生产期间底部结构的安全、可靠。

7.3.2　加强生产中的地压监测

对采区和底部结构应力场、底部结构的位移变形等进行实时监测，建立有效的、全方位的、实时的监测系统，并对生产过程中矿岩的破坏过程及规律与非崩落区工程系统的运行进行监测，以便及时调整拉底速度、掘进速度、回采强度和底部结构的支护方式及维护时间，减少应力集中对井巷工程的破坏。根据多个自然崩落法矿山实践证明，合理利用监测系统对于保证自然崩落法回采安全具有重要的意义，是十分必要的。

在自然崩落法矿山拉底过程是一个应力不断变化的过程，而应力的变化对于底部结构的稳定具有重要的影响，因为从多个矿山的实际生产情况来看，在基建期其底部结构的稳定性基本没有问题，但是随着拉底的开始和不断推进，其地压开始显现，底部结构由此时开始逐渐表现为变形、片帮、冒顶，严重的甚至出现大面积坍塌，从而影响矿山的整体生产进度。在生产期间，采用地压监测设施对拉底过程中的应力应变情况以及底部结构的变形情况进行实时监测，根据结果提前采取有效措施，从而主动、灵活地进行地压控制，消除地压危害，减小底部结构变形破坏，维护底部结构的安全稳定。根据地压监测结果可以采取措施及时增加支护强度、改变拉底方式、调整拉底速度、采取卸压措施等。如果矿山不能对地压情况和底部结构的变形情况进行监测，那么生产中只能在巷道出现变形破坏后才知道地压集中的区域，只能被动采取处理方式，这不但会影响正常生产，而且还会造成大量的人力物力的浪费。

当前用于矿山地压监测最为广泛的手段是进行微震监测。微震监测原理是岩体在变形破坏的整个过程中几乎都伴随着裂纹的产生、扩展、摩擦、能量积聚，并以应力波的形式释放能量，从而产生微震事件。整个过程中的微震信号从最初阶段就包含大量的岩体受力变形破坏以及岩体裂纹活动的有用信息，通过检测、分析微震事件，可以推测岩体发生破坏的程度。微震事件的位置及强度反映了岩体内发生变形破坏的位置和程度。通过微震监测可研究岩体应力和应变随采矿作业的时空变化，掌握矿区岩爆和崩落活动规律，为控制矿岩崩落进展、调整放矿速度提供指导和保障。

对于底部结构的变形监测主要利用位移变形监测系统，采用巷道收敛仪、巷道收敛监测数据采集仪进行断面收敛监测。巷道收敛仪的功能是把机械运动转换成可以计量、记录或传送的电信号。巷道收敛仪由可拉伸的不锈钢绳绕在一个有螺纹的轮毂上，此轮毂与一个精密旋转感应器连接在一起，外面套有不锈钢伸缩管。安装时由钢管作为支撑，不锈钢丝绳作为位移传到媒介，将巷道的收敛值传递给采集传感器，通过数据线路传递给采集器，最后多个断面汇总到终端设备。断面收敛监测可为巷道设计及支护提供科学依据，保障安全生产，对于自然崩落法的底部结构而言，可以随时掌握工程的变形情况，以便及时采取可靠的措施，保证底部结构的稳定，这对维持自然崩落法正常生产具有重要意义。

7.3.3　正确实施拉底工作

拉底过程中，随着拉底线的推进，将不可避免地在前锋线附近造成应力集中，因此综合生产和应力集中情况，实施正确合理的拉底是自然崩落法采场控制地压最有效的手段之一。

拉底破坏了岩体原有的应力平衡，随着拉底后崩落区域的应力释放，整个崩落区会在拉底线前方形成一个应力集中区，因此在拉底过程中如何降低应力集中峰值和作用时间，是控制地压的关键。生产中应注意以下几个方面：

（1）矿山生产中为了减小危害性地压的产生和其对底部结构稳定性的影响，应尽可能使拉底线与主应力方向、主构造和主要底部结构轴线垂直或以较大的角度相交。这样不但可以保证底部结构的稳定性，还可以增加崩落面上的应力集中，充分利用地压破碎崩落面的矿石块度。

（2）拉底过程中应尽量保持拉底线的平滑，生产中各个拉底面之间可以采用阶梯状布置，但是拉底时应使每个台阶均匀向前推进，相隔间隔不能太大，这样可以有效避免拉底线尖锐的变化加大应力集中。

（3）在生产期间，应保持拉底线不断推进，尽量使拉底线在某个区域不要停留时间过长或推进速度过慢，避免下部底部结构长时间处于高应力环境，从而导致底部结构受到破坏。如果由于生产的需要以及其他因素的影响，某段拉底线必须停止推进一段时间，那么这条拉底线应避免停留在与之平行的井巷工程正上方。

（4）生产中矿山应制定详细的拉底计划，并应根据现场地压的变化情况及地压监测结果及时作出修正，避免拉底工作面出现过高的应力集中。

（5）拉底时可减少每次爆破拉底量，增加爆破次数，缩短同一部位两次爆破之间的时间间隔，使应力在工作面集中的时间缩短，降低应力集中峰值，达到维护底部结构稳定的目的。

（6）保证拉底扩槽质量。拉底中应确保拉底质量，避免两条拉底巷道之间出现岩墙引起应力集中，因为岩墙上的应力会传递到桃形矿柱上，从而可能引起底部结构的破坏。另外还应确保拉槽能够与崩落区成功贯通，否则一旦在上部形成楼板，处理时比较困难，另外还会由于需要在底部结构增加部分工程，影响底部结构的整体性，降低其稳定性。

7.3.4 底部结构的维护和维修

矿山生产中首先应分析底部结构实际面临的各种危害因素，之后有针对性地选择合适的维护方法，并对不同程度的破坏情况提出不同的维修措施，确保矿山安全高效生产。通过整理分析在生产矿山的实际经验，主要可采取措施如下：

（1）保证拉底效果和控制拉底速度。当拉底效果不佳，拉底面之间出现岩柱时，不仅会影响底部结构的稳定性，处理起来非常困难，有时还需要从出矿水平的巷道通过桃形矿柱体凿中深孔，实行孔底爆破来破碎岩柱，这将进一步影响底部结构的完整性。因此，保证拉底效果非常关键，首先应做好拉底巷道的工程布置，从铜矿峪铜矿的经验来看，下向炮孔的爆破效果不如上向炮孔；其次，炮孔的钻凿要精准，避免两个拉底巷道之间的炮孔布置出现空白区；另外，还应做好爆破设计和现场作业，避免个别孔出现拒爆事故。

当一个拉底面长时间不拉底时，拉底锋面上的应力集中就会越来越大，这也会对底部结构形成破坏。因此，生产中应做好计划，每个拉底面均应定期拉底，工作不能长时间停滞不前。

（2）选择合适的拉底策略。对于原岩应力较大的矿山，应选择前进式拉底和预拉底的策略，避免拉底时的应力集中对已形成的底部结构造成破坏。而对于岩石条件好、原岩应力小的矿山，则可以采用后拉底方式，加快拉底速度，加快矿山达产时间，提高矿山的产能。

（3）采用积极主动的加固围岩方式。国内外多座矿山已经证明积极的支护方式效果良好，基本上能够满足自然崩落法矿山底部结构稳定的需要，因此设计、建设中应首先采用喷锚网和长锚索的支护方式，主动加固围岩，充分发挥围岩的自身承载力。

（4）选择合适的底部结构参数。中段高度大、岩石条件不好的矿山，应适当提高桃形矿柱的高度，增加桃形矿柱自身的承压能力，确保在整个中段服务时间内桃形矿柱体的稳定，否则桃形矿柱体一旦出现坍塌，将会造成大量的矿石损失，或者维修时将会耗费极大的人工、成本、时间。

（5）选择先进高效的二次破碎设备。放矿口的大块矿石应尽可能采用机械的方式破碎，其次可以采用凿岩爆破的方式破碎大块，应坚决禁止采用裸露的药包进行爆破，避免对放矿口形成冲击破坏。当前国内外设备厂家已经有了较为成熟的破碎设备，在大块率较高的矿山应配备一定的破碎设备。

（6）底部结构的修复。底部结构的修复应根据破坏程度采取不同的修复方式，例如仅出现少许变形，不影响设备运行时，仅加强监测即可，不必进行修复；当出现片帮、冒落等破坏时，应及时采取补强措施，避免出现更加严重的破坏后果，补强措施可以是喷射混凝土，补强锚杆、锚索，或刚性拱架、支柱等；如果巷道出现严重变形，工程不足以保证生产安全时，应进行返修，并在原支护基础上进一步补强；当桃形矿柱体大面积坍塌时，如果已经到了出矿后期，经过经济论证后，认为修复后回收的矿石价值不足以弥补返修费用时，可以不做处理，否则可以采取工作面注浆、管棚掘进的方式进行修复工作，底部结构恢复后应还采取柔性和刚性组合的方式加强支护；如果出现大面积的底部结构的桃形矿柱完全垮塌，且上部还有大量未出的矿石时，可以考虑在现有出矿水平下部完整岩柱中形成新的底部结构，以便充分回收上部未放出的矿石。

7.4　底部结构支护和加固案例

当前国际上采用自然崩落法的矿山越来越多，在底部结构的支护上已经充分认识到传统的混凝土浇筑支护这种被动的支护形式不能满足要求，不管是岩石稳固性好还是差，是较高开采段高还是较低的开采段高，国际上已经普遍采用喷锚（包括钢纤维喷射混凝土）、喷锚网、喷锚网加长锚索等积极支护形式。

自从1911年美国首先将锚杆应用于矿山巷道支护以来，锚固技术已经经历了近一个世纪的发展。目前锚固技术已经广泛应用于岩土工程的各个领域。在喷射混凝土方面，湿喷技术已经随着湿喷机具的改进在国内逐步推广应用，但是加钢纤维的湿喷技术在矿山上应用较少；在新型锚杆支护方面，新型锚杆和自钻式锚杆在矿山中也得到了应用。

下面列举了一些国内外典型矿山中的自然崩落法底部结构形式和支护应用情况。

261

7.4.1 智利特尼恩特 4 South 采区

智利 Codelco 公司的大型矿山特尼恩特矿经历过一些严重的岩爆，在这样一个有着很长历史的大型矿山采用过大量的出矿水平巷道支护和加固形式。采矿底部结构布置是：拉底巷道底板至出矿水平的高差为 18m，拉底巷道的间距为 15m，出矿巷道的间距为 30m。

特尼恩特 4 South 采区 4m×4m 巷道采用的标准设计是：采用水泥注浆锚杆，链式连接的钢筋网和喷射混凝土。生产巷道和放矿点巷道交岔点处岩柱拐角加长锚索，放矿点还加上钢支架。水泥注浆锚杆长 2.4m，直径 φ22mm，间距 0.75m；100mm 厚喷射混凝土；链式连接的钢筋网网度为 100mm×100mm。

图 7-3 所示为一个标准的 4m×4m 巷道设计。图 7-4 所示为用于生产巷道中 3 个不同断面的锚索加固设计。图 7-5 所示为用于生产巷道和放矿点巷道交岔点处岩柱拐角的支护系统及放矿点的钢柱支护情况。

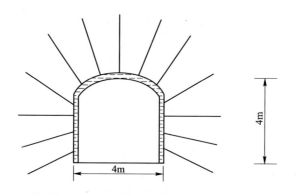

图 7-3　特尼恩特 4 South 标准的巷道支护和加固系统（图片来自 Flore）
（水泥注浆锚杆，2.4m 长，直径 22mm，间距 0.75m；100mm 厚喷射混凝土，
链式连接的钢筋网，网度为 100mm×100mm）

随着生产的进行，特尼恩特矿发现巷道破坏的因素主要是由崩落前锋产生的应力引起的，因此从拉底方式、工程设计和布置形式等几个方面来改善岩体力学性质和提高岩体的稳定性。主要的措施是布置巷道时考虑应力的方向和岩体结构条件。特别是将拉底方式由后拉底改为预拉底方式之后，拉底前锋附近的拉底水平主应力由最大的 90MPa 降到了 20MPa 以下，最大的剪切应力由原岩应力 10MPa、最大峰值 26MPa 降到了 4MPa，这样有效地改善了底部结构的稳定性，提高了工程的利用性，并且因减少了巷道修复和有效回采区域而降低了生产成本。

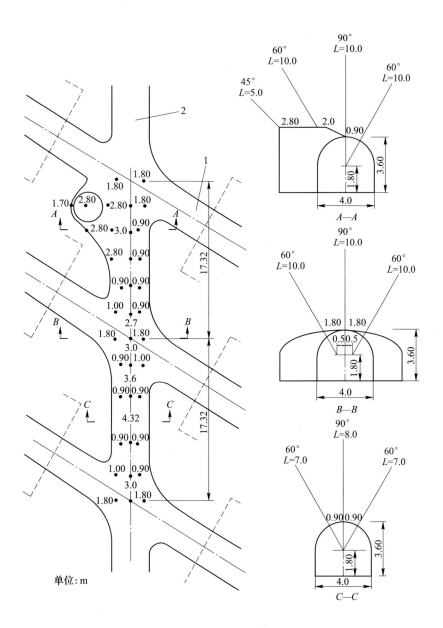

图 7-4　特尼恩特 4 South 生产巷道锚索加固示意图（图片来自 Flore）
1—放矿点；2—运输巷道

　　为了增加井巷工程的稳定性，将支护分为掘进时的临时支护和永久支护两种类型，临时支护是在巷道掘进后立刻进行，永久支护是在距掘进工作面之后 15m 处进行，表 7-1 中给出了这两个支护阶段的详细参数。

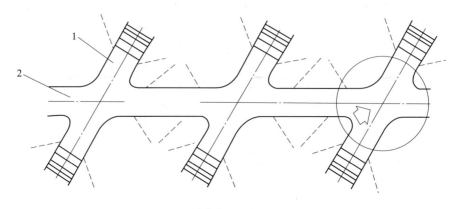

生产水平平面图

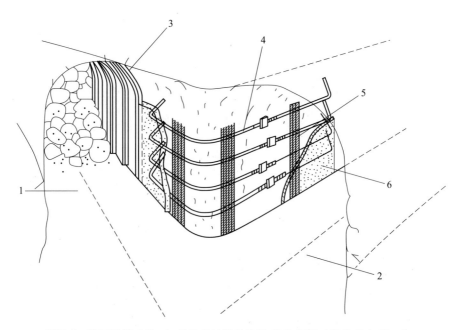

图 7-5　特尼恩特 4 South 交岔点处岩柱和放矿点支架（图片来自 Flore）
1—放矿点；2—运输巷道；3—钢拱架；4—锚索；5—焊接的钢筋网；6—喷射混凝土

表 7-1　出矿巷道支护

支护阶段	内　　容
掘进临时支护	全长注浆锚杆，锚杆体为 $\phi22mm$ 的螺纹钢，长 2.3m，间距为 0.9m×1.0m，与金属网连接，喷射混凝土厚度为 100mm
永久支护	在巷道交叉点处采用全长注浆锚索（$\phi15.2mm$），在放矿口采用钢支架和多根锚索，对于矿柱采用锚索和绳带进行限制约束

7.4.2 南非 Palabora 矿

Palabora 矿[5]位于南非北部省，距约翰内斯堡东北方向约 560km。Palabora 矿在 1966 年开始露天开采，采矿规模为矿石 30000t/d，每年约产铜 62000t，通过不断地整改提高，采矿能力达到了 82000t/d，精铜达到了 13.5 万吨/年。露天开采于 2002 年 4 月底闭坑，虽然矿体延续到了最终露天坑以下，但是剥采比阻止了进一步的露天开采。地下开采的可行性研究从 20 世纪 80 年代中期开始进行，最终的可行性研究在 1996 年进行，同时工程建设也在同年进行。

Palabora 矿区碳酸岩盐类的平均单轴抗压强度为 120MPa，矿物单轴抗压强度值的变化范围在 90~160MPa 之间，粗粒玄武岩是一种单轴抗压强度达 320MPa 的脆性岩石。靠近断层附近，局部风化地段的粗粒玄武岩单轴抗压强度降至 80MPa。

粗粒玄武岩破裂块之间比较致密，在崩落区域内是根据接近主要断层的距离来划分区域的。为了进行采矿设计，根据 2m³ 初始崩落块度将矿体分为节理较少和节理较多的两个区域，节理较少区域的 RMR 值为 70，节理较多区域的 RMR 值为 57，矿体的平均 RMR 值为 61。

南非 Palabora 矿生产水平的出矿进路采用分支人字形布置，放矿点间距 17m，聚矿槽为长方形的上大下小的槽体，生产巷道（穿脉）间距 34m。生产巷道净断面尺寸（宽×高）为 4.5m×4.2m，和装矿进路一起可以允许 6.5m³ 铲运机装矿。生产巷道采用树脂注浆锚杆、长锚索和钢纤维喷射混凝土联合支护，在较弱地方的放矿点眉线处安装钢构件。

7.4.3 南非 Finsch 金刚石矿

Finsch 金刚石矿[6]位于南非的 Kimberley——钻石城的西北 165km。Finsch 矿于 1964 年开始进行露天开采，1990 年露天坑底到达 430m 深以后转入地下开采。金伯利岩岩石稳定性差，MRMR 值为 19~25，要求有较强的支护。节理中通常充填的是黏聚力很低的绿泥石组矿物、石膏或方解石等，节理面大部分都很光滑，整个区域的岩体一般情况下不稳固，需要加固支护。如果在掘进之后没有马上采取支护措施，风化和冒落会加剧巷道破坏，地下水的出现会进一步加剧这种情况。在采用自然崩落法开采之前，因采取的排水措施较晚，矿山掘进过程中遇到了大水问题。巷道采用密集支护，支护是紧随掘进进行的。先喷 50mm 厚的混凝土，挂钢筋网，打锚杆，锚杆网度为 0.5m×0.5m，锚杆长 2.5m，也采用 6m 和 12m 长的锚索，之后再喷一层 50mm 厚的混凝土，巷道净宽 3.7m。

拉底水平和出矿水平最初计划采用同样的支护系统，考虑到较差的岩石条件和风化的时间因素，认为支护需要采用两个阶段进行。

初次支护：采用 2.6m 长的线形树脂锚杆，杆体直径为 $\phi20mm$，间距为 1m×1m。

二次支护：采用 25mm 厚的干式喷射混凝土，通常情况下因为顶板岩石冒落导致巷道周围外形较差，喷射混凝土层能够进入到裂隙中并加固破碎的岩块。采用长度为 2.6m 的砂浆锚杆，杆体直径为 $\phi20mm$，间距为 1m×1m，金属网网度为 100mm×100mm，第二次锚杆施工工作面可以滞后第一次工作面 30m 以上。高度低于 2m 的巷道侧帮采用喷射混凝土支护，防止破坏无轨设备的轮胎。

7.4.4 印度尼西亚 Freeport DOZ 矿

印度尼西亚 Freeport DOZ 矿[7]是自然崩落法开采的地下矿山，于 2000 年中期开始投产。矿山储量为 1.85 亿吨，Cu 品位为 1.16%，Au 品位为 0.83g/t，Ag 品位为 5.21g/t，当前矿山的生产规模为 80000t/d。

1988～1998 年该矿开始进行地质调查工程，主要依靠金刚石钻机的钻孔。在 1994 年以前只采用了钻孔岩芯的 RQD 值，之后还采用了裂隙频率和 RMR 值进行分析。随着掘进工作在矿体中的进行，针对岩体的描图也增加了对岩石条件的认识。

从矿体的上盘到下盘，岩石质量从很差逐渐变成很好，磁铁矿石的单轴抗压强度最高为 219MPa，DOZ 矿体中角砾岩的单轴抗压强度最低为 10MPa，RMR 值的变化范围是 25～65。

矿石的可崩性通过 RQD、RMR 和 MRMR 值联合评价，在矿体的角砾岩和条件较差的岩石中维持矿石持续崩落的水力半径为 30m，DOZ 矿全部开采面积的水力半径为 60m，因此维持崩落持续发展没有问题。

放矿点开挖后进行永久支护，每次掘进采用光面爆破以减少爆破对矿柱的破坏。在每一个掘进循环后和后一个循环开始之前，喷射 125mm 厚的喷射混凝土作为岩体的初次支护。当放矿点开挖到超过设计眉线位置的一个循环之后，采用 3.5m 长的注浆螺纹钢锚杆和整体浇筑混凝土进行永久支护，这种支护方式效果较好，并且已经应用于原来采用木支架或钢支架支护的区域。

根据 IOZ 矿体巷道支护的经验，混凝土整体浇筑质量是成功的关键。矿山采用了一个严格的质量控制系统来保证混凝土满足设计的技术要求，质量工程师和技术人员每班都要检查混凝土强度和模具，测试混凝土塌落度，确保浇筑混凝土时采用正确的振动方式，保证没有冷节点，阻止混凝土收缩变形。如果浇筑的混凝土不满足设计规格，质量工程师有权停止浇筑工作。

在 DOZ 矿区，采用喷射混凝土支护的地方包括大的井巷工程、裂隙面、软岩、弱节理面、服务年限长的巷道工程和一些处于严重爆破影响区中的岩体（如出矿水平）。根据岩石类型和采矿条件在 DOZ 矿区设计了 12 种不同的永久支护，具体采用哪种支护方式由勘察部门的岩体支护工程师决定。

在北部采区软岩和中等裂隙的岩体中，采用了钢纤维喷射混凝土+两层钢筋金属网（钢筋直径 $\phi6.5mm$）支护，在南部采区仅采用一层金属网或喷射混凝土。

在 HALO 区巷道和放矿点开挖后采用喷射混凝土临时支护，因为该区是采用钢支架和传统的浇筑混凝土。DOZ 矿区设计的混凝土抗压强度达到了 40MPa。

7.4.5 美国亨德森（Henderson）钼矿

亨德森钼矿[8]位于科罗拉多州丹佛市以西 80.5km，海拔 3170m。在大陆分界线东部，矿体的埋深超过了 1000m，最低的出矿水平在地面以下 1600m，这使亨德森矿成为世界上最深的自然崩落法采矿的矿山之一。该矿于 1976 年开始基建，2005 年开始在 7210 水平生产，这是该矿山的第三个生产水平，生产规模为32000t/d，7210 水平位于最高山峰以下 1550m。

该矿矿石表现出了花岗岩和流纹岩非常坚硬的特性，它的单轴抗压强度在100~275MPa 之间。根据以往在 8100 和 7700 水平生产的经验看，矿石的可崩性很好，甚至超过了对高抗压强度岩石的预测。这被认为是因为辉钼矿外表和地质结构中的充填物具有润滑效果，辉钼矿很小的摩擦角导致矿石在沿着矿化结构方向上很容易被剪切。亨德森矿石的 RQD 值在 0~100 之间，平均值为 49，RMR 值在 27~60 之间。

亨德森矿针对出矿巷道和放矿点的支护形式进行了评估。传统的浇筑混凝土需要花费大量的人力去安装和维护，在很多情况下都超过了本区域设计的放矿服务年限。当前的设计采用 100mm×100mm 的钢筋（规格为 $\phi12mm$）网和 1.5m 长的管缝式锚杆，外加 100mm 的喷射混凝土，这些支护应在放矿点开挖完成以后马上进行。浇筑混凝土仅在放矿口的眉线部分采用，如图 7-6 所示。

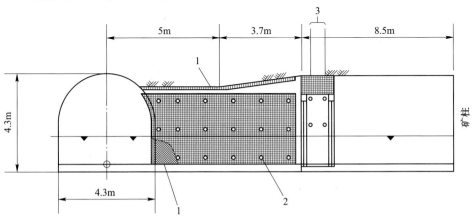

图 7-6　7210 水平放矿点支护图（图片来自 Keskimaki, et al. , 2004）

1—喷射混凝土；2—金属网加管缝式锚杆；3—2m 长的树脂锚杆

7210 出矿水平最初是采用与 7700 出矿水平同样的支护方式，距出矿巷道中心 8.7m 的放矿点处都安装钢支架，然后采用混凝土浇筑宽为 1.3m 的刚性支护，支护厚度根据岩石情况确定在 300~600mm 之间。在放矿点入口和上至眉线处，采用 100mm×100mm 的钢筋（规格为 ϕ4mm）网和 1.5m 的管缝式锚杆支护，然后进行 100mm 厚的喷射混凝土支护。这种柔性支护的成本较低，并且在岩石破坏的地方可以通过加装金属网和再次喷射混凝土，更加容易维修。

拉底开始之后，放矿点眉线和入口处出现了破坏，因此改变了原来的支护方式，在眉线处增加了钢拱架，并在眉线之前增加 600mm 的混凝土拱架，这时总的浇筑混凝土长度为 2.6m。在盘区初始拉底的西南方向，因这个区域的岩石主要由深度的变质岩和破碎岩石组成，所以比先前的水平更加难以支护，根据通风和溜井开挖的需要形成的大硐室又加长了 18m，故此处采用直径为 ϕ200mm 的水泥注浆锚索支护，在出矿巷道和放矿点入口处增加了 4.5~6.1m 长的水泥注浆锚索支护，并且计划用于将来的开拓。

7.4.6　铜矿峪铜矿

7.4.6.1　矿山概况

铜矿峪铜矿[9]位于山西省垣曲县，也是我国第一座成功采用大规模自然崩落法生产的矿山，自 1989 年 10 月开始自然崩落法拉底，2012 年实际生产规模超过了 600 万吨/年（二期工程正式投产），至今已经生产了 30 年。

对照国内外部分自然崩落法矿山，综合应用各类岩体质量评价方法，得出铜矿峪铜矿深部矿岩 MRMR 值为 55~61，拉底空间水力半径（拉底面积/周长）为 28~32，依据 Laubscher 崩落图表，初步确定铜矿峪铜矿深部（530m 中段）矿岩可崩性为中等。取地表的平均标高为 1100m，810m 中段的埋深大约为 300m，530m 中段的测点埋深大约为 570m，410m 中段测点的埋深大约为 690m，340m 中段测点的埋深大约为 760m。根据测试结果最大主应力随测点埋深的增加而增加，埋深最大的 340m—3 号测点的最大主应力值达到了 37.83MPa。

铜矿峪铜矿在 810m 中段的全部和 690m 中段的大部分采用的是电耙出矿的自然崩落法，其电耙道和下面的装矿进路均采用 350 号（原标准）的素混凝土支护，电耙道支护厚为 350mm，装矿进路支护为 300mm。拉底巷道不支护。

在 690m 中段 4 号矿体部分采用了铲运机出矿工艺，其出矿穿脉和装矿进路也采用 350 号的素混凝土支护，支护厚为 300mm，但许多底部结构发生了破坏，特别在出矿交岔点处顶板破坏较多，在返修中均采用了喷锚支护。

在铜矿峪二期工程 530m 中段，矿山仍依据 690m 中段的经验，穿脉巷道和出矿巷道均采用 300mm 厚的浇筑混凝土支护，混凝土强度等级为 C35，路面采用

300mm 厚的混凝土路面。沿脉巷道采用喷射混凝土支护，支护厚为 100mm，路面采用 300mm 厚的混凝土路面，但在生产初期遇到了较为严重的地压问题。

7.4.6.2 二期工程破坏情况

530m 中段于 2010 年从 5 号矿体开始拉底，拉底顺序为从东北向西南方向逐渐推进，即从一端向另一端连续拉底。自 2013 年 3 月开始，在拉底过程中由于应力作用底部结构出现了一定程度的破坏。截至 2014 年 2 月底，4 号矿体主、副层地压破坏范围约为 10000m²，其中发生严重地压破坏的区域约为 5500m²；5 号矿体主、副层地压破坏范围约为 8000m²，其中发生严重地压破坏的区域约为 3000m²，具体破坏范围分布如图 7-7 和图 7-8 所示。

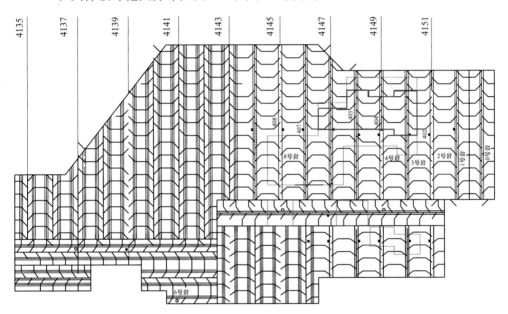

图 7-7　4 号矿体拉底破坏区域（图中蓝线表示地压破坏区域，红线表示地压严重破坏区域）

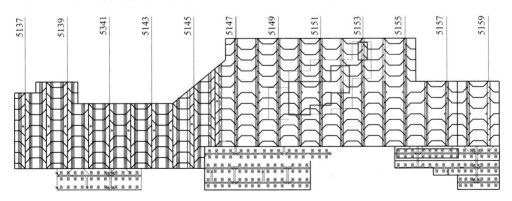

图 7-8　5 号矿体拉底破坏区域（图中蓝线表示地压破坏区域，红线表示地压严重破坏区域）

地压破坏区域的巷道破坏特征主要表现为收缩变形、开裂、底鼓和钢拱架变形等，地压严重破坏区域意味着巷道出现了严重的收缩变形、开裂和坍塌，甚至无法通行。现场部分区域的破坏情况如图 7-9 和图 7-10 所示。

图 7-9　4 号矿体破坏的现场照片

图 7-10　5 号矿体破坏的现场照片

4 号矿体 554m 主层出矿水平第一次出现地压破坏是在 403 号穿脉，此后，地压破坏随着拉底在后续的出矿和拉底巷道逐渐显现。通常，严重破坏区域主要发生在出矿穿脉中部和中部至上盘的区域，同样拉底水平也出现了严重破坏区域，例如两条拉底巷道中共剩有 100m 的长度无法进行爆破拉底。584m 和 614m 副层，随着拉底的开始也出现了一定程度的破坏。位于主层出矿水平之下 12m 的主要进风水平，其进风巷道的破坏区域主要位于出矿水平严重破坏区域的下方。

5 号矿体平行于 4 号矿体，且位于 4 号矿体的下盘。5 号矿体破坏自 507 号穿脉开始出现，破坏区域出现在 507～511 号穿脉。出矿水平严重破坏区域直接对应的上部拉底水平部位也出现了严重的破坏现象，同样在对应的下部进风水平部位也出现了破坏。

为保证矿山正常生产，矿山采取了包括注浆、增加钢拱架等措施的补强和修复，但是由于地压的影响出现了二次坍塌，部分区域可能需要进行数次补强和修复。底部结构修复工作耗费了大量的人力、材料和时间，因此导致了生产成本的增加，并且很大程度上影响了作业安全。

更为严重的是部分出矿水平的主桃形矿柱出现了坍塌，这进一步增加了底部结构的修复难度，不仅对修复工作提出了更高要求，而且还影响着后续的生产，例如矿石放矿管理和贫化率增加等。

7.4.6.3 地压破坏原因分析

根据矿山的生产经历和现场出现的各种破坏情况、破坏规律，经过初步分析认为在生产过程中出现大面积破坏的原因主要有以下几个方面：

（1）地应力增大。根据以往地应力测试的结果，最大主应力随着深度的增加逐渐增大，从 $800\sim870m$ 的 $10\sim14MPa$ 逐渐增至 $340m$ 的 $37.83MPa$，增加了 2 倍左右。铜矿峪铜矿在 $810m$ 中段开采期间，没出现较大范围的地压破坏，$690m$ 中段生产时出现了严重地压，目前 $530m$ 中段拉底中出现更大面积、更加严重的地压。因此，可以认为拉底过程中出现的顶板下沉、底鼓、两帮开裂、脱帮、坍塌等现象与最大主应力的逐渐增加密切相关。

（2）应力集中区。$690m$ 中段地压显现规律与 $810m$ 中段均出现在拉底推进线前方约 20m 的范围内。在 $530m$ 中段，地压破坏区域距离拉底推进线明显变大，影响范围为拉底前锋 $70\sim80m$ 之内，而 $20\sim30m$ 范围内破坏尤其严重，也是集中应力最大的地方。

（3）后拉底策略。$530m$ 中段继续沿用了 $690m$ 中段的后拉底策略，底部结构的所有工程均是在拉底之前形成，拉底时已形成的底部结构均处于应力集中区，因此拉底对底部结构工程特别是聚矿槽和出矿进路影响很大。

（4）被动支护方式。出矿穿脉采用的支护方式以素混凝土和钢拱架为主，巷道返修同样采取类似的支护方法。这类支护方法属于被动的支护方式，不能充分发挥围岩自身的承载能力，当地压较大或岩石破碎时容易出现开裂、脱落，直至完全破坏。素混凝土支护在 $810m$、$690m$ 中段的电耙工艺基本上是合适的，因为巷道宽度小，两边岔口对称。但在 530 中段铲运机工艺不合适，因为出矿巷道宽度大，巷道两边岔口不对称，在岔口处采用素混凝土支护，顶拱没有支撑，因而起不到应有的支护作用。

（5）较差的拉底爆破质量。矿山前期拉底巷道的布置方式导致拉底时下向炮孔不易控制，爆破后不能贯通聚矿槽，使聚矿槽顶部易出现楼板，楼板的处理方法对桃形矿柱的完整性和稳固性造成了不利影响。另外由于放矿口放出的矿石大块率较高，现场处理大块的主要方法是爆破，原先采用裸爆的方式对出矿口影响很大，目前采用凿岩爆破的方式减少了对放矿口的影响，但仍然会给底部结构的稳定性带来一定的危害。

（6）542m 进风巷道支护强度不足。通过实际观察，二期工程 4 号、5 号矿体 542m 水平进风道均有跟随主层拉底爆破推进线发生破坏的现象，且破坏形式均为中部进风井先出现井筒脱帮再逐步由井筒底部向进风道发展，这种现象也是应力集中的表现。中部进风井和进风道都是处于应力集中的影响范围之内，而进风井基本上没有支护，总进风道只采用了喷射混凝土支护，厚度仅 100mm，因此支护方式（强度）与巷道断面不匹配也是造成进风水平破坏的一个重要原因。

（7）底部结构参数偏小。矿山开始拉底时是采用的单拉底道，布置在桃形体顶部，距离出矿巷道的垂直距离为 16m。由于拉底过程中频繁出现"楼板"现象，生产中改为了双拉底道，即将拉底巷道从桃形体顶部移至两个肩部，此时拉底巷道距离出矿巷道的垂直距离为 10m。根据现场底部结构的破坏程度和国际上的经验表明这个参数偏小，不利于桃形体的稳定。

7.4.6.4 应对措施及实际效果

为解决铜矿峪铜矿生产中存在的地压问题，矿山和设计单位联合开展了地压控制专题研究，通过对底部结构破坏规律和拉底过程中地压变化分析，最后提出了如下措施：

（1）针对拉底过程中聚矿槽内频繁出现"楼板"的问题，将桃形矿柱顶部的拉底巷道移至了桃形矿柱的肩部，由原来的一条改为两条（如图 7-11 所示），

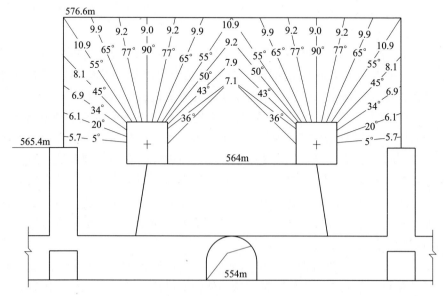

图 7-11　双拉底道炮孔布置图

双拉底巷道上向孔拉底方式可避免钻凿下向孔，提高拉底爆破效率，并彻底解决聚矿槽顶部的"楼板"问题，保证拉底质量，并可减少应力集中，在一定程度上增加底部结构的稳定性。

（2）对拉底巷道破坏无法进行正常爆破的情况，采用了从相邻岩道或出矿穿脉进行补孔爆破的方法，保证拉底推进线的正常推进，及时释放地压。

（3）加强炮孔保护，技术人员经常深入现场指导补孔和掏孔工作，严把爆破质量关，减少炮孔损坏数量。

（4）对拉底巷道进行补强支护，保证拉底期间巷道的稳固性。

（5）把握拉底速度，尽快释放工作面前锋的应力。

（6）加强拉底后的出矿工作，避免出现矿石压死现象，致使应力向下传递破坏底部结构。

（7）将拉底水平距出矿水平的高度加大。另外增加桃形矿柱的宽度。整体增大桃形矿柱的尺寸，提高桃形矿柱的地压承受能力，增加其稳定性。

（8）根据矿山的现有岩石力学参数，对前进式拉底和后拉底策略进行了数值模拟分析，结果显示，前进式拉底时桃形体受最大拉应力 5.8MPa，而后拉底时桃形体上受最大拉应力达 6.6MPa；前进式拉底聚矿槽前后间柱体所受最大拉应力约 1.5MPa，而后拉底时聚矿槽前后间柱体所受最大拉应力达 5.7MPa，聚矿槽前后间柱体所受最大拉应力变化明显。从模拟结果可知，前进式拉底在高应力环境下有明显优势，对维护底部结构稳定性有利。据此推荐矿山在适当的时候改变拉底策略，避免在拉底时底部结构处于应力集中区，从而增强底部结构的稳定性。

新的掘进和拉底顺序是：出矿穿脉和拉底巷道的掘进及支护—拉底并推进—出矿进路及聚矿槽的准备（滞后于拉底）—出矿点（沟）正式出矿。

（9）将目前被动的支护方式改为积极的支护方式，充分调动围岩自身的承载能力，提出底部结构应采用以喷锚网+中长锚索为主的支护方式，并给出了出矿穿脉巷道、装矿进路和拉底巷道等处的详细支护参数。

（10）针对已完成巷道的补强措施。由于530m中段生产中地压问题突出，拉底过程中对已形成工程造成了严重破坏，因此提出应对已经完成巷道掘砌但尚未进行拉底的巷道采取一定的补强措施，防止巷道遭受破坏，具体补强措施是根据巷道功能，在已有支护的基础上分别增加锚网和中长锚索支护，并给出了详细的支护参数。

矿山生产中通过对部分支护方式的改变，一定程度上缓解了地压破坏程度。由于目前530m中段生产已经接近尾声，故生产中未再出现较为严重的地压现象，矿山的各项生产指标均达到了最初的设计要求，甚至超过了预期。

7.4.7 普朗铜矿

7.4.7.1 矿山概况

普朗铜矿位于云南省西北部迪庆藏族自治州香格里拉县北东部，矿区距香格里拉县城72km，距丽江市260km，距大理市401km，距下关火车站407km，距昆明市781km。普朗铜矿是我国第二座成功采用自然崩落法生产的大规模矿山，也是我国目前矿石生产规模最大的地下生产矿山，其设计生产规模为1250万吨/年。从2017年3月开始试投产，2019年全年生产矿量达到850万吨。

根据普朗铜矿建立的矿岩评价模型，对不同级别、不同岩性、勘探线分区和中段分层评价区域矿岩的可崩性进行了多角度、多方位、深层次评价。经计算，首采区岩体RMR值综合为42，与RMR评价标准对照，普朗铜矿首采区矿岩分为Ⅱ~Ⅴ四个等级，总体上首采区属于Ⅲ类岩体。在下盘3770m水平，16~20行勘探线间局部存在较大范围属于Ⅱ类的稳定岩体；而在矿体的3600m水平，4~10行勘探线间局部存在属于Ⅳ类的不稳定岩体。另外，矿区的地应力以水平构造应力为主导，最大主应力倾角较小，介于5.73°~29.41°之间；矿区的最大主应力的方位大致呈东西向，与矿区南北向主导的褶皱等地质构造特征相符合；所测区域的最大主应力值介于11.60~17.69MPa之间，属于中等地压范围。

7.4.7.2 设计方案

在出矿水平沿脉巷道较稳固地段采用单层喷射混凝土—砂浆锚杆—金属网联合支护。喷射混凝土厚度100mm，喷射混凝土强度等级C25；砂浆锚杆采用灰砂比为2:1的水泥砂浆灌注，全长锚固，要求锚杆孔内灌注密实，锚杆体使用ϕ22mm的二级螺纹钢，间距为1.0m×1.0m，巷道拱顶和两侧的锚杆长度为2.7m，巷道两侧底部锚杆长度为2.25m，钢板的托板尺寸为200mm×200mm×10mm；金属网采用ϕ6.5mm钢筋制作，网度为150mm×150mm。岩石不稳固地段采用两次喷锚网支护，两次支护参数相同，要求同上，根据岩石揭露情况必要时可在巷道拱部增加长锚索加强支护。

出矿穿脉巷道，在较稳固地段采用单层喷射混凝土—砂浆锚杆—金属网—中长锚索联合支护，喷锚网支护的要求与沿脉巷道喷锚网支护相同。此外在巷道拱部增加锚索支护，间距和排距均为2m，拱顶上部锚索长度8.0m，两侧拱部锚索长度6.0m，锚索由两根ϕ15.2mm的1×7标准型钢绞线组成，采用灰砂比2:1的砂浆全长黏结，锚头采用MJ-1型锚具。稳固性较差的地段采用两次支护。第一次为喷射混凝土—砂浆锚杆—金属网联合支护，喷射混凝土厚度100mm，支护要求与稳固段型喷锚网支护相同；第二次支护为喷射混凝土—砂浆锚杆—金属网—中长锚索联合支护，喷锚网支护要求同上。出矿穿脉巷道的支护如图7-12所示，矿山投产前巷道支护的效果图如图7-13所示。

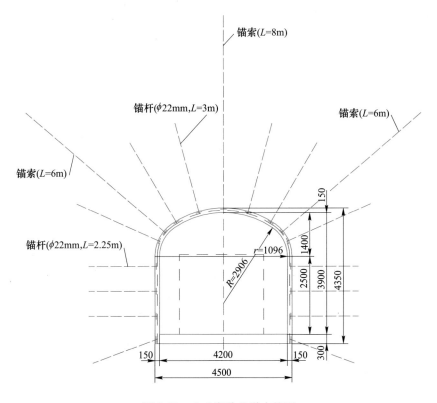

图 7-12　出矿穿脉巷道支护图

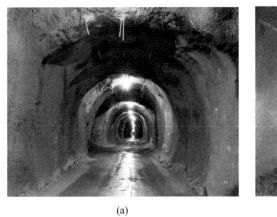

(a)

(b)

图 7-13　巷道支护效果图

（a）出矿穿脉巷道；（b）出矿点

7.4.7.3 现场破坏及处理情况

在普朗铜矿持续生产中，3720m 水平 S3、S4、S5 出矿穿脉巷道因受 F_1、F_3、F_4、F_5 断层影响，同时受采矿、放矿、支护等因素影响，地压显现明显，巷道严重破坏，部分出矿口无法出矿。S4、S5 出矿巷道变形时间持续 1 年左右，此时变形区域距离拉底推进线已相对较远。S3、S4、S5 变形区域破坏情况如下：

3720m 水平 S3 出矿穿脉东部 E26~E32 出矿进路段于 2019 年 9 月开始发生较大沉降，之前仅有喷射混凝土开裂、缓慢下沉等变形现象发生。变形后矿山在该区域巷道两帮增加钢管混凝土立柱，对突出边帮进行扩刷处理，并增加该区域及 S2、S4 穿脉对应区域出矿口出矿量；同时在 S3 出矿穿脉内施工深孔对拉底爆破情况进行探测，之后对探孔进行爆破处理，爆破后围岩应力重新分布，爆破位置前方顶板迅速下沉。为保证出矿，矿山及时组织对下沉区域进行刷顶并采用锚网喷支护，后扩刷段又发生 1.2m 左右沉降，且发生塌方，目前该区域巷道顶板已垮落至底板，S3 穿脉破坏情况如图 7-14 所示。

图 7-14　S3 西沿穿脉变形情况

S4 变形破坏区域主要发生在 W8~E12 段，主要破坏形式为巷道收敛变形，顶板沉降，边帮移近、片帮，底鼓。2017 年 5 月~2017 年 6 月第一次应力显现，现场处理方式为水泥抹面、裂隙标注、木楔标定等观察手段，观察裂隙发展变化过程，为后期裂隙发展预测及巷道补强加固积累经验。待矿体压实后，处理方式为对 S4、S5 破坏严重的牛鼻子及断层位置巷道开展钢条带+喷混凝土支护。2018年 4~8 月局部崩通地表，产生侧向压力，此时处理方式为出矿进路、穿脉和牛鼻子增加长锚索补强支护并补喷 50mm 厚的钢纤维喷射混凝土，局部位置采用壁后注浆，巷道收敛位置进行扩刷起底+钢板+长锚索浇筑支护。2018 年 9~12 月巷道进一步变形收敛，处理方式为钢管混凝土支柱支护+钢纤维混凝土支护、钢管混凝土支护+混凝土支护；同时采用应力转移的方式，变换 S4、S5 变形破坏区域周边出矿口出矿量，使顶板应力转移至其他穿脉，由图 7-15 可以看出 S4 穿脉破碎区域应力逐渐减小，并趋于稳定。2019 年 11 月~2020 年 4 月，E10~E12 段穿脉出现严重顶板沉降现象，沉降量高达 1.5~2.8m，严重影响出矿。

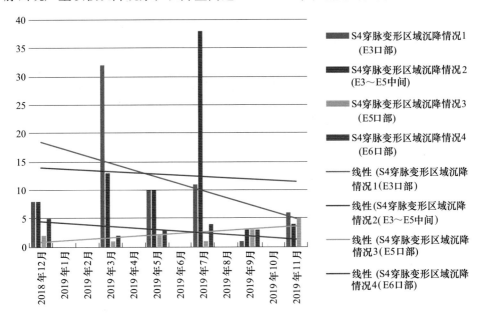

图 7-15　S4 穿脉变形区域沉降情况

S5 穿脉主要变形段为 W5~E3 段，2018 年 9~12 月该段出现大面积喷射混凝土断裂脱落，并伴随着顶板轻微沉降，出矿口钢拱架变形破坏，最为严重的是 E3、E4 出矿口，钢拱架严重受损，铲运机铲斗已不能出矿，处理方式为钢管混凝土支柱支护+钢纤维混凝土支护、钢管混凝土支护+混凝土支护；2019 年 4~5 月，S5 穿脉 W2~E6 段钢管混凝土柱被压弯曲，侧向压力将柱子向外推，导致穿脉宽度缩小。2019 年 4 月对 S5~E3 出矿口进行管棚支护，对 S5~E4 出矿口采用全断面钢管混凝土柱补强支护，但作用不大。到 2019 年 6 月，S5~E3 口顶板发生持续下沉，顶板高度不到 2m；S5~E4 口钢管混凝土柱断裂，顶板沉降较大，且出矿口两帮混凝土支护体向中间凸起。经过几次扩刷后，巷道基本能保证 3m³ 小铲运机通行。2019 年 11 月~2004 年 4 月，W1~W5 段及 S5-1 溜井硐室顶板出现严重垮塌，顶板断裂掉块，钢管柱变形破坏，碎渣填满巷道，S5 破坏情况如图 7-16 所示。

7.4.7.4　穿脉修复方案

A　S3 穿脉

S3 穿脉暂时将变形区封堵，待围岩应力稳定时再将巷道打开。S3 穿脉施工

图 7-16　S5 西沿穿脉变形情况

主要工序为：清碴→钢管安装→钢管注浆→喷浆。

封堵区域主要为 E26 口部至 E30 口部，封堵区间 30m。先清除巷道地面渣石及顶板浮石，为后续工序提供安全环境；在 E26 和 E30 出矿口分别安装两排 φ500mm 钢管，并用 14a 槽钢焊接封闭；钢管内注满混凝土增强其承载能力，浆液设计强度为 C35；最后喷浆填满围岩缝隙。

B　S4 穿脉

S4 主要修复区域为 E6～E12 段以及 E7、E8、E9、E10、E11、E12 出矿口，修复区间 51m。处理方法：从东向西处理，将封堵段重新掘进打开，扩刷方式为少量装药爆破，支护方式为安装工字钢钢拱架。围岩较不稳定时，采用超前管棚，对工作面前方区域进行超前支护，避免工作面开挖后前方发生垮塌。掘支节奏必须紧凑，掘进一定距离后立即锚网喷支护（循环步距以 2m 为基准，根据现场实际情况进行调整），必要时在牛鼻子处安装钢管混凝土柱。

C　S5 穿脉

S5 修复区域为 W2～E6 穿脉及 E3、E4、E2、W2 出矿口，修复区间 45m。处理方法：由东向西，将塌陷区域扩刷打开，安装工字钢拱架或可伸缩性钢拱架。扩刷方式采用少量装药爆破，支护主要采用工字钢拱架，围岩较不稳定时，采用超前管棚，对工作面前方区域进行超前支护，避免工作面开挖后前方发生塌方。必要时在牛鼻子处安装钢管混凝土柱。

S5 穿脉修复施工主要工序为：扩刷→喷浆→安装钢拱架→喷浆。扩刷时需将破坏拱架和钢管拆除并运出地表，钢拱架安装时出矿口与穿脉拱架同时安装，最后进行喷浆支护。

（1）扩刷。出矿口及穿脉扩刷尺寸为 4600mm×4200mm。根据现场情况 S5

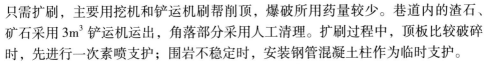

只需扩刷，主要用挖机和铲运机刷帮削顶，爆破所用药量较少。巷道内的渣石、矿石采用 3m³ 铲运机运出，角落部分采用人工清理。扩刷过程中，顶板比较破碎时，先进行一次素喷支护；围岩不稳定时，安装钢管混凝土柱作为临时支护。

（2）钢拱架安装。先安装出矿口钢管及横梁，再随着出矿口扩刷安装钢拱架，循环前进。穿脉设置 10 架拱架，垂直穿脉安装且相互平行；出矿口拱架共 7 架且与穿脉平行。

（3）长锚索加固。穿脉钢拱架需要用长锚索加固。锚索孔用潜孔钻施工，孔深 10m。每排设计 4 排孔，排距 1.5~2m。所有孔与穿脉方向夹角 10°~20°，其中 4 号孔距底板高度 0.8m，与水平面夹角（-12°）~（-30°）；3 号孔距底板高 2.8m，与水平面夹角 20°~30°；2 号孔距底板高 3.8m，与水平面夹角 60°~70°；1 号孔距底板高 4.3m，与水平面夹角 70°~80°。根据现场实际情况调整，压力较大时，先打 1 号孔，后期打通之后再补剩下的 3 个孔。

（4）喷浆。拱架安装完成后，进行全断面钢纤维硅灰混凝土喷射，厚度 50mm，喷射混凝土设计强度为 C25。喷浆完成后安排松动出矿，然后循环处理下一个出矿口，直至穿脉及出矿口全部完成。

矿山采取上述措施之后，S3、S4 和 S5 三条穿脉均按照计划修复完毕，并具备了安全出矿的要求，效果较为显著。

参 考 文 献

［1］康红普. 高强度锚杆支护技术的发展与应用［J］. 煤炭科学技术，2000，28（2）：1~4.

［2］康红普. 回采巷道锚杆支护影响因素的 FLAC 分析［J］. 岩石力学与工程学报，1999，18（5）：534~537.

［3］杨春满，程子厚，梁智鹏. 井巷支护与加固技术［J］. 建井技术，2017，38（4）：11~15.

［4］闫莫明，徐祯祥，苏自约. 岩土锚固技术手册［M］. 北京：人民交通出版社，2004.

［5］Calder K, Townsend P, Russell F. The Palabora Underground Mine Project［C］∥ Massmin，2000：219~225.

［6］Wilson A D, Talu M S, De Beers. A review of the support systems being applied to the block 4 cave project of De Beers Finsch Mine, South Africa［C］∥ Massmin，2004：350~355.

［7］Barber J, Thomas L, Casten Freeport T. Indonesia's Deep Ore Zone Mine［C］∥ Massmin，2000：289~294.

［8］Keskimaki K, Nelson B, Callahan M. Henderson's new 7210 production level［C］∥ Massmin，2004：397~403.

［9］Liu Y M, Bian K W. Production at Lift 530m of Tongkuangyu Copper Mine［C］∥ Massmin，2016：385~391.

8 辅助崩落技术

8.1 概　　述

自然崩落法采矿主要依靠矿岩体内部的节理裂隙和在自身重力及应力作用下破裂产生的自然冒落，对矿岩结构特性依赖性很强，如果矿体本身节理裂隙不发育，将很难实现自然崩落；自然崩落法是一种技术风险较高的采矿方法，一经采用后再向其他采矿方法转变将很困难。因此在矿山前期规划阶段的重点工作应是矿岩可崩性评价，同时，一切可以改善矿体预期崩落和破碎特性的措施都值得认真考虑，以便确定该方法是否可行。对于自然崩落法开采矿山，影响其矿岩崩落特性的因素主要分为两大类：一类是矿岩的自身特性（岩石强度及内部原生节理裂隙发育程度等）以及矿岩所处的地质环境（地应力、地下水等）；另一类是人为辅助工程。对于一些在拉底工程形成后出现矿岩难以自然崩落、崩落过程发展中止以及崩落矿岩块度过大等问题的矿山，可以通过采用一些人为辅助工程改善矿岩可崩性解决，实现自然崩落采矿的顺利进行。

随着自然崩落法矿山上部中段矿石开采殆尽，矿山将逐渐转向更深矿床的开采，通常深部的矿岩条件有转好的趋势，例如矿岩更加坚硬、完整性更好，这对自然崩落法的实施将是不利因素。一些露天转地下的矿山从生产能力及安全角度出发，正在考虑选用自然崩落法进行地下开采；同时，未来深部厚大矿床的大规模地下开采首先选用的方法将是自然崩落采矿法，这已经得到国际采矿界的一致认同。日益复杂的开采条件以及对自然崩落法采矿需求的增大，若想实现自然崩落法的安全、高效、经济开采，必须研究和开发一些辅助崩落技术改善矿岩的崩落条件以及控制崩落过程。目前国外一些自然崩落法矿山已将辅助崩落技术应用于生产实践，这些技术主要包括矿岩预处理以及矿块边界弱化技术。

本章从矿岩预处理技术、矿块边界弱化技术等方面介绍现阶段在自然崩落法矿山中应用的辅助崩落技术，包括各种技术的工作原理、国内外研究现状以及实际应用案例。通过对这些技术的详细介绍与深入分析提升采矿专业人员对这些技术的了解和认识，并为我国自然崩落法采矿技术在硬岩矿山的成功应用提供技术支撑。

8.2　矿岩预处理（Pre-conditioning）

英国布朗（E. T. Brown）教授在《Block Caving Geomechanics》一书中对自然崩落法矿山中应用的矿岩预处理技术进行了定义与描述，即矿岩预处理是一种（或一组）弱化自然崩落法矿山采场矿块的人工措施，其目的是在矿体内部制造人工裂隙，改变矿体的结构特征，增强矿体的可崩性，使矿体保持持续稳定崩落并达到期望的破碎块度。现阶段，在自然崩落采矿中已将矿岩预处理技术用于改善崩落发生和传播过程，用于达到一个合适的放矿速率；同时，该技术也可以起到降低岩爆和空气冲击波风险的作用。有学者提出自然崩落采矿中应用的矿岩预处理技术可以改善崩落机理并达到更快的崩落传播速率以及更高的放矿速率，这些改进还包括降低崩落初始面积以及降低崩落引起的矿震量级。同时从商业角度可以清晰地看出，这些优势将转化为更短的采矿投资周期以及更低的采矿运营成本。

矿岩预处理技术不仅在自然崩落法矿山采场矿块崩落开始前可以应用，而且当一些矿山在崩落中期因成拱效应中止发展时也可以采用预处理技术，使残留矿体或上覆围岩继续崩落，保障崩落过程的持续性。如图 8-1 所示的是采用水压致裂矿岩预处理技术处理崩落成拱。矿岩预处理技术的应用使得更多的硬岩金属矿山采用自然崩落法开采成为可能。目前应用较多的矿岩预处理方法主要有两种，分别是水压致裂法和钻孔爆破致裂法。现阶段实践经验表明，矿岩预处理技术在自然崩落法矿山中取得了较好的应用效果，已成为硬岩崩落采矿中的一项重要内容。由于不同矿山矿岩条件和开采环境差异，矿岩预处理技术的应用应因地制宜进行合理的设计和实施，同时也存在着一些技术难题需要进一步深入研究和了解。

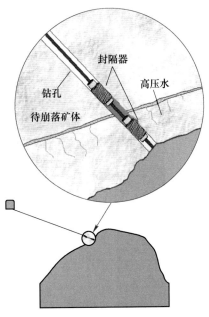

图 8-1　水压致裂处理崩落成拱示意图
（图片来自 A. Van）

8.2.1　水压致裂矿岩预处理

8.2.1.1　概述

水压致裂（也称"水力压裂"）（Hydraulic Fracturing），是指在密封裸孔中注入高压水，使岩石在水压作用下微裂纹萌生、扩展、贯通，直到最后产生宏观裂纹，导致失稳破裂的过程。该技术最早出现于 1947 年，由印第安纳美孚石油公司在堪萨斯州的雨果顿气田完成第一次试验性的垂直井水力压裂改造作业。之后哈里伯顿从印第安纳美孚石油公司购买了此项专利，逐渐发展成为主流压裂手段。水力压裂作为常规低渗油气增透技术，自开发以来，逐步在非常规油气开采、页岩油气开采、煤层气开采、地应力测量、地热资源开发、矿山岩体改造等领域推广应用，显示出广泛的工业应用价值。我国的水力压裂研究工作始于 20 世纪 50 年代初期，迄今为止已取得了很好的技术成就与较高的经济效益。

　　水力压裂技术和水平井钻进技术是页岩气成功开发的关键技术，页岩气作为一种非常规天然气资源受到越来越多的关注。图 8-2 所示为页岩储层水力压裂示意图，通过将含有各种添加剂的压裂液在高压下注入地层，使储层裂缝网络扩大，并依靠沙粒或陶瓷粒等支撑剂使裂缝在压裂液返回以后不会封闭，从而改善储层的裂缝网络系统，使赋存其中的页岩气持续不断地释放并输送到地表。世界上对页岩气资源的研究和勘探开发最早始于美国，美国于 2008 年发动了"页岩气革命"，成为世界上唯一实现页岩气大规模商业性开采的国家，改变了美国的能源格局并极大地推动了全世界范围开发页岩气的进程。我国页岩气的勘探开发起步较晚，主要集中在四川盆地及其周缘、鄂尔多斯盆地、辽河东部凹陷等地。

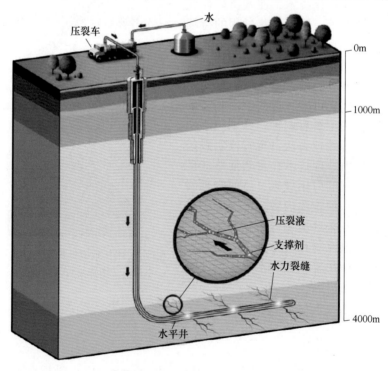

图 8-2　页岩储层水力压裂技术（图片来自网络）

目前，我国已在四川、重庆以及陕西等多地建立了页岩气工业化生产的示范区，图 8-3 所示为我国第一个商业化开发的重庆涪陵页岩气田。图 8-4 所示为油气水力压裂作业现场地表装备布局图。

图 8-3　重庆涪陵页岩气田及开发井（图片来自网络）

图 8-4　水力压裂现场装备布置图（图片来自 Schlumberger）

近年来经过学者的不断引进和研究，水力压裂技术在煤矿中开始推广应用，在煤矿坚硬顶板的控制、坚硬顶板的弱化、冲击地压防治以及含瓦斯煤层的增透等方面取得了不错的效果。通过水压致裂改造顶板岩体结构，控制工作面顶板冒落，成为解决煤矿开采岩层控制的关键技术之一，且已在我国晋煤集团王台铺煤矿、山东新汶矿业集团华丰煤矿、神华神东煤炭集团补连塔煤矿等矿山成功应用。图 8-5 所示为煤层顶板水压致裂作业的示意图，其过程是：（1）首先利用切槽钻头在坚硬顶板压裂孔中预制横向切槽；（2）然后利用注水管将跨式膨胀型封隔器推入钻孔切槽处，连接高压泵和胶管后对封隔器注水加压，从而达到对横向切槽段封孔的目的；（3）最后，连接高压注水泵和注水管，对封隔段进行注水压裂，压裂过程中利用水压仪监测泵压的变化。图 8-6 所示为煤矿水压致裂现场施工系统示意图。

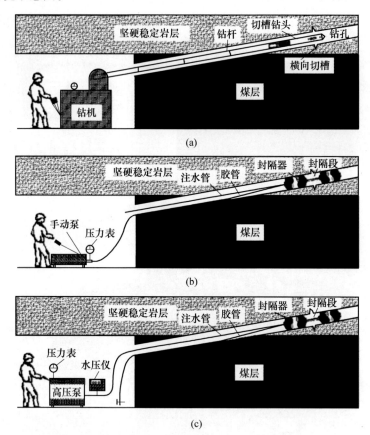

图 8-5　煤层顶板水压致裂示意图（图片来自冯彦军）
（a）预制横向切槽；（b）切槽段封孔；（c）注水压裂

　　自然崩落法矿山在生产过程中受矿岩可崩性变差导致大块率增高以及崩落过程中止等现象是很普遍的，对矿岩进行预处理已成为部分自然崩落法矿山的一项日常生产作业，水压致裂作为一种可有效增加岩体内部节理裂隙发育程度的方法逐渐被引入到自然崩落法矿山开采领域，并得到了有效应用。

8.2.1.2　基本原理

　　水压致裂矿岩预处理（Preconditioning by Hydraulic Fracturing）就是在待处理矿岩中按照一定间距布置钻孔，采用跨位封隔器在钻孔内隔离一小段压裂段，通过往压裂段泵入高压流体使作用在钻孔孔壁上的流体压力增大，当孔壁岩石所受的拉应力超过岩石抗拉强度时即可产生沿钻孔轴向或横向的水力裂隙，通过持续

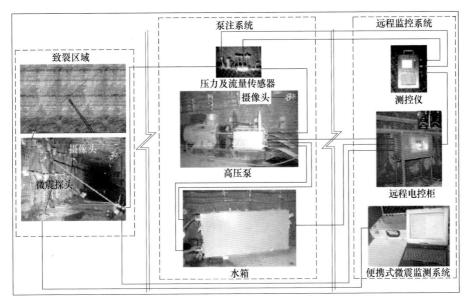

图 8-6 煤矿水压致裂现场施工系统示意图（图片来自黄炳香）

地注入高压流体可以使水力裂隙向周围岩体中不断扩展延伸。由于岩体本身的非均匀性及孔隙结构的复杂分布，水压致裂是裂缝岩体渗流-应力耦合作用下的力学响应及结构变化，岩石在水压作用下的致裂机理十分复杂。

水压致裂矿岩预处理过程中使钻孔孔壁产生裂缝所需的压力定义为起裂压力，通常也是水压致裂作业过程中可达到的最高压力。图 8-7 所示为水压致裂过

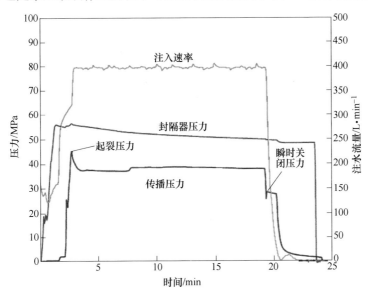

图 8-7 水压致裂矿岩预处理过程典型压力曲线（图片来自 A. Catalan）

程中的注水压力、注入流速以及封隔器压力的典型时程曲线。起裂压力与作用在钻孔围岩上的应力场、钻孔在应力场中的倾向以及岩石的抗拉强度等相关。传播压力是指维持裂隙扩展所需的注入压力。瞬时关闭压力是指在注入过程停止时刻监测到的压力，该压力代表着流体摩擦和裂缝入口损失消除后裂缝内的压力。封隔器压力指使跨位封隔器膨胀封隔一定长度压裂段所需的压力。

　　水压致裂矿岩预处理过程中产生的水力裂缝形式受很多因素影响，主要有注水压力、岩石的物理力学性质、原岩所处的地应力环境、天然节理裂隙等。图 8-8 所示为两种不同形式的水力裂缝，根据其与压裂钻孔轴线的关系可分为纵向裂缝以及横向裂缝。从图 8-8（a）可以看出，水压致裂钻孔轴向与最小主应力方向垂直，多点压裂后形成的是扩展为平面形式的水力裂缝面；图 8-8（b）中的水压致裂钻孔轴向与最小主应力方向平行，多点压裂后形成的是间隔一定距离的水力裂缝面组。图 8-9 所示为水压致裂缝与矿岩体中原有天然裂隙间的相互关系。图 8-9（a）中的水力裂隙与天然裂隙成平行关系；图 8-9（b）中的水力裂隙与天然裂隙成相交模式。由此可见，天然裂隙与人工裂隙交叉切割矿体，有利于矿体崩落后破碎成较小的块度，这种结果是自然崩落矿山中水压致裂矿岩预处理期望达到的效果。

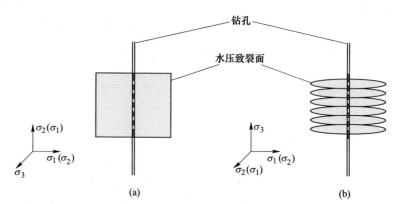

图 8-8　不同形式的水压致裂缝（面）示意图（图片基于 Q. He 修改）

（a）轴向水压致裂裂隙；（b）横向水压致裂裂隙

图 8-9　水力压裂缝与天然裂隙关系示意图

（a）不期望的预处理结果；（b）期望的预处理结果

在现场水压致裂预处理工作实施前需要开掘一些预处理巷道，主要用于布置钻机以及水压致裂设备。钻机用于施工水压致裂钻孔，钻孔形式既可以是竖直孔，也可以是倾斜孔；水压致裂设备主要是高压水泵、封隔器及水箱等。水压致裂钻孔间距应根据试验或类似矿山经验取值，一般可取 50~60m；钻孔直径应与封隔器的直径相匹配。在将封隔器下放到预定压裂位置后，首先向封隔器内注入高压水，使封隔器膨胀与钻孔壁紧密接触；然后向压裂段注入高压水，直至孔壁起裂并扩展一定范围。待一段压裂完毕后，移动封隔器至下一压裂段，开展下一段的压裂工作。压裂段之间的间距一般可为 1.5~2m。

8.2.1.3　裂缝扩展监测

清晰认识水压致裂过程中水力裂缝形状对于预处理作业中钻孔布置设计是非常重要的。在水压致裂过程中，水压裂纹的起裂和扩展是压裂设计的核心，裂缝起裂压力与方向则决定裂缝扩展的范围与压裂的效果。如何对水压致裂裂缝实时扩展动态进行准确监测，是现场压裂施工过程中亟须解决的难题。考虑到水压致裂技术在油气井开采中的应用最早且相关技术更加成熟，因此主要对油气井开发中的水压致裂裂缝扩展监测方法和仪器进行论述。目前国内外水压致裂裂缝监测技术主要运用井下微地震监测、测斜仪裂缝监测、直接近井筒裂缝监测和分布式声传感（DAS）裂缝监测等裂缝监测技术来了解和评价页岩气井水压致裂裂缝的特征。

A　裂缝监测技术

a　微地震裂缝监测

微地震裂缝监测技术（即微震监测技术）是一种地球物理方法，它是对岩体在变形破坏过程中产生的微破裂进行定时、定位的一种监测技术。在外力扰动作用下，岩体内部会出现局部损伤拉应力状态，当达到材料的极限强度后在岩体内部会产生微破裂，在微震监测系统中表现为微震事件。采用微震监测技术对这些微震事件进行采集、解析，最终可获得微破裂发生的时间、空间以及强度等信息。作为一种先进的空间三维技术，微震监测技术已在采矿工程、水电交通、边坡工程、核废料储备及地下隧道工程等领域得到广泛应用。

水压致裂过程中水力裂缝扩展及空间展布形态对于提高压裂效果和优化压裂设计方案具有重要意义。国内外学者采用微震监测技术对油气田水力压裂裂缝监测进行了大量研究，在压裂诱发微震波场特征、资料品质、微震震源定位、微震监测裂缝解释等方面取得了一系列研究成果，极大地推动了油气的勘探开发进程。井下微地震裂缝监测通过采集微震信号并对其进行处理和解释，获得裂缝的参数信息，从而实现压裂过程实时监测，可用来管理压裂过程和压裂后分析，是目前判断压裂裂缝最准确的方法之一。页岩气储层在进行水力压裂过程中，裂缝起裂和延伸造成压裂层的应力和孔隙压力发生很大变化，从而引起裂缝附近弱应力平面的剪切滑动，这类似于地震沿着断层滑动，但是由于其规模很小，通常称作"微地震"。水力压裂产生微地震，释放的弹性波的频率相当高，大概在200~2000Hz声波频率范围内变化。页岩气井进行水力压裂施工时，在压裂井的邻井下入一组检波器，对压裂过程中形成的微地震事件进行接收，传输至地面数据采集系统后，通过分析不同深度检波器采集的信号强弱及相互关系，就能够判断确定微地震的震源在空间和时间上的分布，最终得到水力压裂裂缝的缝高、缝长和方位参数。

现阶段微震监测技术在地下工程中已经得到越来越多的应用，图8-10所示为井下微地震裂缝监测工作原理图，压裂井和监测井位于同一井区，压裂井压裂施工过程中产生的微地震信号通过地层向周围传播，位于邻井中的接收器接收这些信号并传至地面数据采集器，处理后可得到微地震监测图。但由于微震监测设备能够对监测范围内的各种频率的声音进行记录，因此，对采集到的大量信号准确识别是十分棘手的问题。往往微破裂事件掺杂在大量的噪声事件中，在掌握了噪声信号的频谱特征之后，对所采集的数据进行处理，然后根据数据的频谱特征进行模式识别的流程如图8-11所示。模式识别的核心任务就是应用神经网络人工智能方法，对微震信号的数据信息进行选择与提取，从中识别出微震活动信息。其模式识别过程由数据采集、信号处理、信号特征提取、分类及输出数据组成。经过模式识别以后，各种干扰信号被排除掉，最后得到的是岩体微破裂信息。

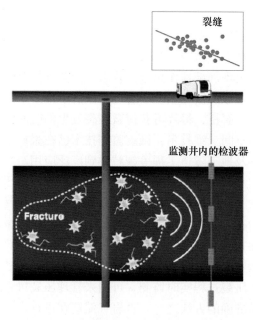

图8-10　井下微地震监测示意图（图片来自贾利春）

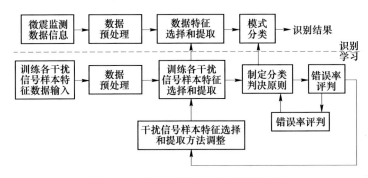

图 8-11 微震监测信号模式识别流程

目前市面上已有较成熟的微震监测系统，如加拿大 ESG（Engineering Solution Group）公司生产的微震监测系统，主要由以下几部分组成：Paladin 数字信号采集系统、Hyperion 数字信号处理系统、加速度传感器、数据通信调制解调器、电缆光缆及基于远程无线网络传输的 MMS-View 三维可视化软件。该系统可以获取微震事件的时空分布、误差、震级以及能量等多项震源参数，并对采集的数据进行滤波处理，提供用户震源信息的完整波形与波谱分析图，自动识别微震事件类型，通过滤波处理、设定阈值、带宽检波排除噪声事件。

b 测斜仪裂缝监测

测斜仪裂缝监测技术是通过在地面压裂井周围和邻井井下布置两组测斜仪来监测压裂施工过程中引起的地层倾斜，经过地球物理反演计算确定压裂参数的一种裂缝监测方法。测斜仪在地表测量裂缝的方向、倾角和裂缝中心的大致位置，在邻井井下可以测量裂缝高度、长度和宽度参数。

页岩气井下水力压裂过程在裂缝附近和地表面会产生一个变位区域，这种变位典型的量级为十万分之一米，几乎是不可测量的。但是测量变形场的变形梯度即倾斜场是相对容易的，裂缝引起的地层变形场在地面是裂缝方位、裂缝中心深度和裂缝体积的函数。变形场几乎不受储层岩石力学特性和原位地应力场的影响。测斜仪在两个正交的轴方向上测量倾斜，当仪器倾斜时，包含在充满可导电液体的玻璃腔内的气泡产生移动，以便与重力矢量保持一致。精确的仪器可探测到安装在探测器上的两个电极之间的电阻发生变化，这种变化是由气泡的位置变化引起的。图 8-12 所示为测斜仪监测垂直裂缝的示意原理图，显示可以看出地面测斜仪和邻井井下测斜仪观察到的水力裂缝造成的地面变形。由地面测斜仪监测的垂直裂缝引起的地面变形是沿着裂缝方向的凹槽，而且凹槽两侧地面发生突起，通过凹槽两侧的突起可以推算出裂缝的倾角。井下测斜仪布置在与压裂层相同深度的邻井中，垂直裂缝会在邻井处产生突起变形，从而可以推算出裂缝的几何形态。

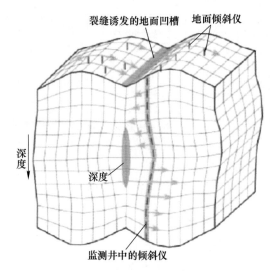

图 8-12　地面测斜仪监测示意原理图（图片来自贾利春）

c　直接近井筒裂缝监测

直接近井筒裂缝监测，是在井筒附近区域通过对压裂后页岩气井的流体物理特性，如温度或示踪剂等进行测井，从而获得近井筒范围裂缝参数信息的监测方法。这类裂缝监测技术通常作为选择应用技术的补充，主要包括放射性同位素示踪剂法、温度测井、声波测井、井筒成像测井、井下录像和多井径测井技术。

放射性同位素示踪剂法是在压裂过程中将放射性示踪剂加入压裂液和支撑剂，压裂之后进行光谱伽马射线测井。温度测井用于测量由于压裂液注入导致的地层温度下降，将压裂后测井和基线测量进行比较，可以分析得到吸收压裂液最多的层段。声波测井利用压裂液进入井筒的声音变化情况能够确定压裂液流动的差异，从而得到井筒裂缝的大致高度。井筒成像测井可以获得天然和诱导裂缝的定向图，提供有关最小主应力方向的信息。井下录像可以直接观察不同射孔方向的压裂液流情况，从而确定井筒附近裂缝的扩展情况。多井径测井（又称为椭圆度测井）可以提供井筒崩落的方向和椭圆率，这可以解释最大主应力方向，由于裂缝的延伸方位与最大主应力方向一致，故可获得裂缝的延伸方位。

直接近井筒裂缝监测技术需要在压裂后马上测量，不具备实时监测的功能。而且很多方法仅能获得近井筒范围内的裂缝参数，如放射性同位素示踪剂测井；另外，如果沿井筒方向的裂缝高度很高或者不完全沿井筒方向扩展则会造成仪器测不到，无法获得裂缝扩展更细节的信息。

d　分布式声传感裂缝监测（DAS）

分布式声传感裂缝监测（DAS）方法是利用标准电信单模传感光纤作为声音信息的传感和传输介质，可以实时测量、识别和定位光纤沿线的声音分布情况。

壳牌加拿大分公司于 2009 年 2 月首次将该技术应用于裂缝监测和诊断的现场试验，结果表明该技术可以有效优化水力压裂的设计和施工，从而降低完井成本及提高井筒导流能力和最终采收率。

分布式声传感裂缝监测系统将传感光纤沿井筒布置，采用相干光时域反射测定法（C-OTDR），对沿光纤传输路径的空间分布和随时间变化的信息进行监测。该技术的主要原理是，在传感光纤附近由于压裂液流的变化会引起声音的扰动，这些声音扰动信号会使光纤内瑞利背向散射光信号产生独特、可判断的变化。地面的数据处理系统通过分析这些光信号的变化，产生一系列沿着光纤单独、同步的声信号。图 8-13 所示为分布式声传感系统裂缝监测示意图。

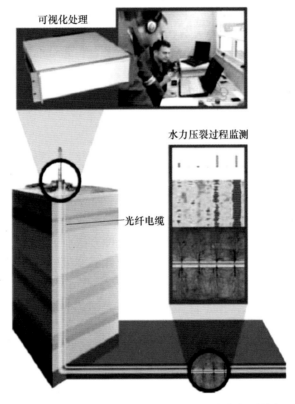

图 8-13　分布式声传感系统示意图（图片来自贾利春）

每个声信号对应于光纤上 1~10m 长的信道，比如 5000m 长的井下光纤按 5m 长信道可以产生 1000 个信道。将收集的原始声音信号数据传送到处理系统，对这些信号进行解释处理和可视化输出。通过实时分析 DAS 地面系统采集的数据，可以获得压裂液和支撑剂的作用位置，实现优化压裂液和支撑剂作用位置，通过诊断压裂设计的效果，在施工过程中和后续施工中实现成本优化。

e　地面电位法

直流电法勘探是当前国内外地质调查、找矿、找水和解决地质灾害及岩土工程问题的一种重要勘探方法。其勘探原理是以岩石的电阻率差异为基础，人工建立地下稳定直流电场，按某种电极装置形式沿测线逐点观测，研究可测量范围内岩矿石的电阻率变化，查明矿产和研究有关地质问题。电阻率的差异是应用电法勘探地面电位法的前提条件。

水压致裂裂缝监测过程中通常使用有源大地电位法。即在压裂施工过程中，如果所用的压裂液相对于地层介质电阻率相比差异较大，则这时向地层供电会由于大量压裂液的存在使原来地面电场的分布形态发生变化。不同形态的水力裂缝形成不同的场源，在地表形成不同形态的大地电场分布。在压裂井周围环形布置多环测量电极，并采用高精度的电位观测系统测量压裂前后的电位梯度变化，进行一定的数据处理，就可以解释裂缝方位、长度、裂缝对称性及产状。电位法监测技术的测试数据解释与井下测斜仪监测资料符合程度高，资料可信度强，并且测试设备相对较少，操作简单，资料解释速度快，目前在国内外处于领先水平，具有很高的推广价值。

f　其他裂缝监测技术

其他裂缝监测技术还包括井下录像、声波测井及井径测井等。井下录像技术可以通过井下电视对井下的各种复杂现象进行直接观测，获取常规测试无法得到的复杂现象和资料。声波测井是利用声波在岩石等介质中传播时幅度的衰减、速度或频率的变化等声学特性来研究压裂裂缝的一种测井方法。井径测井是通过测量由于裂缝引起的井径的突变来研究裂缝的一种方法。这些方法均属于裂缝监测的辅助方法，可以帮助工程人员更准确地认识井下裂缝的形态及方位。

B　水压致裂裂缝检测仪器

国外早在 1962 年就由 Biot 首先提出利用微地震技术对压裂裂缝进行识别；1992 年美国品尼高（Pinnacle）技术公司首次将微地震监测技术投入现场试验；1997 年以后逐渐进入商业化应用。从目前各种检测方法对比来看，都不同程度存在自身的优点和局限性；为了准确、全面进行压裂施工后分析、识别人工裂缝特征，需要采用先进技术、结合多种方法、相互对比进行综合诊断。

a　埃克森美孚——三轴井眼地震仪（TABS）

（1）工作原理。利用声波方法推断水力压裂裂缝的几何形状。既可以在压裂期间直接下入施工井，也可以在一口或多口相邻的观测井中应用。仪器整体设计规格不受井口防喷管限制。

（2）技术特征。TABS 由一列声波接收器组成，在仪器短节之间有"挠曲连接部件"，这种连接部件在旋转方面是刚性的，在弯曲方面又是柔性的，使得每个夹臂能够独立地固定在套管上，便于接收器定向。一体式 Gyrodata "速率陀螺"仪用于提供所有接收器的方向，不必使用邻井检验放炮资料确定仪器方向；开发的遥测技术，采用常规七芯电缆将数据实时传送至地面，具有更高的带宽；开发的处理注入"压裂井口"可减轻压裂处理期间的电缆冲蚀。

（3）井下仪器。TABS 仪器由 3 轴接收器、数据遥测短节和陀螺短节组成。接收器位于仪器的顶部、中部和底部。遥测短节位于顶部和中部接收器之间，钻铤定位器短节在顶部接收器之下，压力和温度传感器遥测短节的底部；陀螺短节位于中部和底部接收器之间；在仪器底部可以使用机械弹簧偏心器或缓冲器短节；仪器总长度大约 21m。其关键部分是短节之间的"挠曲连接部件"，其由低模量钛质材料制成，外径较小，弯曲性较好；连接部件的中心有一个孔，允许电子接头间连续通过。

（4）地面及井口设备。TABS 地面设备由架式安装的外壳组成，含有电子模块、电力供应和计算机系统。电缆接口电路具有标尺和控制设备，可调节电缆长度，读取仪器的电压和电流数据；信号从接口电路传送到位于架式安装的 PC 上的数据采集板上。

b　法国 SIMFRAC 压裂微震仪

（1）仪器原理。SIMFRAC 探测器是一种声波仪器，安装有一个三轴向加速度器、压力和温度测量仪。探测器连接在一根标准的单芯或七芯测井电缆绳上放入准备压裂或注水的井中，从探测器发送的高速数字信号传输到地面的采集系统。在流体压裂下降期间，SIMFRAC 工具通过加速度器记录与裂缝闭合相关的地震活动信息，假设速度模型是已知的，则可通过不同的地震活动进行裂缝勘测，根据 P/S 波列解释他们的位置，可用于确定水力压裂产生的裂缝或已存在裂缝的方向及延伸长度，尤其适用于水平井段。

（2）仪器特点。此类工具通常使用地震检波器或井斜仪采集信息，该仪器使用了加速度计，具有较大的带宽，且仪器测量段安装了隔声系统，能阻止因测井电缆振动产生的机械噪声；直接用于生产井，监测生产井周围的裂缝，信息更准确；电缆较细，可以施加更大的压力，不会出现由于泵压造成的跳动现象；高速实时传输，实时处理数据，出结果更快；额定工作温度 150℃，额定压力 133MPa，耐 CO_2-H_2S 环境。

c　哈里伯顿微地震成像仪（FracSeis）

美国哈利伯顿公司（Halliburton）主要在增产措施井下作业技术和工具研发方面处于领先地位；它与品尼高公司（Pinnacle）合作开发的最新压裂地震绘图（Fracseis）技术正在油气井改造评价中广泛应用。

（1）技术原理。在储层顺层理面上或者在邻近水力裂缝的天然裂缝上，通过对剪切滑脱作用产生的微地震进行监测形成裂缝图像；凭借安装在补偿井中预定深度的井下接收器排列组合，获得微震活动生成的裂缝微震；如果无法提供邻井监测，可以直接下入施工井采集裂缝成像数据。

（2）技术特点。邻井测斜仪成像绘图技术是目前业内微地震技术领域唯一最具经济性、能直接测量水力压裂裂缝，包括长度、高度、宽度及时间的工艺技术；在增产改造泵送作业中，当人工诱导裂缝走向偏离产层中，它具有自动暂停的功能；该微地震裂缝成像的结果可以校准和修订压裂裂缝发育模型；根据现场需要，可随时调整压裂方案，达到实时测量、优化施工、节省成本之目的。

d 斯伦贝谢水力压裂监测仪（VSI，StimMAP）

美国斯伦贝谢公司（Schlumberger）在油藏评价，尤其在电缆测井及井下成像技术方面占据优势，于 2008 年推出了 StimMAP Live "增产施工实时绘图" 技术。

（1）仪器性能。采用的多用途地震成像仪（VSI）具有非常出色的向量保真度；VSI 仪器放置在电缆上，每个传感器包都应用三轴定位技术，通常配制 8 个传感器包；这些传感器设计时考虑了与整个仪器主体的声学隔离，同时在水力压裂监测（HFM）作业时实现与套管的声学耦合；在记录微地震活动信息时，这种设计有助于最小化噪声和最大化数据质量；还可以根据现场实际，对传感器数量及其在多功能地震成像仪上的间距进行适当调整。

（2）工作原理。声发射测量，斯伦贝谢 VSI 仪器采用三轴（Y，X，Z）检波器和加速度器通过隔离弹簧实现与整个仪器主体的声学隔离，可采集高保真地震数据；VSI 仪器通过一个强力锚臂实现与套管或地层的机械耦合；在作业之前，可利用内部震动器来测量耦合质量；为了增加垂向覆盖范围，可以安装多达 40 个传感器包，不过通常 HFM 作业中一般使用 8 个传感器，VSI 仪器有直径 $\phi85.7$mm 和 $\phi63.5$mm 两种规格。

e 美国品尼高测斜绘图技术

美国品尼高公司（Pinnacle）是一家以数字视频特技著称于世的高科技公司，成立于 1992 年，从事水力压裂裂缝诊断技术和软件研发，主要产品有地面测斜、邻井测斜、压裂井测斜仪与绘图技术。2000 年以来，品尼高与哈里伯顿合作，开始将水力压裂裂缝诊断技术用于压裂施工井中直接进行人工裂缝检测，避免了在邻井中安放倾斜仪必须关井停产的操作，使原来由于井距的因素导致绘图传导效果不好的地方能够采用测斜仪进行实时绘图；截至目前已经在油气压裂施工井或观测井中安置测斜仪，对上千口水力压裂井里直接进行裂缝检测绘图诊断；2008 年品尼高公司正式并入哈里伯顿。

8.2.1.4 国内外研究现状

水压致裂矿岩预处理最初被引入到崩落采矿是通过 ICS（International Caving Study）项目。A. Van 等人（2004）提出水压致裂可以用于对待崩落矿岩进行预处理，可以从根本上降低硬岩矿崩落伴随的风险。该技术被证明是一种在崩落诱导、微震管理、崩落速率以及降低破碎块度等方面非常经济的方法。水压致裂技术首次在崩落采矿中的应用是在澳大利亚 Northparkes 矿的 E26 矿体，主要目的是使停止的崩落过程重新激活。A. Van 等人（2000）指出该技术是一种极其廉价的诱导崩落方法，并认为该方法将可用于崩落预处理，从根本上降低硬岩矿体崩落开采的风险。在 Northparkes 矿成功开展的水压致裂诱导崩落项目使该技术在崩落采矿中的应用得到了更多的关注。A. Van 等人（2004）对 Northparkes 矿 E26 矿体的水压致裂现场试验进行了介绍，主要是监测水力裂缝扩展和评价致裂对岩体强度和地应力的影响。水力裂缝尺寸采用钻孔和微震监测系统进行监测，水力裂缝的方向采用倾斜仪和应力变化监测进行评估。监测结果表明水力裂缝的半径从入射点以近水平方向扩展至 30~50m，并垂直于 σ_3 的方向。采用致裂后岩体 P 波速度对水力压裂岩体质量进行了评价。研究表明水压致裂预处理对微破裂岩体的效果比高度破裂岩体效果好，但存在一个临界的节理密度值，高于该值时预处理效果不佳。

E. Chacon 等人于 2004 年在智利北部的 Salvador 矿开展了水压致裂预处理矿体和降低破碎块度的试验研究。在中心注入孔周围布置了 10 个监测钻孔，用于监测破裂压力、生成速率、裂缝开启压力和应力变化等，其在水力压裂实施前、中、后不同时期均开展了跨孔地震波速测井。

K. W. Mills 等人（2004）对澳大利亚 Northparkes 矿和智利 Salvador 矿开展的基于钻孔应变仪监测岩体中水力裂缝生成和扩展时的应力变化进行了介绍。这些仪器设备对邻近破裂面的水力裂缝引起的应力变化非常敏感。通过对应力变化的分析可以判断裂缝的方向以及非对称裂缝的生成，这些有助于对破裂行为有更深的认识。

P. J. Jorbert（2010）介绍了在自然崩落法开采矿山中对水压致裂引起的微震监测结果。采用频率滤波和时域方法对单个微震事件进行了隔离，震源定位采用直射线方法；然后采用双差分方法对一组微震事件进行重新定位，而且这些定位被用于描述水力裂缝。采用该技术对几个不同的破裂面的几百个微震事件进行了定位。对于很多的破裂面，定位很明显是平面的，可以得到走向和倾角。还对单个裂缝的时域演化进行了分析，可以用于评价传播速率。

A. Catalan 等人（2016）针对纽克雷斯特矿业公司（New Crest Mining）的 Cadia East 矿体复杂的地质条件以及高产率的要求，开发并应用了一种基于水压致裂与受限爆破相结合的岩体预处理方法，可帮助改善矿岩的可崩性。现在 PC1-S1 矿体的密集水压致裂预处理已经完成，共钻进 21 个孔，生成了 1182 个水力裂缝。其中 761 个裂缝在孔口以下 200~350m 段且致裂间距为 1.5m，421 个裂缝在 50~200m 段且致裂间距为 2.5m。对于爆破预处理，共钻进了 23 个上向孔，共成功实施了 75555kg 炸药的爆破作业。

考虑到深部矿体崩落开采时崩落过程会因崩落速率减慢而无法传播至地表以及形成空区等风险，R. J. Lowther 等人（2016）详细介绍了在 Cadia East Panel Cave 1（CE-PC1）矿体开展的从地表实施的水压致裂项目（包括设备、策略、实施及风险管理等），使崩落过程成功穿过上覆 450m 的完整岩体并延伸至地表。

S. Webster 等人（2016）根据 Northparkes 矿 E48 崩落矿块目前崩落区北部和南部依然存在可经济回收的矿体，针对这部分矿体进行了可崩性模拟，结果表明崩落过程不会传播到足够高度，而是趋向于在现存崩落区成拱。

为了降低项目风险，开展了水压致裂岩体预处理。C. Pardo 等人（2016）基于 El Teniente 矿在深部崩落采矿中面临的新挑战，提出了一个新的采矿项目，该项目的开展很大程度上依赖于在 El Teniente 矿主矿体开采历史中积累的经验和教训，尤其是矿震控制、崩落管理以及运行实践中的知识。前期的经验表明矿震等可以通过采用大范围水压致裂预处理得以有效管理。

水压致裂技术在自然崩落法采矿中的应用与其在页岩气、地热开发领域以及地应力测量领域中的应用存在一些不同，图 8-14 和 8-15 所示分别为水压致裂在不同领域中运用的主要技术参数比较。以页岩气领域为例作比较，不同之处主要有以下几点：

（1）水力裂缝尺寸。崩落采矿法中的水力裂缝半径一般在 30m 左右，而页岩气中的水力裂缝可达数百米。

（2）致裂液。崩落采矿法中的致裂液一般不含添加剂和支撑剂，每个致裂缝的注水量在 $8\sim20m^3$，流速为 $5\sim10L/s$；页岩气工业中，在水力压裂过程中会使用添加剂和支撑剂，每阶段的注液量为 $135\sim1000m^3$，流速为 $75\sim250L/s$。

（3）致裂间距。崩落采矿与页岩气开采中的横向水力裂缝通常布置为 $1\sim2.5m$ 间隔和 100m 间隔。

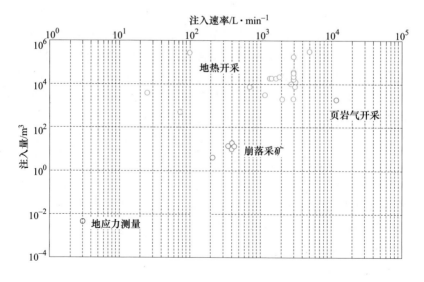

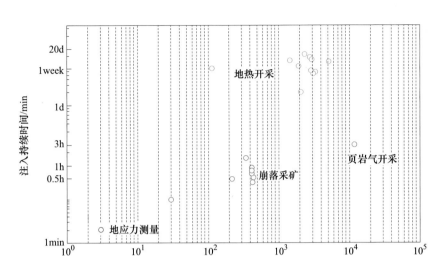

图 8-14 水压致裂在不同领域中的技术参数比较（图片来自 Peter K. Kaiser）

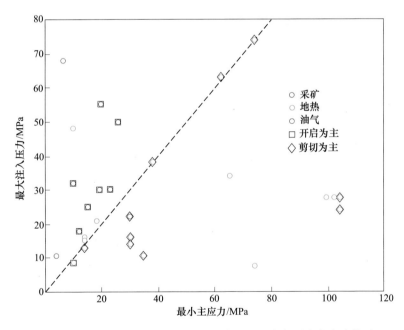

图 8-15 不同领域水压致裂过程中最大注入压力与最小主应力关系
（图片来自 Peter K. Kaiser）

8.2.1.5 案例分析

当前国际上已有多个自然崩落法矿山采用了矿岩预处理技术，例如澳大利亚 Northparkes 矿、Cadia East 矿，智利的 Salvador 矿、El Teniente 矿等，在增强矿岩可崩性、减小二次破碎工程量、降低矿震量级等方面取得了较好的效果，而国内在这方面的研究和应用还属空白。以下是几个国外矿山的案例，通过案例分析可以了解国外自然崩落法矿山在矿岩预处理技术方面的研究现状和取得的经验成果。

A 澳大利亚 Cadia East 矿

Cadia East 矿归属于纽克雷斯特矿业（Newcrest Mining）下属的卡迪亚河谷公司 Cadia Valley Operations（CVO），设计采用盘区崩落采矿法进行开采，由 PC1 和 PC2 两个盘区构成。PC1 盘区位于地表以下大约 1200m，PC2 盘区大约在地表以下 1450m。两个盘区同时开采，总的可采量大约为 1073Mt，其中 Au 的品位为 0.60g/t，Cu 的品位为 0.32%。

水压致裂是为了对矿岩进行预处理，目的在于降低完整岩体质量以获得改善的崩落效果，这已成为 Cadia 崩落采矿中的重要组成部分。2008 年 8 月~2009 年 2 月，水压致裂在 Ridgeway（RWD）矿 80m 矿柱中得到首次工业化应用。Cadia East 在 PC1 和 PC2 矿体中开展了水压致裂项目，这些项目分别在 2011~2013 年和 2014~2016 年完成，用于对 400~550m 的矿体底部进行预处理。图 8-16 所示为在 Caida East PC1 矿体开展的水压致裂矿岩预处理钻孔布置图。

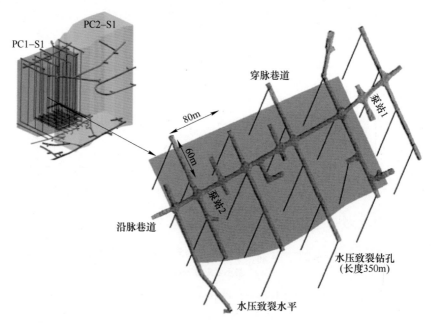

图 8-16 水压致裂作业水平及钻孔布置形式（图片来自 A. Catalan）

在 Cadia East 矿开展这种全矿块矿岩预处理的优势在于：崩落速率可提高 30%；崩落矿岩破碎块度大块率（<2m³）可降低 20%；矿震发生次数多，但量

级降低；崩落前沿应力降低；可改善达产时间，预计 3~4 年矿山即可达到 2200 万吨/年生产能力。表 8-1 为 Ridgeway 矿和 Cadia East 矿的主要致裂参数。

表 8-1 水压致裂项目中的关键参数

矿山	RWD	PC1	PC2
裂缝数	508	1619	2640
致裂间距/m	3	2.5	2
距压裂点长轴/m	50	60	60
距压裂点短轴/m	35	25	30
平均孔深/m	250	350	520
起裂压力（平均值和最大值）/MPa	49~70	48~71	48~76

a 水压致裂矿岩预处理技术参数

水压致裂矿岩预处理作业技术参数对预期的预处理效果非常重要，相关参数见表 8-2。

表 8-2 建议的水压致裂运行参数

项 目	数 值
竖向致裂间距	1~2m
设计裂隙结构	破裂面假定为近水平的圆形，基于岩体条件采用破裂短轴直径（Cadia 矿为 60m），破裂面垂直于 σ_3
致裂钻孔间距	网格 52m×60m
致裂钻孔方位	竖向±20°，这可以加强钻孔稳定性，相对于最小主应力场平行排列，并与崩落工程水平的实际开拓方案相协调

b 矿岩预处理水平工程设计

矿岩预处理水平开拓工程将采用水压致裂矿岩预处理，安装相关仪器设备，包括检波器、智能标记仪以及崩落追踪计。矿岩预处理水平的工程设计应考虑如下方面：

（1）距离拉底水平的垂直距离由需要处理的矿柱高度决定；

（2）水平向开拓工程的布置主要基于水力裂缝扩展范围和方位设计，主要确保待处理矿岩内部产生的裂隙相互交汇；

（3）随着崩落顶板靠近矿岩预处理水平有必要安装采动应力监测系统；

（4）避免水平向开拓工程与崩落空区相互交汇产生空气冲击波风险，需要采用隔墙将人员通行巷道与崩落接触区域分隔开。

c 注入系统需求计算

在注入系统需求计算中有两个关键因素：

（1）裂缝生成。裂缝生成压力或起裂压力就是产生裂缝所需的压力，通常是在一次压裂作业时所达到的最高压力。对于 Cadia East 矿 800m 深度的原始地层，最大起裂压力可以通过下式确定，该方程基于 99% 置信区间的经验值建立。

$$P_c = 0.0447H + 23.4$$

式中　P_c——起裂压力，MPa；

　　　H——距离地表深度，m。

（2）裂缝传播。在 Caida East 矿获得设计裂缝尺寸的推荐致裂时间和流量分别是 30min 和 425L/min。

d　设备

图 8-17 所示是在 Cadia East Lift 1 项目中应用的水压致裂系统。实施水压致裂预处理所需的装备包括：（1）储存和泵送致裂液的装备；（2）用于使裸眼封隔器膨胀的高压泵；（3）用于定位和提升注入管路和封隔器的钻机；（4）将致裂液从高压泵输送至孔内的管路；（5）伸入孔内并将致裂液注入封隔器间的管路；（6）记录注入压力和流量的仪器；（7）膨胀式跨位封隔器。

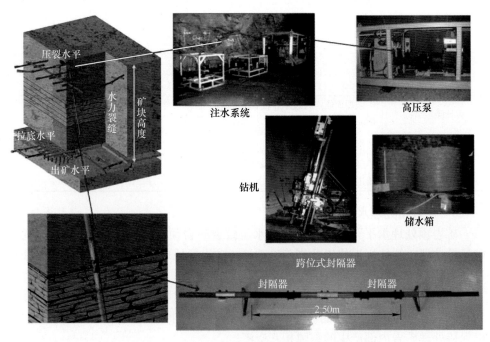

图 8-17　Cadia East Lift 1 项目水压致裂预处理系统（图片来自 A. Catalan）

e　水压致裂的作用

（1）崩落传播。通过引入新的水平裂隙增强矿体可崩性，对于消除或降低空气冲击波风险以及改善出矿效率起到直接和积极的效果。

（2）破裂块度。减少了进入放矿口的大块数量，对于产能提升具有积极影响。为了使该效应最大化，需要尽可能在拉底水平高程就开始压裂以增加裂隙。

（3）减小地震灾害。对于拉底或崩落传播过程中的最大地震事件量级有削减作用。

上述主要介绍了澳大利亚 Cadia East 矿在井下开展的水压致裂矿岩预处理项目。为了使该矿山崩落贯通至地表，在地表也开展了水压致裂矿岩预处理作业，主要用于对崩落区上覆岩层进行预处理，防止因崩落缓慢或中止形成大空区（Air gap），避免造成冲击气波灾害。

图 8-18 所示为 Cadia East 矿 PC1 盘区主要水平布置图。在拉底范围达到临界水力半径后即开始自然崩落，从 4790 拉底水平崩落至 5050 水平（垂直距离大约 260m）时的平均崩落速率在 3.0~4.5m/d，随后崩落过程持续发展至 5300 水平，此时崩落顶部出现了变窄或缩颈现象。这可能是因为随着崩落向上发展，崩落区岩体所处的埋藏深度降低引起原岩地应力削减，以及上覆岩层地质结构完整性趋好。随着崩落传播至 5470 水平，崩落顶部形成了一个朝东的倒角以及稳定拱（如图 8-19 所示）。在这种情形下，Cadia East 矿开展了一项用于确保崩落过程连续扩展至地表的崩落触发项目，即地表水压致裂矿岩预处理。

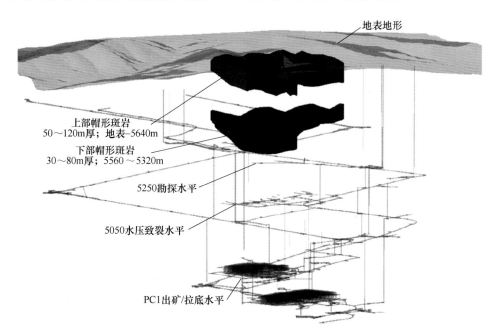

图 8-18　Cadia East 矿 PC1 盘区主要水平布置图（图片来自 R. J. Lowther）

在开展地表水压致裂矿岩预处理时采用了与 Cadia East 矿井下相同的压裂系统，包括高压泵、阀组、封隔器、电机控制中心以及水压致裂控制室等。图 8-20 所示为地表水压致裂系统布置示意图，图 8-21 所示为现场实际装备图。考虑到露天地表附近没有可利用的电力或水管，现场使用了一台 1200kVA 柴油发电

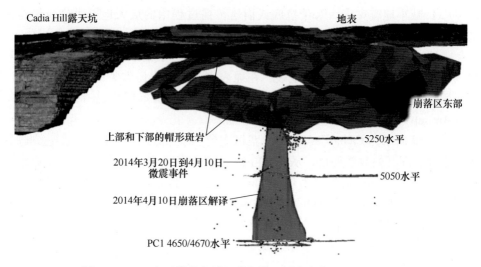

图 8-19　PC1 盘区崩落发展至稳定拱（图片来自 R. J. Lowther）

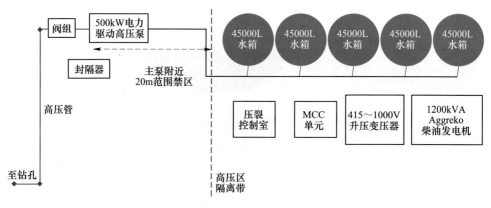

图 8-20　地表水压致裂系统布置示意图（图片来自 R. J. Lowther）

图 8-21　地表水压致裂装备（图片来自 R. J. Lowther）

机，并通过一台变压器将 415V 转换为 1000V 可供现场系统正常运行的电压。现场布置了 5 个 45000L 的水箱并排连接，可实现最大储水量 225000L，用于满足单日的压裂用水量。上述压裂系统布置在距预测崩落贯通区域 100m 外，部分可快速移动的设备如钻杆等可放置在预测崩落区以内。

对于钻孔水压致裂，由于压裂结束后封隔器内外的静水压力保持平衡使得封隔器可收缩，这样封隔器就可以在钻孔内上下提升。在地表水压致裂矿岩预处理过程中，水力裂缝与崩落空区贯通后，压裂钻孔内的水会从裂缝中泄漏，压裂结束后因钻孔内无水，使得封隔器在内部静水压作用下不能够收缩，会造成封隔器卡孔事故。为避免这种事故的发生，对封隔器结构进行了一定的改装，图 8-22 所示是改装过的 CSIRO 集成水压致裂封隔器，主要是在封隔器顶端的止回阀上加工了 2 个小刻槽，使得压裂结束后钻杆中的水可以缓慢排出。

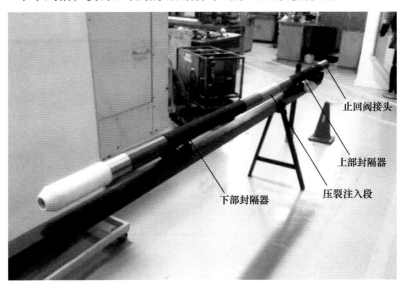

止回阀接头

上部封隔器

压裂注入段

下部封隔器

图 8-22　CSIRO 集成水压致裂封隔器（图片来自 R. J. Lowther）

通过在地表 3 个钻孔开展水压致裂矿岩预处理，共产生了 245 条水力裂缝，图 8-23 所示为地表水压致裂钻孔及各钻孔压裂后产生的水力裂缝，图 8-24 所示为某钻孔水压致裂过程中监测的压力、流量随时间变化曲线。通过布置在压裂钻孔周边 20m 远处的观测孔可看到水从孔口套管中涌出，如图 8-25 所示。

地表水压致裂矿岩预处理完成后，通过常规崩落倾斜监测，表明崩落顶部水力半径已达 25.8m，迫使在地表沉降危险区内的钻机及相关设备应及时撤出。经历了一段时间的小型崩落之后，崩落过程开始按大约 10m/d 的平均速率扩展。当崩落到达 5720m 水平时，崩落速率峰值达到近 65m/d，并在 5851 水平崩落贯通至地表。

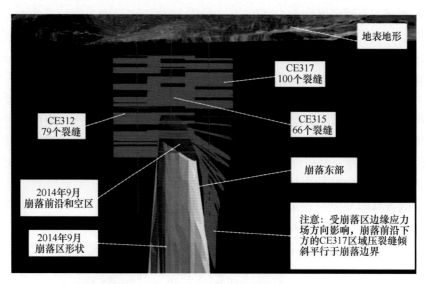

图 8-23　水压致裂钻孔及水力裂缝（图片来自 R. J. Lowther）

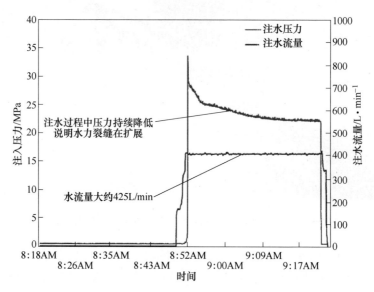

图 8-24　某钻孔 252m 深度处水压致裂过程中的压力-流量-时间曲线
（图片来自 R. J. Lowther）

B　智利埃尔特尼恩特矿

特尼恩特（El Teniente）矿（如图 8-26 所示）的矿石铜品位低、强度高、可崩性一般，是目前世界上最大的地下铜矿山。采矿活动发生在复杂的高应力地质环境中，引发了片帮、垮塌及岩爆等岩体稳定性问题。埃尔特尼恩特矿在其他

图 8-25 观测孔中涌水现象（图片来自 R. J. Lowther）

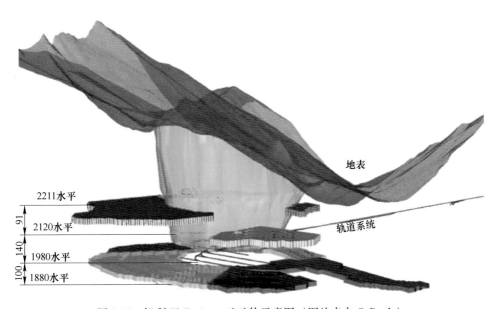

图 8-26 智利 El Teniente 矿矿体示意图（图片来自 C. Pardo）

矿山开采经验的基础上，采用水压致裂矿岩进行预处理后最大的矿震量级不超过2.1。2010 年以后在传统的拉底方法的基础上增加了水压致裂方法（如图 8-27 所示），充分利用水压致裂矿岩预处理技术改善岩体条件，增强矿岩可崩性，使采动应力对矿柱的影响降低，减小了矿震灾害的发生。

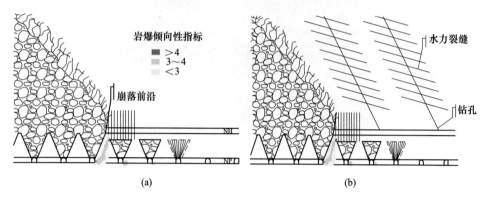

图 8-27　El Teniente 矿原生矿 2010 年前后开采方法的变化（图片来自 C. Pardo）

(a) 1982~2010 年；(b) 2010~2015 年

水压致裂矿岩预处理技术于 2005 年引入 El Teniente 矿，从 2010 年开始得到广泛应用，通过在不同矿区的拉底水平钻竖向孔进行水压致裂，截至目前，已经压裂了超过 1 亿立方米的矿岩。

C　澳大利亚 Northparkes 矿

在 Northparkes E26 矿进行水压致裂预处理试验之前，利用施工中的第二中段斜坡道超前开展了水压致裂试验工作，在该试验中两条水压裂缝已经形成。这个试验的目的是绘制水压裂缝，并记录他们的方位、长度以及与天然节理之间的相互作用。压裂液中含有荧光素以及塑料支撑剂，应用这些辅助料剂可以对沿斜面压裂缝进行可视化追踪。支撑缝（追踪发展的裂缝）映射在斜井上的长度超过20m（如图 8-28 所示）。压裂缝有 2/3 的长度出露在一个已有的近水平剪切带中。

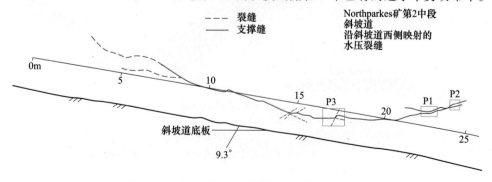

图 8-28　Northparkes E26 矿水压裂缝轨迹映射（图片来自 A. Van）

另外，压裂缝的一些次要分支映射在剪切带外部。证据表明，压裂液从注入孔侵入矿体达 70m。

该矿主要的预处理试验是在 9700mRL 水平（即第二中段出矿水平上部 250m）进行。9700mRL 水平之前是作为勘探钻孔施工水平，因此该水平有大量的金刚石取芯钻进的勘探钻孔（孔径 ϕ75.7 mm）。这些钻孔沿南北定向布置，且分布在 8 个小凿岩硐室中，硐室中心间距为 25m。勘探钻孔在凿岩硐室中呈扇形布置。在第 5 个硐室中心进行水压致裂孔（孔径 ϕ96.1 mm）钻进，其倾角 56°，方位角 118°，以便于利用周围现有钻孔对水压致裂钻孔进行监测（如图 8-29 所示）。场地特征包括地质情况、岩石性质测量、微型水压致裂应力测量及震动速度分析。

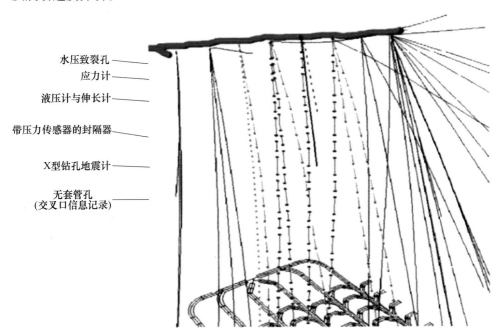

水压致裂孔
应力计
液压计与伸长计
带压力传感器的封隔器
X型钻孔地震计
无套管孔
（交叉口信息记录）

图 8-29　Northparkes E26 矿 2 中段 9700 水平水压致裂预处理试验监测仪器布置等距视图
（图片来自 A. Van）

监测仪器设备包括近距离监测系统和远距离监测系统，其中大多数的近距离监测仪器包括应力变化计、液压计、伸长计以及封隔器系统。封隔器系统含有安装于钻孔（与注入孔最近的钻孔）内的井下压力传感器。其中一些现有钻孔则仅作为无套管钻孔（裸孔）使用。这些钻孔与水压裂缝之间的任意交叉点可导致水从套环或钻孔中流出，并且可以提供水压裂缝的几何形状及其传播扩散速率等重要信息。远距离监测仪器包括矿山地震系统（用于增强扩充实验）、井下地震系统以及大量遍布于矿山的倾斜仪（主要在 9700m 水平）。

使用封隔器（在无套管孔中的长度为 0.5m）产生的破裂压力诱导水压裂缝的形成和发展。在预处理试验中，进行了八处压裂操作（压裂处理过程），主要是在厚达 80m、伸入矿体倾角 35°~45°的闪长岩岩床中进行。在大多数压裂操作过程中，通过使用液压计、伸长计和封隔器监测点对交叉口的情况进行记录。压裂缝方位通过倾斜仪监测和应力变化仪测量获得。同时，对倾斜仪测量的数据进行分析，得到与裂缝体积相关的信息，而应力变化仪测量数据可提供与每条压裂缝诱导应力变化以及裂缝发展特性（张开及剪切）相关的信息。

致裂产生的近水平裂缝从注入点开始延伸，长度达到 30~50m。其中，张开型裂缝与测量的较小原岩主应力方向垂直。试验发现裂缝增长受到应力梯度、岩性以及岩体结构的影响。水压致裂导致岩体特性参数发生的变化包括：

（1）通过采用水压致裂产生的节理频数；

（2）通过岩桥破坏、诱导的剪切破坏以及进入节理内部的加压流体形成的节理状态；

（3）通过增加的孔隙压力、张开和闭合裂缝、沿裂缝产生的剪切以及不断减小的主应力差异形成的应力状态。

尝试对这些改变以及对岩体分类的作用进行量化被认为是推测性的。根据钻孔声波测试以及微震发射监测（确定水压致裂影响区域）结果，在水压致裂对岩体特性产生的累积效应方面所做的量化工作上已取得诸多成功。钻孔声波测试获取了穿透水力压裂区域岩体的压缩波或 P 波速度 V_P（包括压裂处理前、压裂处理中及压裂处理后）。之前大量学者已经发现 P 波速度 V_P 随着裂缝频数增加、RQD 值降低、孔隙度升高、密度降低以及裂隙或孔隙中含水率增加而降低。Barton（2002）发现了 V_P 和岩体质量指标 Q 值（巴顿 Q 分类）的相互关系。在 Northparkes 矿的预处理试验中，水压致裂后的岩体 P 波速度降低了约 15%，岩体质量指标 Q 值相应地从 3.8 降低到 1.2。

D　智利 Salvador 矿

在智利 Salvador 矿 Inca East 区 2600 水平，对尺寸 100m×100m×100m 的矿块进行了全面水压致裂预处理试验。崩落形成的块度增长程度是 Salvador 矿关注的焦点。沿中心注入孔周围钻凿的 10 个监测孔对裂缝压力、裂缝增长速率、裂缝张开度和应力变化进行监测。在水压致裂前后和水压致裂过程中都需进行孔间地震速度的测量。

2002 年，在进行主要预处理试验之前，先在竖直中心孔的套管下部深 27~49m 的位置形成了 5 条压裂缝。这项工作主要是用于测试新压裂泵的运转以及确定形成的压裂缝方位，这样可对主要注入孔和监测孔进行准确定位。声波扫描显示裂缝轨迹近乎是垂直的，并且留下了向西倾斜的孔。因此，注入孔和监测孔应向东倾斜 60°进行钻凿。

在 Salvador 矿预处理试验现场进行了 10 处压裂处理操作。每分钟往注入孔注入 400~600L 的压裂液，形成的压裂缝半径达到 40~50m。试验发现，裂缝朝注入孔的北部和东部发展增长，并且受到的限制较少，而往南部和西部方向裂缝没有发展。以上现象被认为是存在一个走向南东的贯通性断层或因剪切带阻断了裂缝的发展造成的。

图 8-30 所示为 57.5m 深处孔内声波扫描压裂缝孔壁轨迹。初始压裂缝为轴向裂缝，由于应力沿着钻孔边缘分布，因此压裂缝发生转向并与原岩应力场相一致。压裂缝走向为北-南方向，但是倾角从钻孔东侧 59°变为向西约 75°。在裂缝适应原岩应力场发展过程中，形成大量的"雁列式"分支裂缝，这导致了压裂液的流失。

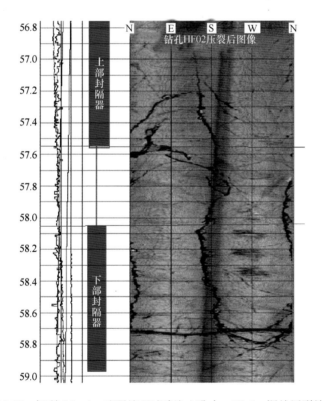

图 8-30 智利 Salvador 矿预处理试验注入孔中，57.5m 深处压裂缝声
波扫描记录（图片来自 E. Chacon）

其中两条压裂缝穿过拉底水平上部矿体，并获得了有关裂缝尺寸及压裂缝与岩体中天然裂缝之间相互作用的信息。在注入孔中，这两条压裂缝分别位于深 111.5m 和 117.5m 处。混合了交联凝胶液的红色塑料芯片用于深 117.5m 处的压裂缝，混合了线性胶液的黄色塑料芯片用于深 111.5m 处的压裂缝。在 2003 年 1

月，通过注入孔（处于拉底水平上）底部附近的巷道掘进进行了压裂试验，压裂缝的可见轨迹映射到巷道边帮上。大多数水力压裂路径穿过带有天然节理、纹理或充满节理的新鲜岩体中。小部分达 20mm 长的裂缝路径发生在弱天然裂隙或渗透性天然裂隙中。与浅部水压裂缝相比，两条深部贯通裂缝都是向东微倾的。Chacon 等人（2004）认为压裂缝倾角随高度的变化可能是水力压裂接近崩落前锋时的相互作用引起应力旋转的结果。

测量得到的应力变化相当于 2MPa。应力变化数据在一定程度上衡量了压裂缝的方位，即呈向西倾斜 75°的近垂直状态。这个方位同时得到监测孔交叉点以及 2600 水平巷道交叉点的证实，这与在描述阶段的测量应力场相一致。

孔间地震监测数据表明由于 8 条压裂缝位于 60m 扩散区域内的 20m 范围中，地震速度发生了较大变化，可以推断出在处理区域中的岩体强度明显降低。事实是，在处理区中，水压裂缝穿透完整岩石后成为岩体中的新生裂隙，这表明原岩块度得到改善。

8.2.2 钻孔爆破矿岩预处理

8.2.2.1 基本原理

钻孔爆破矿岩预处理（Pre-conditioning by Drilling and Blasting）是指向待崩落区钻进深孔并通过装填炸药进行爆破，使炮孔周边矿岩在爆轰气体和应力波作用下产生破碎或破裂，达到增强矿岩可崩性、减小大块率的目的。正如通过水压致裂对目标矿岩进行预处理可以改善矿岩可崩性和块度特性，通过合理设计的钻爆工程也可以对岩体特性进行相似的有利改变，例如生成新的破裂面，扩展、剪切或打开原有破裂面。例如，20 世纪 60 年代美国科罗拉多 Urad 矿自然崩落过程中当崩落没按预期发展时，尝试使用了深度 75m、直径 ϕ76mm 的深孔钻爆工程，但在诱导崩落方面并不成功。然而，该辅助崩落项目在相比 Urad 矿可行性方案中以极小的贫化率生产了约 150 万吨的破碎矿石。

通过钻孔爆破预处理已经在硬岩金属采矿业中用于限制岩爆发生率和严重程度，在南非的深部金矿、美国的 Coeur d'Alene 采区以及加拿大 Sudbury 的镍矿开采中取得了一定成功。基于岩爆是由不稳定的脆性破裂或滑移产生的假设，Brummer 和 Andrieux（2002）提出减压爆破的现实目标是：（1）通过形成微裂隙增加岩体的均质度以及降低岩体的刚度，通过在内部接触面的致裂和摩擦滑移使岩体内部能量消散；（2）在原生破裂面上增强剪切变形。

在一些自然崩落法项目中，通过钻孔爆破预处理可以减小应力以及崩落前沿的岩爆倾向。尽管通过钻孔爆破对崩落矿岩进行预处理的理念并不新颖，但直到近几年才开始考虑在坚硬岩自然崩落法开采中开展工业应用。

8.2.2.2 国内外应用现状

钻孔爆破预处理技术是从减压爆破发展而来，Chacon 等人（2002）对在 Rio

Blanco 矿 Panel Ⅲ 的钻爆预处理工业试验进行了描述，其目标是确定在 Rio Blanco 矿生产中应用这种预处理技术的可能性并同时改善主矿体的可崩性和块度。现场试验分成了 3 个小的现场试验，用于确定控制受限爆破的主要参数。随后开展了全面的应用。Liu 等人（2003）在 Brunswick 矿开展了 2 个大尺度的受限减压爆破。两次爆破预处理均认为是成功的，因为爆破后的微震活动明显减少，而且应力转移到了其他区域。在这些应用中，爆破预处理是一种降低应力集中的有效方法。随后，Andrieux 和 Hadjigeorgiou（2008）提出了一个经验减压程度指数（De-stressability Index），用于评估在大尺度受限减压爆破中的成功程度。几个成功的案例，如 Fraser 矿、Brunswick 矿以及最近的 Onaping 矿，被用于验证这个指数的可行性。Brown（2007）强调在 Codelco 的 Andina 矿采用钻孔爆破矿岩预处理可以明显改变自然崩落采矿法的模式。例如，可以提高矿石处理系统的效率，或有助于其他连续化装备用于自然崩落法采矿。

8.2.2.3　案例分析

A　智利 Andina 矿

智利 Andina 矿接近地表的氧化矿体都为不稳固的次生矿，下部隐伏矿体为稳固的原生矿。如图 8-31 所示，与预期相同，原生矿和次生矿之间的接触体既不是水平的也不是规整的。在 Andina 矿次生矿体使用机械化方法开采，而对于稳固性更好、更多大块度的原生矿体则推广应用灵活布置的铲运机方式进行开采。

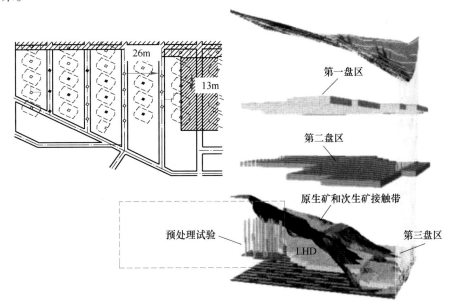

图 8-31　智利 Andina 矿井下总体布置与Ⅲ盘区预处理试验布置（图片来自 J. Sougarret）

　　为改善原生矿的可崩性和崩落块度，采用钻孔爆破技术在 Andina 矿Ⅲ盘区西南角 7000m² 区域上部进行工业生产预处理试验。2001 年 9 月 28 日下午 4 时，在 Andina 矿的Ⅲ盘区开展了一次钻爆矿岩预处理工业试验。如图 8-32 所示，从

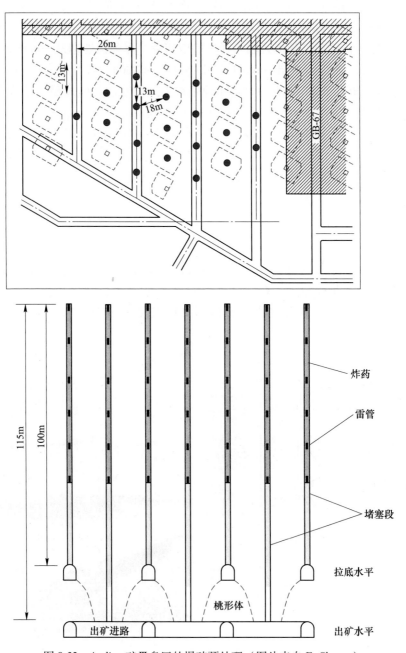

图 8-32　Andina 矿Ⅲ盘区的爆破预处理（图片来自 E. Chacon）

出矿水平和拉底水平向上钻了 19 个直径为 ϕ140mm 的竖向炮孔，炮孔长度 100~112 m。表 8-3 中列出了这次钻孔爆破预处理的详细技术参数。该试验主要聚焦于对块度的评价，对 38 个放矿点进行了持续 6 个月的监测。对预处理区和未预处理区进行比较的，结果表明，相比未预处理区域，预处理区在块度尺寸上减小了 50%。此外，没有发现像未预处理区非常普遍的高位悬顶现象，二次破碎量也减少了 50%。通过这次全尺度的应用可以得到另一个更加值得注意的结论，就是在完整或坚硬矿岩条件下通过钻孔爆破技术进行岩石预处理可以取得合格的崩落块度。说明爆破预处理技术可以减少崩落块度和改善后续的自然崩落法采矿效率。

表 8-3 Andina 矿Ⅲ盘区的钻孔爆破矿岩预处理参数

钻孔数量	19
钻孔长度	100m 和 112m，直径 ϕ140mm
炸药量	乳化炸药，1.15g/cc
气爆系统	电子雷管，延期时间 26ms
起爆点	沿炸药柱每 8m
起爆时间	同时起爆
炸药量	29500kg
装药长度	85m
覆盖面积	7000m^2

图 8-33 所示为预处理区放矿点出矿块度与原生矿正常情况下（无预处理）放矿点的出矿块度比较。图 8-34 中的粒度曲线进一步说明了预处理在改善矿块崩落块度上的作用，该粒度曲线通过Ⅲ盘区原生矿在预处理后的 4 个放矿点出矿块度与正常情况下（无预处理）的出矿块度比较获得。Sougarret 等人（2004）

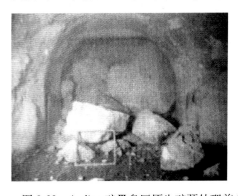

图 8-33 Andina 矿Ⅲ盘区原生矿预处理前/后放矿口出矿块度图片（图片来自 J. Sougarret）

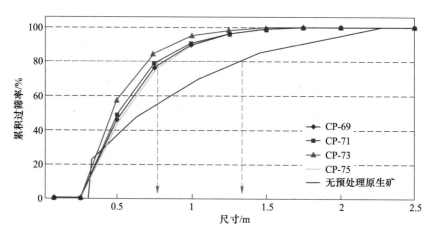

图 8-34 Andina 矿 Ⅲ 盘区原生矿预处理后 4 个放矿点出矿块度粒度曲线
（图片来自 J. Sougarret）

得出结论是，预处理技术的工业化应用是可行的。预处理可以提高矿岩可崩性，改善崩落块度，并且可以延缓放矿口处的矿石贫化。因此计划从 2005 年初开始，采用预处理技术对 Ⅲ 盘区西部矿体进行大规模开采。然而，预处理产生的一些问题还有待调查研究，例如对端部支撑应力的影响，出矿水平巷道、预处理、拉底与出矿前锋线之间的关系优化以及出矿速率造成的影响等。同时，预处理对采矿成本也会产生明显的影响。尽管如此，这种技术仍拥有显著改变自然崩落法崩落模式的潜力。

B Cadia East 矿

根据 Cadia East 矿区复杂条件以及设计的采矿方法及参数，矿块高度将超过 400m，为了满足设计产能的需求，需要采用合理方式来管理崩落发生、崩落速率以及崩落传播、破碎块度。Cadia East 矿在 PC1-S1 矿体采用了一种强化预处理方案（如图 8-35 所示），即下向孔水压致裂与上向孔受限爆破致裂相结合的方法，并在崩落开始之前进行，目的是对全矿块进行矿岩预处理。

图 8-36 所示为在 Cadia East 项目中应用的受限爆破预处理系统，主要包括：

（1）上向孔钻机；

（2）固定在孔底的锚固装置；

（3）用于提升通气管和气爆系统的钢丝绳或提升线缆；

（4）随电子雷管或起爆器材进入孔内的管线；

（5）用于灌注炮泥塞和装药的管路系统（即炸药管、起爆管、通气管以及灌浆管等）；

（6）装填在上向孔内的炸药。

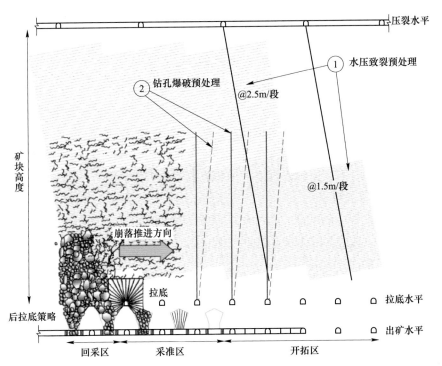

图 8-35 Cadia East 矿 PC1-S1 矿体强化预处理示意图（图片来自 A. Catalan）

图 8-36 Cadia East 项目受限爆破试验系统（图片来自 A. Catalan）

8.2.3 CO_2气体致裂矿岩预处理

8.2.3.1 工作原理

二氧化碳致裂技术是一种不同于水压致裂、化学炸药致裂的新型物理"冷"爆致裂技术，致裂的主要能量来源于液态二氧化碳。二氧化碳化学特性稳定、液化特性条件合理、来源广泛、运输储存简便，是理想的爆破气体。二氧化碳致裂技术就是将二氧化碳加压降温液化，充装到由特定的高强度合金钢材所制的耐高温和耐高压储液管内，启动发爆器，加热装置产生大量热量，液态二氧化碳吸热后迅速气化（当温度超过31.1℃，无论压力多大，液态二氧化碳都会迅速气化），体积增加500~650倍，管内压力急剧升高，泄能片变形破裂，二氧化碳气体冲出储液管，在应力冲击波和高能二氧化碳气体共同作用下冲击目标体，达到致裂的目的。

二氧化碳致裂的过程是一个从液态到气态的气化过程，靠气体吸热体积膨胀做功的过程。国内外学者的研究成果表明，二氧化碳致裂器致裂的过程是一个物理变化过程，与化学炸药爆破相比，爆破过程中无明火、无热量、无有毒有害气体、致裂能量更容易被控制、引起的爆破震动小、不产生爆破副作用；与水压致裂技术相比，产生的爆破威力大、致裂范围广、作用更为直接。

8.2.3.2 二氧化碳致裂器结构

二氧化碳致裂器主要由起爆头、加热装置、主管、泄能片、密封垫、泄能头等六部分组成。二氧化碳致裂器结构如图8-37所示。

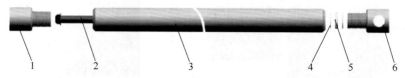

图8-37　二氧化碳致裂器结构图（图片来自马海忠）

1—充气头；2—发热剂；3—储液管；4—密封垫；5—泄能片；6—泄能头

二氧化碳致裂器由储液管、充气头、释放管、发热管、密封垫、泄能片等组成。除加热棒、泄能片、密封垫片外，其他部件均可重复利用，使用不同规格的泄能片可控制爆破能量大小。在实际使用时，为增大或减小致裂强度范围，可选择单个致裂器或者串联多个致裂器，以达到不同的致裂要求。

（1）储液管。储液管主要用来充装液化后的二氧化碳，也是二氧化碳致裂装置的发生器。该管由特定的高强度合金钢材经特殊工艺锻造成中空管体，通体焊接缝，可承受1000MPa以上的高压、耐高温、耐腐蚀，可循环使用2000次以上。一端成台阶型用于安装充液头、发热管，另一端安装密封垫、泄能片并与释放管通过螺纹连接。由于工程作业需求目的各不相同，因此根据注液量的不同将储液管设计成了多种型号，以便根据实际需要达到的爆破效果来选择不同型号的储液管。

（2）充液头。充液头是致裂器的重要组成部分，其主要由充液阀门、充液孔、导电孔构成。充液头在致裂器中要满足以下两点要求：

1）充液头与储液管连接后，充液头要与发热管尾端的导线接触良好，并当发爆器的导线插入导线孔时，发热管、充液头、发爆器三者能形成一个完整的闭合电路；

2）当充液阀门被打开后，液化后的二氧化碳经过充液头上的充液孔进入储液管，当储液管内的液态二氧化碳质量达到致裂要求量时，关闭充液阀门，整个充液过程完成。

（3）发热管。发热管由牛皮纸包裹多种特殊化学药剂制成，整体外观呈圆柱体，尾部连有引燃药剂的桥式电路。药品要求：常压状态下药剂不能被点燃，在致裂管内压力下仅需 0.8A 以上电流即可发生反应。

发热管也是二氧化碳致裂器能否顺利实现爆破任务的关键，当发爆器启动后，发热管内药剂瞬间被激发燃烧，生成的热量被储液管内液态二氧化碳吸收，二氧化碳气体开始膨胀蓄能。发热管与储液管要配套使用，不同的储液管配备不同的发热管，坚决不允许混用，以防止发生热量过多或过少，进而造成致裂器不能起爆或过爆现象。

（4）密封垫。密封垫由特殊橡胶制成，在高压情况下不能出现漏气现象。主要用于充液头、释放管与储液管连接密封作用，使用前要检查密封垫，防止出现人为或风化裂纹，造成不能密封，使致裂器在使用过程中出现漏气或者不能达到设计压力，从而影响致裂效果。

（5）泄能片。泄能片一般为圆形特制钢板，具有一定的抗压能力，位于储液管压力释放段密封垫后，储液管与释放管压紧泄能片形成密闭容器，主要起设定二氧化碳气体致裂压力的作用。泄能片极限压力不同所能达到的致裂威力就不同，因此泄能片在整个致裂器中至关重要。泄能片加工简单，属易耗品，致裂器使用后泄能片会被剪切为环圈和小圆板。厚度、直径的改变会影响泄能片的承载压力，压力范围 70~270MPa 不等。

（6）释放管。释放管由特定的高强度合金制造，分为长短两种，25~100cm不等，一段开口一段密闭，开口端与储液管通过螺纹方式连接，当储液管内经加热迅速膨胀，二氧化碳气体压力迅速升高，最终使泄能片破断，高速射出的二氧化碳气体沿释放管上气孔充满孔内，高能气体作用目标介质达到破断岩体目的。为了满足不同的致裂效果可选择不同的释放管对产生的高能气体的长度、方向、角度进行控制。

8.3 矿块边界弱化技术

自然崩落法矿块的边界包括矿块的端部、上盘和下盘，对崩落向上发展起着制约和阻碍作用，特别是在端部与上下盘边界的交汇处（即拐角处），容易使崩落形成拱顶，阻碍崩落发展。为了解决这个问题，可以采用削弱边界的方法来辅助崩落，主要的方法是割帮和预裂。

割帮就是在拉底水平之上矿块的边界施工一定的天井和平巷，采用深孔爆破方式在待崩矿块的边部切割出一个与侧部岩体脱离的空间，使外部岩体对待崩矿块岩体失去支撑和夹制作用，从而使待崩矿块在边界部位实现顺利崩落。割帮作为一种辅助崩落技术，其实质是削弱矿块与侧帮矿岩的联系，用于解除或释放作用在拉底工程上部矿块上的水平地应力。该方法通过在切槽区域布置钻孔实施爆破，并将切槽区内的破碎矿石运出形成一个开放的开挖空区，主要用在相邻矿块还未开采的初始崩落区域。该方法与将破碎矿石遗留原位的边界弱化技术或预分隔（pre-split）技术相比在解除拉底区上部矿块的夹制应力方面更加有效。对矿体实施割帮工程，可释放原岩水平应力，破坏矿体崩落的自然平衡拱，是诱导矿体崩落的有效措施；同时，割帮工程分割了矿体与围岩，使矿体沿设计边界崩落，可减少矿石损失和贫化。很显然在当前高阶段崩落矿块的全高开掘切割槽是不经济的，也是没有必要的。因此，通常应在拉底水平以上一定的高度开掘切割槽用于辅助初始崩落。

在自然崩落法采场中，处于周围全封闭下的首采区采场夹制性最大，崩落最难，尤其是当首采区的岩体质量高、应力场数量级高时更是如此。割帮的一个目的就是要给崩落困难的封闭采场提供1~2个人工崩落自由面。割帮的另一目的是切断采区最大水平主应力对崩落的制约，因而割帮工程应尽可能垂直最大主应力布置。至于对某一特定矿山的特定采场来说，是否需要割帮或需要几个面割帮，取决于采场结构应力场的空间分布、采场主构造线分布、拉底的推进方式及它们之间的关系对崩落过程的利弊大小。

在国内外传统的自然崩落法开采工艺中，首采区能否按时崩落对生产计划影响极大，为了保险起见，一般都耗费巨额资金开掘割帮和预裂工程。割帮时机十分重要，一般滞后于拉底，在崩落拱正常发展受阻时，于拱脚部位进行，过早过量割帮会导致矿岩局部大量崩落和崩落块度增大，崩落区发育不良，甚至产生冲击波危害。试验研究表明，割帮要在适当的时候进行，割帮太早或一次割帮量太大，都会产生大块；割帮太迟或不实施割帮，则会阻碍矿体崩落，甚至使残留矿体不崩落，造成矿石损失。只有在割帮附近矿岩裂隙充分发育后实施割帮，诱发崩落的矿量与块度才比较适宜。割帮高度和面积要逐步扩大，原则上要远远滞后拉底速度（在确保割帮工程不受破坏，岩体崩落不超出矿体边界的条件下）。经验告诉我们，拉底后开始初始崩落，崩落高度达到 10m 左右时才能进行割帮。过早地割帮会在靠近割帮区域形成稳定拱，也会加大崩落岩石的块度。

边界预裂技术（Boundary Pre-splitting）是指在矿块边界钻进深孔并爆破，爆破破碎的矿石遗留原位不予清除，由此在矿块边界形成一软弱破碎夹层，起到弱化夹制作用的目的。边界预裂需布置在初始崩落区的两个相邻边，可用于最小化废石的侧向流入破碎矿石，以及有助于抑制成拱并促进崩落。对于非常弱或极度破碎的矿体，沿着两个边界布置一些天井和钻孔就足够了。对于坚硬以及不那么破裂的矿体，就需要形成一个完全破裂的区域。这可以通过如图 8-38 所示的方式沿边界开拓一些分段巷道并在分段间钻进两至三排的竖向钻孔实行。当这些孔爆破后就可以形成完全破碎的区域，有助于弱化可能成拱的拱脚以及极大地促进初始崩落。

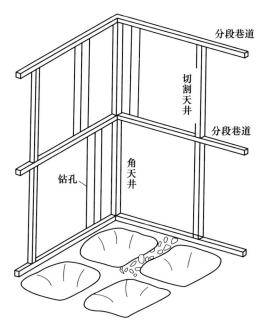

图 8-38　典型的边界弱化布置示意图（图片来自 Julin）

参 考 文 献

[1] 于润沧. 采矿工程师手册（上、下册）[M]. 北京: 冶金工业出版社, 2009.

[2] 刘育明. 自然崩落法的发展趋势和铜矿峪矿二期工程建设的技术创新 [J]. 采矿技术, 2012（5）: 1~4.

[3] 刘育明, 李文, 陈小伟, 等. 硬岩金属矿自然崩落法开采中矿岩预处理技术研究 [J]. 中国矿山工程, 2018, 3: 59~63.

[4] 刘洪磊，杨天鸿，于庆磊，等．岩石水压致裂影响参数的仿真［J］．东北大学学报（自然科学版），2012，33：1483~1486.

[5] 邹庆．岩体水压致裂裂纹扩展规律模拟研究［D］．沈阳：东北大学，2013.

[6] 宋维琪，陈泽东，毛中华．水力压裂裂缝微地震监测技术［M］．北京：中国石油大学出版社，2008.

[7] 贾利春，陈勉，金衍．国外页岩气井水力压裂裂缝监测技术进展［J］．天然气与石油，2012，30：44~47.

[8] 于群，唐春安，李连崇，等．基于微震监测的锦屏二级水电站深埋隧洞岩爆孕育过程分析［J］．岩土工程学报，2014，36（12）：2315~2322.

[9] 刘振武，撒利明，巫芙蓉，等．中国石油集团非常规油气微地震监测技术现状及发展方向［J］．石油地球物理勘探，2013，48：843~853.

[10] 马天辉，唐春安，唐烈先，等．基于微震监测技术的岩爆预测机制研究［J］．岩石力学与工程学报，2016，35（3）：470~483.

[11] 赵小充，雷月莲，李佳．水力压裂裂缝监测仪器概述［J］．石油管材与仪器，2010，24：57~59.

[12] 刘欢，董浩斌，葛健，等．一种高精度水力压裂电位监测系统的设计［J］．科学技术与工程，2014，14：210~214.

[13] 牟绍艳，姜勇．压裂用支撑剂的现状与展望［J］．北京科技大学学报，2016，38：1659~1666.

[14] 康红普，冯彦军．煤矿井下水力压裂技术及在围岩控制中的应用［J］．煤炭科学技术，2017，45：1~9.

[15] 唐颖，唐玄，王广源，等．页岩气开发水力压裂技术综述［J］．地质通报，2011，30：393~399.

[16] 陈勉，庞飞，金衍．大尺寸真三轴水力压裂模拟与分析［J］．岩石力学与工程学报，2000，19：868~872.

[17] 张搏，李晓，王宇，等．油气藏水力压裂计算模拟技术研究现状与展望［J］．工程地质学报，2015，23：301~310.

[18] 冯宇，姜福兴，翟明华，等．煤层定点水力压裂防冲的机制研究［J］．岩土力学，2015，36（4）：1174~1181.

[19] 张金才，尹尚先．页岩油气与煤层气开发的岩石力学与压裂关键技术［J］．煤炭学报，2014，39（8）：1691~1699.

[20] 孙守山，宁宇，葛钧．波兰煤矿坚硬顶板定向水力压裂技术［J］．煤炭科学技术，1999，27：51~52.

[21] 冯彦军，康红普．定向水力压裂控制煤矿坚硬难垮顶板试验［J］．岩石力学与工程学报，2012，31：1148~1155.

[22] 冯彦军，康红普．水力压裂起裂与扩展分析［J］．岩石力学与工程学报，2013，32：3169~3179.

[23] 康红普，冯彦军．定向水力压裂工作面煤体应力监测及其演化规律［J］．煤炭学报，2012，37：1953~1959.

［24］ 伊丙鼎，吕华文．煤岩体定向圆形孔楔形切槽水力压裂起裂分析研究［J］．煤矿开采，2017，22（1）：11～14．

［25］ 冯彦军，康红普．定向水力压裂控制煤矿坚硬难垮顶板试验［J］．岩石力学与工程学报，2012，31（6）：1148～1155．

［26］ 黄炳香，赵兴龙，陈树亮，等．坚硬顶板水压致裂控制理论与成套技术［J］．岩石力学与工程学报，2017，36（12）：2954～2970．

［27］ 李歆光．矿块崩落法开采中维持持续崩落的探讨［J］．中国矿山工程，1989（3）：10～13．

［28］ 常晋元．论铜矿峪矿自然崩落法拉底、崩落、出矿之关系［J］．有色金属（矿山部分），2000（6）：2～8．

［29］ 李学锋．自然崩落法矿体崩落规律的研究［J］．采矿技术，1996（18）：4～8．

［30］ 马海忠．二氧化碳致裂器爆破技术在煤矿巷道掘进的实践［J］．山东煤炭科技，2019（2）：38～40．

［31］ Brown E T. Block Caving Geomechanics［M］. Julius Kruttschnitt Mineral Research Centre, 2007.

［32］ Flores G. Future challenges and why cave mining must change［C］// Proceedings of Caving 2014, 3rd International Symposium on Block and Sublevel Caving, Santiago, 2014：23～52.

［33］ Laubscher D H. Block Caving Manual, Prepared for International Caving Study［M］. Brisbane：JKMRC and Itasca Consulting Group, Inc, 2000.

［34］ Someehneshin Javad, Oraee-Mirzamani Behdeen, Oraee Kazem. Analytical Model Determining the Optimal Block Size in the Block Caving Mining Method［J］. Indian Geotechnical Journal, 2015, 45（2）：156～168.

［35］ Mckinnon S D, Ferguson G A. The role of research in cave caving［C］// Four International Symposium on Block and Sublevel Caving, Vancouver, Canada, 2018：499～510.

［36］ López-Comino J A, Cesca S, Heimann S, et al. Characterization of Hydraulic Fractures Growth During the Äspö Hard Rock Laboratory Experiment（Sweden）［J］. Rock Mechanics and Rock Engineering, 2017, 50（11）：2985～3001, 10. 1007/s00603-017-1285-0.

［37］ He Q, Suorineni F T, Oh J. Review of Hydraulic Fracturing for Preconditioning in Cave Mining［J］. Rock Mechanics & Rock Engineering, 2016, 49（12）：4893～4910.

［38］ Md Yus of Muhammad Aslam, Mahadzir Nur Adilla. Development of mathematical model for hydraulic fracturing design［J］. Journal of Petroleum Exploration and Production Technology, 2014, 5（3）：269～276, 10. 1007/s13202-014-0124-z.

［39］ Dai Yu, Ma Xinhua, Jia Ailin, et al. Pressure transient analysis of multistage fracturing horizontal wells with finite fracture conductivity in shale gas reservoirs［J］. Environmental Earth Sciences, 2016, 75（11）, DOI：10. 1007/s12665-12016-15703-12665, 10. 1007/s12665-016-5703-5.

［40］ Ren Lan, Lin Ran, Zhao Jinzhou, et al. Simultaneous hydraulic fracturing of ultra-low permeability sandstone reservoirs in China：Mechanism and its field test［J］. Journal of Central South University, 2015, 22（4）：1427～1436, 10. 1007/s11771-015-2660-1.

［41］ Suppachoknirun Theerapat, Tutuncu Azra N. Hydraulic Fracturing and Production Optimization in Eagle Ford Shale Using Coupled Geomechanics and Fluid Flow Model ［J］. Rock Mechanics and Rock Engineering, 2017, DOI: 10.1007/s00603-00017-01357-00601, 10.1007/s00603-017-1357-1.

［42］ Bennour Ziad, Watanabe Shouta, Chen Youqing, et al. Evaluation of stimulated reservoir volume in laboratory hydraulic fracturing with oil, water and liquid carbon dioxide under microscopy using the fluorescence method ［J］. Geomechanics and Geophysics for Geo-Energy and Geo-Resources, 2017, DOI: 10.1007/s40948-40017-40073-40943, 10.1007/s40948-017-0073-3.

［43］ Hou Bing, Chen Mian, Cheng Wan, et al. Investigation of Hydraulic Fracture Networks in Shale Gas Reservoirs with Random Fractures ［J］. Arabian Journal for Science and Engineering, 2015, 41 (7): 2681~2691, 10.1007/s13369-015-1829-0.

［44］ Fan Jun, Dou Linming, He Hu, et al. Directional hydraulic fracturing to control hard-roof rockburst in coal mines ［J］. International Journal of Mining Science and Technology, 2012, 22 (2): 177~181.

［45］ Chitombo G P. Cave mining: 16 years after Laubscher's 1994 paper"Cave mining-state of the art" ［J］. Mining Technology, 2010, 119 (3): 132~141.

［46］ Van As A, Jeffrey R G. Hydraulic fracturing as a cave inducement technique at Northparkes ［C］// Proceedings of Massmine 2000, 2000: 165~172.

［47］ Van A A, Jeffrey Rob, Chaconn Enrique, et al. Preconditioning by hydraulic fracturing for block caving in a moderately stressed naturally fractured orebody ［C］// Proceedings of Massmin 2004, 2004: 535~541.

［48］ Chacon Enrique, Barrera Victor, Jeffrey Rob, et al. Hydraulic fracturing used to precondition ore and reduce fragment size for block caving ［C］// Proceedings of Massmin 2004, Santiago Chile, 2004: 529~534.

［49］ Mills K W, Jeffrey R G. Remote high resolution stress change monitoring of hydraulic fractures ［C］// Proceedings of Massmine 2004, 2004: 547~555.

［50］ Joubert P J. Microseismic monitoring of hydraulic fractures in block cave mines ［J］. Mining Technology, 2013, 119 (3): 193~197, 10.1179/174328610x12820409992534.

［51］ Catalan A, Dunstan G, Morgan M, et al. An intensive preconditioning methodology developed for the Cadia East panel cave project, NSW, Australia ［C］// Proceedings of Massmine 2016, 2016: 1~15.

［52］ Lowther R J, Olivier L, Lett J L, et al. Implementation of a surface-based hydraulic fracturing program to successfully propagate a large cave through hard, competent near-surface rock masses to achieve breakthrough ［C］// Proceedings of Massmine 2016, 2016: 83~95.

［53］ Webster S, Snyman L, Samosir J. Preconditioning E48 cave extension adjacent to an active cave ［C］// Proceedings of Massmine 2016, 2016: 471~478.

［54］ Pardo C, Rojas E. Selection of exploitation method based on the experience of hydraulic fracture techniques at the El Teniente Mine ［C］// Proceedings of Massmine 2016, 2016: 97~103.

[55] He Q, Suorineni F T, Oh J. Strategies for Creating Prescribed Hydraulic Fractures in Cave Mining [J]. Rock Mechanics and Rock Engineering, 2016, 50 （4）: 967~993, 10. 1007/ s00603-016-1141-7.

[56] Leiva C E, Durán L. Pre-Caving, Drilling and Blasting in the Esmeralda Sector of the El Teniente Mine [J]. Fragblast, 2003, 7 （2）: 87~104.

[57] Stewart P C, Brunton I, Francis D, et al. Quantification of rock mass damage associated with a confined blast preconditioning experiment at the Cadia East block cave [C] // Proceedings of Massmine 2016, 2016: 119~131.

[58] Cuello D, Newcombe G. Key geotechnical knowledge and practical mine planning guidelines in deep, high-stress, hard rock conditions for block and panel cave mining [C] // Proceedings of Caving 2018, Vancouver, Canada, 2018: 17~36.

[59] Chacon E, Quinones L, Gonzalez J, et al. Pre-acondicionamiento de Macizos Rocosos Competentes para la Explotacion por Metodos de Hundimiento [J]. Revista Minerales, 2002, 57: 19~34.

[60] Liu Q, Ellis B, Chung S. Advanced blasting technology for large scale destress blasts at Brunswick mine [C] // CIM Annual General Meeting, Montreal, 2003: 1~13.

[61] Andrieux P, Hadjigeorgiou J. The destressability index methodology for the assessment of the likelihood of success of a large-scale conined destress blast in an underground mine pillar [J]. International Journal of Rock Mechanics & Mining Sciences, 2008, 45 （3）: 407~421.

[62] T Brown E. Rock mechanics-the basic mining science: challenges in underground mass mining [C] // 11th Congress of the International Society for Rock Mechanics, Lisbon, Portugal, 2007: 1335~1346.

[63] Sougarret J, Quinones L, Morales R, et al. New vision in cave mining in Andina Division, Codelco Chile [C] // Proceedings of Massmin 2004, Santiago, 2004: 542~546.

[64] Jeffrey R G, John M, Andrew B. Effective and Sustainable Hydraulic Fracturing [M]. Proceedings for the International Conference for Effective and Sustainable Hydraulic Fracturing, Brisbane Australia, 2013.

[65] Julin D E. Block caving. SME Mining Engineering Handbook [M]. 2nd Edition, Society for Mining, Metallurgy and Exploration: Littleton, Co., 1992.

9 放 矿 管 理

放矿管理是自然崩落法生产中的一个非常重要的环节。如果生产中崩落的矿石不是通过合理计划和良好控制的方式从放矿点放出，生产将可能会碰到很多风险。一方面是不均衡放矿，造成矿石过早贫化或过度贫化，矿石资源不能充分回收，或者崩落发展停止；另一方面可能带来安全问题，如矿岩突然大量垮塌产生空气冲击波危害，或出矿水平周围矿柱受到集中荷载使底部结构破坏，或暴雨季节产生泥石流危害等，这些都将对矿山生产造成严重影响。因此，自然崩落法开采必须高度重视放矿管理这一环节。

9.1 放矿理论

9.1.1 国内外放矿研究概述

放矿理论是研究覆盖岩石下崩落矿岩运动规律的理论。对预测矿石的损失贫化、确定合理的采矿方法、结构参数和放矿管理制度，以及降低损失贫化、提高经济效益都有十分重要的作用。就放矿理论体系而言，研究较多且较成熟的放矿理论有随机介质放矿理论、椭球体放矿理论、类椭球体放矿理论等。各种放矿理论方法的研究成果对于全面掌握矿岩流动规律提供了很好的借鉴和参照。

9.1.2 放矿理论研究

9.1.2.1 随机介质放矿理论

随机介质放矿理论是将松散矿岩视为一种连续流动的随机介质，采用概率论的方法研究散体的流动规律。应用随机介质理论研究散体的移动过程最早开始于20 世纪 60 年代，波兰专家 J. Litwiniszyn 教授认为松散介质运动是随机过程，可用概率论的方法研究。Litwiniszyn 将散体抽象为随机移动的连续介质，并建立了移动漏斗深度函数的微分方程式（9-1），对研究地表移动和崩落法放矿产生了深远的影响[1,2]。

$$\frac{\partial w(z,x)}{\partial z} = \frac{\partial a}{\partial z} w(z,x) - B(z) \left[\frac{\partial^2 w(z,x)}{\partial x_1^2} + \frac{\partial^2 w(z,x)}{\partial x_2^2} \right] \tag{9-1}$$

式中，$\frac{\partial a}{\partial z}$ 为下移过程中的散体体积增量，当 $\frac{\partial a}{\partial z} = 0$ 时，表明流动散体为不可压缩

的介质。

1962年王泳嘉教授在其发表的《放矿理论研究的新方向——随机介质理论》一文中提出了散体移动的球体递补模型，基于两相邻球体递补其下部空位的等可能性建立了球体移动概率场。根据中心极限定量，将球体介质连续化处理后，引入了散体统计常数 B，给出了散体移动概率密度方程式（9-2）：

$$\varphi_2(x) = \frac{1}{2\sqrt{\pi Bz}}\exp\left(-\frac{x^2}{4Bz}\right) \tag{9-2}$$

根据概率场表征散体垂直下降速度场的关系，王泳嘉教授推导了散体移动速度与迹线方程、放出漏斗方程、放出体方程等，形成了较完整的计算体系[3]。

东北大学任凤玉教授的研究使放矿随机介质理论取得了突破性发展。他进一步研究了散体移动概率分布，通过试验数据分析得到方差的表达式，在数学推导和经验分析的基础上，建立了散体移动概率密度方程式（9-3）~式（9-5）[4]。

平面问题：

$$p(x,z) = \frac{1}{\sqrt{\pi \beta z^a}}\exp\left(-\frac{x^2}{\beta z^a}\right) \tag{9-3}$$

空间问题：

$$p(x,y,z) = \frac{1}{\pi \beta z^a}\exp\left(-\frac{x^2+y^2}{\beta z^a}\right) \tag{9-4}$$

极坐标问题：

$$p(r,z) = \frac{1}{\pi \beta z^a}\exp\left(-\frac{r^2}{\beta z^a}\right) \tag{9-5}$$

式中，a、β 是与散体的流动性质和放出条件有关的试验常数。

任凤玉教授以式（9-4）为理论基础方程，推导了散体移动速度场、移动漏斗、放出体方程、颗粒移动迹线和坐标变换方程，既而进行了复杂边界条件下散体移动规律研究和放出口对散体移动规律影响的研究。

2003年乔登攀在其博士论文中，基于散体移动与移动概率分布的一致性关系，进一步提出了以随机介质理论研究散体移动规律的相似统一条件，即颗粒向放出口移动中横坐标绝对值的变小应与概率分布标准差的变小保持统一，即颗粒移动迹线上任意两点横坐标之比等于对应层位方差之比，否则该概率场与散体移动场、速度场就无法统一，为应用随机介质理论深化研究奠定了理论基础[2]。

2010年陶干强、任凤玉等在《随机介质放矿理论的改进研究》一文中[5]，基于室内放矿试验分析了放矿口宽度对放出量和散体流动参数的影响，改进了随机介质放矿理论，指出了放矿口对散体移动规律的影响范围：当放出体高度大于放矿口宽度5倍以上高度时，影响较小；反之则影响较大。

9.1.2.2 椭球体放矿理论

自 1952 年苏联学者 Г. М. 马拉霍夫在试验基础上提出椭球体放矿理论后，该理论作为最经典的放矿理论被广泛使用，对国内崩落法矿山的采场设计起到重要的指导意义。20 世纪 70 年代~80 年代中期，国内外大多数学者对放矿理论进行了深入的研究，但很多工作都体现在进一步完善椭球体放矿理论方面。

1979 年东北工学院刘兴国教授认为偏心率为常数才能避免移动迹线与椭球面过渡理论的矛盾，并建立了等偏心率放矿理论。刘兴国教授在建立等偏心率放矿理论数学方程的同时，应用坐标变换方程解决多漏口放矿问题，在多孔放矿的研究、数值模拟、放矿边界条件研究等方面取得了开创性的成果[6]。但该理论的等偏心率与实际不符，众所周知，椭球体的偏心率是随放矿高度的变化而变化的。此后刘兴国教授在变偏心率椭球体放矿理论方面做了大量的研究工作，使椭球体放矿理论得到完善，对我国崩落法放矿控制做出了重要贡献。

1983 年西安建筑科技大学李荣福教授在试验研究的基础上建立了变偏心率截头椭球体放矿理论，同时从该理论出发得出变偏心率的完整椭球体理论[7,8]。但变偏心率截头椭球体理论方程形式比较复杂，应用不方便；变偏心率完整椭球体理论的放出体与实际不符，不能给出实际放出口及其速度分布，也不能给出移动边界。

1987 年北京钢铁学院的高永涛教授认真总结了当时提出的放出期望体放矿理论，通过分析处理试验数据，利用放出期望体理论求得放出体的关系式[9]：

$$y^2 = \frac{k_2}{k} x^{k_2-1} \ln\left(\frac{H}{x}\right) \tag{9-6}$$

式中 x，y——放出体横向、纵向坐标值；

k，k_2——与松散物料性质相关的回归参数；

H——放出体高度。

1993 年高永涛教授进一步根据放出期望体理论导出了一整套单漏口条件下计算损失、贫化的公式，并通过试验证明了它较椭球体理论优越[10]。

平均贫化率 $\overline{P}$：

$$\overline{P} = 1 + 2\left(\frac{h}{H}\right)^3 - 3\left(\frac{h}{H}\right)^2 \tag{9-7}$$

瞬时贫化率 P：

$$P = 1 - \left(\frac{h}{H}\right)^2 \tag{9-8}$$

式中 h——矿岩接触面高度。

2000 年以来，梅山铁矿、马鞍山矿山研究院、东北大学等 6 个单位联合开展了以"大间距集中化无底柱采矿新工艺研究"为主题的国家"十五"科技攻关，课题研究成果指出采场结构参数优化的实质就是放出体空间排列的优化问题，密实度最大者为优。根据这一基本点出发，对比了两种最优排列：一种为高分段，另一种为大间距结构，如图 9-1 和图 9-2 所示。

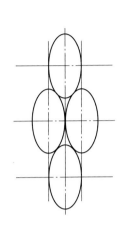 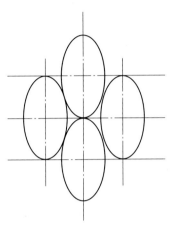

图 9-1　高分段排列平面模型　　　　图 9-2　大间距排列平面模型

由图 9-1 可计算得出，高分段结构下，分段高度 H 与进路间距 B 之比为：

$$\frac{H}{B} = \frac{\sqrt{3}}{2} \times \frac{a}{b}$$ （9-9）

由图 9-2 可计算得出，大间距结构下，分段高度 H 与进路间距 B 之比为：

$$\frac{H}{B} = \frac{\sqrt{3}}{6} \times \frac{a}{b}$$ （9-10）

式中，a、b 分别为椭球体横短半轴、纵短半轴。

大间距理论丰富和发展了无底柱分段崩落法采矿理论，揭示了该采矿法在结构参数优化方面的基本规律，填补了无底柱放矿理论的空白。大间距理论的创立也使无底柱分段崩落法结构参数实现了由过去靠经验和工程类比的方法发展到用理论指导和数学模型计算的科学转变，使结构参数的确定更加科学合理。

当然，自然崩落法和无底柱分段崩落法在采矿工艺方面大不相同，但是在放矿理论和矿岩流动规律方面两者却是异曲同工，因此采用大间距理论对于自然崩落法矿山的结构参数选取具有重要的参考价值。

9.1.2.3　类椭球体放矿理论

椭球体放矿理论是建立时间较长、影响较大的放矿理论，随机介质放矿理论是较新的放矿理论，不少研究者发现这两种理论都存在着一定的实际和理论缺陷。椭球体放矿概念比较清晰，容易掌握，运用比较方便，通过一定的理论检验说明和解决了生产中的一些实际问题。但是许多研究者在研究中发现椭球体放矿理论在实际和理论两方面都存在一些问题难以解决。1994 年西安建筑科技大学李荣福教授通过试验和理论研究创立了类椭球体放矿理论[7,8]，得出放出体表面方程式（9-11）：

$$R^2 = KX^n \left[1 - \left(\frac{X}{H} \right)^{\frac{n+1}{m}} \right] \tag{9-11}$$

式中　K，m，n——与放矿条件及放出物料性质有关的试验常数；

　　　R，X——颗粒点的坐标；

　　　H——放出体高度。

该理论在椭球体放矿理论的基础上大大推进了一步，包括了椭球体放矿理论的正确内容和结论，克服了椭球体放矿理论的不足和错误，与试验结果和散体力学有关结论都完全吻合。该理论总结椭球体放矿理论存在的问题主要表现在以下几个方面[7]：

（1）放出体形状。放出体形状是放矿理论首先必须回答的问题，也是放矿理论的重要基础，因为放出体形状集中反映了散体移动场的特征。

椭球体理论认为放出体为椭球体。而大多数研究者认为，放出体不是几何学上标准的椭球体，但接近椭球体，呈上部细、下部较粗等形状，放出体形状随条件的改变而变化，主要取决于放出物料的性质、装填及放出条件。因此椭球体放出理论存在的第一个主要问题就是放出体是椭球体这一论点是近似的且不全面，与大部分的试验不吻合，也不能适用条件不同、放出体形状不同的实际情况。

（2）密度场。装填密度对放出体形态影响较大。当散体以自然堆积状态装填时，其放出体形状为上部肥大、下部瘦小；当散体以临界悬顶状态装填时，其放出体形态形状为上部瘦小、下部肥大。对于松动带内的密度场，椭球体放矿理论用理想散体的密度场代替实际密度场，该密度场与实际密度场在质和量两方面都相差甚远。

（3）速度场。椭球体放矿理论对速度场进行了较多的研究，并给出了速度方程。由分析可知椭球体放矿理论给出的速度场与理论散体的速度场完全一致，而与实际速度场不符。即采用椭球体放矿理论，用理想散体的速度场来代替实际速度场，没有反映时间和二次松散对速度的影响，混淆了理想散体和实际散体的区别。

（4）移动边界。移动边界是检验放矿理论真实性和可靠性的重要标志之一。椭球体放矿理论认为散体移动场的移动边界是松动椭球体边界，即松动边界为一个椭球体表面。

类椭球体放矿理论的主要观点为[11,12]：

（1）放出体是一个近似的椭球体（即类椭球体），并建立了放出体母线方程；

（2）类椭球体放矿理论的颗粒移动迹线方程和体积方程与变偏心率椭球体放矿理论的相应方程完全相同；

（3）区分了理想散体（$\eta=1$）和实际散体（$\eta>1$）并分别建立了表述散体移动规律的数学方程，且理想散体方程是实际散体方程的特殊形式；

（4）首次对密度场进行了研究，建立了与试验结果吻合，能通过理论检验的实际散体密度方程；

（5）提出了理论放出口和实际放出口的概念，解决了放出体截头给理论研究和实际计算带来的困难；

（6）提出并进行了移动边界检验和连续流动检验。

9.1.3 放矿模拟研究方法

国内外专家学者对崩落法放矿进行了大量的研究工作，大多基于无底柱分段崩落法放矿，但是对于自然崩落法放矿模拟同样可以借鉴。从研究方法来看，主要可以分为物理模拟放矿试验、现场工业试验、数值模拟计算三种方法。

9.1.3.1 物理模拟放矿试验

物理模拟试验方法就是在与现场采场结构和放矿系统几何相似的模型上，选配与现场崩落矿岩组成和尺寸几何相似、力学性质大体相似的矿岩颗粒进行模拟试验，使两者的放矿过程达到物理上近似相似的方法。这种试验方法可以直接观察和人为控制放矿过程，它具有直观、方便的优点，可以用来研究放矿过程的矿岩移动规律，放出体、残留体和矿岩混杂的过程，矿石损失贫化发生的过程，说明降低贫损指标的关键所在；并可用来优选采场结构参数、放矿方案与放矿制度等。根据研究问题性质不同，放矿模型分为单体模型、平面模型和立体模型三种。

A 单体模型

单体模型主要研究单一放出口放矿时松散物料的运动规律、放出体参数及发育过程、矿石损失和贫化发生的机理等问题，这种模型主要研究放矿基本理论和为其他模型试验提供原始资料。

试验时，首先设计与绘制标志颗粒在不同放矿高度上的平面布置图，然后按试验要求组装模型和制备物料。标志颗粒用涂有颜色的白云石制成，每个颗粒均有标号。准备工作做好后可开始装填模型，矿石和岩石的装填高度、标志颗粒的布位要严格按设计执行，并记录装填的模拟矿岩的物料数量。装好模型后即可开始放矿试验。试验过程中要随时记录每次放出的矿石量和放出的标志颗粒号，一直到设计高度为止。试验结束后，整理原始资料，把在不同放矿高度放出的标志颗粒按标号标注在原设计平面图上，连接各点即可勾画出不同放矿高度下放出体的平面图形，并根据平面图形作出放出体的纵、横剖面图，同时得出整个放出体的形状和各个基本参数，如长、短半轴，流轴与端壁夹角和偏心率等。单体模型的模拟范围小，可用较大的模拟比，多次重复试验，取得比较精确的数据。在模型料箱上装透明玻璃壁，可观察各剖面上的变化。单体模型如图 9-3 和图 9-4 所示。

 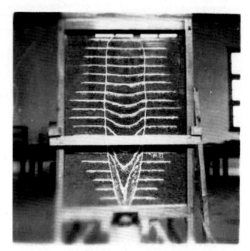

图 9-3　放矿前单体模型示意图　　　　图 9-4　放矿后单体模型示意图

B　平面模型

平面模型可以研究采场结构参数、多放出口放矿时沿放出口中心或侧壁切面上松散物料的运动规律以及矿石损失和贫化的问题。

试验时先将模型挡板、步距板、盖板、进路模板等按设计要求装好，然后装填矿石和岩石，并记录装填重量。模型装好后便可进行放矿，试验时根据要求作详细记录。当每一放矿步距放矿终止时，便抽掉一块步距板和盖板，相当于爆破一个崩矿步距，随后便可进行下一步距的放矿试验，如此循环往复直至试验终止。平面模型正面亦装有透明玻璃壁，试验时可直接透过玻璃壁观察、描绘或摄影记录标志颗粒或标志层的运动过程。每次放出量要计重，当发生贫化时，放出的矿岩量要进行分选和分别称重，并记录矿石量和废石量。试验结束后要整理资料，计算矿石回收率和贫化率，绘出需要的各种关系曲线。平面模型如图 9-5 和图 9-6 所示。

C　立体模型

立体模型的结构与平面模型近似，只是按模拟采场参数将料箱加厚，正面不一定要透明玻璃壁。这类模型模拟整个或部分采场的放矿过程，研究整个或部分采场在不同放矿制度下的各种放矿问题时，能取得整个采场的损失和贫化综合指标。但这类模型试验工作量大，试验技术复杂，费工费时，有些试验方法尚不能完善。

图 9-5 放矿前平面模型示意图
（图片来自明世祥）

图 9-6 放矿后平面模型示意图
（图片来自明世祥）

物理模拟放矿的一个关键问题就是相似问题。要想把模拟试验所得到的规律、数据推广到实际采场放矿中去，或使实际放矿规律能在模拟试验中再现和预演，那就必需使实际与模拟的放矿现象和规律之间的相似条件得到满足。虽然它费时、费工、有一定的局限性，但是此方法简单易行、直观可靠、成本低廉，可以使采场放矿再现、预演、预报、验证，可以取得具有代表性的数据，表达出放矿的主要特征，故这种方法得到了广泛的应用，立体模型如图9-7和图9-8所示。

图 9-7 放矿前立体模型示意图
（图片来自明世祥）

图 9-8 放矿后矿石残留示意图
（图片来自明世祥）

9.1.3.2 现场工业试验

现场工业试验的目的是验证物理模拟试验和数学模拟试验的结果，取得物理模拟和数学模拟需要的原始资料，以及直接研究崩落矿岩的运动规律和优选方案。只有通过现场试验验证之后，才能将各种模拟试验得到的结果应用于生产，因此现场工业试验是放矿研究中非常重要的一种方法。

现场工业试验包括现场松散崩落矿岩物理力学性质试验以及现场放矿试验。现场物理力学性质试验主要测定影响放矿过程的松散介质物理力学性质，包括松散介质的容重、松散性、孔隙度、压实度、湿度、块度、自然安息角、外摩擦角、内摩擦角和黏聚力等。物理力学性质试验可为放矿规律的进一步研究提供基本参数。

现场工业试验法是一种非常重要的方法，它可以取得物理模拟和数学模拟所需的原始数据，验证其试验的结果，并可研究生产中的放出体与矿岩的流动规律和矿石损失贫化指标等。我们应当重视现场工业放矿试验研究和总结放矿实践经验，因为受现场地质、水文、地压、爆破和矿岩性质等条件的影响，研究对象与条件比较复杂，因此有必要进行实际的放矿参数、损失贫化指标的测定，研究现场放矿的计量、取样与分析方法，矿石损失贫化指标计算方法等，通过加强放矿管理，积累系统的资料，综合上升为理论，把理论与实际结合起来，进一步促进采矿工艺的新变革，改进和提出采场与出矿的新结构，使贫损指标大幅度降低。

9.1.3.3　数值模拟计算法

目前数值模拟放矿过程主要采用离散元软件，如 PFC 软件、UDEC 软件、3DEC 软件等，其中 PFC 软件使用的居多。

PFC 是颗粒流程序，既可以模拟圆形颗粒的运动与相互作用问题，也可以通过多个颗粒与其直接相邻的颗粒连接形成任意形状的组合体来模拟块体结构问题。PFC 中颗粒单元的直径既可以是一定的，也可按照高斯分布规律分布，颗粒生成器根据描述的单元分布规律自动进行统计并生成单元。调整颗粒单元直径，可以调节孔隙率，通过定义可以有效地模拟岩体中节理等弱面。颗粒间接触相对位移的计算，不需要增量位移而直接通过坐标来计算。

采用 PFC 软件建立的放矿模型和放矿过程如图 9-9 和图 9-10 所示。

9.1.4　放出体形态影响因素分析

放出体形态是决定采场结构参数的基础，结构参数选取的正确与否直接关系到矿山生产的经济效益指标，因此崩落法矿山应根据放出体形态发育情况对采场结构参数进行优化设计。根据崩落法矿山实际生产实践，放出体形态主要受矿岩物理力学性质、覆盖岩层厚度、放矿口尺寸等参数的影响。

（1）矿石的物理力学性质。矿石物理力学性质对放矿效果影响极大。当矿石干燥、松散、块度不大而又均匀、无粉矿时，流动性最好，放矿损失贫化为最小；若块度组成较细，如粉矿，压实度大、湿度及黏结性大，则矿石的流动性

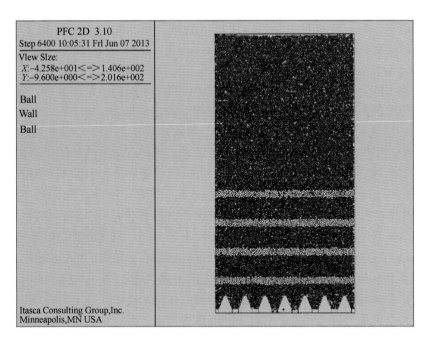

图 9-9 PFC 软件建立的放矿模型

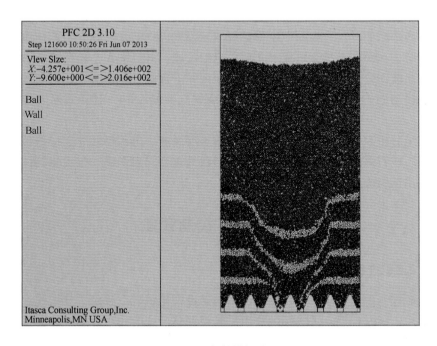

图 9-10 PFC 软件模拟放矿过程

差；流动性差的矿石放出椭球体横轴增长很慢，纵轴增长很快，椭球体变成了瘦长的"管筒"状，放矿时上部废石通过"管筒"很快穿过矿石层到达放矿口，造成提前贫化，而"管筒"周围矿石则放不出来，从而造成大量矿石损失。

（2）放矿口宽度。实验研究结果表明，随着放矿口宽度加大，矿石流动性更好，放出体发育会逐渐变大，但是当放矿口尺寸增加到一定程度后，放出体不再呈现传统的椭球体形态，而是呈现"柱形"放出体形态。

（3）崩落矿石层高度及放矿口间距。崩落矿石层高度大、放矿间距小，对减少放矿的损失贫化有利。当放矿间距一定时，纯矿石放出椭球体的体积随着崩落矿石层的加高而变大，放出纯矿石量的百分比也相应加大。如某矿崩落矿石层厚度为 40~50m 时，放出纯矿石量近达 60%；而矿石层高度为 16m 时，仅为25%。贫化矿石量和脊部损失矿石量也与放矿口间距有关。许多矿山生产经验表明，崩落矿石层高度与放矿口间距之比不应小于 5~6。采场放矿口间距小、数量多，可提高放矿强度，加强采场出矿量，也对减少底部结构的地压有利。

（4）覆盖岩层厚度。大量的崩落法生产实践表明，深埋矿体和浅埋矿体两者的放矿参数是不同的。根据放矿动力学和散体流动规律，当上部覆盖岩层较厚时，矿岩受到重力挤压较大，颗粒之间摩擦力增强，因此在放矿过程中放出体发育受到限制，放出体发育相对较小。

（5）矿体的厚度、倾角及矿石与废石的接触面数目。厚度、倾角、接触面数目和采场结构尺寸，都直接决定着崩落矿石层的几何形态和放矿条件。在设计采场和底部结构时，应根据矿岩移动规律来检查设计的合理性。当矿体倾角小于放出角时，在矿体下盘会形成一个放不出的区域，其范围大小随矿岩接触面距放矿口的高度而定。为了减少下盘损失，常须在下盘脉外增开漏斗。矿岩接触面形状及数目与放矿贫化率有关，当接触面规则且数量少时，对降低损失贫化最为有利。

以上分析表明，放出椭球体形态受放出层高度、出矿口尺寸、矿石粒级和粉矿含量、矿石湿度、松散程度以及矿岩形状等综合因素影响，放出体具体的形态需要采用试验或软件模拟确定。

9.2 放矿控制管理

9.2.1 放矿控制的目的和要求

放矿控制就是控制单个放矿点放出的矿量，使每一个放矿口都按规定的放出量来放矿，同时根据每天实际的放出矿量来调整后续的放矿计划。放矿控制的目的主要是：

（1）减少矿石贫化，保持入选品位；

（2）确保最大的矿石回收率；

（3）避免破坏荷载在出矿水平集中；

（4）避免形成空气冲击波、泥石流等条件。

放矿控制方法可以在生产期间进行适当调整。在整个生产期间，特别是在拉底和初始崩落阶段，必须控制放矿速度以保持崩落顶板形状，避免崩落顶板和崩落矿堆之间的距离太大，造成顶板的突然大规模冒落产生空气冲击波[13]。

大量的矿山生产实践得出放矿控制工作应该做到：

（1）调查影响崩落和放出过程的具体因素；

（2）计算每个放矿点能够放出的矿量和平均品位；

（3）制定全面的放矿控制方法和生产进度计划，包括单个放矿点的起始时间和未来的放矿速度；

（4）制定放矿作业的管理办法，包括记录和数据分析；

（5）为了制定未来生产计划，确定可在任何阶段评估剩余矿量和品位的方法。

9.2.2 在拉底和初始崩落期间的放矿控制

影响拉底后的初始崩落和随后持续崩落形成的一些重要因素有：

（1）拉底的起始点和拉底推进的起始方向；

（2）拉底在平面和垂直断面的形状；

（3）矿体的地质力学性质，诱导应力和相关的崩落力学。在其他因素中，这些因素将影响崩落物料的块度和流动性能；

（4）所需的开始崩落的拉底面积和假如必要时延展它的可能性，通常是在最小跨度方向上出现问题；

（5）满足生产进度所需的积极的放矿点数目；

（6）放矿控制和生产计划；

（7）初始崩落区域的进一步扩展。

在崩落的自然速度和允许的崩落物料放矿速度之间存在一个关系。如图 9-11（a）所示，在放矿区崩落的一个垂直层的宽度为 w，假如向下放出一层，距离为 d，如图 9-11（b）所示，那么崩落就会产生，直至这个空间又被填充，如图 9-11（c）所示。在崩落过程中，矿石体积或松散体积增加。设原岩体积为 V，崩落后的体积为 $V(1+B)$，式中 B 为松散系数，则松散系数有时代表（$1+B$），Laubscher 建议对细块度，松散系数取为 1.16；中等块度为 1.12；较粗的块度为 1.08。在某些情况下，松散系数事实上是大于这些值的。假如岩石的原岩比重为 r，则崩落矿石的总比重为 $r/(1+B)$。

为了崩落持续发展，必须放出一定量的崩落矿石，在矿堆之上产生一个空

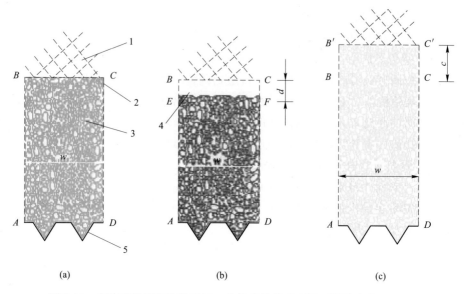

图 9-11　在放矿的早期阶段通过一个放矿柱的垂直层（图片来自 Brown）

（a）崩落矿石接触到顶板；（b）随着放矿顶部产生空间；（c）崩落矿石填充已产生的空间

1—未崩落的矿石；2—崩落顶板；3—崩下的矿石；4—空间；5—放矿点

间。但为了确保在每一步连续的崩落后不产生过大的空间，放矿速度必须与崩落速度和松散系数 B 相关联。图 9-11（b）中空气空间 $BCEF$ 的体积和图 9-11（c）中原岩矿石 $BCC'B'$ 的体积必须等于新的崩落矿石 $EFC'B'$ 的松散体积。

$$(c + d)w = c(1 + B)w \tag{9-12}$$

或
$$d = cB \tag{9-13}$$

这意味着对如图 9-11 所示的崩落进行，为了不产生永久的空间，在每一次崩落之后从每层放出的体积应该仅仅是新崩落矿石的原岩体积和松散体积之差，有时称为膨胀。换句话说，体积放矿的时间速度 d' 应该是 B 乘以体积崩落 C' 的时间速度。假如方程式（9-12）的时间速度写成矿量，则由体积＝矿量/比重，可以得到：

$$d'_t = c'_t B / (1 + B) \tag{9-14}$$

式中，c'_t 和 d'_t 是矿石崩落和放矿的时间速度。

同样的考虑可应用于拉底阶段爆破后矿石的放出量。有时受利益驱动，在新的作业区或拉底过程中会靠放矿点过量放矿来获得早期矿量以取得经济效益，但这样做可能会产生三种不理想的结果：

（1）由于在崩落顶板上诱导的应力和新的不均匀分布可能导致崩落顶板以不均匀的轮廓发展，故有可能阻止崩落。

（2）在软弱的物料中，如果继续放矿则可能形成细料的重力通道，会导致形成穿过矿体的"烟囱",从而产生过早贫化。

（3）相对于崩落速度，一旦放矿点过量放矿，或崩落发展被阻碍后仍继续放矿，就会产生空间，可能会出现崩落顶板较大的崩塌，导致产生破坏性的空气冲击波。

如果在矿体和没有品位的围岩之间没有明显的近乎垂直的地质边界，就要特别注意避免从边部放矿点进行过量的早期放矿，因为这会导致过早进入贫化。

由于盘区崩落作用的前锋是连续推进，在一端消耗的同时必须在盘区的另一端连续开始新的崩落，如图 9-12 所示，因此在崩落的岩体中从开始到耗尽必然存在一条倾斜的矿废接触线。第二条倾斜的接触线是在崩落的和未崩落的物料之间，在与第一条正对面的方向形成斜坡。放矿控制的目的就是使崩落下来的矿废接触面平滑并尽可能均匀以避免贫化，特别是接近放尽时。亨德森矿放矿管理的方法是将分配到每一排放矿点最大允许的放矿量按放矿柱中可能的矿量的百分比表示。这些百分比以 10% 或 15% 递增，从崩落线开始随着崩落前锋推进，对一个给定线的放矿点这些矿量逐步递增。然而，Dewolfe（1981）认为，在所关心的时间内，从每一个放矿点实际放出的矿量应保持在大约 50% 的允许的最大量，以便崩落受阻时仍可以以合适的矿量维持几个月的生产。

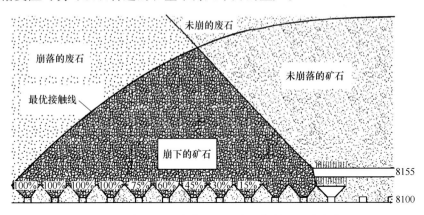

图 9-12　美国亨德森矿盘区崩落的理想放矿控制（图片来自 deWolfe）

作业放矿点的平均放矿速度是 0.3m/d，放矿分配范围是从对进度落后的放矿点的 0.6m/d 到超前进度的放矿点或即将结束放矿点的 0.15m/d。可以假定在任何时候，所有积极的放矿点中有 1/3 由于维修或卡斗不能工作，2/3 作业来满足日常的生产要求。平均放矿速度 0.3m/d 是基于崩落速度而定的，并在放矿控制过程中应严格执行。应该注意，一个合适的放矿速度应该允许在破碎矿石和未崩顶板之间有一个小的空隙，以便矿岩继续靠重力崩落，且这个空隙不能大到足以导致大量岩石突然崩下可能产生空气冲击波的程度。沿着崩落的长度出现大的空隙同样会使废石沿着破碎和未破碎的岩石接触面滚下，使靠近崩落线附近的较高品位矿石柱贫化。图 9-13 所示即为这个可能性，在矿块崩落作业中应该避免产生这种情况。

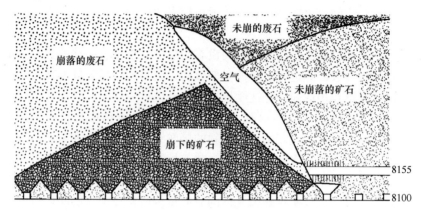

图 9-13   在盘区崩落中当放矿速度超过崩落速度的膨胀量时
空间和废石滚入的形成（图片来自 deWolfe）

9.3   国际先进的自然崩落放矿控制软件

由于自然崩落法为底部集中放矿，合适的放矿管理方法有助于实现均衡放矿，控制废石混入，减少矿石的损失和贫化。目前国外大规模先进自然崩落法矿山基本都有一套放矿管理系统，如 Northparkes 矿、Finsch 矿、Palabora 矿等，其中以采用达索公司的 PC-BC 软件和 CMS 软件的居多，采用 CMS（放矿管理系统）软件可与特定厂家的铲运机调度系统结合，实现出矿自动化和放矿自动化管理，提高生产效率和矿山自动化水平。

9.3.1   PC-BC 软件

为了更好地进行放矿管理，1988 年南非的 Premier Diamond 矿基于丹尼尔·劳布斯彻博士的放矿理论开发了 PC-BC 软件，1999 年由 Gemcom 公司商品化推向市场，目前已经广泛用于铜、金、金刚石等自然崩落法矿山，世界上多个自然崩落法矿山和咨询公司都是 PC-BC 的用户，尤其在澳大利亚 Northparkes 矿的 Lift 1 的应用使该软件得到了很大的发展。目前该软件几乎为国外大型自然崩落法矿山放矿管理的必备软件[13]。

9.3.1.1   软件主要功能

PC-BC 是一款用于可行性研究和日常生产中进行放矿模拟和管理的软件，它利用其他软件所做的地质矿块模型，可用于最佳出矿中段的确定，计算不同阶段的可采矿量，以及根据拉底速度、下降速度、新增放矿点速度等参数进行采矿生产计划编制。

A 软件模块

PC-BC 软件共包括 3 个模块，分别为 Footprint Finder、PC-BC、DOT 模块，各模块功能如下：

（1）Footprint Finder 模块（FF）。利用地质块体模型，通过输入成本、价值等参数，快速对各中段水平的开采价值（采出矿量、出矿品位、矿山价值等）进行测算，方便确定最佳的开采中段。因此模块主要是考虑经济价值最大化，实际工作中还需要根据中段高度、矿体赋存状态等因素综合确定。

（2）PC-BC 模块。通过确定的出矿中段位置，详细布置中段开采范围、放矿点布置、采出矿量计算、出矿品位分析、采矿进度计划编制等。

（3）DOT 模块。用于矿山日常放矿管理，可以实现与自动化铲运机进行数据连接，实现自动排产，并发布指令给出矿铲运机，实现定点、定量出矿。

B 软件功能

PC-BC 软件主要功能有：

（1）确定最佳出矿中段。采用 FF 模块，按照一定高度的分层来计算采出矿量和开采价值，确定最佳的出矿中段标高。

（2）确定可采矿量。通过确定最佳放矿高度确定开采矿量，并可根据价格和采矿成本的变化进行敏感性分析。

（3）生产计划安排。根据计划采出矿量、拉底顺序、新增放矿点速度、放矿速度等参数确定生产计划，并可分析各参数之间的相互影响。

（4）确定出矿水平和出矿范围。可对不同出矿水平和出矿范围进行分析，确定最终出矿水平和出矿范围。

（5）优化放矿点布置。根据不同放矿点的经济价值进行优化放矿点布置并分析各放矿点之间的互相影响。

（6）日常放矿控制。通过监控每个放矿点的实际出矿量和每个放矿点状态进行放矿控制，并与铲运机调度系统有相应接口。

（7）贫化预测与控制。

9.3.1.2 软件计算流程

（1）数据输入包括：

1）矿体模型，包括矿体地质模型和地形模型；

2）矿体工程地质参数，包括崩落块度、节理频率和矿石混入高度；

3）放矿点参数，包括放矿点坐标，放矿漏斗形状；

4）经济参数，包括采选成本、截止价值和单位金属价值；

5）拉底顺序；

6）计划新增放矿点数量及放矿点放矿速度；

7）计划的出矿量；

8）放矿控制方式选择，有不同的放矿控制方式，既可根据实际情况进行调整，也可在不同的时期使用不同的方式。一般根据盘区式开采或者矿块式回采，放矿控制方式不同[14]。

（2）生产数据文件（Slice file）。将输入的矿体地质模型、地形模型、工程地质参数、放矿点参数以及经济模型通过计算机运算组合生成新的数据文件（Slice file），该文件中包括矿量、品位、经济价值和块度等数据，如图 9-14 所示。

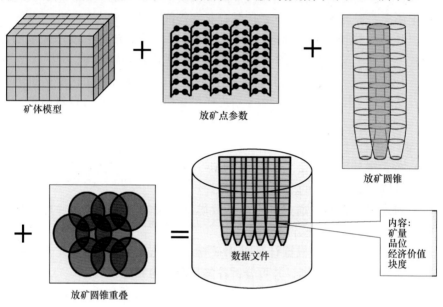

图 9-14　生成数据文件（图片来自 Geovia 公司）

（3）运行最佳放矿高度指令，生成每个放矿点最佳的放矿高度，根据最佳放矿高度计算可采矿量，并根据每个放矿点的经济价值来调整放矿点的布置，进行放矿点布置的优化。

（4）运行生产进度计划指令；在最佳放矿高度的基础上，输入计划的出矿量、拉底顺序、出矿速度、放矿控制方式等参数，通过运行程序进行生产计划安排，生产进度计划编制如图 9-15 所示。

9.3.2　DOT 软件

崩落管理系统 DOT（Draw Order Tools）是 PC-BC 崩落设计软件的一个子系统，原称为 CMS 软件[15]。最初是针对印尼 Freeport DOZ 自然崩落法开发应用的。目前它已经在 Freeport DOZ、De Beers 公司的 Finsch 矿和 Palabora 矿等多个矿山成功应用。在 Freeport 矿每天的放矿指令被平均分为三班指令。在 Finsch 矿每天放矿指

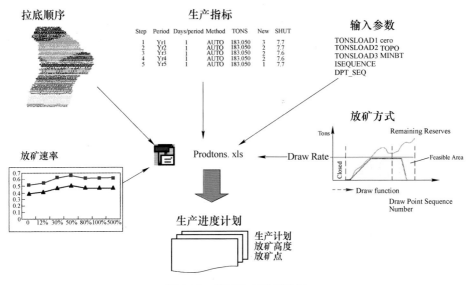

图 9-15 编制生产进度计划

传输给 Sandvik 的 Automine 系统，利用该系统转化为每个班的出矿指令。

DOT 根据日放矿实际动态调整待发的日放矿命令，并与长期计划拟合，从 DOT 产生的每日放矿指令可直接输出到铲运机调度系统，铲运机可从中读取当前放矿点的放矿指令，实现两者间的无缝连接。例如，Finsch 矿利用该系统发出指令给山特维克公司的"Automine"铲运机系统，指派铲运机到不同放矿点进行装矿，而每个铲运机铲斗配有称重系统，把出矿量实时反馈到 DOT 系统中，进行放矿控制管理。图 9-16 所示为 DOT 软件操作界面。

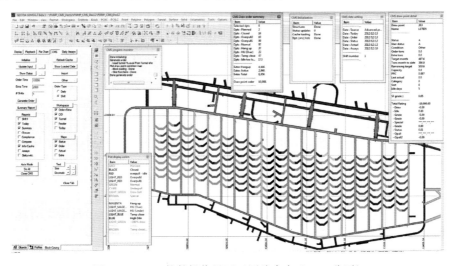

图 9-16 DOT 软件操作界面（图片来自 Geovia 公司）

341

9.3.2.1　DOT 软件功能

（1）与 PC-BC 软件进行无缝连接，将 PC-BC 软件编制的生产进度计划，输入至 DOT 软件中，进行指导日常放矿管理；

（2）通过 DOT 软件可以与铲运机调度系统和监视系统进行有效结合，包括与 Sandvik 公司的铲运机和调度分配模块可以很好兼容；

（3）采用 DOT 软件输出的报告可为 EXCEL 文档方式，可以方便数据管理和操作，并拥有采用 SQL 数据库进行安全存储的功能；

（4）具有在不同的 SQL 数据库表格中存储多种数据的功能；

（5）具有多种放矿方式选项用于给出放矿指令；

（6）对放矿点状态进行实时显示，并可区分活动点、关闭点、处理放矿点等，方便决策者进行放矿动态管理。

9.3.2.2　从 PC-BC 到 DOT

PC-BC 是一个用于从预可研到详细的日放矿控制研究和实践的程序。

日放矿命令的最终基础是在 PC-BC 中产生的生产预测。生产预测进度在 PC-BC 中是以"Catch-up"模式运行的。这个 Catch-up 概念提供了调节放矿命令以便实际矿量可以带回到与较长期目标累积矿量一致的途径[16]。

PC-BC 采用"Catch-up"模式的主要目的之一是使崩落顶板轮廓从月到月平整。更加平整的崩落顶板的好处是可避免由于产生"烟囱"式崩落，过早使地下水涌入或产生贫化。其通过输入截止到当前的累计矿量、最后的积极放矿点和开放顺序，产生中期计划。

长期计划器（Planner）将运行 PC-BC 并产生一个生产进度，其中使用"Catch-up"模式产生月目标矿量。目标矿量储存在一个 SQL 数据表中，以便 PC-BC 和 DOT 用户（users）共用。DOT 用户通过恢复目标矿量数组（bucket）以开发放矿命令。图 9-17 所示为每月末从 PC-BC 模块获取新的出矿指令给 DOT 模块的流程。

月放矿命令是在每月的月初计算。这个命令是基于总的矿量要求，但同样考虑了放矿点优先权，优先权依次是按一个放矿点闲置了多长、月放出的百分比、允许的放矿速度、放矿点品位和工程地质输入。放矿命令强调匀速放矿并尊重全面崩落发展战略和长期计划。

9.3.2.3　DOT 软件数据处理

在每月的月初，采用实际历史数据设定 DOT（即通过前一个月得出的月开拓矿量和品位）。

每个放矿点每日实际矿量可以从 Dispatch System 及开拓和拉底矿量的定期铲运机报告中下载。Modular Dispatch System 将记录放矿点铲运机的所有数据，而

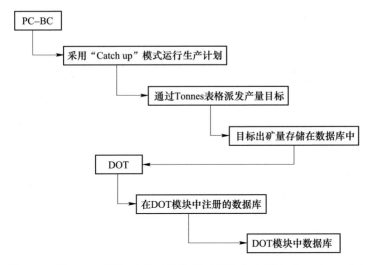

图 9-17　从 PC-BC 到 DOT 的工作流程（图片来自 Eddy Samosir, et al.）

其他矿量将由从拉底出矿或开拓出矿的生产司机手工报告到 DOT 操作者，以手工方式输入到 Modular System。

DOT 操作者同样输入每天放矿点分析数据到 DOT 作为实际品位，并将这些分析与 PC-BC "Slice file"（数据文件）的模型品位对比。数据文件实质上是矿床的矿块模型，但将矿量和品位分配给了层中的单个放矿点，即相对于模型中的块。数据文件品位从地质矿块模型中导出（每个放矿点）。

输入到 DOT 的另一项是放矿点状态。这个状态是用于决定每个放矿点筐命令的许多 DOT 参数之一。

除了上面所示的输入外，在 DOT 内部，在运行处理中需要完成一些其他输入，例如当前的日期、每天的总命令等。

有时日命令会因为月的平均剩余矿量而改变，例如由于破碎机的保护性维修（PM）进度、矿石流程系统 PM 进度、生产需要等。对这些特殊类型的例子，要利用"手动矿量调节"使 DOT 强制采用比它计算的剩余矿量更高的或更低的日放矿命令。

DOT 数据处理流程如图 9-18 所示。

9.3.2.4　日出矿命令的要点

放矿命令计算的基本装置是每月所需要的矿量目标。假如放矿点被堵塞一段时间，或假如出现另一个临时生产干扰，生产速度曲线（PRC，英尺/d）将对随后的日命令进行调节。在一个放矿点落后目标产量一段时间后，PRC（生产速度曲线）就由 CMS 调节，在限制范围内允许放矿点赶上月目标。

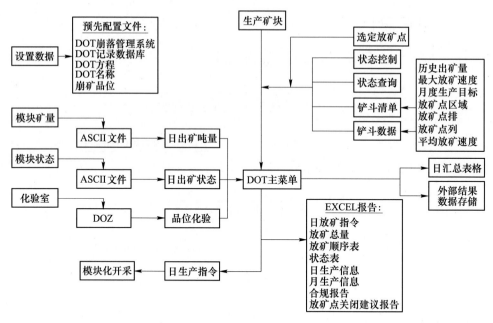

图 9-18　DOT 软件数据处理流程（图片来自 Eddy Samosir, et al.）

9.3.2.5　放矿点优先权

当产生日放矿命令时，放矿点按重要性或优先权的下降分组如下：

（1）湿式出矿。出矿的最高放矿点优先权是那些湿放矿点。湿放矿点必须出矿以便从崩落矿堆将水排出，使形成泥石流的风险最小，并使湿的区域扩大到其他放矿点的可能性最小。

在每月开始前设置积极的湿放矿点的日或月目标。但对于新的湿放矿点，一旦它被分类为湿放矿点，就需要调节日或月目标。

（2）巷道变形。下一个最高的优先权放矿点是那些与盘区巷道变形有关的放矿点。不利的变形通常与出矿历史有关。通过把出矿计划优先化，应力更加均匀分布，变形缓和。和湿放矿点一样，不利变形的放矿点必须出矿，不管当前的月量达到与否。

（3）聚矿槽。新爆破的聚矿槽需多出矿，直至达到第一个 6000t，即聚矿槽中理论上的爆破矿量。这是下一个优先权，以提供足够的空间来扩展崩落。

（4）放矿不足的放矿点。需要调整放矿不足的放矿点 PRC，逐渐赶上月矿量的目标。

（5）正常放矿量。这些将有由日最大 PRC 限制的定期命令。

（6）过度放矿的放矿点。过度放矿的放矿点，指的是到当前的月产量已经超过了计划的放矿点，正常情况下一般给的命令是作为空闲。这些点只有当其他放矿点由于堵塞或临时停止等条件造成产量不够时才放矿。

9.3.2.6 DOT 软件给出的报告内容

（1）日常放矿指令；

（2）盘区或矿块简要信息，包括可采矿量和矿石品位等；

（3）放矿点放矿的优先顺序；

（4）放矿点是否关闭分析；

（5）每天放矿点的计划出矿量、实际出矿量、放矿点状态等；

（6）详细的放矿点状态分析。

图 9-19 所示为采用 DOT 软件显示的不同放矿点的放矿状态和报表信息。

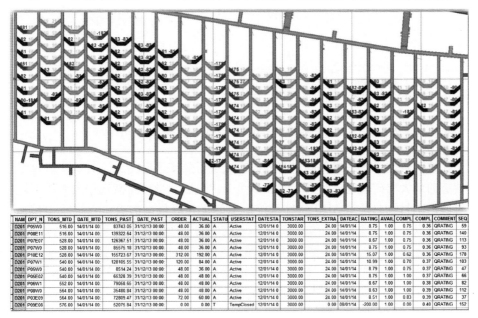

NAM	DPT_N	TONS_MTD	DATE_MTD	TONS_PAST	DATE_PAST	ORDER	ACTUAL	STATU	USERSTAT	DATESTA	TONSTAR	TONS_EXTRA	DATEAC	RATING	AVAIL	COMPL	COMPL	COMMENT	SEQ
D201	P05W0	516.00	14/01/14 00:	83743 05	31/12/13 00:00:	48.00	36.00	A	Active	12/01/14 0	3000.00	24.00	14/01/14	8.75	1.00	0.75	0.36	QRATING	59
D201	P08E11	516.00	14/01/14 00:	139322 64	31/12/13 00:00:	48.00	36.00	A	Active	12/01/14 0	3000.00	24.00	14/01/14	8.75	1.00	0.75	0.36	QRATING	140
D201	P07E07	528.00	14/01/14 00:	126367.51	31/12/13 00:00:	48.00	36.00	A	Active	12/01/14 0	3000.00	24.00	14/01/14	8.67	1.00	0.75	0.36	QRATING	113
D201	P07W0	528.00	14/01/14 00:	85575 18	31/12/13 00:00:	48.00	36.00	A	Active	12/01/14 0	3000.00	24.00	14/01/14	8.75	1.00	0.75	0.36	QRATING	93
D201	P10E12	528.00	14/01/14 00:	155723 67	31/12/13 00:00:	312.00	192.00	A	Active	12/01/14 0	3000.00	24.00	14/01/14	15.07	1.00	0.62	0.36	QRATING	178
D201	P07W1	540.00	14/01/14 00:	128105 55	31/12/13 00:00:	120.00	84.00	A	Active	12/01/14 0	3000.00	24.00	14/01/14	10.99	1.00	0.70	0.37	QRATING	103
D201	P05W0	540.00	14/01/14 00:	8514 24	31/12/13 00:00:	48.00	36.00	A	Active	12/01/14 0	3000.00	24.00	14/01/14	8.79	1.00	0.75	0.37	QRATING	47
D201	P05E02	540.00	14/01/14 00:	66328 39	31/12/13 00:00:	48.00	48.00	A	Active	12/01/14 0	3000.00	24.00	14/01/14	8.65	1.00	1.00	0.37	QRATING	66
D201	P06W1	552.00	14/01/14 00:	79058.65	31/12/13 00:00:	48.00	48.00	A	Active	12/01/14 0	3000.00	24.00	14/01/14	8.67	1.00	1.00	0.38	QRATING	82
D201	P08W0	564.00	14/01/14 00:	35480 84	31/12/13 00:00:	48.00	48.00	A	Active	12/01/14 0	3000.00	24.00	14/01/14	8.63	1.00	1.00	0.39	QRATING	112
D201	P03E09	564.00	14/01/14 00:	72809 47	31/12/13 00:00:	72.00	60.00	A	Active	12/01/14 0	3000.00	24.00	14/01/14	8.51	1.00	0.83	0.39	QRATING	37
D201	P09E08	576.00	14/01/14 00:	52075 84	31/12/13 00:00:	0.00	0.00	T	TempClosed	12/01/14 0	3000.00	0.00	08/01/14	-200.00	1.00	0.00	0.40	QRATING	152

图 9-19　DOT 软件显示放矿点状态和报表（图片来自 Geovia 公司）

9.3.3　ADO 软件

9.3.3.1　软件简要介绍

该软件是基于智利的 El Salvador 和 Andina 矿开发的自动放矿管理系统[17]。该软件数据库包括每个班从各活动的放矿点中放出的矿量，每个放矿点的二次爆破和悬顶爆破统计，当班结束时的每个放矿点的生产状态（流动的、悬顶的、二次爆破等），各放矿点的运行情况（破坏、泥石流堵塞或者其他原因造成无法使用）。另外各放矿点的矿石品位和贫化率情况也存储在数据中，但不是每个班都生成这个数据。

该软件利用数据库中的所有信息每天生成生产能力指标，这个指标会考虑到放矿点历史数据、放矿点的状态、各放矿点的出矿潜力（如是否可提高 20%）。同时矿石品位和贫化率预测工具将用于评估后续三个班的出矿变化。

ADO 系统工作流程如图 9-20 所示。

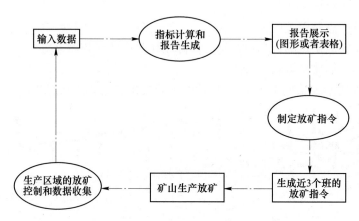

图 9-20 ADO 软件系统工作流程（图片来自 A. Susaeta，et al.）

在放矿管理系统中对不同状态的放矿点进行放矿速度约束，对每个班每个出矿巷道的最大出矿量进行约束，对放矿点二次爆破和悬顶爆破进行放矿约束。每个班的出矿目标总是从 ADO 软件系统给出的优先级最高的放矿点进行出矿，软件系统可以综合考虑矿石品位、贫化率、放矿均匀性等方面因素，对各放矿点进行放矿优先级排序。当运行放矿优化模块对接下来的三个班进行放矿指令安排时，优化算法将采用有限元增量法功能进行放矿解算。图 9-21 所示为 ADO 软件系统优化算法工作流程。

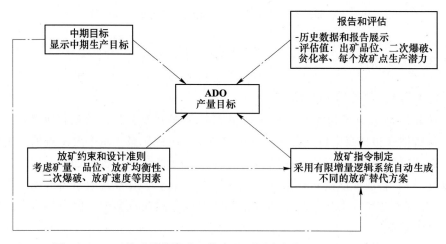

图 9-21 ADO 放矿优化算法工作流程（图片来自 A. Susaeta，et al.）

9.3.3.2 软件放矿算法

ADO 软件综合考虑每个放矿点的状态、放矿历史数据、放矿点约束条件和出矿目标等因素作为基础，对每个放矿点的接续三个班的出矿指令进行编制。ADO 软件系统的算法描述如下：

（1）对于计划的放矿区域中活动的放矿点，系统从放矿控制数据库中提取历史操作数据，数据库中提供有关放矿点的当前状态（正在放矿、堵塞）等特定信息，以及在最近几个班次中的实际出矿量，最近几个抽样的矿石品位和贫化率。

（2）利用这些历史数据，系统会计算后续三个班次每个放矿点的性能指标，这个性能指标是根据历史数据挖掘用以预测可能的贫化率、矿石品位、最大放矿量等。

（3）接着系统会请求用户指定的后续每天放矿的限制和目标，这将会约束和控制放矿计划的制定。用户必须明确第二天生成的硬性限制条件，这些硬性限制是用最大的放矿速度来表示。放矿速度主要取决于每个放矿点当前的放矿比例（比如，用户可能希望在较高放矿比例的放矿点中提高放矿速度）。

（4）通常用户需指定未来三个班次的生产目标，主要包括生产矿量、出矿品位、贫化率，以及第二天生成所允许的实现放矿均衡性指标。系统会尝试达到出矿量指标，因为选矿厂需要连续给矿来保障生产连续性。而其他指标需要按照优先顺序进行确定，系统将给予用户要求给予的不同的优先权，通常基于当前可利用的放矿点并不能完全满足所有的目标。

（5）然后系统开始创建出矿计划，这里面需要使用有限元的概念，规则如下：当出矿量目标没有完成时，首先寻找拥有最高优先权且没有完成目标的放矿点，查看这些放矿点清单表来知道哪些点能够补充出矿量。从这个放矿点绘制"有限元"，通常是一个铲运机铲斗的吨位，然后更新出矿计划。通过不断重复这种工作，实现出矿量目标的实现。

系统采用图形和表格形式表示出矿计划结果，用户也可以手动修改 ADO 系统建议的出矿计划，并反映到未在软件控制系统中报告的事实数据。

图 9-22 所示为生成放矿计划的软件界面。

推荐的放矿计划具有以下优点：首先是可操作性，其次是计划遵循了中长期放矿计划中的品位和贫化率要求。起初，该软件系统设计可以计算每个放矿点的成本和收入，目前这个工具还没有开发成功，未来用于优化采场放矿点开采经济性、放矿点关闭以及长期的经济优化具有很大的潜力。

9.3.4　EDMS 软件

中国恩菲工程技术有限公司针对铜矿峪铜矿、普朗铜矿自然崩落法项目，结

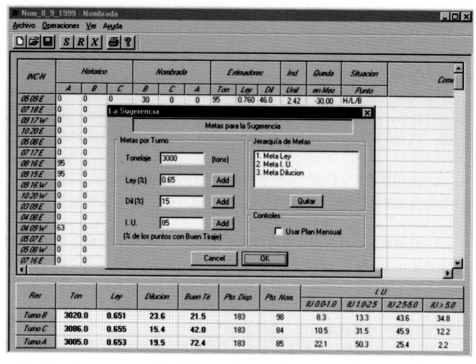

图 9-22　软件主要界面（图片来自 A. Susaeta，et al.）

合多年自然崩落法的应用实践，开发了"恩菲放矿管理系统（EDMS）"，可进行放矿控制和排产工作，能够实现快速、高效、现代化的放矿管理[18]。软件主要功能包括放矿点最佳高度、担负矿量、平均品位的计算，放矿点分层品位的计算，排产计划，出矿品位预测，放矿点状态管理，实际出矿量管理，生产日报表、月报表的生成，出矿计划及实际出矿量的数据图形分析、放矿高度的图形分析等。

9.3.4.1　最佳放矿高度计算

基于地质模型数据，通过自定义放出体形态、金属价值、金属回收率和采选成本等参数计算放矿点的最佳放矿高度及担负矿量、放出体的平均品位等。

根据用户输入的最佳放矿高度的精度（例如 1m）及地质块段模型，通过三维空间上的加权平均，计算放矿至各个高度时的担负矿量、平均品位（平均品位的计算方法同放矿点分层品位的计算方法），并计算出采出这部分矿石所得的利润，当利润达到最大时的放矿高度即为最佳放矿高度，如图 9-23 所示。

9.3.4.2　放矿点分层品位计算

以指定的分层高度对每个放矿点的放出体划分分层，以地质模型数据为基础计算各个分层的平均品位，用于估算出矿品位，如图 9-24 所示。

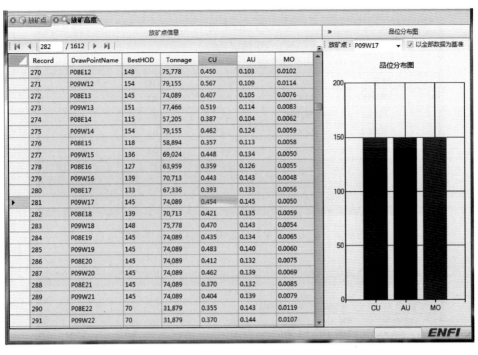

图 9-23　放矿高度信息（图片来自李少辉）

<table>
<thead>
<tr><th>放矿点名称</th><th>放矿高度</th><th>分层名称</th><th>放矿点X</th><th>放矿点Y</th><th>放矿点Z</th><th>LE</th><th>CU</th><th>AU</th><th>MO</th><th>比重</th></tr>
</thead>
<tbody>
<tr><td>P07W30</td><td>142</td><td>P07W30-1</td><td>7168.169922</td><td>2772.5</td><td>3720</td><td>3720-3730</td><td>0.087</td><td>0.022</td><td>0.0018</td><td>2.68</td></tr>
<tr><td>P07W30</td><td>142</td><td>P07W30-2</td><td>7168.169922</td><td>2772.5</td><td>3720</td><td>3730-3740</td><td>0.158</td><td>0.041</td><td>0.0030</td><td>2.68</td></tr>
<tr><td>P07W30</td><td>142</td><td>P07W30-3</td><td>7168.169922</td><td>2772.5</td><td>3720</td><td>3740-3750</td><td>0.241</td><td>0.071</td><td>0.0045</td><td>2.68</td></tr>
<tr><td>P07W30</td><td>142</td><td>P07W30-4</td><td>7168.169922</td><td>2772.5</td><td>3720</td><td>3750-3760</td><td>0.293</td><td>0.095</td><td>0.0053</td><td>2.68</td></tr>
<tr><td>P07W30</td><td>142</td><td>P07W30-5</td><td>7168.169922</td><td>2772.5</td><td>3720</td><td>3760-3770</td><td>0.330</td><td>0.114</td><td>0.0049</td><td>2.68</td></tr>
<tr><td>P07W30</td><td>142</td><td>P07W30-6</td><td>7168.169922</td><td>2772.5</td><td>3720</td><td>3770-3780</td><td>0.355</td><td>0.124</td><td>0.0050</td><td>2.68</td></tr>
<tr><td>P07W30</td><td>142</td><td>P07W30-7</td><td>7168.169922</td><td>2772.5</td><td>3720</td><td>3780-3790</td><td>0.376</td><td>0.131</td><td>0.0051</td><td>2.68</td></tr>
<tr><td>P07W30</td><td>142</td><td>P07W30-8</td><td>7168.169922</td><td>2772.5</td><td>3720</td><td>3790-3800</td><td>0.373</td><td>0.139</td><td>0.0052</td><td>2.68</td></tr>
<tr><td>P07W30</td><td>142</td><td>P07W30-9</td><td>7168.169922</td><td>2772.5</td><td>3720</td><td>3800-3810</td><td>0.357</td><td>0.138</td><td>0.0055</td><td>2.68</td></tr>
<tr><td>P07W30</td><td>142</td><td>P07W30-10</td><td>7168.169922</td><td>2772.5</td><td>3720</td><td>3810-3820</td><td>0.342</td><td>0.137</td><td>0.0058</td><td>2.68</td></tr>
<tr><td>P07W30</td><td>142</td><td>P07W30-11</td><td>7168.169922</td><td>2772.5</td><td>3720</td><td>3820-3830</td><td>0.330</td><td>0.130</td><td>0.0053</td><td>2.68</td></tr>
<tr><td>P07W30</td><td>142</td><td>P07W30-12</td><td>7168.169922</td><td>2772.5</td><td>3720</td><td>3830-3840</td><td>0.321</td><td>0.129</td><td>0.0050</td><td>2.68</td></tr>
<tr><td>P07W30</td><td>142</td><td>P07W30-13</td><td>7168.169922</td><td>2772.5</td><td>3720</td><td>3840-3850</td><td>0.320</td><td>0.128</td><td>0.0046</td><td>2.68</td></tr>
<tr><td>P07W30</td><td>142</td><td>P07W30-14</td><td>7168.169922</td><td>2772.5</td><td>3720</td><td>3850-3860</td><td>0.303</td><td>0.121</td><td>0.0044</td><td>2.68</td></tr>
<tr><td>P07W30</td><td>142</td><td>P07W30-15</td><td>7168.169922</td><td>2772.5</td><td>3720</td><td>3860-3870</td><td>0.088</td><td>0.035</td><td>0.0013</td><td>2.68</td></tr>
<tr><td>P07W31</td><td>139</td><td>P07W31-1</td><td>7154.169922</td><td>2772.5</td><td>3720</td><td>3720-3730</td><td>0.357</td><td>0.096</td><td>0.0088</td><td>2.68</td></tr>
<tr><td>P07W31</td><td>139</td><td>P07W31-2</td><td>7154.169922</td><td>2772.5</td><td>3720</td><td>3730-3740</td><td>0.359</td><td>0.099</td><td>0.0081</td><td>2.68</td></tr>
</tbody>
</table>

图 9-24　放出体分层品位数据（图片来自李少辉）

9.3.4.3　放矿点量计划编制

该软件可按照出矿量计划，计算计划的出矿点和计划出矿品位，即点量计划，根据拉底情况设置各放矿点的放矿指数，并根据实际出矿总量指标分配到单个放矿点的出矿量，如图 9-25 ~ 图 9-28 所示。

时间	计划矿量	CU品位	AU品位	MO品位
2012-12	292000	0.4	0.1	0.01
2013-1	542000	0.4	0.1	0.01
2013-2	542000	0.4	0.1	0.01
2013-3	542000	0.4	0.1	0.01

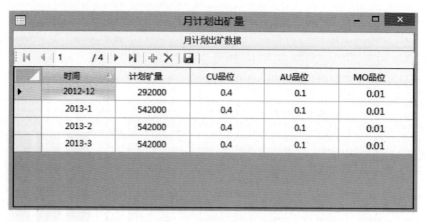

图 9-25　录入出矿量月计划图（图片来自李少辉）

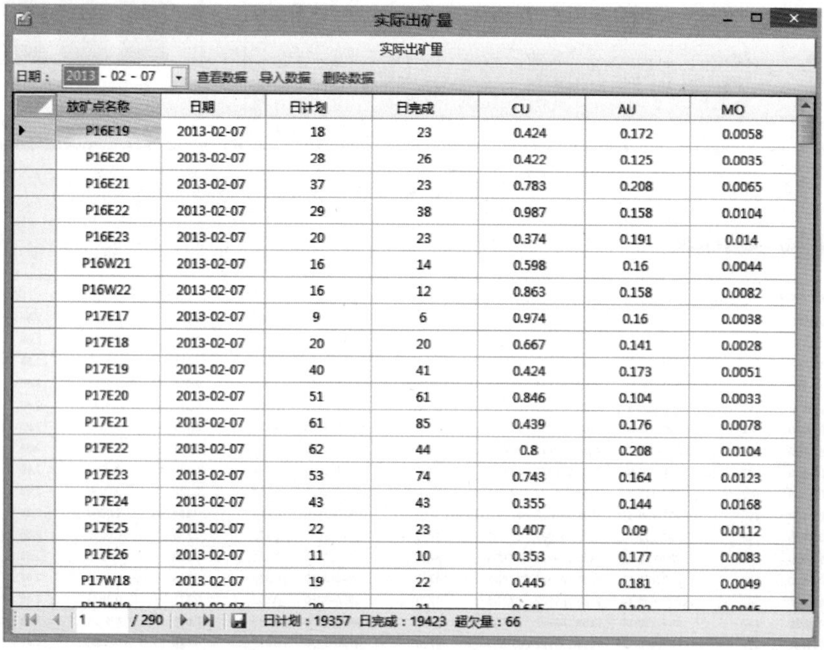

放矿点名称	日期	日计划	日完成	CU	AU	MO
P16E19	2013-02-07	18	23	0.424	0.172	0.0058
P16E20	2013-02-07	28	26	0.422	0.125	0.0035
P16E21	2013-02-07	37	23	0.783	0.208	0.0065
P16E22	2013-02-07	29	38	0.987	0.158	0.0104
P16E23	2013-02-07	20	23	0.374	0.191	0.014
P16W21	2013-02-07	16	14	0.598	0.16	0.0044
P16W22	2013-02-07	16	12	0.863	0.158	0.0082
P17E17	2013-02-07	9	6	0.974	0.16	0.0038
P17E18	2013-02-07	20	20	0.667	0.141	0.0028
P17E19	2013-02-07	40	41	0.424	0.173	0.0051
P17E20	2013-02-07	51	61	0.846	0.104	0.0033
P17E21	2013-02-07	61	85	0.439	0.176	0.0078
P17E22	2013-02-07	62	44	0.8	0.208	0.0104
P17E23	2013-02-07	53	74	0.743	0.164	0.0123
P17E24	2013-02-07	43	43	0.355	0.144	0.0168
P17E25	2013-02-07	22	23	0.407	0.09	0.0112
P17E26	2013-02-07	11	10	0.353	0.177	0.0083
P17W18	2013-02-07	19	22	0.445	0.181	0.0049

图 9-26　导入实际出矿量（图片来自李少辉）

对计划出矿品位的估算，依据放矿点的分层品位数据，认为放出体中的矿石逐层被放出，根据已出矿量计算出计划出矿的分层，该分层的品位即为计划出矿品位。

9.3.4.4　放矿点状态管理

根据生产需要按照放矿顺序开启一定数量的放矿点，并调整各个放矿点的放

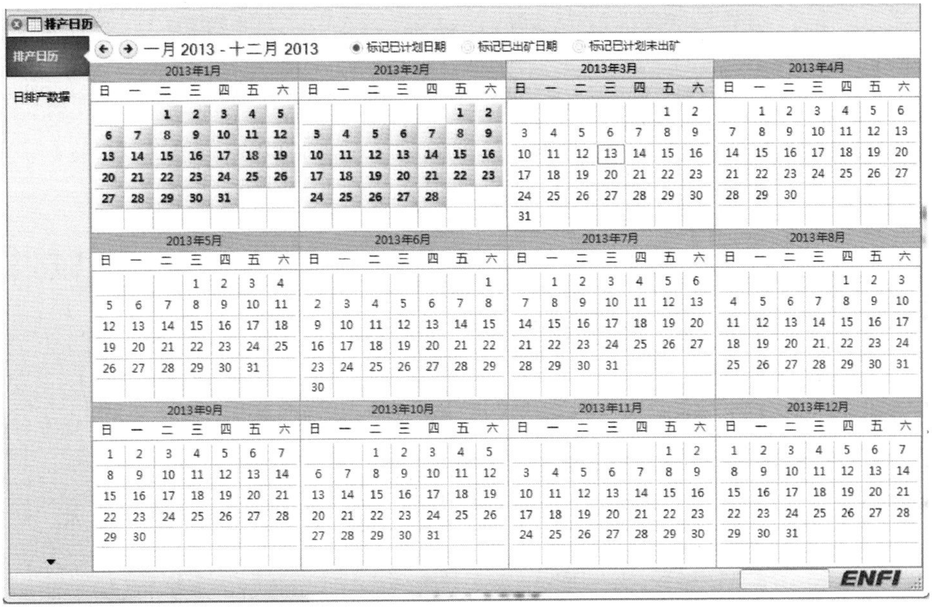

图 9-27　排产日历图（图片来自李少辉）

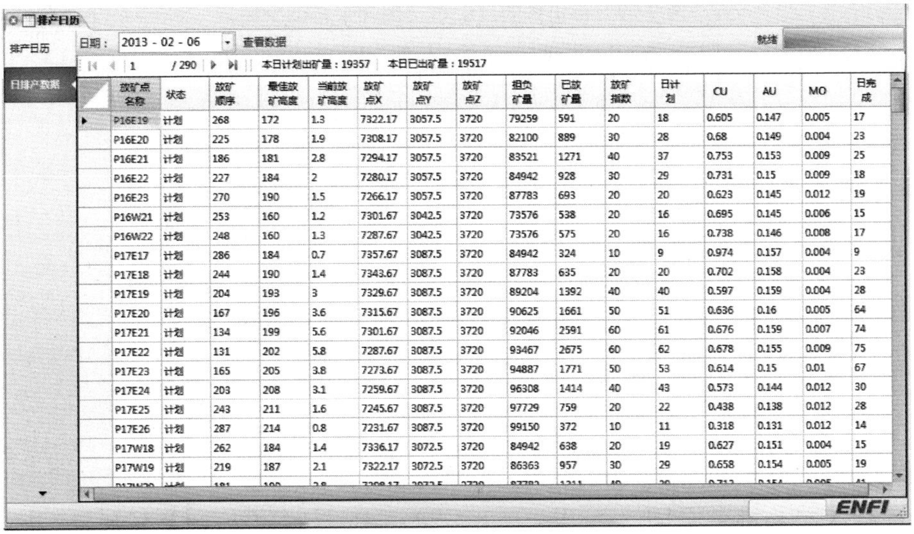

图 9-28　日排产数据（图片来自李少辉）

矿指数。用户可自定义放矿点关闭的条件，当实际出矿品位的化验值低于约定的截止品位一定次数（如 3 次），即该点达到关闭的条件，关闭该放矿点，该点不再参与排产计划。特殊情况下，也可将放矿点临时关闭，之后重新开启并参与排产。各种状态的放矿点调整情况如图 9-29～图 9-32 所示。

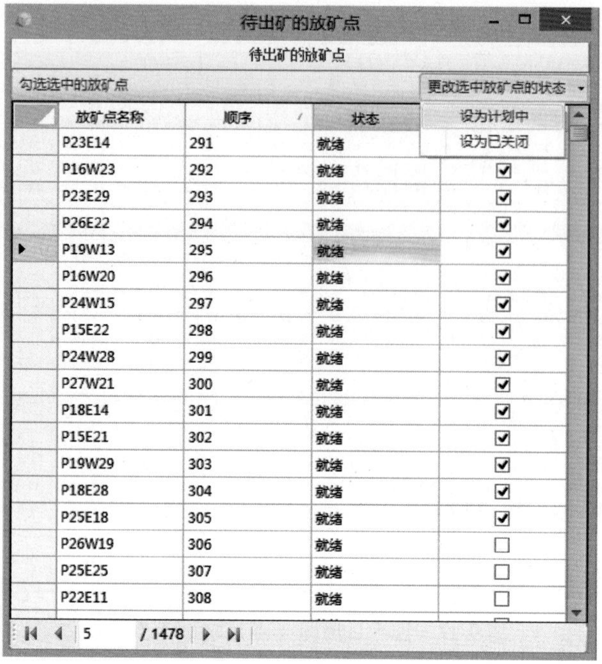

图 9-29　待出矿的放矿点（图片来自李少辉）

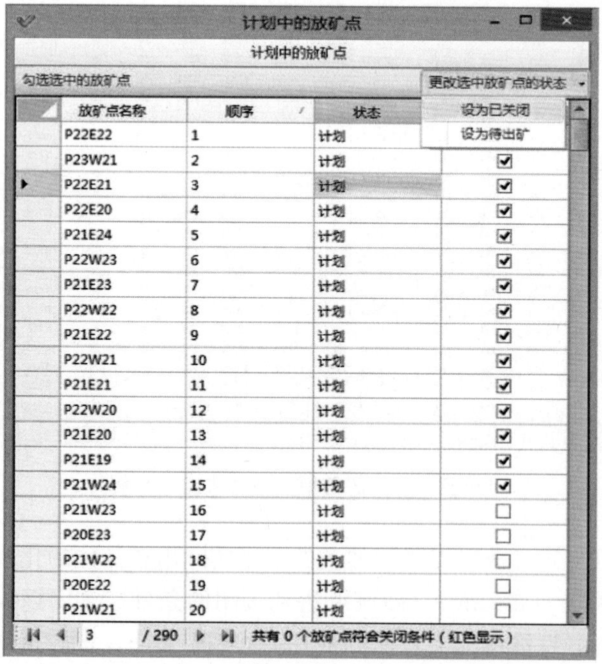

图 9-30　计划中的放矿点（图片来自李少辉）

放矿点名称	顺序	状态	
P22E22	1	关闭	
P23W21	2	关闭	☑
P22E21	3	关闭	☑
P22E20	4	关闭	☑
P21E24	5	关闭	☑
P22W23	6	关闭	☑
P21E23	7	关闭	☑
P22W22	8	关闭	☑
P21E22	9	关闭	☑
P22W21	10	关闭	☑
P21E21	11	关闭	☐
P22W20	12	关闭	☐
P21E20	13	关闭	☐
P21E19	14	关闭	☐
P21W24	15	关闭	☐
P21W23	16	关闭	☐
P20E23	17	关闭	☐

图 9-31 已关闭的放矿点（图片来自李少辉）

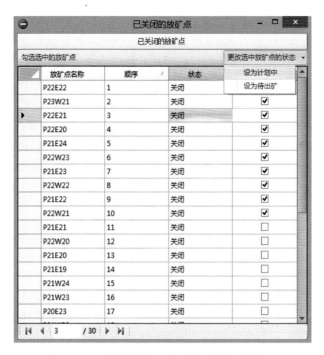

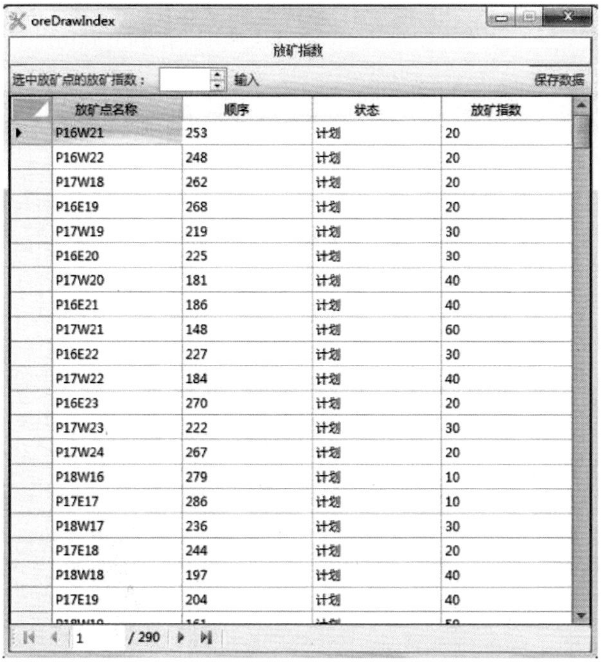

放矿点名称	顺序	状态	放矿指数
P16W21	253	计划	20
P16W22	248	计划	20
P17W18	262	计划	20
P16E19	268	计划	20
P17W19	219	计划	30
P16E20	225	计划	30
P17W20	181	计划	40
P16E21	186	计划	40
P17W21	148	计划	60
P16E22	227	计划	30
P17W22	184	计划	40
P16E23	270	计划	20
P17W23	222	计划	30
P17W24	267	计划	20
P18W16	279	计划	10
P17E17	286	计划	10
P18W17	236	计划	30
P17E18	244	计划	20
P18W18	197	计划	40
P17E19	204	计划	40

图 9-32 调整放矿指数（图片来自李少辉）

9.3.4.5　软件图形管理

数据图形分析部分采用 MsChart 控件实现，MsChart 是微软制作的功能强大的图表工具，基本上能想到的图表都可以使用它绘制出来，给图形统计和报表图形显示提供了很好的解决办法，它支持图形上各个点的属性操作，它可以定义图形上各个点、标签、图形的提示信息（Tooltip）以及超级链接等，可实现动态图表。

在每日出矿量图形分析中，可选择单个放矿点的数据或全部放矿点的合计值，并可以自定义数据日期范围。数据值可选择出矿量数据或出矿品位值。图形显示方式为折线图、柱状图等。月出矿量图形与其相似，如图 9-33 和图 9-34 所示。

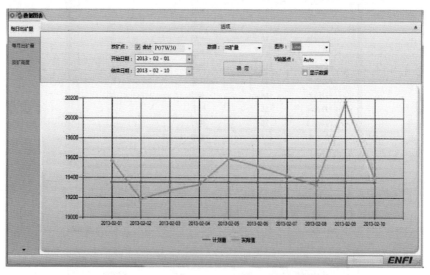

图 9-33　每日出矿量图（图片来自李少辉）

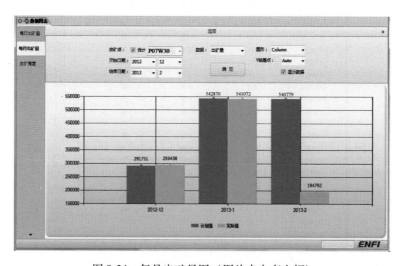

图 9-34　每月出矿量图（图片来自李少辉）

在放矿高度图形分析中，可自定义要显示的放矿点，查看任意断面上的实际放矿高度图形，如图9-35所示。

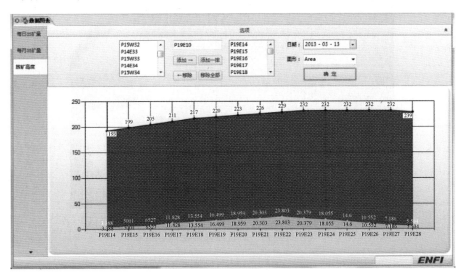

图9-35　分析放矿高度（图片来自李少辉）

9.4　放矿过程中的大块处理

由于自然崩落法主要依靠岩体的自身裂隙和自重作用进行落矿，因此在自然崩落法放矿过程中，不可避免地会遇到大块问题，当崩落的大块尺寸超过放矿口的尺寸时，就会造成放矿口的堵塞或者悬顶，对矿山生产和安全管理造成一定的影响，尤其是矿岩质量较好的区域，发生这种事件的概率将加大，必须安全地进行处理。

9.4.1　井下大块堵塞分类

合理评估大块尺寸和比例对于自然崩落法矿山设计至关重要，大块尺寸和比例与格筛的尺寸、出矿设备尺寸、运输设备尺寸和井下破碎机的开口尺寸等密切相关。有些矿山在出矿水平溜井口不设格筛，矿石直接卸入溜井内，这种情况铲运机操作工需要格外谨慎，防止将大块倒入溜井中堵塞溜井或影响装车，以及发生铲运机坠井事故。通常国际上的自然崩落法矿山在矿石溜井口都设有格筛，如图9-36所示。格筛既能够有效控制卸入溜井的块度，也可以作为铲运机的车挡，避免发生铲运机冲入溜井的安全事故。随着智能化手段逐步在矿山应用，很多矿山在溜井卸矿口附近安设有固定破碎锤设备，用于破碎无法通过格筛的大块，破碎设备可实现远程遥控操作，现场无人值守。有些矿山设有移动式破碎设备，更加方便灵活，可实现多区域的大块破碎。

图 9-36　矿石溜井口格筛

　　格筛的尺寸对于出矿效率具有重要的影响。对于采用大型出矿设备，若溜井口格筛比较小，就难以发挥设备效率；但采用较大的格筛孔网，可能会对溜井底部的振动放矿机装矿和有轨矿车运矿及卸载造成一定的影响。

　　目前国际上通常采用体积大于 $2m^3$ 的大块所占的百分比作为矿体产生大块的衡量标准。井下大块通常根据堵塞的位置分为高位卡斗、低位卡斗和放矿口大块。高位卡斗一般是指大块矿石的悬顶位置距离巷道底板 6m 以上；低位卡斗表示矿石大块高于巷道底板高度，但是卡斗高度低于 6m；放矿口大块表示已经落在巷道底板上，只是矿石块度尺寸大于放矿口，必须进行处理才能出矿。不同位置的卡斗如图 9-37 所示。图 9-38 所示为铜矿峪铜矿放矿口大块情况。

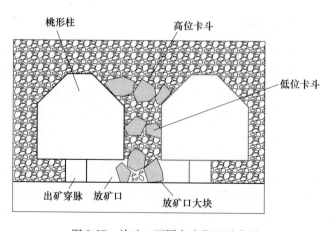

图 9-37　放矿口不同卡斗位置示意图

图 9-38 放矿口大块堵塞

9.4.2 井下大块率数据统计

根据资料[19]，表 9-1 为部分矿山发生悬顶情况的比例，可以作为自然崩落法矿山大块堵塞和悬顶的参考。表 9-2 为印度尼西亚自由港公司 DOZ 矿区自然崩落法大块率分布情况。

表 9-1 自然崩落法矿山大于 2m³ 大块和悬顶矿量比例情况

矿山名称	大块率/%	低位悬顶比例/%	高位悬顶比例/%	放矿口间距/m
Bell	60	30	10	15
King	50	30	20	10
Salvador	45	35	20	14
Shabanie	50	35	15	11
El Teniente	60	30	10	16

表 9-2 印度尼西亚自由港 DOZ 矿大块率统计

岩石类型	生产年份	高位悬顶/t	中等位置悬顶/t	低位悬顶/t	放矿口大块/t
矽卡岩	2006	149700	1000	1514	162
	2010	165400	1100	1499	198
	2012	169100	1200	1499	247
	2014	172500	1300	1496	267
闪长岩	2010	59100	700	775	65
	2012	115900	1000	897	65
	2014	155300	1200	996	70

对于大块率和悬顶概率的分析可以采用 BCF 软件进行模拟块度分布。该软件是 Esterhuizen 博士开发的一款用于崩落块度预测和悬顶概率分析的软件，是集理论分析与经验规则为一体的专家系统，在自然崩落法矿山中应用很普遍。

由表 9-1 可以看出，当采矿生产能力为 10000t/d 时，如果大于 $2m^3$ 的比例是可放矿量的 40%，那么将有 2100t 矿石会在放矿口作为大块出现，必须采用台车进行打眼破碎处理。低位悬顶会有 1300t 矿石，需要采用悬顶台车处理，高位悬顶有 600t 矿石，需要采用特殊的处理设备来钻凿。高位悬顶的次数可以通过估计正常高位悬顶的矿石量，并根据确定的高位悬顶的总量，两者相除得出。比如确定的悬顶矿量为 200t，15% 的高位悬顶比例约有 600t，因此每天的悬顶次数为 3 次。

9.4.3 井下大块处理方法

井下大块二次破碎有机械和爆破两种方法，而爆破常用的有裸露爆破法和凿岩爆破法。过去，当放矿过程中大块率比较低时，通常是在放矿口采用千斤顶或者安装裸露药包来爆破大块，然而一些硬岩矿体大块率比较高，采用大量的爆破方式处理大块会对放矿口和眉线造成破坏，也消耗大量的炸药，造成作业成本增加。

9.4.3.1 二次爆破方法

（1）普通裸露爆破法。普通裸露爆破法是将药包直接放于岩石表面进行爆破，一般适合于较大状或长条状岩石。由于该方式免于钻孔、便于操作，以前在自然崩落法大块处理时经常使用。矿山一般做法是用铲运机将大块集中在某个装矿口附近，然后集中进行爆破，通常裸露药包爆破会对放矿口眉线产生比较严重的破坏，并且爆破成本比较高，安全性也比较差，所以已逐渐在矿山弃用。

（2）聚能药包爆破法。利用炸药的聚能效应来破大块，不用钻孔，施工简单，其安全性较普通浅眼爆破和普通裸露爆破好，施工速度快，劳动强度低。装置聚能药包时，要将药包垂直于大块岩石顶面，药包位置应选择顶面的几何中心或者附近较平整的地方，然后在药包上覆盖泥沙。

（3）浅孔爆破法。浅孔爆破法破碎大块时，一般在大块的中心处钻孔，块度较大时，须钻多个炮孔，炮孔深度一般在大块厚度的 $1/2 \sim 2/3$ 范围内，应确保钻孔深度等于或大于最小抵抗线。浅孔凿岩可采用气动凿岩机或者台车完成钻孔作业。

钻孔爆破处理大块是最有效的技术手段，因为大块岩石的四周都有自由面，故可以有效地进行破碎。根据加拿大矿山统计，在格筛放矿阶段，二次爆破的炸药消耗为 400g/t；进入铲运机出矿阶段，二次爆破的炸药消耗降低为 80g/t。而智利的自然崩落法矿山采用很少的炸药就能在放矿点破碎大块，对于原生矿石，炸药消耗量仅为 6g/t，这是因为具有胶结节理的大块岩石比均质岩石更容易破碎。

（4）水压爆破法。采用裸露药包爆破法和浅孔爆破大块岩石时，都会产生飞石和较大的空气冲击波，为防止飞石并降低爆破的有害效应，可采用水压爆破法破碎大块。用水压爆破法破碎大块时，应在大块岩石中心钻浅孔，把装有雷管的药包装入孔底，然后往孔内注水，一直注满，之后引爆雷管炸药，破碎大块。

9.4.3.2　大块机械破碎法

除了采用爆破法进行二次破碎，另外常用的破碎方法是机械法，随着井下安全要求越来越严格，越来越多的矿山采用机械法进行二次破碎，主要设备是二次破碎台车或者是固定式破碎锤，固定式破碎锤通常放置在溜井口附近，对于超过溜井格筛的大块采用破碎锤进行冲击破碎，如图9-39所示。

图 9-39　溜井口固定式破碎锤

目前井下广泛使用的移动式二次破碎台车是将破碎锤安装在挖掘机臂上端或配用专用的工作臂装于推土机、装载机、铲运机一端。主要设备厂家包括 TMI、Sandvik 等公司生产的设备。图9-40所示为铜矿峪铜矿井下人工操作移动破碎台车进行大块二次破碎。

9.4.3.3　高位悬顶处理

自然崩落法放矿口发生高位悬顶事件常见的处理方法有以下几种：

（1）人工手动处理。人工手动处理高位悬顶是早期自然崩落法矿山采用的方法，该方式已延续了100多年，目前还在部分矿山使用，并没有实质性的改变。这种方式非常危险，并把作业工人置身于高危险环境之中，不能满足当前矿山安全规定要求。这种处理方式主要是采用长杆体在端部捆绑炸药，由一名工人将炸药顶到悬顶矿块底部，工人往往处于悬顶大块的下方，采用雷管起爆炸药，并多次循环这种方式，最终将大块爆破落下，如图9-41所示。

图 9-40　移动破碎台车破大块（图片来自铜矿峪铜矿）

关键大块

图 9-41　人工排除悬顶大块示意图（图片来自 G Baiden）

　　这种方式，工人要进入悬顶的大块之下，危险程度大。因此这种方式在自然崩落法矿山已经禁止使用。

　　（2）机械臂处理。传统的机械臂采用螺栓连接，用于处理不同级别的悬顶，这种方式是比较有效的，但是机械臂通常比较笨重，操作比较困难，尤其是在比较狭小的放矿口内操作。另外，这种方式由于工人无法看到悬顶大块的准确位置，完全凭借工人的经验来判断，除非在前端配置摄像机才能准确实施。有些创新引入了远程操作系统，这样有利于保证操作工的安全。

（3）火箭弹处理。很多矿山工人采用火箭弹装置来处理放矿口的悬顶[19]。这种装置类似于军事上的迫击炮，主要是由底座、推进器、发射筒等组成，点燃一枚装有高爆炸性的弹片，从发射位置向上可以达到 100m。含有炸药的弹片撞击悬顶大块，弹簧在撞击下触发启动起爆器，引爆约 2.2kg 的高性能炸药来破碎大块，迫使大块崩落。火箭筒设施如图 9-42 所示。

图 9-42　破悬顶堵塞的火箭筒设施（图片来自 G Baiden）

（4）悬顶台车处理。为了应对高位悬顶问题，国际上有厂家发明了高悬臂二次破碎台车，并在自然崩落法矿山应用。该设备能够实现远程操控自动凿岩、装药，人员不用进入放矿口内进行处理，有效保障了人员作业安全。该设备能够处理高出放矿口 21m 位置的大块，在设备上装有三维摄像系统，可以在远处通过传感器和控制台操控设备作业。设备上装有自动乳化炸药装药系统，可以实现远程控制爆破。设备如图 9-43 所示。

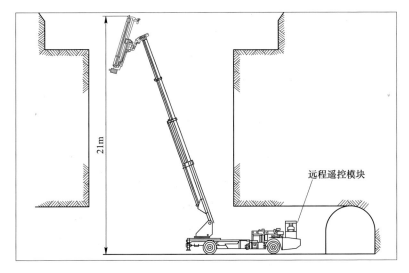

图 9-43　高位悬顶处理台车作业示意（图片来自 K. Calder, et al.）

（5）悬顶评估系统和机器人悬顶处理设备。由加拿大企鹅公司开发的井下大块悬顶评估系统和机器人悬顶处理设备，能够让操作工快速对悬顶情况进行评估[19]，能够在安全区域进行悬顶大块的处理。该系统主要包括以下几个方面：

1）一辆 Normet 公司人员运输车，车内设有远程控制中心、液压驱动发电机、机器人电池充电器和爆破运输设备。通过采用射频和光学技术，远程指挥中心和机器人进行无线连接。

2）带有地理空间环境的机器人，配备一个高伸臂，高伸臂是由两级伸缩臂组成，能够进入悬顶区域，并自主建立三维图像来评估最佳的移除方法。

3）在伸缩臂前端自带凿孔设备和自动装药设施，可以自动将炸药装入从悬顶评估系统 3D 图形中标识出的悬顶大块。

悬顶评估系统和大块移除机器人设施重量约 5.5t，全电动移动设备，主要由车架、供电系统、两级机器人伸缩臂、悬顶扫描系统、末端钻机、扫描系统、控制系统、无线网络、安全系统和故障诊断系统组成，如图 9-44 和图 9-45 所示。

图 9-44　悬顶评估系统和机器人移除大块设施（图片来自 G Baiden）

图 9-45　带有高伸缩臂的悬顶处理机器人（图片来自 G. Baiden）

9.5 放矿控制管理案例分析

由于采场大部分矿石是在崩落围岩覆盖条件下放出的，因此覆岩下放矿控制就显得特别重要。出矿过程中如何达到均匀放矿的同时控制好矿岩接触面的形状和角度是放矿控制研究的重点，目前国际上自然崩落法矿山都采用计算机软件辅助放矿控制管理，以采用达索公司的 PC-BC 软件为主，并配合使用 CMS 日常放矿管理系统。国内铜矿峪铜矿经过多年的放矿管理，也总结摸索出一套经验，取得了不错的成果，但当前采用的放矿软件与国际先进自然崩落法矿山相比仍有一定的差距。

9.5.1 铜矿峪铜矿放矿控制管理

铜矿峪铜矿放矿控制系统主要包括崩落阶段放矿控制、覆盖岩下放矿控制、放矿计划编排、日常放矿管理制度制定等方面内容[20,21]。

9.5.1.1 崩落阶段放矿控制

崩落阶段可具体划分为两个过程：一是矿体未崩透地表或上个中段之前，二是矿体崩透地表或上个中段之后。矿体崩透地表或上个中段之前，此时放矿相当于空场放矿。这一期间放矿控制的重点是处理好放矿速度和崩落速度的协调关系。矿体崩透地表或上个中段之后，拉底、放矿、崩落连续进行时，在采场中始终存在两个连续出矿区域——待崩矿体下放矿和围岩下的放矿。待崩矿体下放矿是自然崩落法放矿过程中的一个非常重要的阶段，所有的崩落及初期矿石块度的形成都发生在这一阶段，并且矿体崩落面的角度与最终矿岩接触面的角度和这一阶段的放矿过程也有很大关系。

放矿速度是待崩矿体下放矿控制的一个主要参数。放矿速度过快，崩落将有可能毫无阻力地向上发展，致使角度变陡，随着放矿的进行，废石将有可能沿崩落面快速下降至放矿口，造成早期贫化；放矿速度过慢，矿岩有可能在底部结构上压实并产生较大的应力集中。由于生产连续进行，在待崩矿体放矿区与覆盖岩下放矿区之间，必然存在一条分界线。分界线上的漏斗若大规模放矿，则将使废石沿崩落面下降，使后续崩落矿石将这部分废石包裹其中，造成损失、贫化。所以在分界线周围设置 3~4 排漏斗作为"缓冲带"是必要的，带内各漏斗的放矿速度应严格控制，如图 9-46 所示。

9.5.1.2 覆盖岩下放矿控制

A 贫化起始高度的确定

放出体形状能形象、客观地反映放矿规律，铜矿峪铜矿与有关科研单位进行了大量的物理模拟实验和计算机数字模型试验[21]。结果表明，放矿层高度为

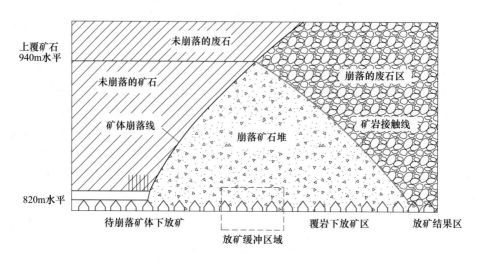

图 9-46 崩落阶段放矿示意图（图片来自王树琪）

30m 左右时放出体为近似椭球体。随着放矿层高度增加，放出体越来越变得上粗下细。由此提出了椭球体对接放出体模型的见解。所谓椭球体对接体，就是用两个短半轴相同而长半轴不同的运动椭球体对接来拟合放出体。根据放出体拟合参数值，经过一定的简化和数学推导可得到放出体的表面方程，进而可得出放矿过程中的矿岩颗粒移动数据模型，从而可以确定铜矿峪铜矿的矿岩移动规律，为放矿控制提供理论指导。在矿岩移动规律研究的基础上，经过针对铜矿峪铜矿矿岩力学性质、块度构成及底部结构的贫化率模拟实验研究，确定铜矿峪铜矿贫化起始高度为担负矿量的 57.5%。

B　最佳放矿方案研究

为了更好地控制矿石损失和贫化，铜矿峪铜矿与有关科研单位共同研究，经过电算模拟放矿和平面物理模拟放矿试验，对不同的放矿方案进行对比分析，研究结果表明：

（1）矿岩接触面保持 45°角优于呈 60°角放矿方案，与呈 30°角放矿方案比较，贫化指标相差不大。

（2）相邻漏斗矿柱高度不同时，采用削峰的办法来平整矿岩接触面的放矿制度将使贫化率增大。采用不等量放矿逐步调整高低不平的矿岩接触面的放矿制度有利于减少贫化。

（3）当矿岩接触下降至放矿口 18m 左右高度时，接触面将进入不可调整的锯齿状态，各漏斗放矿互不干扰，可根据产量要求任意放矿。

9.5.1.3　放矿计划编排

在理论研究成果的基础上确定计划编制原则以及具体的放矿计划的数学计算

过程，并严格遵循放矿理论与技术研究确定的各项原则，这是相当困难和复杂的。铜矿峪铜矿早期在有关院校以及矿方科研人员的共同努力下，成功地开发了一套放矿控制计算机软件系统，使得铜矿峪铜矿自然崩落法采场全部实现计算机处理，它包括排产、优化、品位计算、放矿数据处理、图形输出等，实现了快速、高效的放矿管理。但是这套软件还是 DOS 操作系统，与世界上先进放矿软件差距甚大。软件主要功能包括：

A 计划产量的确定

（1）基础数据准备。包括生产面积、拉底漏斗、各漏斗累计放矿量。

（2）确定拉底推进线。根据当月拉底计划和已拉底区域确定。

（3）计算放矿百分比。放矿百分比线即放矿控制线，是自然崩落法放矿控制的一个主要概念。靠近拉底推进线第一排斗不做产量要求。自第二排起，每排漏斗的放矿百分比的增量按 10% 或 15% 递增，从而计算出所有已拉底区域各斗的放矿百分比。放矿百分比实际上是各斗允许的最大放矿量的比值。由于放矿速度受各种因素制约，故实际放矿比例一般小于理论放矿百分比。

（4）计算每个点的可放矿量。可放矿量 = 担负矿量×放矿百分比 - 累计放矿量。

（5）确定排产指数。实际上是计划矿量与可放矿量的比值，其值一般在 1/6~1/5 之间。

（6）计算各放矿点的初排产矿量。初排产矿量 = 可放矿量×排产指数。

（7）根据每个放矿点的放矿速度约束条件，进行约束校核。

（8）耙道、穿脉产量的约束调整。每个放矿点矿量确定后，应根据台效指标对各耙道（即电耙道）出矿量及分穿脉出矿量进行调整，使其在限定范围以内。各斗排产量确定以后，进行分耙道、分穿脉汇总，即形成月度排产计划。季、年计划以月份排产计划累加获得。

B 品位计算与管理

原矿品位是一项重要的经济技术指标，也是矿山生产、经营决策的重要依据。铜矿峪铜矿在每一个漏斗的担负矿柱上每隔 10m 划分一个单元块，称作 10m 块，每个 10m 块都标注了地质品位。根据 10m 块品位资料，采用品位估值法计算，按已放矿量与担负矿量的比值，通过计算机可方便、快速、准确地计算出出矿品位。

出矿品位是矿山十分关注的指标，也是衡量矿山经济效益的重要指标。放矿过程中的品位计算和管理是一项重要的工作。铜矿峪铜矿采用克立格法预测出矿品位，用 X 射线荧光分析仪监测现场出矿品位，用选厂返回金属量来校正出矿品位。在具体生产中，放矿管理人员按照出矿计划合理、均衡地配矿，从而使放矿品位保持相对稳定。

C　排产结果优化

优化的对象是覆岩下的放矿漏斗。覆盖岩下放矿过程中的矿石损失和贫化主要产生于矿岩接触面上的废石混入。根据优化理论，对排产结果进行最优化处理。求得当前条件下的最小矿岩接触面面积时的各漏斗优化矿量。

D　放矿数据处理及图形输出

放矿数据软件系统可快速、大量处理各种放矿数据，包括拉底面积、品位、已放矿量等。图形输出可快捷地给出各个放矿时期和计划预期内的各种纵、横剖面的矿岩接触面及崩落状况图，可据此直观地评价放矿过程以及部署下一个阶段的放矿工作。

放矿图形主要依据以下几组数据由计算机自动完成：

（1）拉底推进线控制范围；

（2）各放矿漏斗的累计出矿量；

（3）地表、坑内巷道、钻孔等各监测点的监测数据；

（4）崩落规律研究和放矿实践中所确定的矿岩在不同崩落阶段的松散系数。

9.5.1.4　日常放矿管理制度

铜矿峪铜矿在几十年的生产实践中形成的一整套放矿管理制度具有很强的实用性[22]。

（1）旬配矿制度。每月计划做出后，为保证计划的可操作性同时兼顾配矿的需要，都要制作详细的旬配矿计划。旬计划制作以出矿品位作为目标值。具体确定出矿点时以贫富兼顾、先难后易、稳定品位作为总原则，同时考虑各出矿队的具体现场情况，保证计划的贯彻实施。

（2）指令出矿及点、量考核制度。矿山自 1989 年 11 月自然崩落法投产伊始，就成立了放矿控制科，专门负责自然崩落法出矿的各项管理工作。管理人员专门从事 24h 的放矿管理工作。用监督考核办法来实现点量控制，从经济责任制的角度对出矿单位加以制约。

由放矿技术人员依据旬计划每班下发出矿指令，所有的出矿工人必须持指令并严格按指令出矿。同时配备了一定数量的放矿管理人员，负责监督出矿和完成耙道内各斗出矿量的统计任务。对于无指令作业及违令出矿，将根据经济责任制度管理办法给予严厉处罚。为保证均匀放矿，根据放矿控制要求，对出矿实行严格的点、量考核制度。所谓"点"是指计划内要求放矿的漏斗，"量"即每一放矿漏斗要求的放矿量。要求点实现率必须达到 85%，量实现率根据每个漏斗的超量、欠量之和来计算（即超、欠量均视为不合格），实现率必须达到 65%。

（3）抓样及计量制度。考虑到现场出矿的复杂性，在实际出矿中将贫化点定为漏斗总应出矿量的 50%。根据这一情况，出矿量在 50% 以下时，取样频率确定为 300t 一个样，50%~75% 时 150t 取一个样，超过 75% 以后，则把其视为末期出矿，必须保证每班一个矿样。抓样严格按九点法进行斗内抓样，样品重量为4~6kg。若某个漏斗的出矿百分比大于90%，并且连续3个月的品位平均值低于经济品位，则该点不安排产量，同时考虑对该斗进行封闭，以防止废石大量混入。

样品采用荧光 X 射线快速分析，可在半小时内完成单个样品分析工作，计量要求准确，特别是要求各放矿点的出矿量准确。

（4）统计分析制度。每日将各种出矿数据进行汇总，由放矿工程师进行分析并输入计算机内，根据计算机及工程师们的分析结果，及时下达出矿管理指令，定期制作各种需求的统计分析图表，每月末根据各个管理点提供的原始数据制作月份出矿报表和贫化、损失报表。

9.5.2 Salvador 矿放矿管理

El Salvador 位于智利北部矿业城镇萨尔瓦多，矿山开采历史悠久，最初由美国 Anaconda 公司建造，20 世纪 70 年代矿山所有权移交给了智利国有铜业公司，目前是智利铜业公司的旗下矿山。

该矿矿山自然崩落法放矿采用 ADO 软件系统进行管理，放矿主要目标是从近期崩落的 ICW 采区获取需要的矿量，并采用均匀放矿来降低废石混入[17]。但刚开始组织放矿时，不仅出现有孤立的放矿柱，而且没有达到出矿量的目标，其主要原因是软件系统迫使工人从有悬顶或大块矿岩的出矿点出矿，造成放矿管理混乱，后面放矿指标逐渐好转。采用自动放矿管理系统（ADO），能够实现通过放矿指令对多个放矿点进行统筹管理，生产方面具有更大的灵活性，能够很好地控制矿石的流动性和放矿均衡性。

由表 9-3 可以看出，是引入该放矿管理系统（2000 年）后 ICW 采区（2000~2006 年）和 IN 采区（1996~2000 年）两个区在放矿均衡性方面的改善。从低原生/次生矿区（IN-Inca Norte）到高原生矿区（ICW-Inca Central Weste）通过均衡性和半均衡性放出的矿量比例从64%提高至84%，放矿指标得到了改善。

表 9-3 ICW 和 IN 采区放矿均衡性比较

区域	放矿点数量/个	年度	均衡放矿矿量/Mt	半均衡放矿矿量/Mt	非均衡放矿矿量/Mt	总计/Mt	（均衡+半均衡占比）/%
ICW	985	2000~2006	5.63	5.50	2.06	13.2	84
IN	627	1994~2000	7.12	12.84	11.33	31.28	64

9.5.3 Andina 矿放矿管理

Andina 矿也是隶属于智利 Codelco 公司的下属矿山，采用盘区崩落法进行开采。该矿山采用 ADO 软件系统进行放矿管理[17]。矿山的Ⅲ号盘区由两部分组成：铲运机出矿系统，有 570 个铲运机放矿点在原生岩石（混合柱）中，有 490 个格筛放矿点在次生岩中。

作为放矿控制实践的一部分，地质部门在放矿点标记了两种贫化现象：流纹岩和覆盖层（混合有原始覆盖层、残留矿石以及来自之前盘区的侧向贫化物（流纹岩））。第一种是Ⅲ号盘区原位矿柱上部非常好的地质标记物，因为它可以很容易地被检测到，自 1995 年以来一直有历史测量数据。另一方面，覆盖层被定义为原位矿柱上部的所有破碎物。基于Ⅰ和Ⅱ盘区的采矿数据，其品位已使用质量平衡计算公式进行了估算。

2003 年 4 月铲运机出矿区开始采用自动放矿管理系统（ADO）系统，Parrillas 采区在 2005 年 1 月开始采用该系统，该系统在含水率、品位以及贫化控制等方面显示出了成功效果（Valenzuela，2007）。矿山放矿点布置如图 9-47 所示。

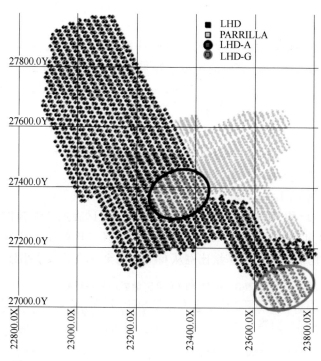

图 9-47　Andina 矿放矿点布置（图片来自 A. Susaeta，et al.）

9.5.3.1　含水率特征

矿石含水率是放矿控制的一个重要参数。Andina 内部报告显示，矿石中存在超过 3%的含水率，特别是当有覆盖层（含黏土）混合时，在整个矿石处理系统（LHD 铲斗、矿石通道、卡车、料斗、破碎机以及传送带等）中形成了泥。

图 9-48 所示为地下矿的含水率和贫化（覆盖层）特征。可以看出，在 2002 年和 2003 年初，这些情况超过了良好放矿控制的极限（含水率超过 3%）。在引入改善均衡放矿的软件系统之后，即使在一年中的关键时期（融雪季节）采出覆盖层也实现了含水率的控制。

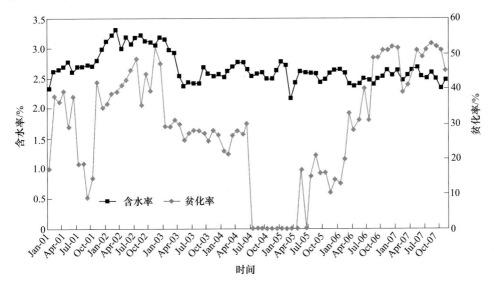

图 9-48　地下矿不同时期含水率与贫化率变化规律（图片来自 A. Susaeta, et al.）

表 9-4 为使用 ADO 系统后 3 个时间段的平均含水率，即使增加了废石（覆盖层）采出量，但也可以看到连续的改善。

表 9-4　地下矿山生产中的矿石水分平均值

日　期	含水率平均值/%
2001-01 ~ 2003-04	2.93
2003-04 ~ 2005-01	2.57
2005-01 ~ 2007-10	2.53

9.5.3.2　品位特征

通常，矿山利用品位模型对地下矿山进行品位预测，并为矿山开采规划提供依据。图 9-49 所示为通过品位模型得出的预测品位和选厂反馈的实际铜品位之间的相关性（数值乘以一个常数，因此显示的数字不是矿山的真实铜品位）。显然，预测模型中的品位估计不足，假设的品位偏低 0.13%。由图 9-49 可以看出，在 2001 年 1 月 ~ 2003 年 4 月期间，模型品位和实际出矿品位没有良好的相关性；在 2003 ~ 2005 年间，相关性有一定改善；在 2005 年 1 月以后，当 Parrillas 区开始使用 ADO 系统进行规划时，实际出矿品位和模型品位之间相关性有了重要改善。因此，采用均衡的放矿控制对预测模型品位和实际出矿品位之间的相关性具有重要影响。

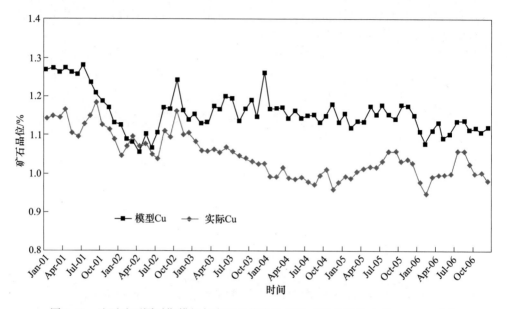

图 9-49　地下矿不同时期模拟与实际品位变化规律（图片来自 A. Susaeta, et al.）

9.5.3.3　A 采区和 G 采区贫化结果

A 采区和 G 采区位于图 9-47 中的铲运机出矿区，它们分别在 1997~2006 年和 2004~2007 年进行了出矿。A 区在出矿过程中没有使用 ADO 系统，G 区在所有时段都在使用。上述期间采出矿量的均匀度指数结果见表 9-5。

表 9-5　G 区和 A 区放矿均衡性结果

区域	放矿点数量/个	年度	均衡放矿量/Mt	半均衡放矿量/Mt	非均衡放矿量/Mt	均衡+半均衡占比/%	总计/Mt
G	113	2003~2006	8.48	4.27	0.74	94.5	13.49
A	144	1997~2006	5.82	5.31	5.09	68.6	16.22

由表 9-5 可以看出，A 区实现均衡放矿的矿量比例为 68.6%，G 区实现均衡放矿的矿量比例为 94.5%，充分表明 ADO 软件系统对于放矿均衡性控制的重要性。

图 9-50 和图 9-51 所示分别为 A 区和 G 区所有放矿点的实测的流纹岩贫化率。值得指出的是，贫化值（贫化%）仅代表覆盖层总贫化的一部分（作为标记物的流纹岩意味着覆盖层的存在）。由图可以看出，在没有使用 ADO 系统的 A 区，独立放矿体初始贫化出现在出矿量达到 20% 时；而在使用 ADO 系统的 G 区，

初始贫化出现在出矿量达到 50% 时，表明该系统能够有效实现均衡放矿，避免过早贫化产生。

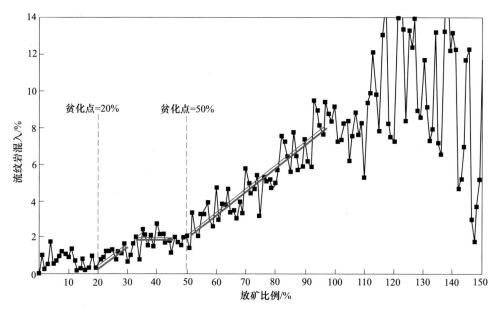

图 9-50　A 区模型预测品位与送至选厂和实际品位的关系（图片来自 A. Susaeta, et al. ）

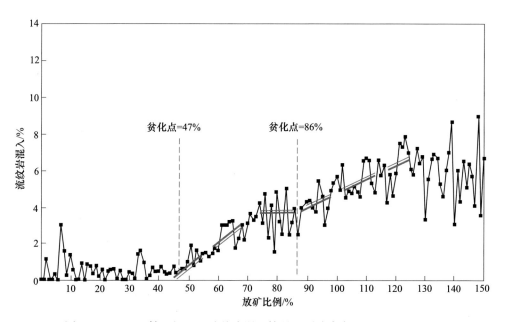

图 9-51　Andina 铲运机 G 区流纹岩混入情况（图片来自 A. Susaeta, et al. ）

数据统计结果表明，ADO 放矿管理系统对于盘区崩落生产的短期出矿计划能够提供十分有效的放矿计划指令，可以每天按照三班作业给出出矿指令，利用放矿控制信息能够确保每天的产量、计划出矿品位、最大的贫化率控制等。

9.5.4 Palabora 矿放矿管理

Palabora 矿为南非特大型铜矿床，原为露天开采，从 20 世纪 90 年代后期开始准备地下自然崩落法开采，目的是在 2002 年露天开采经济寿命结束时转为地下开采。矿区位于南非林波波省，主要含铜矿物为黄铜矿和斑铜矿，开采规模为 1000 万吨/年，从 20 条出矿穿脉完成出矿任务。矿山初期日常放矿软件采用由 Robin Kear 开发的程序，2004 年始改为 Gemcom 公司开发的 PC-BC 和 CMS 程序，其中 CMS 程序主要用于日常放矿管理。

PC-BC 软件是在 Gemcom 平台上运行，CMS 为其子系统，矿山年度和月度放矿计划由 PC-BC 软件生成。由于矿体中间为矿岩较弱的区域，因此该区域是很好的初始崩落点。2004 年露天边部靠近北部区域产生滑坡，大约 1.3 亿吨的废石滑落进露天坑的坑底[22]。发生这个事件意味着在维持高产能的同时必须大幅降低中部区域的产量，并在西部破碎区域增加出矿能力。

Palabora 矿自开始生产一直采用日常放矿指令指导放矿，直到 2006 年初开始认识到每天的放矿指令并不适合矿山的条件，因此从 2006 年初开始，计划工程师启动并测试每个班次的放矿命令。做出改变的主要原因是为了改进放矿程序的适应性以及在放矿点状态改变后放矿程序能够及时响应。

参 考 文 献

[1] 张慎河. 放矿理论及其检验 [D]. 西安：西安建筑科技大学，2001.

[2] 乔登攀. 散体移动规律与放矿理论研究 [D]. 沈阳：东北大学，2003.

[3] 王泳嘉，吕爱钟. 放矿的随机介质理论 [J]. 中国矿业，1993，2 (1)：53~57.

[4] 任凤玉. 放矿随机介质理论的研究及其应用 [D]. 沈阳：东北大学，1992.

[5] 陶干强，任凤玉，等. 随机介质放矿理论的改进研究 [J]. 采矿与安全工程学报，2010，27 (2)：239~243.

[6] 刘兴国，王泳嘉. 归零量及其应用——放矿理论的一个新概念 [J]. 有色金属，1984 (5)：17~21.

[7] 李荣福. 椭球体放矿理论的几个主要问题 [J]. 中国钼业，1994 (5)：39~43.

[8] 李荣福. 类椭球体放矿理论的检验 [J]. 有色金属 (矿山部分)，1995 (1)：37~42.

[9] 高永涛. 放出期望体理论 [J]. 金属矿山，1987 (11)：20~26.

[10] 高永涛. 用期望体理论预计损失贫化 [J]. 金属矿山，1993 (10)：23~25.

[11] 李荣福. 类椭球体放矿理论的理想方程 [J]. 有色金属 (矿山部分)，1994 (5)：36~41.

[12] 李荣福. 类椭球体放矿理论的实际方程 [J]. 有色金属 (矿山部分)，1994 (6)：38~44.

[13] 于润沧，刘育明，等. 采矿工程师手册 (下) [M]. 北京：冶金工业出版社，2009.

[14] 陈小伟，刘育明，等 . PC-BC 软件在自然崩落法中的应用 [J]. 中国矿山工程，2015，44（5）：18~20.

[15] Diering, T. PC-BC A Block Cave Design and Draw Control System [C]//Massmin2000, The Australasian Institute of Mining and Metallurgy, 2000：469~484.

[16] Samosir E, Brannon C, Diering T. Implementation of Cave Management System（CMS）Tools at the Freeport DOZ Mine [C]//Massmin2004, Santiago Chile, 2004：513~518.

[17] Susaeta A G Valenzuela. Draw management system [C]//Hakan Schunnesson, Erling Nordlund. Massmin 2008, Lulea：Lulea University of Technology Press, 2008：257~264.

[18] 李少辉，陈小伟，刘育明 . 自然崩落法放矿管理系统的研究与开发 [J]. 现代矿业，2017，574（2）：72~76.

[19] Baiden G. Robotic Hang-up Assessment and Removal of Rock Blockages in Mining Operations Using Virtual Reality for Safety [C]//Massmin2016, Victoria：The Australasian Institute of Mining and Metallurgy, 2016：745~753.

[20] 王树琪 . 自然崩落法放矿控制技术与管理 [J]. 有色金属（矿山部分），2002，54（4）：5~8.

[21] 申元红 . 铜矿峪矿自然崩落法的放矿管理 [J]. 有色金属（矿山部分），2007，59（5）：14~17.

[22] Dawid D. Pretorius, Sam Ngidi. Cave management ensuring optimal life of mine at Palabora [C]//Hakan Schunnesson, Erling Nordlund. Massmin 2008, Lulea：Lulea University of Technology Press, 2008：63~71.

10　崩落监测技术

10.1　概　　述

自然崩落法生产过程中的监测主要包括崩落顶板发展状态、崩落引发的地表体塌陷（沉降）以及出矿水平底部结构的应力和位移等，这些都是保障自然崩落法开采安全的重要手段，应该予以重视。

根据自然崩落法工艺特点，一旦矿山开始持续崩落，人员是无法进入上部的崩落区域内，也无法直接在地表崩落区域上方直接监测沉降情况，难以对崩落过程进行人工直接观测。因此采用专业的监测手段，精准掌握崩落发展过程和地表沉降塌陷，对确保矿山生产安全具有重要意义。

10.2　崩落顶板发展监测

10.2.1　监测目标

在使用自然崩落法回采矿体的过程中，矿体在崩透地表之前，相当于在空场条件下放矿，如果放矿速度过快，有可能使崩落顶板（拱）与矿堆之间留有较大的空间，一旦上部矿岩突然大面积崩落，极有可能产生空气冲击波，对井下人员、设备和底部结构产生巨大危害。如果井下放矿不及时，不能产生松动，就会造成松散矿堆不断压实，对底部结构施加集中荷载，从而给放矿和底部结构稳定带来困难。因此，必须设置监测设施，来掌握崩落顶板的实际状态[1]。

对初始崩落和持续崩落发展监测的数据可用于确定以下方面内容：

（1）表明拉底面积已经达到临界面积，崩落开始发展；

（2）测定崩落发展速率，由此确定合理的放矿速度，制定放矿方案；

（3）确保崩落顶板和崩落松散体之间有合适的空间，不会形成大的空气间隙；

（4）对于崩落区上部正在生产的采场，能够确保人员和设备及时撤出。

10.2.2　监测手段

对于崩落顶板的监测，目前常用的监测手段包括人工测量、时域反射仪（TDR）、光时域反射仪（OTDR）、微震监测法、智能移动信标等方式。在实际矿山通常是采用多种方式进行组合，确保监测准确可靠。

10.2.2.1 人工测量法

该方式是由人工从地表或者崩落区上部巷道中，将前端安设了一个重物的电缆或者绳索，通过一个或多个钻孔下放到崩落矿石堆的顶部，这样就可以从孔口测量到下放的长度，然后提起重物直到其接触到崩落顶板。有的时候为了能够使重物和顶板有效接触，也可以采用长条形的重物，方便能够很好地卡在钻孔口，提高测量的精度。通过再次测量绳索长度，由两次测量的距离即可得到目前崩落顶板发展高度，以及崩落顶板和松散矿石堆之间的空气间隙，如图 10-1 所示。

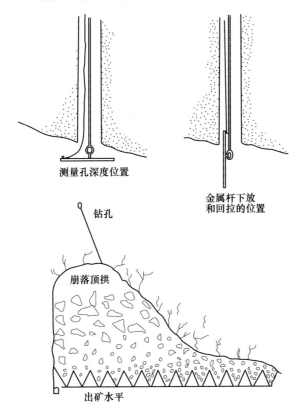

图 10-1 测量崩落顶板位置的人工测量方法示意图（图片来自 Brown）

这种方法曾经在铜矿峪铜矿被进一步发展起来[2]。所使用的测量装置由一个带触须地震检波器类型的探测器、一条带米标的线缆和一个接收单元组成。随着探测器在崩落空区上方的钻孔中下放，触须与钻孔壁摩擦接触，接收器会探测到产生的噪声。当探测器到达崩落空区内时，探测器的触须失去与钻孔壁的接触，噪声消失，就可以通过测量此时伸进去的线缆的长度来测出崩落顶板所在的位置。然后将探测器继续下放到垮落的矿堆上，当触须触碰到破碎的矿石时，又一次检测到噪声。这次的深度测量值与第一次深度测量值的差值就是崩落空区的高度。可以使用一系列不同位置分布的监测孔确定崩落顶板的形状、崩落矿石堆的顶部位置，进而可以确定崩落空区间隙厚度的变化。

这种方式是由人工在崩落区上方进行操作，简单方便实施，在崩落前期可以方便操作，但是一旦达到持续崩落，尤其是崩落有了一定高度之后，人员将无法进入崩落区上方进行操作，否则可能会发生安全事故，因此这种人工测量方式局限性较大，目前的自然崩落法矿山基本不采用人工测量方法。

10.2.2.2 TDR 时域反射法

时域反射仪（Time Domain Reflectometry）简称为 TDR，它是一种远程遥感电测技术，其最早被应用于电力和通信工业上，用于确定通信电缆和输电线路的故障与断裂。20 世纪 70 年代起该技术开始应用于岩土工程领域，对岩体和土体变形边坡的稳定性以及结构变形等方面进行监测，并以方便、安全、经济、数字化及可远程控制等优点而受到广泛关注[3~5]。20 世纪 90 年代中期，TDR 技术开始用于地质灾害的监测，在崩塌、滑坡的监测尚属于研究的探索阶段，国外在这方面的研究工作早于国内，技术也逐渐成熟。

A　基本原理

在进行同轴电缆 TDR 测试的过程中，脉冲信号在同轴电缆中传播的同时，能够反映出同轴电缆的阻抗特性。当测试脉冲遇到电缆的特性阻抗变化时，就会产生反射波。用专用仪器检测反射波信号的传播时间，可以根据脉冲信号的传播时间和速度推算出同轴电缆特性阻抗发生变化的位置；通过对反射信号振幅的分析，能够进一步推算电缆的变形状态[4]。由此可见，在进行 TDR 测试时，若发射信号为 V_t，反射信号为 V_r，则反射系数 ρ 为：

$$\rho = V_t / V_r$$

当同轴电缆的末端处于开路状态时，电缆的反射信号与发射信号大小相同，并且相位相同，故反射系数为 1；与之相反，当同轴电缆的末端处于短路状态时，电缆中的反射信号与发射信号大小相同，且相位相反，则反射系数为 -1。一般情况下，当电缆的特征阻抗发生变化时，其反射系数等于 1 与 -1 之间的某个确定值。如果电缆阻抗变小，反射信号幅值减小，那么其反射系数为负值；反之，如果电缆阻抗变大，反射信号幅值增大，那么其反射系数为正值。

根据同轴电缆长度、传播速度以及反射与发射信号的延迟时间关系，只需测量反射信号与发射信号之间的延迟时间，就可以准确计算出电缆发生阻抗变形的位置，达到利用同轴电缆的 TDR 技术进行崩落监测的目的。

B　系统组成

TDR 系统主要包含信号发射器、信号接收器、同轴电缆及数据显示和处理软件等。TDR 监测系统组成如图 10-2 所示，用于监测崩落顶板监测示意如图 10-3 所示。

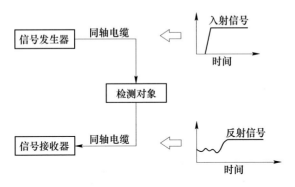

图 10-2 TDR 监测系统组成

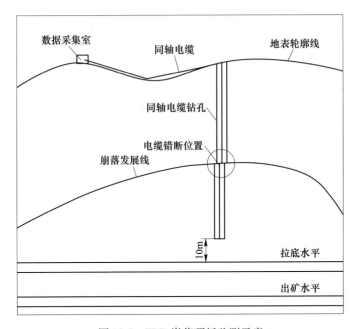

图 10-3 TDR 崩落顶板监测示意

TDR 系统的关键部件包含以下几个方面：

（1）同轴电缆。从理论上讲，任何电缆都可以用于 TDR 测量，但是考虑到耐久性和信号传输衰减等因素，一般应用于较深钻孔的电缆要求有很好的质量和信号分辨率。为了达到较好的使用效果，应当使用有电缆皮保护和泡沫填充的电缆，电缆价格相对贵一些，但是特性良好且容易安装，尤其对于自然崩落法地表环境恶劣复杂的条件，应用较合适。

（2）电缆检测器。电缆检测器的用途非常广泛，在市场上有各种不同型号的产品，适用于 TDR 系统的电缆测试仪通常是金属电缆检测仪。在美国，大多数投入使用的 TDR 系统采用 Tektronix 公司生产的 1502C/CS 系列和 Campbell Scientific 公司的 TDR100 检测仪。检测仪自身带有液晶显示屏，可用于实时显示电缆信号，如图 10-4 所示。

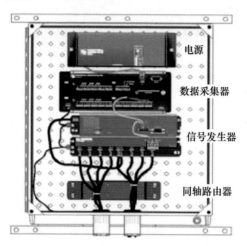

电源

数据采集器

信号发生器

同轴路由器

图 10-4　TDR 监测仪（图片来自彭张等）

（3）数据记录仪。数据记录仪主要是从电缆测试仪中读入数据，并进行存储，它与其他设备之间通过端口进行连接，控制和触发端口可进行编程设施，在特定条件下输出电压，开启电缆检测器。

C　优缺点分析

根据国外自然崩落法矿山使用 TDR 监测的情况和国内其他行业采用 TDR 技术监测的资料分析，采用 TDR 技术监测具有的优点为：

（1）监测省时、方便。采用 TDR 在很短的时间内即可完成对全孔不间断变形或断路监测。

（2）成本低廉。TDR 监测所用的测试电缆成本相比其他材料价格较低。

（3）可远程遥控测试。TDR 系统可以与数据记录器、普通电话或便携式电话相连，将现场收集的数据发送到远处，从而方便地实现遥测，对于那些难以到达的地点，比如崩落区域内，实施遥测技术可以实现人员不进入现场也能实时读取数据。

（4）安全性高。使用 TDR，可在办公室内通过远程数据读取设备进行数据采集，安全性高。

但 TDR 技术用于崩落监测也有不足之处：

（1）准确度不高，目前 TDR 监测设备精度误差在 1% 左右，如果长距离监

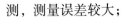

测，测量误差较大；

（2）采用 TDR 监测崩落是以测试电缆的变形为前提的，若电缆未发生断裂，就很难监测崩落面的位置。初步研究市场上同轴电缆的力学性能，是不太容易拉断的，可能会造成监测数据不准确。

10.2.2.3　OTDR 光时域反射法

光时域反射仪 OTDR（Optical Time Domain Reflectometer）是光缆线路工程施工和光缆线路维护工作中最重要的设备，也是使用频率最高的测试仪表，它能将光纤线路的完好情况和故障状态以曲线的形式清晰显示出来。根据曲线反映的事件情况，能确定故障的位置和判断故障的性质[6]。该种方式和 TDR 技术原理类似，但是采用的传导材料和工作原理略有不同。

A　基本原理

由于光纤本身的缺陷和掺杂组分的非均匀性，使得光纤中传播的光脉冲发生瑞利散射。一部分光沿着脉冲相反的方向被散射回来，因而被称为瑞利后向散射，后向散射光提供了与长度有关的衰减细节。与距离有关的信息是通过时间信息得到的，在折射率不同的两个传输介质的边界（如连接器、机械接续、断裂或光纤终结处）会发生菲涅耳反射，此现象被 OTDR 用于准确定位沿光纤长度上不连续点的位置。采用此原理，可以将光纤埋入钻孔内，并采用水泥砂浆浇筑密封，用于监测崩落顶板的发展位置。

B　系统组成

光时域反射仪主要由脉冲发生器、耦合器、激光器、光检测器、数字分析及显示等部件组成。各部件的主要功能为：

（1）脉冲发生器。产生一定重复周期的电脉冲，驱动 LD 发出高稳定的一定重复周期的窄光脉冲。

（2）耦合器。完成光信号的定向耦合。

（3）激光器。产生高稳定的强而窄的光脉冲。

（4）光检测器。接受光纤传输过程中返回来的微弱的光信号（背向散射光及反射光），将其转换成对应的电信号后送放大器进行放大。

（5）数字分析及显示。对放大器送来的电信号进行调理、高速 A/D 变换、平均处理、算法处理以获得测试结果，同时将处理后数字信号进行 D/A 变换送 CRT 或视频输出。

光时域反射仪系统结构如图 10-5 所示。

C　系统优缺点

采用光时域反射仪（OTDR）除了有与 TDR 技术同样的优点之外，还能弥补 TDR 技术的不足。采用 OTDR 测量精度高，精度误差可控制在 1‰以内。光缆价格相对 TDR 采用的电缆要高一些，但是也在可接受范围以内。且光纤本身强度

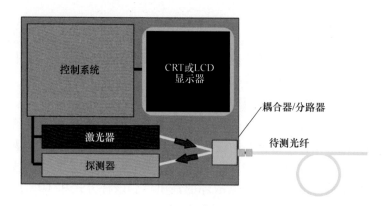

图 10-5　光时域反射仪系统结构

不高，比较容易实现拉断，实施过程中可根据强度要求进行光缆铠装或者采取其他加固措施，满足现场崩落监测的要求。

10.2.2.4　钻孔摄像法

数字式全景钻孔摄像系统是一套全新的先进的智能型勘探设备。它集电子技术、视频技术、数字技术和计算机应用技术于一体，解决了钻孔内的工程地质信息采集的完整性和准确性问题，摆脱了钻孔摄像技术长期停留在模拟方式下以观察为主的钻孔电视模式，将其推向更高层次，即数字方式下的全景技术[7,8]。该系统不仅具有全景观察的能力，而且还有测量、计算和分析功能。可广泛应用于水利、土木、能源、交通、采矿等领域的地质勘探、工程安全监测及工程质量检测。

A　基本原理

在数字光学成像设备中，采用一种特定的光学变换，即截头的锥面反射镜，将 360°钻孔孔壁图像反射成为平面图像，这种平面图像称为全景图像。由于钻孔呈圆柱状，故这种全景图像不失三维信息。全景图像可以被位于该反射镜上部的摄像机拍摄。

经过这种光学变换，形成的全景图像呈环形状，发生了扭曲变化，不易被直接观测。因此，一种将全景图像还原成原钻孔形状的逆变换是必要的，这种逆变换可以通过计算机算法实现。为此，首先需要数字化全景图像，建立原钻孔与全景图像的变换关系，然后开发相应的软件，通过该软件，实现全景图像到平面展开图或虚拟钻孔岩芯图的同步显示。平面展开图是一幅包含一段完整（360°）钻孔孔壁的二维图像，就像孔壁沿北极垂直地被劈开，然后展开成平面。虚拟钻孔岩芯图为一幅三维图像，是通过回卷平面展开图形成 1 个柱状体，当观测点位于该柱状体的外部时，观测到的就是虚拟钻孔岩芯图。与平面展开图相比，虚拟钻孔岩芯图提供了关于空间形状和位置的更逼真的信息。

自然崩落法顶板监测采用钻孔摄像技术，主要是利用其深度测量功能，将摄像头从钻孔中下放至崩落面，利用测量功能，计算崩落面向上发展的高度，从而掌握崩落发展情况。当然，利用钻孔摄像技术可获得钻孔内工程地质调查数据，为矿岩崩落特性提供一些数据支撑。

B 系统构成

数字式全景钻孔摄像系统主要由硬件和软件两部分组成。

a 硬件部分

硬件部分由全景摄像探头、图像捕获卡、深度脉冲发生器、计算机、录像机、监视器、绞车及专用电缆等组成。其中全景摄像探头是该系统的关键设备，它的内部包含有可获得全景图像的截头锥面反射镜、提供探测照明的光源、用于定位的磁性罗盘以及微型 CCD 摄像机。全景摄像探头采用了高压密封技术，因此，它可以在水中进行探测。深度脉冲发生器是该系统的定位设备之一，它由测量轮、光电转角编码器、深度信号采集板以及接口板组成。深度是一个数字量，它有两个作用：其一是确定探头的准确位置；其二是系统进行自动探测的控制量。主要硬件部分如图 10-6 所示，通过钻孔窥视照片如图 10-7 所示。

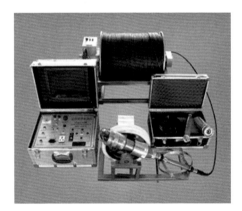

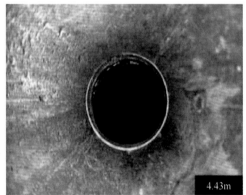

图 10-6 钻孔电视硬件组成(图片来自王平等)　　图 10-7 钻孔窥视照片（图片来自王平等）

b 软件部分

软件部分包括用于现场使用的实时监视系统和用于室内处理的统计分析系统两大部分。在使用的条件和目的方面，它们有很大的区别，但在功能上它们又有相同之处。

（1）实时监视系统用于探测过程的实时监视与实时处理；实现对硬件的控制，包括捕获卡、深度接口板等；图像的快速存储；图像的快速还原变换及显示；对探测结果的快速浏览；实时计算与分析等。

（2）统计分析系统用于室内的统计分析以及结果输出；单纯的软件系统，不单独对硬件进行控制；图像数据来源于实时监视系统经过优化的还原变换算法，保证探测的精度；具有单帧和连续播放能力；能够对图像进行处理，形成各种结果图像，包括图像的无缝拼接、三维钻孔岩芯图和平面展开图；具有计算与分析能力，包括计算结构面产状、隙宽等。

C　优缺点分析

这种监测崩落的方法是最可靠的，钻孔摄像能直接地提供崩落顶部和崩落矿堆位置的数据信息。然而，这种方法最容易受到钻孔坍塌和错位的影响，因此通常需要定期重新钻孔或修复孔。具有稳定的监测钻孔是使用这种方法的前提。另外，人和设备有时需要在崩落区上部操作，具有一定的危险性。

10.2.2.5　微震监测法

A　基本原理

在采矿过程中，开采扰动会造成局部应力集中，在局部集中应力作用下，岩体内部将产生弹塑性能聚集，当聚集能量达到甚至超过某一临界值之后，将诱发岩体微裂隙产生和扩展。岩体微裂隙产生与扩展过程中，聚集的弹性能以弹性波或者应力波形式向周围岩体内快速传播[9,10]。依据监测台网有效范围内的多个传感器（如图10-8所示）接收到的微震信号（岩体内部微破裂过程的丰富信息隐含在微震信号中），通过反演推算方法可得到岩体内部微破裂发生的位置、时间和强度，即地球物理学中所谓的"时空强"三要素；同时可根据微破裂事件聚类趋势、能量大小、破裂密度，推断后续开采过程中岩体宏观破裂发展趋势。

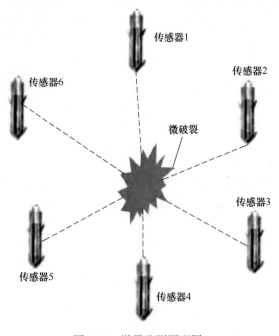

图 10-8　微震监测原理图

B 系统组成

系统主要分为硬件部分和软件部分。

（1）硬件包括传感器、数据采集单元（NetADC，NetSP，iUPS）、供电装置、主机服务器和通信模块；

（2）软件包括系统管理软件（Synapse）、数据处理软件（Trace）、可视化及解释软件（Vantage）和事件实时显示软件（Ticker3D）。

C 优缺点分析

采用微震监测系统对崩落顶板进行监测，系统主要优点为：

（1）可对矿山生产活动实时在线监测。对发生的事件自动记录，通过传感器的接收，控制器对信号的转换，光缆传输，直接传输到主控计算机上。通过相应处理软件对地震波形进行分析，确定事件的震源参数，其中包括位置（x，y，z）、震级、能量等。

（2）揭示破坏事件的发生。通过三维可视化技术，可将发生的事件直接显示在矿山模型中，比较直观地反映事件发生的地点，或者是某一地区在一定时间内诱发的系列地震事件。

（3）采用微震监测系统，不仅可以监测顶板崩落发展，还可以兼顾监测采区应力场的变化及危险源识别。通过专业软件对地震参数关系图表进行分析，可以获取某一采区由于生产活动引起周围的岩体的应力变化，或者是整个矿山生产活动区域内微震事件的分布规律，从而掌握采区应力场的变化规律。

采用微震监测系统监测崩落顶板发展情况，精度误差在10m左右，相对误差较大，且监测系统费用较高，但它可以兼顾监测出矿水平底部结构应力场变化，并根据应力场变化趋势及时调整拉底和出矿顺序，减少应力集中对底部结构的破坏。当前国际上大部分自然崩落法矿山都采用微震监测系统。

10.2.2.6 智能信标

A 基本原理

智能标记物法（NSM）是利用无线网络技术监测崩落的一种方法。其主要包括标记器（如图10-9所示）、读取器及数据处理器。首先在崩落上方岩层中钻孔，然后每隔一定间距安装标记器，一定距离范围内的标记器之间及标记器与读取器之间可以相互通信，这样就形成了一条标记链[11]。当崩落接近孔内最低的标记器时，标记器周围的岩石可能会移动，但只要标记器在无线电范围内，就会保持与标记链的通信。当崩落到孔底并继续向上崩落时，最低的标计器将落在矿堆上，随矿堆移动，这种移动会中断标记器与标记链的通信，一旦读取器无法与该标记器通信，则链上的下一个标记器就表示近似的崩落位置。因此，NSM系统本质上可以看作是一个无线TDR监测系统，如图10-10所示。另外，落到矿堆的标记器随矿堆移动，在出矿后可被安装在出矿水平的读取器检测到。

图 10-9　带安装器具的智能标记器（图片来自 S. Steffen, et al.）

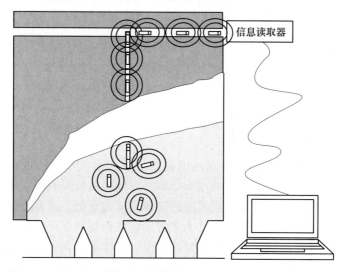

图 10-10　用 NMS 系统监测崩落位置（图片来自 S. Steffen, et al.）

B　优缺点分析

智能标记物监测方法使用无线通信技术实现各个标记器之间的通信，无需电缆；只需要将标记器安装到钻孔中即可，无需担心钻孔坍塌而损坏通信线路。相比于其他监测系统，智能标记物监测方法因不依赖稳定的安装钻孔而具有更高的稳定性与可靠性。但两个标记器之间的距离决定了其测量的精度，在测量时需要布设很多标记器，这些标记器落到矿堆一般很难回收，因此其成本可能较高。目前，国内外对矿山使用该监测方法的报道也较少，只有少量文献记载了一些工业试验。

10.2.3　崩落监测案例分析

10.2.3.1　铜矿峪铜矿

铜矿峪铜矿位于山西省垣曲县境内，是中条山有色金属集团有限公司的一个主要矿山，也是我国三座"大而贫"的铜基地之一。铜矿峪铜矿从 20 世纪 80 年

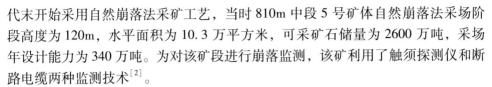

代末开始采用自然崩落法采矿工艺，当时810m中段5号矿体自然崩落法采场阶段高度为120m，水平面积为10.3万平方米，可采矿石储量为2600万吨，采场年设计能力为340万吨。为对该矿段进行崩落监测，该矿利用了触须探测仪和断路电缆两种监测技术[2]。

（1）触须探测仪钻孔监测。触须探测仪由主机、标有刻度的连线和探头组成。主机由音频放大器、3V直流电源和耳机组成。探头是一个装配有辐射状钢丝触角的流线型声电传感器。探测时，探头在钻孔中滑行，触须与岩壁的摩擦声传至电传感器产生电信号，由导线传至接收器。当探头下放深度超过钻孔进入崩落空间时，因触须无所触及因而声音消失；再把探头继续下放，当听到探头撞击下部的岩石声音时，表明放到了崩落的矿石堆上。根据两次下放导线的长度，便可得知崩落高度和崩落空间的高度。

触须探测仪结构简单、适用范围广、准确可靠。但是这种监测方法要求钻孔一直畅通无阻。然而当矿体开始崩落时，崩落应力往往会使一定范围内的岩层发生移动，使一部分观测钻孔过早发生变形和堵塞；另外，由于这种方法无法做到遥测，当矿体崩落向观测水平逼近时，因无安全保障而不能继续监测，会在一定程度上影响崩落资料的完整性。

（2）断路电缆崩落监测。断路电缆是为铜矿峪铜矿矿体崩落监测专门研制的一种线型电阻材料。在拉底崩落之前将断路电缆用水泥砂浆胶结于观测部位的钻孔之中，随着矿岩不断崩落而逐段断落，引起电阻值变化，用仪器量测这种变化，可计算出钻孔内电缆的剩余长度，从而获知崩落的高度。自制的断路电缆结构简单、价格低廉、监测方便、使用安全，埋设后不需要维护钻孔，还可用导线引到岩移范围之外集中监测。

为对810m中段5号矿体进行崩落监测，在崩落采场上部布置了监测钻孔，如图10-11所示。在同一测区触须探测仪和断路电缆配合使用可获得较为完整的崩落资料，前者用于岩体断裂构造不太发育的地方及崩落前期监测；后者用于不易维护的钻孔和崩落的后期监测。

该矿经过几年时间的监测，获得了大量的实测资料。根据实测结果，可以较准确地分析、掌握矿体崩落过程和地表陷落过程，如图10-12所示。

10.2.3.2　云南普朗铜矿

普朗铜矿一期采选工程设计采用自然崩落法回采，矿山生产规模为1250万吨/年。一期首采中段3720m以上矿体采用单中段回采连续崩落，矿体最大崩落高度370m，平均崩落高度200m。一期回采主要有4个水平，从下至上分别为3660m有轨运输水平、3700m回风水平、3720m出矿水平、3736m拉底水平。出矿水平和有轨运输水平之间高差50m，拉底水平和出矿水平之间高差为16m。为了保障自然崩落法在普朗铜矿的成功应用，该矿采用微震、三维激光扫描、

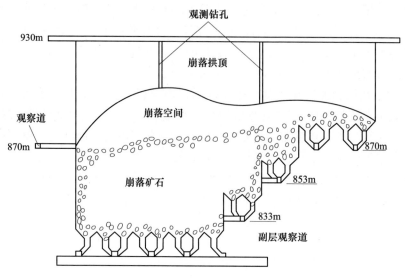

图 10-11　铜矿峪铜矿 810m 中段崩落顶板钻孔监测示意图（图片来自张峰）

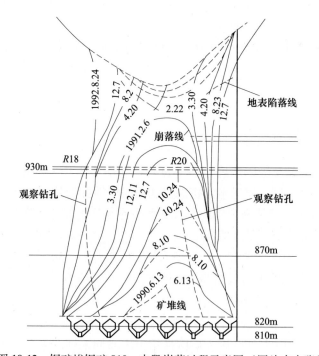

图 10-12　铜矿峪铜矿 810m 中段崩落过程示意图（图片来自张峰）

TDR、钻孔电视、应力位移等技术，对普朗铜矿顶板崩落、底部结构变化情况、地表沉降等进行综合在线监测，其中用微震、TDR 和钻孔电视进行崩落监测。

A   TDR 监测

针对普朗铜矿，在首采区中心周边地表钻孔，布置 3 个 TDR 监测点，其钻孔布置如图 10-13 所示。该监测系统主要包括服务器、TDR 采集仪及 TDR 同轴线缆[12]。其中，服务器的作用主要是与 TDR 采集仪进行通信，对 TDR 数据进行传输、存储、分析、打印及展示；TDR 采集仪的作用是将 TDR 同轴线缆的模拟信号转换成数字信号，然后通过串口或网络传输给服务器；TDR 同轴线缆埋设在地表的 TDR 钻孔内，并以砂浆或树脂等填充电缆与钻孔之间的空隙，进而保证同轴电缆与岩土体的同步变形，线缆顶端与 TDR 测试仪相连。

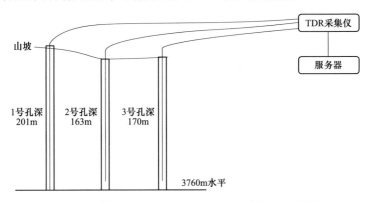

图 10-13   普朗铜矿 TDR 监测系统（图片来自彭张等）

TDR 监测结果如图 10-14 所示。可以看出，1 号 TDR 钻孔断点高程在 3757~3758m 变动，稍有波动；2 号 TDR 钻孔断点高程在 3759m；3 号 TDR 钻孔断点高

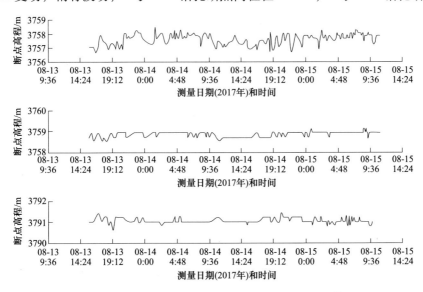

图 10-14   TDR 钻孔断点高程曲线（图片来自彭张等）

程在 3791m。排除测量误差的影响，可以判断 1 号 TDR 钻孔底部暂未垮落，2 号 TDR 钻孔部分垮落，3 号 TDR 钻孔已垮落 31m。估计崩落面位置如图 10-15 所示。

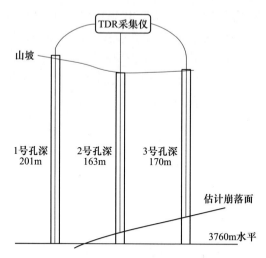

图 10-15　根据 TDR 测试结果估计的崩落面位置（图片来自彭张等）

B　微震监测

考虑到普朗铜矿顶板岩体比较破碎的实际情况，同时兼顾底部结构稳定性监测，为了提高微震监测系统的灵敏度和定位精度，要缩小传感器布置间距，相邻传感器间距保持在 100m 左右[10,13]。因此，拟在 3720 出矿水平布设 20 个微震传感器，同时在首采区周边通过地表向下打 4 个钻孔，在 4 个钻孔内分别布置 2 个单分量微震传感器，分别布置在 3810m 标高、地表稳定基岩中，主要用来监测崩落顶板冒落情况。另外，在 3660 运输水平布设 4 个微震传感器，主要用来监测底部结构的稳定性。该方案形成的立体微震监测台网可以实现对首采区崩落顶板的立体式、高精度、大范围的全面监测，同时还可以兼顾底部结构稳定性监测。监测分析模型分别以 1 号、2 号溜井、塌陷区、S4-2 号回风井及 TDR-DB-03 监测点中心为基准，分别建立块体分析模型，如图 10-16 所示。

2017 年 3 月中旬~2017 年 12 月 10 日监测块体分析模型中微震事件的统计规律如图 10-17 所示。根据图 10-17 可知，监测模型中事件从 2017 年 9 月初开始急剧上升，到 9 月 17 日聚集到最高，随后迅速下降，表明模型内块体在近一段时间内将发生较大范围的顶板冒落失稳破坏，现场具体显现为：2 号溜井顶板 10 月连续崩落了 34m；S4-2 号回风井处的矿柱重新支护后又出现了开裂；地表、2 号溜井和 TDR-DB-03 监测点周边的裂缝在 10 月底发展趋势明显。

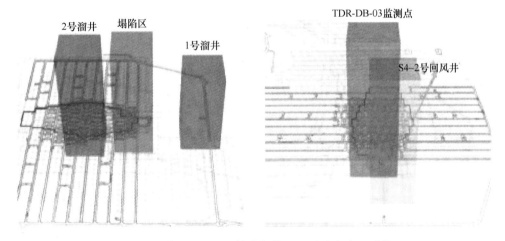

图 10-16 建立的监测块体分析模型（图片来自王平等）

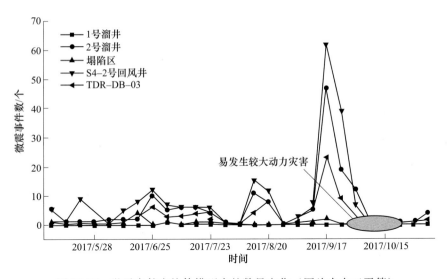

图 10-17 微震事件在块体模型内的数量变化（图片来自王平等）

C 钻孔电视监测

监测点布设在地表首采区中心（2 号溜井位置）及其附近，共设置 2 个钻孔电视测量孔[14]，根据 2 号溜井钻孔电视，精确测量出顶板冒落高度与存窿面最低高程变化规律（如图 10-18 所示）。由图 10-18 可见，2017 年 9 月 8 日~2017 年 10 月 12 日间顶板冒落幅度变化较大，该矿根据顶板冒落情况及时动态调整放矿点的放矿进度计划，该矿于 2017 年 10 月 18 日发生较大范围顶板冒落，但由于提前采取了相关的措施，顶板大范围冒落并没有给现场安全生产带来影响。

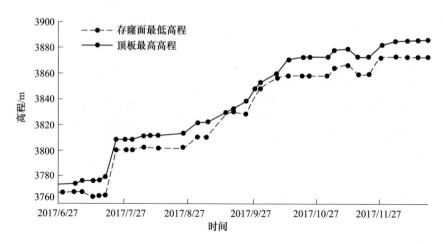

图 10-18　钻孔电视测量顶板最高位置与存窿面最低高程统计（图片来自王平等）

该矿根据综合在线监测技术数据，通过实时优化调整放矿点放矿计划，很好地控制了崩落面和松散矿堆之间高度，避免了上覆矿岩大范围崩落产生的空气冲击气浪，同时，也基本实现了地表均匀沉降。

10.2.3.3　南非 Palabora 矿

Palabora 矿业公司位于南非共和国北部林波波省的帕拉博鲁瓦镇。帕拉博鲁瓦是南非的一个矿业城镇，Palabora 矿就位于城镇南部，是一个集铜矿、冶炼厂和炼油厂的综合体。铜是 Palabora 矿的主要业务，另外它也开采其他副产品，如磁铁矿、蛭石、硫化物和硫酸镍。截至 2013 年，该公司生产的铜大部分用于满足南非的市场需求，其余用于出口。

该矿由露天转入地下开采后，使用自然崩落法开采第一中段与第二中段。该矿在生产过程中广泛应用微震监测技术，在矿区内大量布置了微震监测点，形成了立体的微震监测网络[15]（如图 10-19 所示）。

该矿在 2001~2009 年的生产过程中测算了全矿的微震能量指数（某一地震事件释放的能量与该地区具有相同地震矩事件平均释放能量的比值），如图 10-20 所示。能量指数表征应力状态，它的变化与崩落过程的不同阶段有关。由图 10-20 可知，2001 年全矿的应力水平高于平均值 1.0，这是由矿井开拓工程造成的。矿岩崩落过程开始于 2002 年 4 月（A），一直持续到 2002 年底（B）阶段矿柱失稳，在这个过程中应力急速增加。矿井的最大应力值出现在 2004 年 5 月（C），此时崩落突破了露天坑底部。在此之后应力开始下降，在 2004 年底达到平均水平，这一阶段的应力下降速率高于崩落开始后的应力上升速率，在应力达到平均值后，其下降速度减慢。截至 2005 年初，应力水平仍低于平均水平。与崩落过程引起的应力增长相比，开拓引起的应力增长非

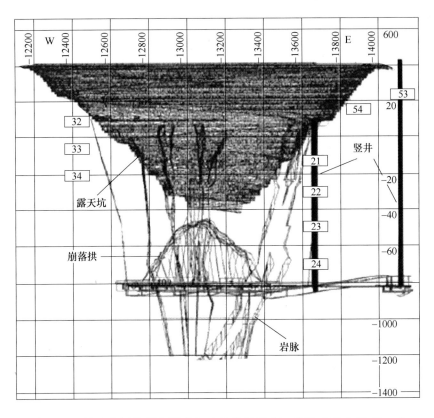

图 10-19　该矿布置的部分微震点（截至 2005 年，图片来自 S. N. Glazer）

常小。图 10-20 也显示了该矿微震活动月平均深度。该矿山不同崩落阶段对应不同的微震监测数据，据文献报道，微震分析资料成功地用于监测崩落过程。

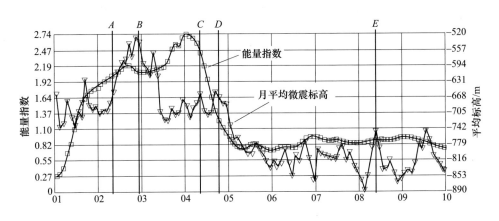

图 10-20　能量指数与微震标高（图片来自 S. N. Glazer）

10.2.3.4 澳大利亚 Northparkes 矿

Northparkes 矿即北帕克斯矿，矿山位于澳大利亚新南威尔士州帕克斯附近，是澳大利亚第一个自然崩落法矿山。该矿 26 号矿床（E26）是一管状矿体，直径大约为 200m，向下延伸 800m 以上。矿体由粗安岩（火山岩）和指状二长斑岩侵入体组成。

该矿的第二中段在生产过程中采用微震技术进行崩落监测[16]，监测结果如图 10-21 所示。图 10-21 所示为不同时间监测到的微震事件的震级与数量。图中，①为 2004 年 8 月 18 日矿井开始生产；②为 2004 年 9 月 16 日由于破碎机故障而停产；③为 2004 年 9 月 30 日重新开始矿岩崩落生产；④为 2004 年 10 月 13 日由于破碎机维护而造成停工；⑤为 2004 年 10 月 17 日全面恢复矿岩崩落生产；⑥为 2004 年 11 月 3 日微震事件数量下降，地震带快速向上移动，开始出现震级较大的微震事件；⑦为 2004 年 11 月 16 日，微震区域向上进入第一中段，微地震事件每天小于 20 起，大型微震事件的数量开始减少。

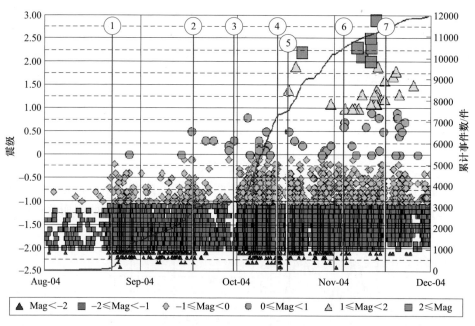

图 10-21 生产过程中微震事件的等级与数量（图片来自 Y. Potvin, et al.）

在该矿进行崩落生产的第一个月（8 月 18 日~9 月 14 日），微地震带顶部边界向上移动了约 15m，即每天 0.5m。在这 4 个星期内，共出矿约 25.5 万吨，记录了 2750 次微震事件，即每天约 92 次。在此期间，只有 3 次微震事件的震级大于 0 级。9 月 16 日破碎机发生故障，导致生产中断两周，到恢复生产前，发生的微震事件减少为每天约 10 起。2004 年 9 月 30 日，崩落生产恢复，在接下来的两周（到 2004 年 10 月 12 日），微震带的顶部上升了大约 15m，每天上升 0.5m，这段时期内发生的微震事件数量最多，13 天内发生 3776 次（每天 290 次），但是震级很小，只有 12 个事件大于 0 级。由于井筒维修导致停工后，微震事件频率在停工 4 天后显著降低。从 2004 年 10 月 16 日~11 月 2 日，微震事件数从每天近 300 起下降到每天约 100 起，微震事件累计曲线的斜率下降。在这 17 天期间，微地震带的顶部向上移动了约 40m，即每天 2.4m。在 2004 年 11 月 3 日~11 月 16 日的 2 周时间内，由于地震带以每天近 4m 的速度穿过第一中段的阶段矿柱，微震事件数目持续减少，微震事件中有 21 个大于一级，其中大于二级的事件 6 个，他们认为这是由于崩落在第二阶段和第一阶段的矿柱中传播时，地应力进行了重新分布。微震监测资料在该矿除用于崩落监测外，还用于建立该矿第二中段崩落力学模型等。

10.2.3.5　加拿大 New Afton 矿

New Afton 矿采用微震监测系统对崩落开采过程中的微震事件进行监测，同时使用 TDR 系统监测崩落顶板的发展情况。安装的 7 套 TDR 电缆成功监测到西崩落区贯通露天坑底；同时 10 套 TDR 电缆安装在东部，用来监测东部崩落区崩落顶板的发展情况；另外 4 套 TDR 电缆用于监测崩落区对尾矿坝设施的影响，如图 10-22 所示。图 10-23 所示为使用 TDR 系统监测到的崩落顶板发展情况。

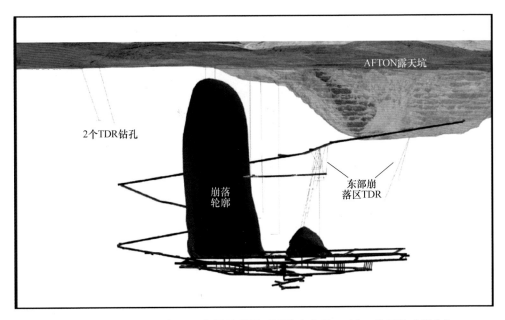

图 10-22　New Afton 矿 TDR 布置示意图（图片来自 New Afton 公司技术报告）

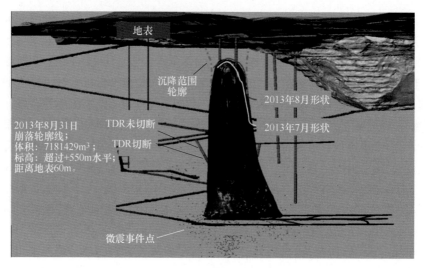

(a)

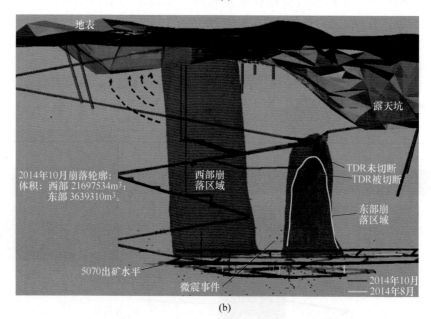

(b)

图 10-23　崩落顶板发展预测（图片来自 New Afton 公司技术报告）
（a）2013 年 8 月 31 日崩落顶板预测；（b）2014 年 10 月崩落顶板预测

10.3　地表沉降塌陷监测

10.3.1　监测目的

崩落法开采必然会引起地表的沉降、塌陷，准确预测地表沉降范围，对于保证地表设施和井下回采安全具有重要的意义。经验表明，井下崩落至地表的发展方向和速度受到很多因素的影响，如地形、结构面、矿岩性质、下部出矿速度等，因此很难在采矿前准确进行预测，非常有必要在采矿过程中对地表沉降和移动发展进行监测。监测的数据主要用于：

（1）通过圈定地表和地下崩落区影响的危险区域，对其进行重点监控，确保安全；

（2）对于地表沉降对地表周边建筑物的潜在影响作出预警；

（3）如原为露天坑，可用于监测露天坑边坡附近或者上覆盖岩层的稳定性；

（4）给出崩落对临近地下设施、附近开采区域影响的预警。

10.3.2 监测手段

地表沉降监测就是对变形区域的地形表面采用专门的测量仪器和方法进行周期性的重复观测工作，传统的变形监测方法使用的仪器主要有水准仪、经纬仪、全站仪等。其主要工作是在地表变形区域上布设变形监测点，在变形区域周围稳定区域上设置固定点作为基准点，再使用选定的仪器对变形监测点进行定期的观测，得到监测点三维坐标，最后通过计算得到变形量。这种方法能够较精确地计算出监测点上的变形量，且目前相关的监测方法和理论也已相当成熟，但是该种方法是对地表变形区域内有限个监测点的测量，若监测点少，则不能全面反映地表变形情况；监测点增加则工作量也会增加，所以传统方法不能为地表的变形监测提供整体、全面的变形监测信息。

目前崩落法矿山地表沉降和塌陷的常用监测方法主要有 GPS 监测、三维激光扫描监测、D-InSar 等，对于自然崩落法矿山地表沉降监测可以参考应用。

10.3.2.1 GPS 监测

A GPS 简介

全球定位系统（Global Position System，GPS）是美国国防部建立的卫星导航系统，主要由三大部分组成：空间星座、地面监控和用户设备。GPS 自 20 世纪 80 年代中期投入民用后，已广泛在导航、定位等各领域应用，尤其在测量界的控制测量中起了划时代的作用。正因为它在静态相对定位中的高精度、高效益、全天候、不需通视等优点，使人们普遍采用其来代替常规的三角、三边、边角等方法，并在理论、实践中取得了可喜的成果，在精密工程变形监测中也逐步得到广泛的应用。随着 GPS 技术的不断成熟，其布网灵活、工作效率高，尤其在地形复杂或者大型监测网中的优势更为明显。GPS 自动化监测系统已经在矿区、建筑、地震、大坝等行业中应用并取得很好的效益。从国内外的有关研究和应用可以看出，GPS 是一种非常有效的矿区监测技术。目前 GPS 在矿区监测中的最高精度可控制在几个毫米，数据采样频率为 1Hz。大部分的矿区监测系统已经做到数据自动传输、自动解算处理、实时显示测量结果和测量结果图形。目前 GPS 技术用于矿区等工程变形监测的手段已经被广泛应用于世界各地[17]。

B 定位工作原理

GPS 定位的基本原理是根据高速运动的卫星瞬间位置作为已知的起算数据，采用空间距离后方交会的方法确定待测点的位置。其原理如图 10-24 所示。

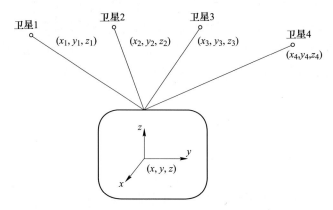

图 10-24 GPS 定位原理示意图

通过卫星导航电文求得卫星的空间直角坐标，由卫星星历提供各卫星的钟差，然后根据测点到各卫星之间的距离和信号达到接收机所经历时间，即可解算出待测点的坐标。

GPS 用于矿区采空区沉降监测时，往往是在一定范围内具有代表性的区域建立变形观测点，在远方距离监测点合适的位置（如稳固的基岩上）建立基准点。在基准点架设 GPS 接收机，根据其高精度的已知的三维坐标，经过几期观测从而得到变形点坐标（或者基线）的变化量。根据观测点的形变量，建立安全监测模型，从而分析采空区沉降变形规律并实现及时的反馈。系统可以实时预报灾害发生，按照预定的变形限值，以警报、手机通信等形式通报有关部门及领导。

C GPS 实时全自动化监测系统

GPS 智能监测系统由三部分组成，即 GPS 监测单元（也叫传感器系统）、数据通信单元、数据处理与控制单元（GPS sensor 软件部分），这三部分作为一个有机集合的整体，它们具体的功能如下：

（1）传感器系统。传感器系统即 GPS 监测单元，目的是通过 GPS 来反应结构响应，以数字信号反馈给数据采集系统。

（2）数据通信。通过无线的方式将 GPS 采集的数据传输到控制中心。

（3）数据处理和控制系统。实时接收并处理工作站系统采集的数据，对原始数据和处理后数据进行显示和在线评估及预警。

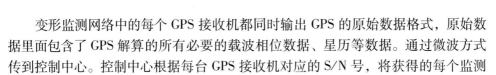

变形监测网络中的每个 GPS 接收机都同时输出 GPS 的原始数据格式，原始数据里面包含了 GPS 解算的所有必要的载波相位数据、星历等数据。通过微波方式传到控制中心。控制中心根据每台 GPS 接收机对应的 S/N 号，将获得的每个监测点的原始实时数据存储到服务器上，供软件处理，实时显示出矿区沉降值。

D　GPS 监测优缺点分析

GPS 监测技术具有很多优点：环境适应性强、测站之间无需通视、可同时提供监测点的三维位移信息、全天候监测、监测精度高、操作简便、易于实现监测自动化，尤其适合监测范围大、测点数量少、监测场所地表起伏较大的场合。

但采用 GPS 技术进行监测，每个 GPS 监测点均需要进行供电、通信、防雷，施工难度大，运行成本高，后期维护工作繁重，主要适合通视性差、监测点数量少、分布分散、雷电灾害少等情况。

10.3.2.2　三维激光扫描技术

A　三维激光扫描技术简介

三维激光扫描技术是一门新兴的测绘技术，是测绘领域继 GPS 技术之后的又一次技术革命。随着三维激光扫描技术的发展，国内外很多研究人员运用该技术在变形监测领域作了很多相关实验和研究工作[18,19]。在 2003 年，加拿大的英属哥伦比亚在华盛顿的 Cascade 山区使用三维激光扫描仪对其发生的大规模的泥石流进行了扫描，在这次扫描之后研究者对坍塌的土方量进行了测算，并且结合山体的数据资料，对此次泥石流造成的地形变形进行了分析。2006 年 Tsakiri 等人使用标志法进行了变形监测，他们在变形体上放置标志，使用三维激光扫描仪对变形区域及标志进行变形前后的两次扫描，得到了三维激光扫描仪器可检测±0.5mm 的变形量。2007 年 Monserrat 等人提出了基于最小二乘三维表面匹配算法的地表变形监测方法，通过对比模拟实验中三维激光扫描数据与全站仪扫描数据，验证了该方法可以监测微小变形，具有监测三维变形的能力。

国内很多研究人员也对三维激光扫描技术在变形监测中的应用作了相关研究工作。2005 年罗德安将三维激光扫描技术应用于变形监测领域，分析了技术优势、可行性以及存在的问题，并提出了整体变形监测的理论。2006 年张国辉提出了 DEM 求差和球形标志的两种基于三维激光扫描技术的变形监测方法，并使用这两种方法对某露天矿的边坡计算，得到了变形信息。2014 年郭超将三维激光扫描技术应用于开采沉陷监测，获取了矿区大坝沉陷曲线，并将三维激光扫描监测值与水准数据进行对比，发现两者具有较高的一致性，进而证明了三维激光扫描技术用于矿区沉陷监测的可行性。

B　三维激光扫描技术基本原理

三维激光扫描仪的主要技术之一是激光测距技术，根据激光测距原理的不同，三维激光扫描仪可以分为三种类型：基于脉冲测距法原理、基于激光三角法原理和基于干涉测距法原理。目前，基于脉冲测距法原理的扫描仪在测绘领域中使用最为广泛，如 Leica 公司生产的 Scan Station P20、Riegl 公司生产的 VZ6000；近距离的激光扫描仪主要是基于激光三角法原理和基于干涉测距法原理，如 MENSI 公司生产的 S10 和 S25 型扫描仪都是基于激光三角原理。Leica 公司的 HDS6200 是基于干涉测距原理。

a　脉冲测距法原理

脉冲测距法是一种激光测时测距技术，其简单的工作原理如图 10-25 所示。

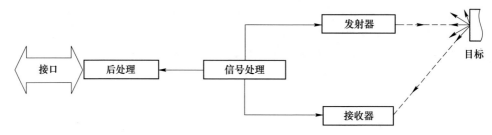

图 10-25　三维激光扫描仪原理（图片来自赵富燕）

首先由激光脉冲发射器发射激光脉冲信号，通过扫描镜的旋转射向目标，然后接收器接收由目标反射回的信号，测得激光脉冲的水平角 α、垂直角 θ，并记录发射与接收时间，确定激光脉冲从扫描中心至被测目标往返一次的时间 t，已知光速 c 是常量，故可得扫描中心到被测目标的距离 S 的计算式（10-1），计算点坐标式（10-2）。

$$S = \frac{1}{2}ct \tag{10-1}$$

$$\begin{cases} X = S\cos\theta\cos\alpha \\ Y = S\cos\theta\sin\alpha \\ Z = S\cos\theta \end{cases} \tag{10-2}$$

b　干涉测距法原理

干涉测距法的工作原理是利用激光光线发射连续波，根据光学干涉原理确定干涉相位测的物体表面到扫描中心距离的方法，如图 10-26 所示。

测出被测物体表面到扫描中心的距离后，其他与基于脉冲测距法的原理相同，通过式（10-3）计算出点位的三维坐标值 X、Y、Z。这种类型三维激光扫描系统的精度能达到毫米级，扫描范围通常在 100m 之内。

$$S = \frac{c}{2}\left(\frac{\phi}{2\pi f}\right) \tag{10-3}$$

式中　ϕ——检测的相位差；

f——填充脉冲的频率。

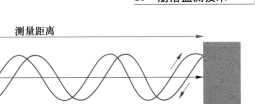

图 10-26　相对测量原理（图片来自赵富燕）

c　激光三角法原理

此方法应用三角形几何关系求得距离。它的具体做法是通过特殊的光学系统把一束激光以直线条纹的形式投射在被测物体上，这时投射条纹必然会随着物体表面起伏的变化而发生变形扭曲，并且会在物体表面发生漫反射，发生漫反射的光线经成像物镜最终投射到光电探测器上，光电探测器上有一个接收激光的面，被测点的距离信息由反射激光在接收面上形成的像点的位置决定。当被测物体发生位移时，反射激光在光电探测器激光接收面上形成的像点也发生位移，最后利用 CCD 摄像机内成像位置和激光光束角度等数据，应用三角几何函数关系计算得出被测点到仪器的距离，如图 10-27 所示。利用这种方法的三维激光扫描仪的精度可以达到亚毫米级，扫描范围却只有几米到数十米，覆盖面小，主要是工程重建和工业测量中应用，不适合远距离测量。

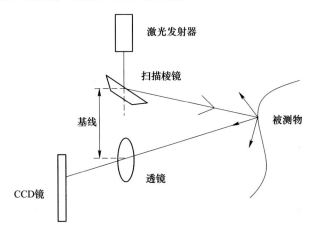

图 10-27　三角扫描原理（图片来自赵富燕）

C　主要特点分析

三维激光扫描测量技术是一种非接触式主动测量技术，它可以快速获得被扫描物体大量表面点的三维空间坐标，从而实现对整个面的测量，突破了传统测量方法的单点测量模式。而且三维激光扫描系统得到的数据是全数字化的点云数据，可以直接被计算机处理，快速地对其进行三维建模，快速提取点、线、面、体等几何信息。具有的优点如下：

（1）高数据采样率、高精度。脉冲式三维激光扫描仪的激光束每秒可采集上千个点，而相位激光扫描仪每秒采集上万个点，获得更多的信息，从而突破了单点模式，可以获得海量的、详细的被测物体空间信息；并且三维激光扫描测量技术获得的点云精度要高于摄影测量中的解析点的精度，因为摄影测量中的点位精度受像控点精度的影响。

（2）非接触测量。三维激光扫描技术不需要与棱镜、水准尺等一起配合使用，可直接对被测物体进行扫描，这样可以帮助我们完成对传统测量仪器不易测到的目标进行测量。

（3）全数字化数据采集。三维激光扫描技术采集得到的数据全部为数字化数据，这样可保证数据的储存、传输、处理都很方便。经过后处理软件处理后得到的数据也可以很方便地与其他相关软件实数据共享。

（4）约束条件少。与传统摄影测量相比，三维激光扫描技术移动比较方便、灵活，不需要相对苛刻的测量角度和位置。内业操作只需对点云数据进行预处理，进而可以完成被测物体三维模型的建立。另外三维激光扫描测量技术是通过接受激光回波信号来实现数据采集的，不受时间的限制，也可以在夜间进行测量，而传统的摄影测量只能在白天进行。

（5）可与 GPS 测量系统和数码相机结合使用。将三维激光扫描系统与外置数码相机和 GPS 测量系统结合在一起，可以帮助我们获得更全面的测量数据。

10.3.2.3 差分干涉合成孔径雷达监测（D-InSAR）

A 技术简介

合成孔径雷达差分干涉测量（D-InSAR）技术，是 20 世纪 90 年代发展起来的一种可以高精度监测大面积微小地面变形的新技术[20]。在矿区地面监测应用方面，各发达国家科研人员利用 D-InSAR 技术取得了一系列的突出成果。Marco 等于 1995 年利用 ERS 数据监测美国 Belridge 油田的地面形变，并将监测分析结果同传统水准法对比，在年均 30~40cm 的下沉量中，最大高程误差不足 5mm。此后，世界各国学者针对不同的煤矿开采区，如德国图林根州铀矿开采区、波兰 Upper Silesian 煤田开采区、澳大利亚某煤田开采区等，对矿区的地面沉降进行监测分析研究，得到了毫米级的垂直方向形变数据，进一步证明了 D-InSAR 技术在矿区地面形变沉降监测中的作用和良好的监测效果。

近年来，我国科研工作者利用 D-InSAR 技术开展矿区地面沉降研究也取得了可喜的成果。2017 年 3 月，李振洪团队利用我国"高分三号"卫星获取了高质量重轨干涉合成孔径雷达实验数据，生成了我国第一幅卫星干涉 SAR 影像，并从影像中提取到了亚厘米级地面沉降信息，开启了我国自主雷达卫星 InSAR 形变监测的新进程。

B　技术原理

该技术有别于传统的基于点观测的地面测量方法，融合了合成孔径雷达成像技术和干涉测量技术，其利用单轨道双天线模式（两副天线同时观测）或单天线重复轨道模式（两次近平行观测）获得同一地区的两景数据，通过获取同一目标对应的两个回波信号之间的相位差，结合轨道数据来获取高精度、高分辨率的地面高程信息，可精确测量地表某一点的三维空间位置及微小变化。星载重复轨道成像示意如图 10-28 所示。

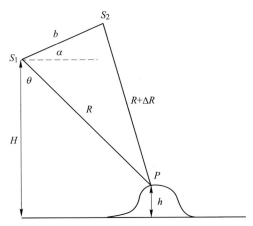

图 10-28　D-InSAR 成像示意图（图片来自刘付刚）

C　技术特点

该方法在监测地震变形、火山地表移动、冰川漂移、地面沉降、山体滑坡等方面试验成果精度已达厘米或毫米级，表现出了很强的技术优势。

该监测技术优点：监测区域大、获取数据迅速，没有外业工作；不受气象、地形条件影响。

监测技术缺点：不适合实时监测，监测周期受监测卫星飞行轨迹、周期影响较长；内业数据处理工作量大，专业化程度要求高；卫星影像成本随着监测时间不断增加。

10.3.3　地表沉降监测案例

10.3.3.1　云南普朗铜矿

普朗铜矿采用自然崩落法回采，地表沉降监测采用三维激光扫描监测技术。三维激光扫描仪采用非接触式高速激光的测量方式，在复杂的现场和空间对被测物体进行快速扫描测量，获得点云数据。海量点云数据经过三维重构可以再现矿山开采现状，便于矿山地表沉降监测分析。普朗铜矿采用澳大利亚 MAPTEK I-Site 8820 XR-CT 三维激光扫描仪进行监测。

针对普朗铜矿井下开采对应的首采区地表塌陷范围，为了能够全面监测整体塌陷坑的沉降变形情况，在地表塌陷区东侧4180m山坡上建立三维激光扫描监测系统，将三维激光扫描仪固定在监测墩上，并建造了监测房予以保护，配套安设了气象站和相关供电通信设备[21]，如图 10-29 所示。

图 10-29　三维激光扫描监测装备（图片来自王晶等）

三维激光扫描监测系统通过光纤网络将监测数据传送至地表监控中心，并可以远程操控该系统。公司相关人员可以通过互联网远程访问该监测系统，查看地表的实时沉降情况。该系统配有高清相机，可以把地表沉降的点云数据与地表照片很好地结合起来，监测效果形象直观。

普朗铜矿3720m水平首采区投产之后，放矿点开始大量出矿，从而导致地表以2号溜井为中心的周边区域开始逐渐沉降，2号溜井、塌陷区及其周边等区域沉降较大，出现了约3~5m的沉降，平均沉降速度为0.1~0.17m/d，这与地表2号溜井和塌陷区周边出现了较大的沉降相吻合。该系统具有实时监测与预警功能，可以根据沉降位移的大小设置低、中、高等不同级别的预警，并通过邮件的方式发送给相关领导和技术人员，以便采取相应的应对措施。塌陷区全景视频监测如图 10-30 所示。

10.3.3.2　美国 Henderson 钼矿

亨德森钼矿位于美国科罗拉多州丹佛市以西80.5km，海拔3170m，在大陆分界线东部。矿体的埋深超过了1000m，最低的出矿水平在地面以下1600m，亨

图 10-30 普朗铜矿塌陷区全景视频监测图（图片来自冯兴隆等）

德森矿已成为世界上最深的自然崩落法采矿的矿山之一。

　　亨德森钼矿崩落开始于 1976 年 8 月，初始崩落水平为 8155，位于盘区 1 矿体中西部部分，如图 10-31 所示，产量每天 4540t。这个速度在 1978 年底增加到每天 14510t，1979 年 12 月每天 25400t。以这种速度持续到 1980 年 9 月。在此期间，放矿与上部不断扩张的拉底区域保持一致，这个拉底区域到 1980 年 9 月已经达到了如图 10-32 所示的规模。

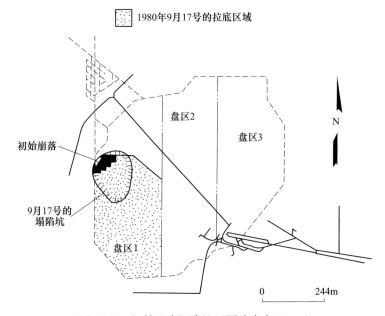

图 10-31 初始地表沉降坑（图片来自 Brown）

图 10-32　井下崩落所致的地表沉陷坑（图片来自 Brown）

随着盘区 1 在这最初的 50 个月的开采发展，崩落竖向传播越过了 1000 多米的火成岩，并且在 1980 年 9 月 10 日崩通地表，形成一个陡峭塌陷坑。在崩落过程中，平均垂直方向的崩落速度为 0.7m/d。

对该矿塌陷的发展和地表沉陷通过使用时域反射计、航空摄影和表面测量技术进行监测[1]。

10.4　底部结构稳定性监测

10.4.1　监测目的

底部结构的重点是出矿水平，它是矿石放矿的出口，需要服务的时间长，该水平在回采过程中承受高荷载，非常容易造成出矿中段的破坏，因此在自然崩落法回采期间，非常有必要保持底部结构的稳定，以实现顺利出矿。在采用强有力的支护基础上，应该对底部结构进行在线监测，掌握底部结构应力变化情况，及时调整拉底速度，增强支护方式，保障底部结构的稳定。底部结构监测的要求如下：

（1）随着拉底推进和崩落向上发展，监测生产巷道的变形速度及稳定性情况；

（2）监测巷道支护系统的作用和有效性，对于巷道产生大变形和失稳破坏进行预警，确保整个底部结构的完整性；

（3）能够确保作业人员和设备安全进入出矿区域进行作业；

（4）对区域高应力进行监测，减少岩爆灾害产生的破坏；

（5）评估巷道维护和修复的方法和效果。

10.4.2　监测手段

目前对于底部结构稳定性的监测主要采用的手段包括位移计监测、应力计监测、声发射监测和微震监测法。这些方法已经在井下巷道稳定性监测方面成熟应用，本小节内容简要介绍其工作原理和优缺点分析。

10.4.2.1　位移计监测

多点位移计是主要应用于坝基、边坡、地下巷道等岩土工程内部任意方向不同深度的轴向位移及分布的变形监测仪器，仪器精度较高，且可以实现自动化监测、遥测及报警。测点个数可按照地下工程的特点选择，一般的测点数在 3 ~ 6 个，多点位移计主要由锚头、传递杆、护管、支撑架、护筒、传感器、护罩及灌浆管组成。

（1）基本原理。工作原理是当钻孔各个锚固点的岩体产生位移时，经过传递杆传到钻孔的基准端，各点的位移量均可在基准端量测，基准端与各个测点之间的位置变化即是测点相对于基准的位移。当最深的锚头固定在岩体变形范围之外，并以它为基准点时，称为不动点，这样就可以量测出岩体的绝对变形。采用多点位移计监测所得多点位移变化量和位移变化速度，以位移值突然加大、位移变化速度突然加快作为危险情况发生的依据。多点位移计的结构示意图如图 10-33 所示。

（2）优缺点分析。多点位移计具有高灵敏度、高精度、高稳定性、温度影响小的优点，适用于长期观测。但是测试周期长、工作量大，对于围岩较为坚硬的巷道，其监测位移变化不明显，则多点位移计的测试精度受到很大的限制。

10.4.2.2　钻孔应力计监测

钻孔应力计分为振弦式和液压式两种，钻孔式应力计可监测采动前后围岩应力变化情况。由于振弦式传感器构造简单，测试结果比较稳定，防潮且便于安装和大量布设，故在采矿地压活动监测中得到广泛应用。

（1）基本原理。用钻孔式应力计可监测围岩应力的变化情况。通过应力监测可获得围岩应力变化量、变化速度、应力分布情况、应力集中和应力变化最大的部位，为分析围岩的可能的破坏部位和破坏范围提供依据，以应力监测的应力值趋近破坏极限和应力变化速度突然加快作为危险情况发生的依据。如图 10-34 所示。

（2）优缺点分析。钻孔应力计安装方便，能够通过电脑远程监控，可直接读出测点应力值，简单直观；但由于该应力计属于柔性测量传感器，所以受被测钻孔介质弹性模量的影响较为显著，其测量灵敏度随介质弹性模量的增加而相应

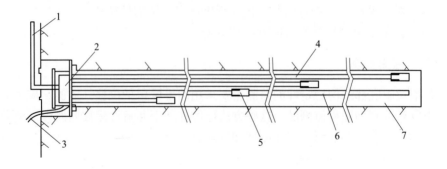

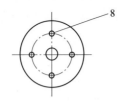
四点式传感器布置示意图

六点式传感器布置示意图

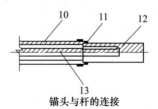
锚头与杆的连接

图 10-33　多点位移计的结构示意图

1—电缆；2—传感器装置；3—排气管；4—带护管的传递杆；5—测点锚头；6—灌浆管；
7—钻孔；8，9—传感器；10—PVC 护管；11—密封胶带；12—锚头螺纹；13—传递杆

的下降。

10.4.2.3　微震监测法

微地震监测技术是通过监测微震事件产生的地震波确定微震坐标、发震时刻及烈度的技术，已经广泛应用于巷道稳定性监测、地表变形监测和崩落顶板发展监测。具体详见 10.2.2.5 节内容。

10.4.2.4　声波法监测

声波法是用声波仪测试声源激发出的弹性波在岩体中的传播情况，借以研究岩体的物理力学性质和构造特征的方法。

（1）基本原理。声波法的本质原理是声波在介质中传播波速的差异性。当岩体裂隙发育、密度降低、应力降低时，声波在岩体中传播的波速降低；当岩体

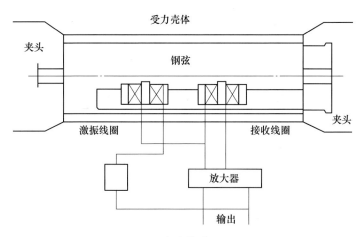

图 10-34 应力传感器原理图

完整性较好、密度增大、应力增大时，声波在岩体中传播的波速增加。因此，测得的波速高说明岩体完整性较好、裂隙较少；波速低说明岩体裂隙较多，围岩有破坏发生。声波法监测示意图如图 10-35 所示。

按照测试方式的不同，可将声波测试法分为单孔测试法与双孔测试法。其中最为常用的是单孔测试方法。

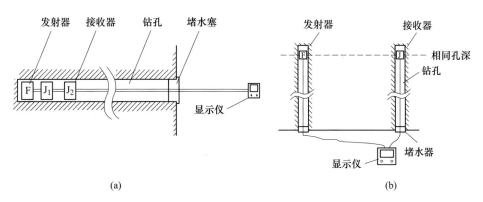

图 10-35 声波法监测示意图
（a）单孔测试法；（b）双孔测试法

（2）优缺点分析。声波法应用较早，经过多年的发展，技术已经较为成熟，并且声波法原理简单，操作方便，测试结果较为可靠，精度较高，仪器成本较低，可以重复多次使用，在我国工程领域应用十分广泛。声波测试法适用于围岩完整性较好、裂隙发育较少的较硬围岩巷道，但在强度较低的软弱岩层中，声波法测试难度较大，测试结果可靠性不高。

10.4.3 底部结构监测案例

下面介绍普朗铜矿自然崩落法底部结构稳定性监测采用的手段及效果，其监测技术均为成熟技术，已经在很多行业应用，在金属矿山井巷稳定性监测也有很多案例。

10.4.3.1 监测目的

普朗铜矿地压监测的主要目的包括：

（1）确定采矿工程、地质条件与地压活动的关系，确定普朗铜矿首采区采矿过程中底部结构围岩应力的力学响应及其变形影响范围，以及对底部结构稳定性的影响；

（2）掌握地压活动在时间和空间分布上的规律；

（3）确定地压活动引起的岩体移动及变形破坏的基本参数；

（4）提供地压活动及底部结构变形破坏的信息，对可能发生岩体及底部结构失稳事件进行预测预报，以避免灾害事故的发生，指导矿山安全生产。

10.4.3.2 监测内容

结合普朗铜矿矿床开采技术条件，考虑监测系统可靠性、适应性和经济性，采用传统的应力、位移及微震监测手段，建立综合监测系统对底部结构稳定性进行监测。监测内容包括应力监测、位移监测、巷道变形及收敛监测等。

10.4.3.3 监测方案

微震监测系统主要监测 3736m 拉底推进过程、3720m 聚矿槽形成和放矿点出矿等情况下的底部结构稳定性，监测点主要布设在 3720m 出矿水平的 N4、N1、S3、S6 穿脉内，共布设有 20 个微震传感器，包括 2 个三分量传感器和 18 个单分量传感器。同时在首采区周边通过地表向下施工 4 个钻孔，每个钻孔内分别布置 2 个单分量微震传感器；应力位移监测系统主要监测聚矿槽开口、出矿过程中矿柱的应力及位移变化情况，监测点主要布置在 S2 穿脉中心，每隔 15m 布设一套应力和位移传感器，共计 12 套，1 号~12 号应力计和位移计分别安装在 S2-E0~E1、S2-E1~E3、S2-E3~E5、S2-E5~E7、S2-E7~E9、S2-E9~E11、S2-E11~E13、S2-E13~E15、S2-E15~E17、S2-E17~E19、S2-E19~E21、S2-E21~E23 出矿进路之间的矿柱上[14,22]。

综合在线监测点布置如图 10-36 所示。

在布置监测系统方案时需要重点考虑如下因素：

（1）穿脉内的数据采集分站安装位置选择要合理，应最大限度地避免穿脉作业给数据采集分站带来的影响。

（2）受井下 3720m 底部结构聚矿槽开口、大块二次破碎的爆破振动及飞石影响，每个穿脉内的采集分站需满足防爆、防冲击、防尘和防潮要求。

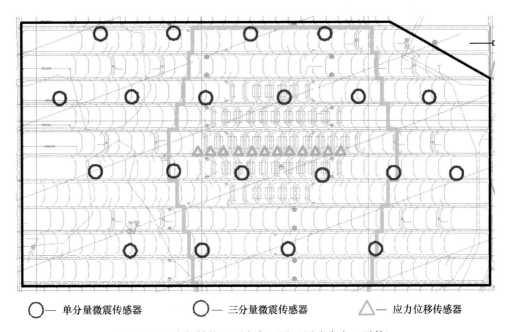

○—单分量微震传感器　　　○—三分量微震传感器　　　△—应力位移传感器

图 10-36　底部结构监测点布置图（图片来自王平等）

（3）应力位移监测和微震监测传感器应尽量布置在巷道拱脚附近，以大大降低由于铲车运输出矿对传感器造成的损坏。监测系统的传感器和采集分站应尽量采用可拆卸装置，大大提高系统的拓展性及经济性，同时为了保证分站拆卸便捷，在分站与传感器接线处采用航空插头进行快速插拔处理。

（4）数据中心布设在 3720m 水平 5 号变电所，中心到数据采集分站之间的线缆要加强保护，中心到数据采集分站的供电线缆、信号传输线缆需要分开布设。

10.4.3.4　监测方案数据分析

A　聚矿槽施工与拉底推进的空间位置合理关系分析

通过统计应力位移变化及岩体破裂宏观现象，得出 2017 年 4 月 3 日~2017 年 5 月 30 日 3736m 拉底推进线与 3720m 底部结构破坏动力显现关联性（见表 10-1），得出拉底推进线前后动力显示的范围为距离拉底推进线方向最远 19.3m，距离拉底推进线反方向最远为 20.3m，即普朗铜矿地质条件下的拉底推进过程应力影响范围为推进线前后 20m 左右。

同时统计分析了 2017 年 7 月 1 日~2017 年 7 月 10 日的 4 号、12 号应力显现与拉底推进线规律，即 4 号应力显现变化范围为拉底推进线前方 15.3m、12 号应力显现变化范围为拉底推进线后 4.7m，进一步验证了上述结论。

表 10-1 3720m 底部结构破坏动力显现与 3736m 拉底推进线统计

序号	穿脉最外端 开裂矿柱位置	沿拉底推进方向拉底线距 3720m 矿柱开裂水平距离/m	拉底爆破时间	拉底爆破位置
1	S1-E8~E10	17.6	2017-04-03	S1S/S2N 西 W16-W18 排
2	N2-E18~E20	6.8	2017-04-05	N2S-N1N 东 E10-E12 排
3	S2-E8~E10	2.1	2017-04-21	S2S/S3N 西 W20-W23 排
4	S3-E8~E10	19.3	2017-04-21	S3S/S4N 西 W16-W18 排
5	S2-E18~E20	−16.6	2017-04-22	S2S/S3N 东 E22-E24 排
6	S3-E18~E20	−18.6	2017-04-22	S3S/S4N 东 E19-E21 排
7	N1-E18~E20	−2.7	2017-04-24	N1S/S1N 东 E16-E18 排
8	S1-E17~E19	−6.2	2017-04-24	N1S/S1N 东 E16-E18 排
9	N2-E14~E16	−20.3	2017-05-03	N1N/N2S 西 W10-W12 排
10	S4-E6~E8	38.2	2017-05-06	S4S/S5N 西 W13-W15 排
11	S4-E16~E18	15.5	2017-05-13	S4S/S5N 东 E7-E9 排
12	N1-E10~E12	−8.4	2017-05-30	N1S/S1N 西 W16-W18 排

B　地质构造对底部结构稳定性影响分析

基于微震监测数据分析结果，可得出 3720m 底部结构聚矿槽稳定性受断层和 3736m 推进线的拐角复合作用影响较大，当推进线逐渐靠近底部结构断层揭露处时，断层与推进线拐角附近处微震事件呈现急剧聚中的现象。

2017 年 5 月~2018 年 5 月微震事件主要集中在 N4~S4 穿脉之间，主要是聚矿槽、拉底、掘进爆破、出矿后应力重分布、断层活化诱发的微震事件。从微震事件在断层处的分布情况来看，微震事件主要分布在 F_1 ~ F_5 断层附近，其中 F_2、F_4 断层附近微震事件较多，如图 10-37 所示。表明 3720m 底部结构受断层活化的影响较大，需要重点关注。

C　应力位移监测数据

截至 2018 年 5 月，8 号应力逐渐增大到 9.5MPa，增大出矿量之后又逐渐减小到 7.5MPa。其他应力比较稳定，位移主要是受线缆故障影响波动较大，如图 10-38 和图 10-39 所示。

通过数据分析可以看出，7 号、8 号应力的大小与出矿量的多少有一定的关联性，从 7 号、8 号应力与 S2-E11~E15 出矿进路间出矿量关系对比可知（如图 10-40 所示），7 号、8 号应力从 2017 年 7 月 22 日开始大幅度增加，1 号、2 号、3 号区域内出矿量增加之后，应力均有所下降，一旦出矿量下降，应力又持续上升。

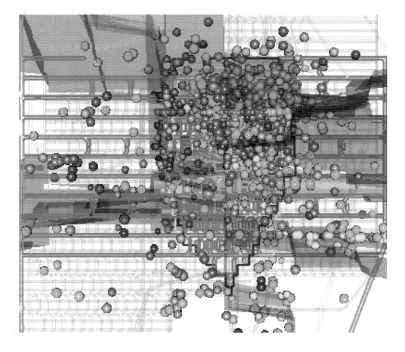

图 10-37 微震事件在断层处的分布图（图片来自王平等）

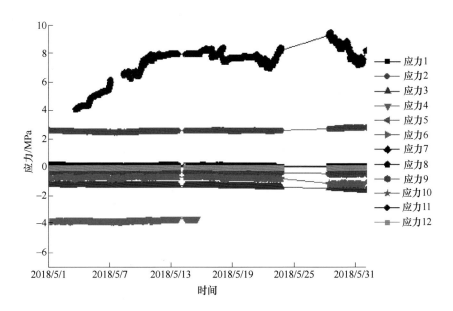

图 10-38 应力变化曲线（图片来自王平等）

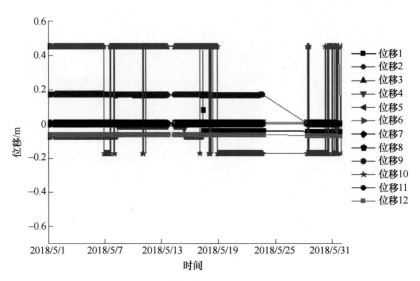

图 10-39　位移变化曲线（图片来自王平等）

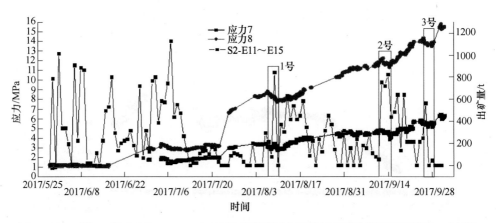

图 10-40　7 号、8 号应力与 S2-E11~E15 出矿进路间出矿量关系对比图（图片来自王平等）

参 考 文 献

［1］Brown E T. Block caving geomechanics［M］. Queensland：Julius Kruttschnitt Mineral Research Centre，2007.

［2］张峰. 自然崩落法矿体崩落状态的监测［J］. 金属矿山，1997，255（9）：9~12.

［3］林灿阳，廖小平. 基于 TDR 技术的边坡自动化监测与预警［J］. 路基工程，2013，166（1）：120~125.

［4］谭捍华，傅鹤林.TDR 技术在公路边坡监测中的应用试验［J］.岩土力学，2010，31（4）：1331~1336.

［5］张青，史彦新.基于 TDR 的滑坡监测系统［J］.仪器仪表学报，2005，26（11）：1199~1202.

［6］孙详飞，杨祎芃，等.通信光缆线路中的故障点定位和有效检测技术［J］.自动化技术与应用，2018，37（12）：129~132.

［7］王川婴.钻孔摄像技术的发展与现状［J］.岩石力学与工程学报，2005，24（1）：3440~3447.

［8］王川婴，葛修润，等.数字式全景钻孔摄像系统及应用［J］.岩土力学，2001，22（4）：522~525.

［9］杨志国，于润沧，等.微震监测技术在深井矿山中的应用［J］.岩石力学与工程学报，2008，27（5）：1066~1072.

［10］王平，冯兴隆，等.微震监测自然崩落法开采过程中顶板冒落规律应用研究［J］.有色金属（矿山部分），2018，70（4）：12~15.

［11］Steffen S，Poulsen J. Wireless System for Monitoring Cave-back Propagation［C］// Massmin 2016，Victoria：The Australasian Institute of Mining and Metallurgiy，2016：251~256.

［12］彭张，袁本胜，等.基于 TDR 监测技术的自然崩落法顶板崩落高度测量［J］.现代矿业，2018，592（8）：86~89.

［13］王平，冯兴隆，等.基于微震监测技术的断层活化规律及预警研究［J］.有色技术（矿山部分），2019，71（5）：1~8.

［14］王平，冯兴隆，等.普朗铜矿自然崩落法开采过程综合在线监测技术研究［J］.有色金属（矿山部分），2018，70（5）：12~17.

［15］Glazer S N，Townsend P. The application of seismic monitoring to the future Lift 2 block cave at Palabora mining company［C］// Hakan Schunnesson，Erling Nordlund. Massmin 2008，Lulea：Lulea University of Technology Press，2008：920~928.

［16］Potvin Y，Hudyma M. Seismic Monitoring Northparkes Lift 2 Cave［C］// 1st International Symposium on Block and Sub-Level Caving，The Southern African Institute of Mining and Metallurgy，2008：1~5.

［17］刘勇，赵明磊.探讨 GPS 技术在地形复杂矿山变形监测中的应用［J］.矿山测量，2019，47（3）：37~40.

［18］赵富燕.基于三维激光扫描技术的地表变形监测方法研究［D］.青岛：山东科技大学，2016.

［19］周少平.三维激光扫描监测地表沉降精度研究［D］.徐州：中国矿业大学，2017.

［20］刘付刚，张洪全，等.基于 D-InSAR 的矿区地表沉降监测［J］.黑龙江科技大学学报，2017，27（3）：265~269.

［21］王晶，蔡永顺，等.基于三维激光扫描技术的地表沉降实时监测与预警［J］.有色金属（矿山部分），2018，70（6）：12~15.

［22］彭张，王平，等.自然崩落法开采过程中底部结构稳定性规律研究［J］.矿冶，2019，28（3）：27~30.

11 采矿设备与自动化

11.1 自然崩落法采矿主要设备

自然崩落法作为一种适合地下矿山进行大规模、高效率生产的采矿方法，主要原因不仅仅只是生产工艺简单，还与其采用的机械设备密切相关。最初自然崩落法的出矿设备主要是电耙，其对允许崩落下来的矿岩块度极其严格，且生产效率较低。随着机械化设备的快速发展，特别是铲运机和高效的中深孔凿岩台车等设备问世以来，采矿行业发生了重大变革，极大地提高了地下矿山的生产能力，催生了一大批生产规模超过千万吨的自然崩落法矿山。此外，地下卡车、二次破碎台车、悬顶处理台车、锚杆锚索支护台车和天井钻机等设备的迅速发展和应用极大地增加了生产对合格崩落块度的适应性，扩大了自然崩落法对矿床工程地质条件的适用范围，并充分释放了矿山的产能。

11.1.1 出矿铲运机

铲运机自问世以来，由于其灵活、高效、生产可靠、适应井下苛刻环境、爬坡能力大、能做较远距离的运输等诸多优点[1]，因此得到了快速发展，并成为当前地下矿山的主流设备。图 11-1 所示为井下作业中的铲运机。

图 11-1 铲运机出矿作业中

由于铲运机在地下矿山中的普及性，因此多家国内外矿业设备公司均在铲运机的研发和更新换代方面进行了大量的投入，并取得了斐然的成绩。目前，已经成熟可靠的铲运机已经有多种型号，有效载重从最小 1t 至最大 25t 不等，可以供不同生产规模的矿山选择。此外，在动力上有柴油驱动和电力驱动两种形式，目前世界上已经出现了电池电动铲运机，但还处于试验阶段，没有获得广泛的应用。表 11-1~表 11-11 列出了当前国内外铲运机厂家的部分设备型号及相关参数。

表 11-1　北京安期生技术有限公司柴油铲运机

设备型号	额定载重/kg	空载重量/kg	额定功率/kW	最小转弯半径（内径/外径）/mm	长×宽×高/mm×mm×mm
ACY202	2000	7200	74	2139/3996	6045×1350×1931
ACY203	3000	11300	79	2672/4828	6973×1585×2104
ACY204	4000	12500	79	2461/4767	6807×1808×1905
ACY307	7000	16140	148	3578/6308	8576×2174×2118
ACY307L	7000	18070	148	3240/6065	8905×2100×2112
ACY410	10000	25340	186	3170/6781	9632×2600×2430
ACY514	14000	34800	250	3584/7263	10604×2700×2505

表 11-2　北京安期生技术有限公司电动铲运机

设备型号	额定载重/kg	空载重量/kg	额定功率/kW	最小转弯半径（内径/外径）/mm	长×宽×高/mm×mm×mm
ADCY203	3000	12000	60	2994/5118	7400×1584×2071
ADCY204	4000	12500	75	3024/5294	7776×1770×1905
ADCY307L	7000	18730	90	3483/6299	8965×2100×2081
ADCY410	10000	25500	132	3170/6781	10066×2600×2430

表 11-3　烟台兴业机械股份有限公司柴油铲运机

设备型号	额定载重/kg	空载重量/kg	额定功率/kW	最小转弯半径（内径/外径）/mm	长×宽×高/mm×mm×mm
XYWJ-0.6	1200	4400	47.5	2500/4000	5000×1150×1990
XYWJ-1	2000	7200	66	2750/4450	6030×1300×2000
XYWJ-1.5	3500	11400	115	2660/4720	7010×1760×2080
XYWJ-2	4000	13600	115	2800/5040	6850×1770×2050
XYWJ-3	6000	19200	165	3580/6310	9200×2174×2320
XYWJ-4	10000	28900	223	3825/6800	9800×2500×2500
XYWJ-6	14000	35000	286	3690/7190	10400×2750×2558

表 11-4　烟台兴业机械股份有限公司电动铲运机

设备型号	额定载重/kg	空载重量/kg	额定功率/kW	最小转弯半径 （内径/外径）/mm	长×宽×高 /mm×mm×mm
XYWJD-1	2000	7200	45	2540/4260	6090×1300×2000
XYWJD-1.5	3000	11600	55	2660/4820	6830×1760×2080
XYWJD-2	4000	15000	75	2800/5040	8100×2130×2000
XYWJD-3	6000	17600	90	3580/6310	9150×2174×2300
XYWJD-4	10000	28200	132	3560/6600	9780×2525×2500

表 11-5　金川机械无轨设备制造公司柴油铲运机

设备型号	额定载重/kg	空载重量/kg	额定功率/kW	最小转弯半径 （内径/外径）/mm	长×宽×高 /mm×mm×mm
WJ-2	4000	12500	84	2800/5100	7060×1770×1880
WJ-3	6500	17000	130	31800/5860	8220×2040×2125
WJ-4.5	9500	25300	170	3345/6650	9360×2740×2370
WJ-6	14000	34450	204	3690/7220	10600×2795×2400

表 11-6　青岛中鸿重型机械有限公司柴油铲运机

设备型号	额定载重/kg	空载重量/kg	额定功率/kW	最小转弯半径 （内径/外径）/mm	长×宽×高 /mm×mm×mm
FL04	4000	13100	89	2659/4937	7178×1789×2170
FL06	6000	18000	165	3010/5809	8720×2214×2217
FL07	7000	18500	160	2814/5809	8765×2256×2217
FL10	10000	29000	235	3211/6502	9777×2602×2385
FL14	14000	39000	256	3283/6932	10641×2793×2552

表 11-7　安百拓（Epiroc）公司柴油铲运机

设备型号	额定载重/kg	空载重量/kg	额定功率/kW	最小转弯半径 （内径/外径）/mm	长×宽×高 /mm×mm×mm
ST2G	3600	13000	87	2305/4697	7109×1690×2162
ST2D	3600	11500	63	2668/4766	6645×1638×2086
ST3.5	6000	17500	136	2632/5470	8460×2120×2250
ST7	6800	19300	144	3141/6010	8705×2280×2160
ST1030	10000	26300	186	3450/6775	9745×2490×2355
ST14	14000	39100	250	3398/7255	10825×2800×2550

表 11-8　安百拓（Epiroc）公司电动铲运机

设备型号	额定载重/kg	空载重量/kg	额定功率/kW	最小转弯半径 （内径/外径）/mm	长×宽×高 /mm×mm×mm
EST2D	3600	11400	56	2635/4797	6880×1651×2085
EST3.5	6000	17900	74.6	2620/5480	8849×1956×2118
EST1030	10000	27100	132	3425/6711	10700×2554×2354

表 11-9　卡特彼勒（Caterpillar）公司产品柴油铲运机

设备型号	额定载重/kg	空载重量/kg	额定功率/kW	最小转弯半径 （内径/外径）/mm	长×宽×高 /mm×mm×mm
R1300G	6800	20725	123	2825/5717	9107×2318×2120
R1700G	12500	38500	263	3229/6878	11035×2894×2557
R2900G	17200	50209	305	3383/7323	11302×3176×2886
R3000H	20000	58263	305	3247/7536	11341×3572×3002

表 11-10　山特维克（Sandvik）公司柴油铲运机[2]

设备型号	额定载重/kg	空载重量/kg	额定功率/kW	最小转弯半径 （内径/外径）/mm	长×宽×高 /mm×mm×mm
LH202	3000	8800	50	2107/4021	6220×1450×2134
LH203	3500	8700	71.5	2597/4702	7315×1480×1886
LH307	6700	18020	160	2998/5964	9350×2264×2252
LH410	10000	28500	235	3231/6479	10073×2550×2384
LH400T	10000	28500	204	3290/6488	10050×2690×2379
LH514	14000	38100	256	3223/6872	10899×2842×2561
LH517i	17200	46500	310	3449/7322	11496×3066×2760
LH621i	21000	58800	352	3779/7794	12570×3156×2944

表 11-11　山特维克（Sandvik）公司电动铲运机

设备型号	额定载重/kg	空载重量/kg	额定功率/kW	最小转弯半径 （内径/外径）/mm	长×宽×高 /mm×mm×mm
LH409E	9600	24500	110	3567/6817	10330×2600×2319
LH514E	14000	38500	180	3380/7075	11087×3098×2559

11.1.2　地下卡车

地下卡车相比铲运机，载重大且经济运距较远，因此可以作为井下较长距离运输的主要工具。随着地下卡车的有效运载能力越来越大，相比电机车和胶带等运输方式更加灵活，目前已有数座自然崩落法矿山的中段运输采用地下卡车直接

卸入破碎站的形式，例如美国的 Henderson 钼矿[3]（72t 侧卸式卡车）、加拿大的
New Afton 铜金矿[4]（45t 后卸式卡车）、印度尼西亚的 Freeport DMLZ 矿[5]（60t
后卸式卡车）和蒙古 Oyu Tolgoi 矿[6]（80t 侧卸式卡车）、南非 Finsch 钻石
矿[7]（50t 的后卸式卡车）等，图 11-2 所示为 New Afton 矿卡车现场卸载照片，
图 11-3 所示为 Henderson 钼矿侧卸式卡车卸载照片。

图 11-2　加拿大 New Afton 矿卡车在破碎硐室内卸矿

图 11-3　亨德森钼矿 72t 侧卸式卡车在破碎硐室卸矿

目前地下卡车广泛应用，生产厂家也较多，表11-12~表11-17列出了国内外地下柴油卡车厂家的部分设备型号及相关参数。

表11-12　北京安期生技术有限公司地下运矿卡车

设备型号	额定载重/kg	空载重量/kg	额定功率/kW	最小转弯半径（内径/外径）/mm	长×宽×高/mm×mm×mm
AJK205	5000	7500	79	3355/5450	6210×1860×2152
AJK310	10000	12940	107	4810/7310	7845×1800×2300
AJK312	12000	13000	107	4710/7410	7853×1980×2299
ALJK315	15000	13000	148	4580/7500	8145×2242×2300
AJK320	20000	19000	224	5117/8270	9046×2280×2423
AJK425	25000	23000	250	5285/9110	9215×2850×2500

表11-13　烟台兴业机械股份有限公司地下运矿卡车

设备型号	额定载重/kg	空载重量/kg	额定功率/kW	最小转弯半径（内径/外径）/mm	长×宽×高/mm×mm×mm
XYUK-5	5000	7200	66	3410/5810	5600×1400×1850
XYUK-8	8000	12000	115	4500/6985	7760×1815×2350
XYUK-10	10000	12100	115	4500/6985	7800×1840×2350
XYUK-12	12000	12300	115	4720/7400	8000×1960×2360
XYUK-15	15800	15800	165	4640/7580	8300×2200×2400
XYUK-20	20000	20000	224	4980/8220	8980×2280×2400
XYUK-30	30000	28000	315	5050/9100	9980×2996×2560

表11-14　青岛中鸿重型机械有限公司地下运矿卡车

设备型号	额定载重/kg	空载重量/kg	额定功率/kW	最小转弯半径（内径/外径）/mm	长×宽×高/mm×mm×mm
FT12	12000	15500	136	3706/6255	7320×2048×2315
FT15	15000	17400	136	3610/6568	7680×2363×2323
FT20	20000	23000	224	4539/7613	9205×2400×2483
FT30	30000	29000	315	4543/8503	10456×3126×2648

表11-15　安百拓公司地下运矿卡车

设备型号	额定载重/kg	空载重量/kg	额定功率/kW	最小转弯半径（内径/外径）/mm	长×宽×高/mm×mm×mm
MT2200	22000	20500	242	4610/7567	9243×2400×2569
MT431B	28125	28000	298	4640/8570	10180×2795×2740
MT436B	32650	30600	298	4515/8570	10180×3065×2680
MT54	54000	46300	567	5157/9801	11525×3202×2995

表 11-16　山特维克（Sandvik）公司地下运矿卡车

设备型号	额定载重/kg	空载重量/kg	额定功率/kW	最小转弯半径 （内径/外径）/mm	长×宽×高 /mm×mm×mm
TH663i	63000	48440	565	4905/9351	11583×3476×3457
TH551i	51000	46870	515	5054/9351	11523×3200×3157
TH545i	45000	36000	450	5055/9120	10700×3065×2886
TH430L	30000	28270	310	5015/9314	10523×3590×2000
TH430	30000	28610	310	4592/8503	3410×2946×2635
TH330	30000	22600	240	3836/7401	9231×2591×2823
TH320	20000	22600	240	4015/7401	9080×2234×2497
TH315	15000	18400	185	3126/6041	7710×2274×2395

表 11-17　卡特比勒（Caterpillar）公司产品地下运矿卡车

设备型号	额定载重/kg	空载重量/kg	额定功率/kW	最小转弯半径 （内径/外径）/mm	长×宽×高 /mm×mm×mm
AD30	30000	28870	305	5030/8571	10160×2690×2722
AD45B	45000	40000	439	5310/9291	11194×3000×3036
AD60	60000	51200	600	5540/10005	12040×3346×3560

11.1.3　拉底凿岩设备

　　自然崩落法矿山的拉底速度直接关系着矿山所能达到的生产能力和拉底过程中的地压控制，因此拉底（包括聚矿槽的形成）作业是非常重要的一个环节。中深孔凿岩台车与之前传统的中深孔凿岩机相比单台生产效率可提高 2 倍以上，可极大提高拉底效率和成孔质量，其性能和参数对于保障矿山稳定高效生产十分重要。当前凿岩台车基本上已经在自然崩落法生产矿山中普及，图 11-4 所示为

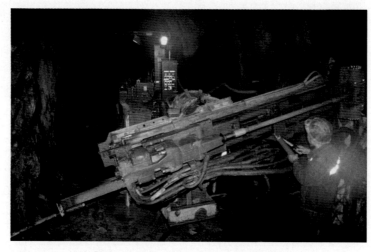

图 11-4　凿岩台车在拉底巷道内凿岩

凿岩台车在矿山凿岩工作的照片。表 11-18~表 11-20 中列出了当前国内外设备厂商的部分设备型号及相关参数。

表 11-18 张家口宣化华泰矿冶机械有限公司中深孔凿岩台车[8]

设备型号	最大孔深/m	凿岩孔径/mm	整机重量/kg	额定功率/kW	长×宽×高/mm×mm×mm
CYTC70	30	64~89	11500	62	8350×1650×2200
CYTC76	35	64~89	16500	85.5	9100×2350×3010
CYTC70B	30	64~89	9800	55	7000×1450×2200

表 11-19 安百拓公司中深孔凿岩台车

设备型号	最大孔深/m	凿岩孔径/mm	整机重量/kg	额定功率/kW	最小转弯半径（内径/外径)/mm	长×宽×高/mm×mm×mm
Simba 1254	32	51~89	12500	65	2700/5100	7180×2380×2810
Simba 1354	32	51~89	15000	70	2890/5440	8486×2380×3180

表 11-20 山特维克（Sandvik）公司中深孔凿岩台车

设备型号	最大孔深/m	凿岩孔径/mm	整机重量/kg	额定功率/kW	最小转弯半径（内径/外径)/mm	长×宽×高/mm×mm×mm
DL432i	38.1	64~102	26500	130	4030/7000	11850×2500×3050
DL431	38.1	64~89	22100	119	4470/7200	11400×2240×2870
DL421	54	64~115	22000	119	3550/6800	11250×2290×3700
DL411	54	64~115	21000	119	3150/5950	9400×2240×3200
DL331	23.5	64~89	15500	70	3180/6600	11415×1990×2920
DL321	38.1	64~89	17000	92	3240/6040	9920×1990×3450
DL311	38.1	64~89	17000	92	3240/5830	8900×1990×2830
DL2720	38	64~89	14800	72	3400/5900	8570×1600×2750
DL210	20	51~64	8900	60	3880/5578	6850×1500×2750

11.1.4 辅助设备

11.1.4.1 二次破碎台车

自然崩落法矿山生产中，由于拉底作业之后，上部的矿石主要依靠崩落面应力和自身重力作用崩落，因此当矿岩的可崩性稍差时，部分崩落下来的矿石块度会较大，需要在放矿口进行二次破碎，否则遇到大块矿石时铲运机无法正常作业。以往矿山通常采用爆破的方式进行，在放矿口进行频繁的爆破作业会对放矿口的稳定性造成很大的影响，因此采用机械设备的破碎方式更具有优势，当前二次破碎台车已经成为自然崩落法矿山的必备设备。图 11-5 所示为二次破碎台车正在进行破岩作业。

图 11-5　二次破碎台车破岩作业

表 11-21～表 11-22 分别列出了国内和国外设备厂家二次破碎设备的型号及相关参数，生产中可以根据矿山的实际情况和二次破碎台车的参数性能选择合适的设备。

表 11-21　烟台兴业机械股份有限公司二次破碎台车

设备型号	额定功率/kW	整机重量/kg	钻杆直径/mm	最小转弯半径（内径/外径）/mm	长×宽×高/mm×mm×mm
XYSJ-400	47.5	8900	95	2540/4500	6945×1570×2705
XYSJ-500	63	14500	100	2750/5200	8600×2050×2553

表 11-22　山特维克（Sandvik）公司二次破碎台车

设备型号	钻机额定功率/kW	钻孔直径/mm	钻孔深度/mm	重量/kg	转弯半径（内径/外径）/mm	长×宽×高/mm×mm×mm
DB120	6.5	48	800～1200	5600		5900×2280×2200
DB311	14	43～51	2230	15000	3131/5860	10900×1980×2670
DB331	14	45	2230	16000	3131/6450	9680×1980×2140

11.1.4.2 锚杆锚索台车

当前中段高度逐渐增加是自然崩落法矿山的一个发展趋势，从最初的100m左右发展到300~400m，至今最大的中段高度已达800m（并不代表越高越好）。中段高度的增加对底部结构的稳固性提出了更高的要求，锚杆和锚索作为自然崩落法矿山底部结构支护的主要手段应用越来越广泛，锚杆台车和锚索台车作为施工锚杆和锚索的机械化设备，由于其效率高、劳动强度小逐渐获得了多数地下矿山的青睐。当前国内的两座自然崩落法矿山均配备了相应的设备，例如普朗的锚杆台车型号为DS311，锚索台车型号为Cabletec LC；铜矿峪的锚杆台车型号为CYTM41/2。图11-6和图11-7所示分别为锚索台车和锚杆台车的图片。

图11-6　锚索台车在巷道内作业

表11-23~表11-25列出了部分设备厂家锚杆台车和锚索台车的型号和相关参数。

11.1.4.3 切割槽天井钻机

自然崩落法底部结构聚矿槽的形成和拉底初始的切割槽的形成均需要首先形成切割天井，之后以天井为自由面形成切割槽，最终为聚矿槽的形成和拉底层的拉底提供自由空间。切割天井的形成最初主要采用人工凿岩爆破的方式，效率低且安全程度差，因此矿山的施工难度较大。随着切割槽天井钻机的出现，使得天井的形成变得更加高效安全。图11-8所示为切割槽天井钻机。

图 11-7　锚杆台车在巷道内作业

表 11-23　张家口宣化华泰矿冶机械有限公司锚杆台车

设备型号	钻孔深度 /m	钻孔直径 /mm	转弯半径 （内径/外径）/mm	长×宽×高 /mm×mm×mm
CYTM41-2A	2.5~3.5	38~41	5000/7000	12570×2100×2500
CYTJ45	3.3~15	41~51	3650/5380	11900×1850×2270
CYTM41/2（HT91）	2.745	38~43	3500/5500	11050×1850×2270
CYTM41/2（HT92）	2.745	38~43	3500/5500	8350×1650×2200

表 11-24　安百拓公司锚杆锚索台车

设备型号	钻孔深度 /m	额定功率 /kW	整机重量 /kg	转弯半径 （内径/外径）/mm	长×宽×高 /mm×mm×mm
Boltec 235	1.5~2.4	66	17500	3000/5800	6192×1930×2300
Cabletec LC	31	120	30000	4500/7400	14333×2750×2450

表 11-25　山特维克（Sandvik）公司锚杆锚索台车

设备型号	钻孔深度 /m	额定功率 /kW	整机重量 /kg	转弯半径 （内径/外径）/mm	长×宽×高 /mm×mm×mm
DS2711	1.5~2.44	70	11500	2900/5600	9000×1600×2750
DS311	1.5~3	70	15000~18000	3360/7400	11430×1875×3100

设备型号	钻孔深度 /m	额定功率 /kW	整机重量 /kg	转弯半径 （内径/外径）/mm	长×宽×高 /mm×mm×mm
DS311DE	1.5~3	80	16000~18000	3360/7150	11430×1980×3100
DS411	1.5~3	70	23000	3800/6850	11370×2740×2940
DS511	1.5~6	90	25000	4900/8620	11370×2740×3600
DS421	25	75	25000	4200/7400	11955×2735×2940
DS422i	38	200	29000	5250/8500	13500×2730×3050

图 11-8 切割槽天井钻机外形

切割槽天井钻机因带有自行设施，因此可以自由到达切割巷道内的任何作业地点，施工时可正向一次性掘进大孔，直径一般在 ϕ700mm 左右，之后以此大孔为自由面采用中深孔一次爆破成井、成槽，为后面的大规模爆破提供自由面。切割槽天井钻机与传统人工施工天井方法相比，其优点主要体现在可减小劳动强度、提高作业效率、提升作业安全方面，因此在自然崩落法的底部结构聚矿槽和拉底起始切割槽的形成中具有相当大的优势。

目前潜孔钻机通过佩戴特定的钻头可以进行扩孔，满足形成切割天井的要求。例如普朗铜矿切割槽形成时选用了 1 台 Sandvik 公司生产的 DU411 型潜孔台车（如图 11-9 所示）配带 Roger V30 钻头，钻孔直径 ϕ169mm，利用设备自带的扩孔器可扩至直径为 ϕ762mm 的大孔，在大孔周边共布置 5 个直径 ϕ115mm 钻孔，采用微差爆破的方式，形成了尺寸（长×宽×高）为 1.8m×1.8m×15m 的切割天井。

图 11-9　潜孔钻机（可扩成大孔）

表 11-26 和表 11-27 分别列出了切割槽天井钻机的部分型号及相关参数。

表 11-26　湖南创远高新机械有限责任公司切割槽天井钻机

设备型号	正扩最大孔深/m	反扩最大孔深/m	正扩最大直径/mm	反扩最大直径/mm	重量/kg	额定功率/kW	长×宽×高/mm×mm×mm
CY-R40C	60	200	670	1400	26000	90	6960×2010×2300

表 11-27　山特维克（Sandvik）公司潜孔钻机

设备型号	钻孔直径/mm	扩孔直径/mm	重量/kg	额定功率/kW	长×宽×高/mm×mm×mm
DU311	89~216	762	12700	100	5464×1829×3140
DU411	92~216	762	—	130	9050×2235×2616
DU412i	90~216	762	30000	165	10495×2345×2850

11.2　国内外自动化采矿设备现状

11.2.1　国外现状

芬兰于 1992 年提出了智能采矿技术计划（Intelligent Mine Technology Program），该项目由芬兰采矿设备制造公司、赫尔辛基科技大学岩土工程试验室及芬兰技术开发中心共同承担，旨在研究开发新设备与新系统，提高自动化水平，以促进采矿生产效率的提高。该项目涉及采矿过程实时控制、资源实时管理、矿山信息网建设、新机械应用和自动控制等专题。

1996 年澳大利亚联邦科工研究组织（CSIRO）与悉尼大学共同开展了地下铲运机专用传感器的选择研究，通过收集大量的安装在地下铲运机上的传感器的数据，筛选适合地下环境的传感器。随后，开展地下自主铲运机的开发工作。

1996 年 Inco 公司和矿产能源中心共同承担了采矿自动化项目，主要目标是利用远程通信技术和机器人技术实现地面工作站对地下设备的遥控，完成全部采矿过程。主要研究内容涉及宽带通信系统、定位与导航系统、钻孔设备、雷管和装药系统、铲运车和采矿操作系统。该公司从 20 世纪 90 年代开始研究遥控采矿技术，目标是实现整个采矿过程的遥控操作。2000 年已研制出样机，并在加拿大安大略省的萨德泊里盆地的几家地下镍矿试用，实现了从地面对地下矿山进行实时控制，甚至可以从 400km 以外的首都多伦多对地下镍矿的采、掘、运活动进行远距离控制。目前有多台遥控采矿设备投入运行，Inco 公司在地面大楼内设立一个中央控制站，对该公司所属的多个矿山、多个矿体的开采活动进行集中自动控制。目前，加拿大已制定出一项拟在 2050 年实现的远景规划，计划将加拿大北部边远地区的一个矿山装备成为无人开采矿井，从萨得伯里通过卫星操纵矿山的所有设备，实现机械自动破碎和自动掘进采矿。

自动化采矿的核心问题是定向、导航技术。绝对导航技术和反应导航技术已经在地下巷道机车上取得成功应用。绝对导航技术需要详细的地图信息，而这些信息在地下巷道中很难获取。地下巷道每天都处于变化中，基于静态地图的控制是很危险的。同时定位与制图为地下巷道地图的建立和实时更新提供了很好的解决方案。近 10 年来，许多研究人员尝试将反映导航技术应用于铲运机，尤其是针对轨道引导的系统，基于"沿墙壁"的导航系统与基于轨道引导的导航系统相比有明显优势，因为它不需要依赖于基础设施的引导，因而安装维护费用低。

设备方面，国外地下铲运机遥控技术已经成熟，并被大量采用。遥控采用数字和计算机技术，具有故障自我诊断，同步编解码传输，软件消除干扰、侦错、校正等功能，在地下恶劣环境条件下，仍能保证控制信号的可靠传输，此外，遥控器还设有安全钥匙开关、加强型看门狗自动停止装置、讯号搜寻及频偏自动追踪电路、防止电源突断对策、可编程式继电器输出等安全和方便设施，可确保地下遥控设备的安全高效使用。目前，采矿设备主要遥控操作方式有：

（1）视距控制。操作员位于作业区内的危险范围外，直接观察和控制采矿设备。视距范围一般在 20~200m 范围内。许多制造厂都已实现视距遥控标准化，并且根据实际应用需要，定制安装操作装置上的操纵杆指示仪表和按钮。

（2）视频遥控。在视距遥控系统上增加了一个视频监视器。系统允许操作员利用安装在手提控制箱上的视频监控设备，增加了操作员的视野。视频遥控要比视距控制复杂，它包括 2~3 个装在机器上的摄像机、发射器、装在手提控制箱上的接收器与监视器等。

（3）远程控制（半自主与自主自动控制）。半自主与自主控制都是远程操纵，能实现计算机控制，控制距离可达几千米以上。自主控制在整个作业循环（例如装载、运输、卸矿）过程中是全自动的，运输与卸矿速度很快，而且不需人工操作，操纵员只是起监视作用；半自主控制在整个作业循环中大部分作业时间是自动的，小部分作业时间靠人来完成。以遥控铲运机为例，生产循环中，唯一工序即铲装工作是在操作人员的遥控操作下进行的，运输和卸矿工作是在机载计算机的自动控制下完成的。

采场自动化技术的发展与采矿设备制造厂家有密切关系。国际著名的几家采矿设备公司均在大力发展各自的自动化采矿装备及相关技术。目前 Sandvik、Caterpillar 和 Atlas Copco 公司（现安百拓公司，Epiroc）已从制造设备发展到研究系统解决方案，分别研制出了 AutoMine、Minegem 和 Scooptram Automation System 系统，并成功应用在国际一些矿山中，其中以 Sandvik 公司的 Automine 和 Automine-Lite 系统应用居多。目前采矿方面探索的自动化项目比较多，但最为成功的是自动化出矿、自动化凿岩和卡车自动化运输。

铲运机出矿作业自动化方面，国外已经实现了铲运机铲装、运输、卸载全过程自动化，而我国与国外相比还有较大的差距，已有部分设备厂家能实现铲运机远程遥控作业，但还没有实现自主行走的工业应用。国外自动化出矿系统以 Sandvik 公司的 Automine 系列产品最为成熟，被广泛应用于加拿大、芬兰、智利、南非及澳大利亚等国的卡车、铲运机上，其主要特点是：

（1）自动行驶及卸矿、远程遥控铲斗装矿；

（2）操作人员在地表或井下集中控制室控制、一个操作员可控制多台铲运机或者卡车；

（3）运行状态及生产监控、交通控制、导航系统无需基础设施；

（4）与外部系统兼容接口，如可与其他排产软件系统连接；

（5）适应于不同应用场合、灵活的作业区域隔离系统。

自然崩落法矿山因为与其他采矿方法相比，出矿位置的作业工序比较简单、单循环出矿量大，容易实现自动化采矿和连续生产，因此被认为是最为适宜采用自动化采区的地下采矿方法，当前国外有多座自然崩落法矿山已实现采区自动化，例如南非 Finsch 钻石矿、澳大利亚 Northpakes 铜矿的 E48 矿体、智利 El Teniente 矿、加拿大 New Afton 金铜矿等。

目前，世界大多数矿山自动化开采还是以局部自动化为主，还没有实现全矿自动化开采。自动化采矿技术的发展将是融合矿山信息与数据采集系统、双向高速矿山通信与信息网络系统（实时监测和控制）、计算机信息管理系统、矿山计划、调度和维护系统、与矿山信息网相连的自动化机械设备、与公共网络相连的通信和监测系统的全矿自动化采矿，最终发展方向是实现少人、无人的智能化采矿。

11.2.2 国内现状

我国无轨采矿装备的研制始于 20 世纪 70 年代中期，通过技术引进和消化吸收，重大技术装备的攻关研究取得了一批科研成果，大大提高了金属非金属矿山的技术装备水平。目前我国地下设备的开发主要集中在机械化、大型化、系列化的研究开发和完善等方面，也有部分公司开始进行设备自动化、智能化的研究，当前在视距遥控和视频遥控方面取得了一些成果，但是还未真正实现远程控制的自动化采区作业。

在自动化出矿方面，国内矿山当前可实行视距和视频遥控铲运机出矿，主要是用于空场法（或空场嗣后充填法）的残矿回收和人员不能进入的危险采场出矿，因为操作人员位于危险区域之外，在安全上更加有保障，但是由于采用遥控操作，因此在效率上没有人员直接驾驶的铲运机高。随着我国矿井逐渐向深部发展，矿山开采中面临着更加复杂恶劣的环境，例如高温、高地压等引起的各种事故更加频发，为实现矿山开采的本质安全，减少地下作业人员数量，在矿山井下实现自动化换人是当前地下矿山发展的一个重要趋势。

11.3　自动化作业系统

目前的地下矿山采矿自动化技术主要体现在凿岩、出矿和运输等工艺环节，这几个主要生产环节实现自动化之后，相互之间密切配合可以大大提升矿山的生产效率，因为这些工艺作业面基本上都位于采场且较为分散，因此自动化作业还可以大幅提升矿山的本质安全。

11.3.1 凿岩自动化

在地下非煤矿山开采中，无论巷道掘进，还是采场生产，钻爆法施工均占据着绝对的主导地位，且在今后相当长的一段时间内仍会继续如此。随着液压控制和计算机技术的发展，为实现台车凿岩自动化创造了条件。自动化凿岩台车具有自动钻进、自动定位与移位和遥控控制及远程控制等功能，能够在工作面无人的状态下高效率、高质量地完成凿岩工作，不但可提升作业效率，而且还可实现本质安全。因此，有多个国家在此领域进行了研制和开发，例如挪威、日本、法国、美国、英国、瑞典、芬兰等国家，当前已经到了推广应用阶段。

例如瑞典安百拓公司生产的采矿凿岩台车 Simba 系列自动化设备，目前已经配备了多种自动化功能，无论在台车上还是远程位置都可以实现监控、布孔设计和自动钻孔。远程遥控电动行走功能使采矿台车能够进行遥控操作，并可高效地实现多个作业面连续钻孔。在完成一个作面钻孔后，台车可被远程遥控移动到下一个作业面，行走功能还可以让操作员在远离危险的地方操作设备，使工作环境更加安全。另外，利用安装在台车上的激光传感器和摄像机提供的信息，操作员可以导航、定位并稳固台车，确保钻机按布孔计划钻进。

瑞典的山特维克（Sandvik）公司 i 系列型号的中深孔凿岩设备，使用了 SICA（Sandvik Intelligent Control Architecture）控制系统，该类型的凿岩设备在针对智能化、自动化方面做了很多全新的设计，更加易于和智能化控制系统相匹配。

目前，自动化、智能化凿岩已经在部分矿山进行了实际应用，例如，瑞典基律纳（Kiruna）铁矿是 LKAB 公司旗下的一座具有 100 多年开采历史的地下矿山，矿山位于斯堪的纳维亚半岛北部北极圈内的基律纳（Kiruna）市东南约 3km 处。基律纳铁矿是世界上最大的地下矿山之一，采矿方法为无底柱分段崩落法，2017 年实际生产规模达到了 2900 万吨/年，采用竖井 + 斜坡道联合开拓。通过采用先进大型的采掘设备、高度自动化和智能化的工艺系统，使得该矿山基本实现了"无人智能采矿"。井下巷道掘进采用凿岩台车，台车装有三维电子测定仪，可实现钻孔精确定位。采场凿岩采用瑞典阿特拉斯公司生产的 Simba W469 型遥控凿岩台车，事先将凿岩设计输入到台车上的计算机中，人工定位后，凿岩工人在 775m 水平控制中心内通过电视画面对自动凿岩台车进行监控，凿岩现场只需保持良好的照明即可，最多时每人可遥控 8 台凿岩台车，如图 11-10 和图 11-11 所示。

图 11-10　控制室远程遥控全自动凿岩

图 11-11 凿岩台车自动凿岩作业中

我国凿岩台车在 20 世纪 60 年代起步，进入 70 年代之后，凿岩台车发展较快，全国约有 30 多种产品。在 80~90 年代共研制鉴定了 10 种型号的全液压台车，其中 8 种为掘进台车。在凿岩设备的研制过程中，国内对由电脑导向和全自动控制的凿岩台车的实用化研制也取得了实质性进展。中南工业大学（现中南大学）于 1986 年开展了学习再现式凿岩机器人的实验室研究，凿岩机器人的控制部分为钻臂定位控制和凿岩过程控制。凿岩过程控制包括轻推、轻冲击、自动开孔、重推、重冲击、自动凿岩、自动防卡钎、推进到位自动停止冲击并返回、返回到位自动停退及凿岩过程自寻优化，以使凿岩速度和凿岩效率最大。北京科技大学凿岩机器人的研究已完成钻孔过程计算机控制的实验室研究。哈尔滨工业大学和中国矿业大学研制的凿岩机器人以 MYZ-150 型手动控制的液压钻机为基础，增加了自动装卸钻杆的钻杆箱，并配备液压控制和微机控制系统、工业电视监视系统和各种功能传感器，可实现远程控制凿岩钻进工作。

虽然我国液压凿岩设备及自动化台车在近年来取得了快速发展，但是受机械制造工艺液压技术和控制技术的总体水平限制，目前与国外相比还存在一定的差距。

11.3.2　出矿自动化

11.3.2.1　自动化出矿系统及设备

采场自动化技术的发展与采矿设备制造厂家有密切关系。国际著名的几家采矿设备公司均在大力发展各自的自动化采矿装备及相关技术。目前有 Sandvik、Caterpillar 和 Atlas Copco 公司从制造设备发展到研究系统解决方案，分别研制出了 AutoMine、Minegem 和 Scooptram Automation System 系统，并在世界各地广泛应用。Sandvik 公司是世界上最早开发自动化采矿的公司之一，其自动化采矿系统——AutoMine 系统也是目前应用最多的自动化出矿系统。

Sandvik 公司的第一套一体化铲运机自动化系统建成于 1999 年。其自动化采矿系统——AutoMine 系统由任务控制系统、操作站、通行控制系统、地下无线通信系统、半自动化铲运机等五部分组成。

根据控制系统不同，该系统可分为三种类型：用于单台铲运机自动化的 AutoMine-Lite 系统、用于远程控制的全车队的多台铲运机和卡车的 AutoMine 系统和实现工艺流程控制的 OptiMine 系统。

AutoMine-Lite 系统是用于小区域的视频和无线电遥控系统，能够实现单台铲运机自动化出矿，控制室可放置在距离作业面不远的面包车内，非常灵活。其主要功能是实现单台铲运机自动化、半自动工作循环和取代无线电遥控等。

例如加拿大的 Kidd Creek 铜锌矿，该矿位于加拿大安大略省蒂明斯以北约 27km 处，最大开采深度近 3000m，是世界上开采深度最大的地下金属矿山，生产能力为 8000t/d。井下共 15 个出矿水平和 4 个转运水平，出矿水平主要由铲运机将矿石从采场倒至溜井，转运水平主要由溜井运至提升系统。每天 2 班，每班 10h。矿山自 2013 年已经开始使用 4 套 AutoMine-Lite 铲运机自动化系统控制 4 台 LH514 铲运机，操作站（如图 11-12 所示）位于地表中控室。单台自动化铲运机可以实现自动行驶、自动卸矿及远程遥控铲装。自动化铲运机不需要因为爆破、气体条件或震动影响而停止工作，可以持续工作，而不影响矿工正常往返井下，故其利用率比手动铲运机至少高 12%。7 台车载摄像机和 2 台扫描仪向地表操作

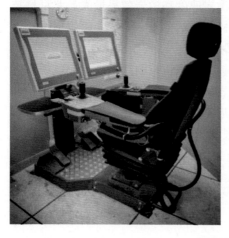

图 11-12　操作站

员显示铲运机的情况，以便在需要的时候进行干预。实践证明，使用自动化铲运机使得生产水平的日产量提高 121%，转运水平的日运量提高 52%。

AutoMine 系统最多可以控制 15 台卡车或 LHD；机械速度与人工控制相同，而且可以根据路面条件自动调节；机械精度为厘米级；具有操作区保护，违规出入自动检测与机器自动关闭功能；控制室既可以位于地下，也可在地表；还有用于导航的人工标志；自行诊断系统，自动和连续监视事故记录与报告，轮胎自动监视。其主要功能是可实现全车队自动化，可用于铲运机和卡车，整个系统可与矿山规划系统整合。

OptiMine 是提高矿山生产效率的数字化工具，为客户提供整套解决方案，分析和优化采矿流程，它适用于所有采矿应用以及用户的整个设备机队。该系统可以实现远程监控、对工艺流程控制和信息管理等。

Caterpillar 公司也较早着手研发自动化采矿技术，并开发了自动化采矿系统——Minegem Automation System 系统。从 2000 年开始实现了人工遥控铲运机出矿，2004 年实现远程自动控制铲运机（单台铲运机）出矿，2006 年实现远程自动控制铲运机（多台铲运机）出矿，到 2010 年实现了自动化控制系统，人工远程控制、自动行驶。

Atlas Copco 公司以钻机的自动控制系统（RCS）为平台，开发了铲运机自动控制系统。实现了工作面凿岩、撬毛、岩石加固、中深孔凿岩、铲运机出矿、遥控检测、远程遥控等工序的自动化。

我国在铲运机生产过程中，引进了世界先进的生产技术，通过对这些技术的消化和吸收，极大地促进了我国铲运机制造业的发展，并且在使用的基础上，进一步做了相应的改进，使得我国铲运机更加成熟可靠，目前国产的铲运机已经遍及国内大部分矿山。但是由于起步较晚，在遥控控制、铲运机的自动化程度和智能化改造、大型铲运机制造等方面，与国外企业还有差距。

11.3.2.2　铲运机出矿定位与自动计量

自然崩落法在生产过程中，因为要实现均匀放矿，减少矿石的贫化率和损失率，因此对于铲运机的运行轨迹、出矿位置、出矿量等信息需要实现自动监测和获取，以减少大量的人工计量的作业量。在部分没有实现自动采区作业的自然崩落法矿山，对于铲运机的定位和自动计量尤为重要。

A　井下采场通信网络

地下矿山生产过程中，回采过程的爆破冲击波可能导致巷道、穿脉和出矿点附近的通信基站、天线和光纤等损坏，使得通信网络无法全面覆盖采场出矿巷道和出矿点，因此实时监控铲运机运行状态、实时优化调度铲运机运行、提供溜井料位计算的辅助信息等成为采场生产管控亟待解决的问题。

国内外部分企业尝试在采场部署相关的通信方案，但是考虑到采矿方法、设备类型、生产工艺环境等因素，在网络部署仍然存在一定的局限性。山特维克和安百拓（原 Atlas Copco）等采用可移动的便携式通信基站，但在爆破或者存在对基站破坏的情况下，需要提前将基站、光纤、电缆等撤走，待回复生产后再进行重新布设，基站管理和安装工作量较大，受到采矿工艺和生产条件限制。另外，部分集成商也采用了无线 Mesh 网络，通过网络信号的多跳实现网络延伸，但是在实际应用中同样存在设备布设和安全防护问题，并且在信号多跳之后会存在带宽降低、时延增加等问题。

为了对采场铲运机的位置和运行状态实时采集、对生产任务和运行控制进行优化调度，对于采用电动铲运机的矿山而言，采区通信网络可采用中压电力线载波技术，经由采区变电站的有线网络，通过铲运机的电力线延伸网络到铲运机运行路线和出矿口。

B　电力载波系统

电力通信网络是电力系统应用区域最广泛的通信方式和重要的基本通信手段。电力线载波无论是在规模范围、装机数量还是从事人员数量上，都是空前的。在应用上，上至 500kV 线路，下至 35kV 乃至 10kV 线路，都开通了电力线载波机。

电力载波机采用自适应功率放大器增强自适应模拟前段技术和可移动中继技术，先进的数字信号处理和通用标准通信协议，能在噪声干扰的中压配电线上实现稳定可靠的数据传输，满足电力系统监控、设备控制等在电力线中进行通信的需要。

信号应采用以太网通过电力线将与载波机中压耦合器相连的所有用户设备构成数据网络，可与矿用作业车控制终端、各种负荷控制设备互联。

C　铲运机运行监控系统

基于地下矿采场通信解决方案，铲运机运行监控与调度管理系统借助电力载波机和工业控制环网，可以实时将铲运机的运行状态和位置进行监控，并通过调度中心控制软件对铲运机的工作任务和生产运行进行优化调度管理。

铲运机运行监控系统可对铲运机工作量进行精确计量，同时将每斗（铲）矿石与采场、溜井、操作人员挂钩，分别针对铲运机、操作员、采场、溜井进行考核，实现矿废分离，个人工作量列表，采场日、周、月出矿量统计，溜井倒矿跟踪，对采场出矿进行精细化管理，实现均衡放矿，减少损失贫化。

铲运机运行监控系统包括车载移动终端、车载称重处理单元、地点标记单元、电力载波数据传输单元、上位机数据处理单元。通过各单元的有效配合实现铲运机生产调度管理、工作量的统计、工作地点的标记、工作量数据的存储分析、有效工作量的计算、工作效率的评估等。

11.3.3　运输自动化

非煤地下矿山的中段矿废石的运输方式目前主要以有轨电机车运输和无轨卡车运输为主。

11.3.3.1　无人驾驶电机车运输

传统矿山电机车运输存在控制设备较为落后、操作人员工作环境恶劣、交接班占用时间长、人为误操作安全风险高、运行超速容易掉道等问题，导致电机车运行速度较低、运行效率不高。而实现电机车运输的无人化、自动化运行可以解决上述存在的各种问题。无人驾驶电机车运输技术于 20 世纪 80 年代在国外少数先进的大型矿山中已有使用实例。

无人驾驶电机车运输技术是包含了多学科、多专业、多种门类技术的一项综合技术。无人驾驶包括电机车车载控制系统、巷道通信系统、中控室调度系统、装载站控制系统、转辙机控制系统、视频监控系统等。项目实施后，中控室操作工通过视频监控远程遥控装矿，运输过程不需要人工干预，最终实现电机车运行自动化和无人化，在装矿环节实现远程遥控、卸矿站无人值守的运行方式。

当前无人驾驶电机车运输系统在国内外矿山均有成功应用，国外有瑞典基律纳铁矿和智利 El Teniente 铜矿的 Esmeralda 采区。国内早在 2012 年中国恩菲工程技术有限公司与冬瓜山铜矿一起在 -875m 水平试验成功无人驾驶电机车运输系统以来。目前国内冬瓜山铜矿、红牛铜矿、杏山铁矿、普朗铜矿等多矿山实现了无人驾驶电机车运输。

无人驾驶电机车能实现正常情况下电机车高质量的自动驾驶。电机车具备自动、遥控、人工控制三种控制模式。在自动和遥控控制模式时，电机车依靠程序实现自动启动、停止、加速、减速（包括指定区段减速、限速）功能，集电弓自动升降，到达装矿站后自动发出装矿请求等。一般情况下前方的电机车具备一列编组的控制权，以实现双电机车联动控制功能。在特殊情况下控制权可以转换。

无人驾驶电机车具有可靠的安全防护功能。通过电机车控制系统实时对电机车运行状态进行监测，出现故障时立即实施保护功能。其中包括基于物理设备的位置同步功能和位置是否在允许范围内的判断保护功能，全行程超速保护功能，减速阶段速度失控的保护功能，加速段加速度不够的报警功能，变频器自身各个报警和故障保护功能，电动机自身运行电流监测和过大保护功能，集电弓自身诊断和保护功能，无线通信间断报警和失败保护功能，电机车运行参数监测、紧急停车保护功能，各种报警与事件记录功能。

电机车运输智能调度系统在远程遥控监控台上实时监视和控制全线路电机车的运行状态。其中包括各台电机车精确位置显示，运输线路区段实际占用显示，根据运输线路规划转辙机自动动作状态，运输编组运输任务远程下载，编组之间自动防止碰撞和追尾保护，运输过程重放功能，运输生产报表与归档功能。

11.3.3.2　无轨卡车自动化运输

无轨卡车是矿山运输系统中最重要的一种运输方式，无轨卡车的自动化运输系统已经在国外部分矿山得到很好应用，在国内部分矿山也已经投入应用并取得了良好的应用效果。

在露天矿公路或者地下矿中段的运输中，卡车驾驶的劳动强度大，运行场景较为封闭，对自动化运输技术有切实的需求。国外从 20 世纪 70 年代就开始进行矿山自动化的相关研究，经过几十年的努力，利用各种先进技术，基本解决了地下远距离通信、定位以及导航等技术难题，实现了地下采矿设备从人工操纵到远距离遥控，甚至到无人操纵，全过程自主控制过渡的过程。随着技术的不断进步卡车自动运输应运而生。无人化矿用卡车在节省人力成本的同时也提高了安全性和生产效率，它也与矿山对设备管理、资产管理、状态和监控诊断等方面的需求很好地结合在了一起，成为矿山数字化的一个组成部分。

矿山无轨卡车自动运输技术的研究早在 20 世纪 70 年代就开始了，但进展较慢。1994 年在美国一个矿山投入使用了卡特彼勒公司的 2 台无人驾驶卡车。小松公司一台载重 77t 的卡车在日本的一家水泥公司一个采石场进行无人驾驶卡车试验。最大运行速度 36km/h，用雷达检测障碍物，并于 1995 年在昆士兰矿使用[9]。由 Sandvik、Epiroc 和 Caterpillar 在全球实施了多个自动化采矿项目，取得了很好的应用效果。沃尔沃在瑞典的地下矿井里展开了FMX 无人驾驶卡车的测试，6 辆 FH16 无人驾驶卡车开始为挪威矿业公司运输石灰石。国内易控智驾、慧拓智能、踏歌智行等科技公司也都逐步开始矿用无人驾驶研发及试验。

无轨卡车自动运输系统围绕感知、决策和执行三个层面解决环境感知、识别和分析，实现路径规划和导航，并且通过底层的控制系统联动卡车的加速、刹车和转向等具体操作。其中，感知系统的输入设备具体包括光学摄像头、光学雷达（LiDAR）、微波雷达、导航系统等。这些传感器收集周围的信息，为感知系统提供全面的环境数据，然后，自动驾驶决策系统通过高精度地图负责路线规划和实时导航，最后通过线控装置控制方向盘和油门，并配置引擎控制单元（ECU）、制动防抱死系统（ABS）、自动变速箱控制系统（TCU）等多个处理器组成的子系统，以此来稳定、准确地控制汽车的机械系统。卡车自动运输系统从执行端可以分为线控油门、线控换挡、线控空气悬挂等，其关键的转向和制动系统当前仍然在继续完善中。

随着矿用车供应商卡车自动运输系统的成熟应用，矿山将来可以按照开采工艺和运输需求选购自动运输卡车，为矿山企业构建本质安全的智能化开采系统。

11.4 自动化作业矿山实例

目前国际上已经有很多矿山采用了自动化作业，据不完全统计当前国际上已经有数十座地下矿山具有自动化作业采区，表 11-28 中列出了部分矿山的应用情况。

表 11-28 实现自动化采区作业的矿山

序号	矿山名称	所在国家	自动化类型
1	Kidd Creek 矿	加拿大	铲运机出矿自动化
2	Williams 矿	加拿大	卡车运输自动化
3	Westwood 矿	加拿大	铲运机出矿自动化
4	Tara 矿	爱尔兰	铲运机出矿自动化
5	Garpenberg 矿	瑞典	铲运机出矿自动化
6	Kiruna 矿	瑞典	铲运机出矿、凿岩自动化
7	Kittila 矿	芬兰	铲运机出矿自动化
8	Pyhasalmi	芬兰	铲运机出矿自动化
9	Telfer 矿	澳大利亚	铲运机出矿自动化
10	Carrapateena 矿	澳大利亚	铲运机出矿自动化
11	Northparkes 矿（E48）	澳大利亚	铲运机出矿自动化
12	Finsch 矿（Block 4）	南非	卡车运输自动化
13	El Teniente 矿（Pipa Norte 等）	智利	铲运机出矿自动化
14	Gerro Negro 矿	阿根廷	铲运机出矿自动化
15	Chambishi 矿东南矿体	赞比亚	卡车、铲运机自动化，无人驾驶电机车运输系统
16	冬瓜山铜矿	中国	无人驾驶电机车运输系统
17	红牛铜矿	中国	无人驾驶电机车运输系统
18	普朗铜矿	中国	无人驾驶电机车运输系统
19	杏山铁矿	中国	无人驾驶电机车运输系统

11.4.1 澳大利亚 Northparkes 铜矿

Northparkes 铜矿采用自然崩落法回采的 E48 矿体，实际采出矿石品位为 Cu 0.98%，Au 0.52g/t。采用竖井、斜坡道联合开拓方式，矿石和废石用竖井箕斗提升；人员、设备、材料及部分废石采用斜坡道运送。竖井提升高度 505m，采用 17t 双箕斗提升矿石和岩石，地表采用落地式卷扬，钢结构井架；斜坡道规格尺寸为 4.5m×4.5m（宽×高），混凝土路面，全部采用锚杆支护。

E48 号矿体厚度约为 200m，出矿水平为 9700RL，海拔标高为−300m，出矿水平工程布置如图 11-13 所示，拉底水平为 9722RL，海拔标高为−278m，即出矿水平和拉底水平之间的矿柱高度为 22m。

如图 11-13 所示，中段内出矿点超过 250 个，矿山主要掘进设备为 Atlas Boomer 282 双臂凿岩台车，采切与回采凿岩采用 Atlas E2C 凿岩台车，台班效率为 300m/d；采区内共有 7 台 LH514E 电动铲运机和 1 台 LH514 柴油铲运机同时作业。该采区已实现了自动化出矿，工人在地表控制室内（如图 11-14 所示）控制铲运机，铲运机通过地面控制室 3 台操作站远程操作，运行速度可达 22km/h，每个工人可同时操控 2~3 台铲运机。

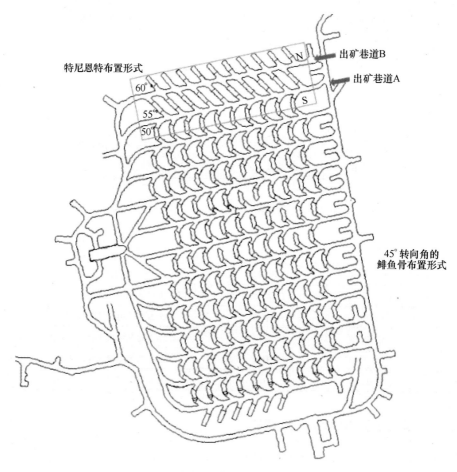

图 11-13　出矿水平布置（图片来自 Snyman，Webster and Samosir）

自动化采区内铲运机每天运行时间超过 22h，每班 6~7 台铲运机出矿，每日产量超过 20000t，即每台铲运机效率约为 3000t/d。从矿山的统计数据来看，出

图 11-14　工人在地面控制室控制井下铲运机

矿设备利用率的改善使矿山日生产矿量提高 23%，运行成本降低 24%；每班所需操作人员由 7 人降低至 3 人，而且使得生产更加稳定和连续。

11.4.2　南非 Finsch 金刚石矿

Finsch 矿采用自然崩落法回采，为保证出矿品位，必须严格控制各出矿点的出矿量，使矿石均匀下降。为此，每台铲运机均安装了生产指令系统和铲斗计量系统，可将当班的计划出矿量、已出矿量、剩余出矿量、完成百分比、本次卸矿点及下个出矿点等信息显示在铲运机面板上，铲运机司机根据控制面板上的信息进行操作，减少了铲运机和卡车之间互相等待的时间，大大提高了生产效率，同时也能对铲运机司机的业绩进行定量考核，调动生产积极性。在中控室通过每个出矿点的出矿量模拟矿堆的形态，确定每个出矿点每班的出矿量，并生成出矿作业指令传输到每台铲运机。每台铲运机的产量曲线也实时显示在中控室，这样可以方便评估每台铲运机的作业效率。

Finsch 矿卡车自动化系统于 2005 年后半年开始试生产，2006 年 12 月试生产结束投入正常运行，是全球首家实现卡车自动化的地下矿山，如图 11-15 所示。630mL 运输中段主要运输上部中段的矿石，拥有 340 个放矿点，拉底水平的副产矿石通过放矿溜井下放至 630mL，之后溜井的矿石和放矿点运出的矿石均通过铲运机铲运至自动化卡车转运点，再通过地下卡车运输至距离约 800m 的破碎站进行卸矿（卡车运输如图 11-16 所示）。

Finsch 矿共有自动化卡车（TORO50/TH550）9 台，每班同时运行 7 台。地表中控室设 2 套操作站，每班配 2 人作业。自动化卡车运输系统运输中段与外界

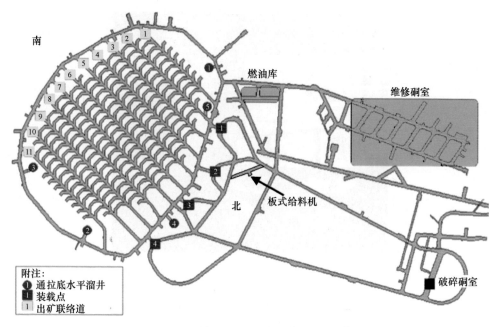

图 11-15　运输水平平面布置图（图片来自 Sandvik）

图 11-16　行进中的自动运输卡车（图片来自 Sandvik）

联通巷道均设置门禁系统，该系统由两道禁闭门组成，其中门禁系统内是全自动化运行系统，该范围不许人员进入，强制进入则系统将关闭。

卡车平均运行距离 1.4km，采用混凝土路面，从 4 个装载点运至破碎站。

Finsch 矿地表中控室是全矿的大脑中枢，井下所有生产环节的生产情况均能实时监控，卡车及铲运机的位置也能实时显示在中控室，全自动卡车在通过交叉路口需要人工介入时，直接在地表中控室就可以操作卡车。而井下一旦出现生产问题，将统一反馈到中控室的问题集成系统，该系统再将问题具体分配到相应的部门来进行处理。

井下主要固定安装设备，如水泵、风机、破碎机和皮带的实时工况及相关参数均可显示在中控室的控制电脑屏幕上，在中控室就可直接对这些设备进行启停和调整操作。

矿山采用自动化运输系统之后生产效率提高了 26%，最高运行速度从之前的 10~14km/h 提高到了重车 21km/h、空车 26km/h；设备完好率提高了 14%，从 77% 提升至 91%，更快的行驶速度和更高的利用率带来矿山卡车数量由 10 台降低至 7 台，且运行成本降低，操作人员数量由 10 人减少至 2 人；降低了轮班更换时间，设备利用率提高了 24%；设备寿命延长 35%；维修成本降低 60%，维修人员降低 31%，从 13 人降至 9 人。

11.4.3 智利 El Teniente 铜矿

El Teniente 铜矿位于智利圣地亚哥市以南 80km，在智利中部城市兰卡瓜市（Rancagua）的东北 60km。该矿属于智利的铜业公司（Codelco），开采历史已经超过了 100 年，最初是采用重力格筛放矿的自然崩落法开采，1982 年引入了无轨铲运机出矿的自然崩落法开采，当前的生产能力为 140000t/d。El Teniente 铜矿有 7 个采区在生产，分别为 Quebrada Teniente、Reservas Norte、Teniente 4 Sur、Esmeralda、Regimiento、Diablo Regimiento、Pipa Norte。

Pipa Norte 采区共有 188 个放矿点、15 条生产巷道。生产区域是从北向南发展。组成生产区域的 15 条生产巷道和主要运输巷道在 10 年的作业时间内将严格保持不变。铲运机不离开生产区域，除非计划的维修事情或主要故障，维修间在约 500m 外的 Diablo Regimiento。加油、润滑等工作是在生产区的东南端进行，并通过 AutoMineTM 系统的 Mission Control 系统安排，现场司机被远程遥控替代，在采区外约 10km 处的中央控制室（地表）进行装矿控制。现场计算机控制常规的功能，例如运行和卸矿。Pipa Norte 采区[10] 于 2004 年 6 月成功实现了自动化作业，AutoMine 系统包括 3 台半自动化的 TORO 0010 型铲运机，这些铲运机均由位于地表控制室内的一个工作人员控制。最初井下铲运机主要负责从两个方向将 9 条出矿巷道的矿石运输到破碎站内，到 2008 年上半年这个自动化系统已经覆盖了整个生产区域，并增加了第三条通往破碎站的通道。

2019 年 El Teniente 开始了一个新的自动化项目，包括铲运机自动化系统和卡车自动化系统。其中，铲运机自动化系统包含 2 个操作台和 4 台铲运机；卡车自动化系统包括 2 个操作台和 3 台卡车。原计划 2020 年初基本可以建成，但是由于新冠肺炎疫情的影响，进度有所滞后。

参 考 文 献

［1］于润沧. 采矿工程师手册（下册）［M］. 北京：冶金工业出版社，2009.

［2］https：//www. home. sandvik/en/about-us/industry-offerings/mining/，2020. 3. 16.

［3］Callahan M，Mahon J，Rizzard C. Development of the Professional Mining Technician-Henderson's Underground Mine Continuous Improvement Program ［C］//Massmin，2016：161~166.

［4］Henning M G. Grade control and segregation at New Gold's New Afton block cave operation，Kamloops，British Columbia ［C］//Caving，2018：141~148.

［5］Casten T，Priatna A，Rumbino H. Deep Mill Level Zone from Feasibility to Production ［C］//Massmin，2016：635~643.

［6］Amri Sinuhaji，Troy Newman，Scott O'Connor. The Development of Lift 1 Mine Design at Oyu Tolgoi Underground Mine ［C］//Massmin，2012.

［7］Burger D，Cook B. Equipment automation for massive mining methods ［C］//Massmin，2008：493~498.

［8］http：//www. htkyjx. com/index. php/cn/Car/view/id/401. html，2020. 3. 15.

［9］贾祝广，孙效玉，王斌，等. 无人驾驶技术研究及展望［J］. 矿业装备，2014（5）：44~47.

［10］Burger D，Cook B. Equipment automation for massive mining methods ［C］//Massmin，2008：493~498.

12 安全危害因素分析和安全管理

12.1 自然崩落法的相关风险

众所周知，除自然崩落采矿法以外的其他采矿方法，基本上都是以一个采场或矿块为单位进行开采，单个采场和矿块的面积是相对较小的。和其他采矿方法不同，自然崩落法是整个开采区域或开采区块连续崩落开采的一种采矿方法，是靠岩体自身重力、地应力和内部节理裂隙来进行崩落的，因而可控的技术难度大，带来的技术风险也较大，其产生的安全问题也有一定的特殊性。

每一种采矿方法都有以下四类风险，即：

（1）技术风险；

（2）安全风险；

（3）经济风险；

（4）社会风险。

这四类风险中，基础是技术风险和安全风险。本章后面各节将重点讨论自然崩落法安全风险所带来的安全危害和安全管理问题。

12.1.1 自然崩落法的技术风险

自然崩落法的技术风险主要有：

（1）原始地质资料不够或错误，造成矿床地质模型不能客观反映矿体真实状况，从而导致工程布置、首采区域不正确等，直接造成投资损失，出矿品位低于预期，难以获得预期的经济效益。

（2）矿床的工程地质、水文地质不清楚，地质构造没调查清楚，将会引起可崩性评价错误，崩落块度预测不正确，造成工程布置不当、首采区域不正确、拉底推进方向不合适、技术参数选择不合理，底部结构支护强度不够等，将会造成一系列的工程技术问题，包括投资损失、矿石过早贫化或大量贫化，甚至造成安全问题。

（3）崩落过程中出现结拱，崩落不再发展；崩落区周边的矿体崩不下来，造成矿石损失，或增加投资，甚至造成安全问题。

12.1.2 自然崩落法的安全风险

自然崩落法的安全风险主要有：

（1）大规模垮塌和空气冲击波危害。在放矿控制不好，使得崩落顶板和崩落下来的破碎矿岩面之间的空间过大时，容易产生大面积岩块突然崩下，岩块像活塞一样挤压空气，使空气在瞬间向任何可能的通道逃逸，从而形成空气冲击波，危及人员和设施。

（2）泥石流危害。在矿岩中含泥较多或粉矿较多时，或上部覆盖层土层或粉砂层较厚时，这些物质在水的作用下达到饱和状态，形成泥石流从放矿口或其他通道涌出，危及人员和设施。

（3）底部结构巷道破坏造成危害。底部结构巷道在拉底和生产过程中所受的应力变化很大，最大的应力值也很大，另外大块的二次破碎也常常破坏底部结构。常见的巷道破坏主要有：拉底巷道的破坏；出矿巷道的破坏，特别是出矿进路的牛鼻子处；出矿区域内溜井和风井的破坏；位于出矿水平之下的主要通风巷道的破坏。常见的破坏方式有巷道壁开裂；巷道帮开裂后鼓出，钢筋外露；巷道底鼓；巷道变形后顶板或边帮垮落，人员不能进入。

（4）岩爆危害。岩爆是一种不可控的岩石破坏，其与岩体内部能量的强力释放相关，同时也与岩石掉落时的动能能量相互作用相关。在深井开采矿山，特别是硬岩矿山，岩爆是常见的岩石破坏事件。岩爆发生具有瞬时性并难以预测，对人员和设施容易造成伤害和破坏。

（5）大块卡斗、悬顶造成的危害。在自然崩落法生产中，卡斗、悬顶现象是经常发生的，对于高位卡斗亦即悬顶，处理起来难度较大，特别容易发生安全事故。

（6）地表的塌陷或边帮（坡）的垮塌超出了预期的范围，造成重大的财产损失或安全问题。

12.1.3　自然崩落法的经济风险

自然崩落法的经济风险主要有：

（1）由于矿岩可崩性差等各种原因造成矿山不能达产。

（2）由于矿岩性质、构造多、放矿控制不好等原因，矿石出现超过预期的贫化，从而降低了经济效益。

（3）由于崩落过程中出现结拱，崩落不再发展，或周边的矿体崩不下来，造成矿石损失，或增加辅助崩落或二次工程的费用。

（4）由于大块增多，造成大块二次破碎量增加，悬顶结拱处理量大，因而提高了采矿成本。

（5）由于地压管理问题或原支护强度不够，造成拉底巷道、出矿水平巷道、溜井、风井等返修，从而增加了采矿成本。

（6）由于各种安全问题，造成人员和财产损失，影响生产，从而带来巨大的经济损失。

12.1.4　自然崩落法的社会风险

自然崩落法的社会风险主要有：

（1）由于重大的安全问题或环保问题，造成重大的社会影响。

（2）由于技术问题，造成重大的经济损失或要进行更大的投入，或出矿品位严重下降，使矿山背负重大的经济压力，或无法继续开采下去，因而造成重大的社会影响。

12.2　自然崩落法安全危害因素分析

作为一种大规模采矿方法，自然崩落法由于作业人员不用进采空区、工序少且分区化、作业连续以及大段高回采等特点，是一种高效和安全的采矿方法。国内外自然崩落法矿山在许多年的生产实践中已充分证明了这一点。但是它也有它的安全危害因素，需要人们充分认识并认真应对解决，避免安全事故的发生。

12.2.1　大规模垮塌

大规模垮塌是指大面积、大体量岩体的垮塌。大规模塌落对生产容易造成破坏，在极端的情况下将造成人员伤亡、矿块或盘区生产损失甚至是井巷设施的大范围破坏；在稍好的情况下，也会导致生产停顿以及需要工程修复。大规模塌落情况均与拉底、出矿水平或崩落面自身相关。塌落可能存在完全、部分或非结构性控制，形成速度可能为逐步到快速。

大规模垮塌主要包括以下三种情况：

第一种类型：矿柱或顶柱的无控制塌落，一直至地表或上层采空区。

第二种类型：拉底后方或崩落顶板的大岩块的无控制塌落。

第三种类型：出矿水平及以上位置开挖面的逐步或突然塌落。

第一种类型的垮塌形式如图 12-1 所示。当矿柱或顶柱厚度小于一定程度时，由于地质机制（例如逐步解体、筒形崩落、失稳或不稳定造成的断裂，以及自然崩落法中普遍存在于矿柱或顶柱垂直或接近垂直边缘上的剪切断裂）有可能产生大规模塌落。即空区上部的矿柱或顶柱由于边缘的垂直构造或剪切断裂并在自身重力的作用下，在极短的时间内整体垮落，其过程是由慢速垮落发展到较快速度垮落，再到快速垮塌，但整体时间不长。

出现这种情况除了矿柱或顶柱厚度小于一定程度外，一个重要的因素是下部有较大的空区，有了空区才会使上部岩体持续向上垮落。而此种情况只有在放矿控制不好时才会产生，即放矿速度大于岩体崩落速度，造成在崩落顶板和松散矿堆之间形成了较大高度的空间。此种情况已出现了许多工程案例，往往是因为崩

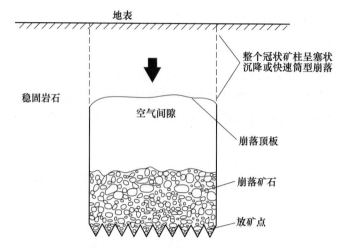

图 12-1　第一类型顶柱的无控制塌落直至地表或上层采空区的示意图（图片来自 Brown）

落没按预期的方式进行，而为了保持产量崩落下来的矿石又已被放出。这种情况下产生的大规模塌落通常会产生空气冲击波（air blast），或叫气浪。

其实这种类型的垮塌不只限于自然崩落法采场，在其他采矿方法采场也会发生。如金川龙首矿西二采区 1554m 中段靠近东南翼 F_8 断层的盘区在 2016 年发生大面积垮塌，一直贯透到地表，该采场是采用机械化盘区下向分层六角形进路胶结充填采矿法回采。分析原因，其一，尽管是采用胶结充填法回采，但每一层接顶不密实，留下了一定的空间，多层充填体在重力作用下逐步压实，使得上部覆盖岩层与最上层充填体之间的空隙越来越大；其二，上覆岩层稳固性差，且有很厚的第四系地层；其三，采场的一侧被 F_8 断层切断，F_8 断层是一个近乎垂直的断层，这样盘区的一边（实际上是更大）失去了支撑上部岩体的能力。当然可能还有其他因素。这样就导致了 2016 年该盘区发生突然大面积垮塌，并对在充填体下部的作业盘区产生了破坏，同时产生了一定程度的空气冲击波效应。国内发生过多起石膏矿从地下空区整体垮塌到地表的事件，实质上其垮塌性质与这种类型基本相同。

第二种类型的垮塌形式如图 12-2 所示。它是指当大块岩石被拉底面或崩落顶板、不连续面（诸如由诱发应力引起的断层和断裂）割离开来并在重力作用下掉落或滑落时出现的一种塌落。这种情况通常难以监测，也难以通过采取措施进行处理。

此种类型是否具有造成破坏的能力主要取决于一次崩落下来岩块量的大小以及空区高度，如果岩块量足够大、高度大，则它也会像第一种类型一样产生破坏性大的空气冲击波。不管是否会产生严重的空气波，但超大块的产生会增加卡斗、高位悬顶等难以处理的作业风险。此种类型的大块岩石掉落，可能造成人员

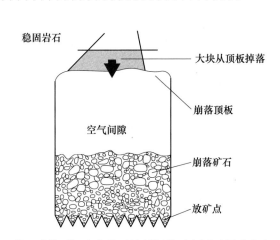

图 12-2　第二类型崩落顶板大岩块无控制塌落示意图（图片来自 Brown）

伤害，在国内的矿山经常出现，譬如上向分层充填法采场、房柱法采场等。

　　第三种类型是由应力诱发所致，如图 12-3 所示。此类别塌落可能会由于断层或其他大规模持续性不连续面的存在而进一步恶化。此类大规模塌落在自然崩落法矿山中已长期存在，由于拉底之前形成的应力支撑，其通常在崩落之前产生。此类型塌落一般为逐步而非突然形成。它们总是与出矿水平及其上部的矿柱

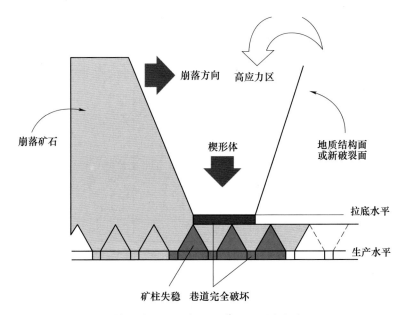

图 12-3　第三类型出矿水平示意图（图片来自 Brown）

447

失稳破坏相关联，其完全形成时间一般为几周或几个月，塌落一旦开始，很难通过支护或加固避免。最为严重的情况是造成巷道及放矿点的堵塞。此类型垮塌会对出矿水平周围的岩柱施加过大的荷载，部分岩柱因之前的勘探巷道的存在而弱化，不稳定拱顶块石逐渐失稳，并导致受影响区域的出矿及放矿巷道完全塌落。

上述大规模塌落形式多变，有时甚至产生灾难性的后果。Laubscher（2000）对于其中的许多情况进行了描述，见表12-1。

表 12-1　垮塌类型和现象对应

序号	现象和后果	第一类型 矿柱或顶柱的无控制塌落，一直至地表或上层采空区	第二类型 拉底后方或崩落顶板的大岩块的无控制塌落	第三类型 出矿水平及以上位置开挖面的逐步或突然塌落
1	崩至地表或上覆采空区，且崩落无法控制	√		
2	为水、废石、泥浆等进入作业区域提供了途径	√		
3	垮塌形成的空气冲击波，对人员安全形成潜在威胁	√	√	
4	阻止持续崩落		√	
5	由于大块岩石"坐在"主桃形矿柱上，导致在出矿水平矿柱上形成超大负荷		√	√
6	在放矿点内部或上方形成大块悬顶，将会导致二次爆破的需要，同时也会影响生产		√	
7	出矿水平的平巷及放矿点的破坏以及可能发生的封闭，将会影响正常生产		√	√
8	需要进行昂贵且耗时的巷道（底部结构）修复作业工作，以及改变采矿计划或开采顺序			√

注：表中√项为此类的现象。

12.2.2　泥石流危害

在采场中，由于外部泥浆的涌入，或者矿岩在含泥较多或粉矿较多时在水的作用下形成饱和状态，矿岩或泥浆均发生某种形式的液化，且快速流动，形成泥石流从放矿口或其他通道涌出，危及人员和设施；同时在泥石流快速涌出时，也存在挤压巷道空气，从而产生空气冲击波的可能。

根据泥浆来源，泥浆涌入可以进一步分为两类，即外部泥浆涌入和内部泥浆涌入。外部泥浆涌入是指泥浆从外部环境产生，外部泥浆涌入通常有三个来源——矿泥、回填料以及露天矿坑边坡断裂或尾矿；内部泥浆涌入是指由崩落矿岩堆内破碎的板岩、其他黏性围岩以及黏性富矿或沙土，在水的作用下产生的泥浆。同时，还存在一种混合泥浆涌入，即由内部泥浆和外部泥浆共同作用产生。

印度尼西亚和菲律宾是矿山井下发生泥石流现象较多的国家，这两个国家地处南亚，年降雨量极大。湿岩随着扰动发生突然塌落并快速流出，放矿点是扰动产生的主要起源点，也是泥浆主要的涌出点，发生的时间可能在放矿过程中或其他时间段。

Butcher 等人（2000）指出，自然崩落法采场产生泥石流危害需要具备四个条件：

（1）需有具备形成泥浆的物质或已有泥浆类的物质；

（2）需要有水；

（3）需要有必要的扰动或引发机制，例如放矿、爆破或微震活动；

（4）必须有放矿点，泥浆从放矿点进入巷道。

Freeport 公司在印度尼西亚中部矿区的自然崩落开采过程中发现，当矿石中的砂石材料超过 20%，含水量超过 8.5%，区域干密度与最大干密度的比率小于 0.9 时，将发生掺水矿岩流现象（Hubert 等，2000）。Butcher 等人（2000）对主要内部泥浆涌入与两类次要泥浆涌入机制、快速废石堆积（包括高孔隙水压的形成）以及爆堆/废石覆盖造成的排水机制削弱进行了区分。

水是产生泥石流危害的一个条件。崩落的矿石堆中留存的水量越大，越容易促进泥石流的形成。可以通过水平衡计算来判断采场是否具有形成泥石流的条件。避免产生泥石流的主要手段之一就是控制进入采场的水量。

水能够通过以下源头进入采场：

（1）地表径流；

（2）雨水通过塌陷区或露天矿坑直接进入；

（3）塌陷区或露天采场积存的融雪；

（4）从采空区周边围岩或主要地质构造中涌出的水；

（5）废弃巷道中储存的涌水；

（6）附近地表水库、湖泊或河流通过构造涌到采场的水；

（7）堆存在露天采场或沉降区内或附近的尾矿或矿泥；

（8）地表水或地下水通过未封闭钻孔进入；

（9）地下其他位置的水力填充。

泥石流形成的第三个条件是某种形式的扰动，这些扰动充当了诱发机制。扰动的最显著形式是出矿，此过程将对已有的平衡条件造成扰动，并造成矿堆内泥浆的流动。从单一放矿点进行高速率的出矿将增加泥石流发生的几率，这是由于湿矿出矿体能够更加快速地进入放矿体中，因此放矿程度越高的区域越容易涌入大量的水。实际上，放矿点放出矿量越多，越容易通过放矿体形成一个泥石流通道。

扰动或触发的另一种形式是爆破、岩爆、地震、地面沉陷以及附近大型设备的操作产生的震动。震动（重复的动态载荷、放矿体或放矿点上的饱和或近饱和泥浆的动态载荷）可能形成孔隙水高压，此高压将使泥浆的剪切强度降低至零点，进而形成流动。这是土壤液化的常规机制。扰动也可能由于静态的或准静态的荷载引起。

产生泥石流的第四个条件是排放点的存在，泥浆通过排放点进入巷道。如果矿泥液化，一旦突破了放矿点的限制，泥石流就会像流体一样冲出放矿口，冲入出口附近的空间，如巷道、溜井、通风井等。采场内储存的水量越大、细粒级的物料越多，形成的泥浆量就越大，冲出的距离就会越远，危害就越大。

据 Torres 等（1981）报告，在智利 Rio Blanco 矿，含水量在 4%~8% 之间的含矿黏性细砂在矿石溜井上形成了悬顶。当含水量超过 8% 时，矿石物料形成流质，引起涌入控制问题。含水量较低条件下发生的以上问题，可通过配备格筛系统的铲运机装载，进行相对简单的控制。

根据泥浆量的多少，泥石流可能造成严重的破坏并威胁井下人员生命安全，快速涌出时意味着没有任何警示，人员及设备无法及时通过直接通道进行撤离。

泥石流涌出会造成生产停止，并需要高昂的清理费用，也会对设备和基建设施产生直接破坏，以及对人员生命造成威胁。此外，泥石流冲出带来的最严重的"间接"影响是空气冲击波，其由泥石流快速冲入巷道并急剧压缩空气引起的。空气冲击波造成的破坏以及对井下人员生命安全的威胁可能是极其严重的。

在我国南方地区，由于年降雨量大，地表表土层较厚，崩落时表土一般都进入了塌陷区或沉降区，崩落法采区易形成产生泥石流的条件，因此应特别加以重视，防止泥石流的发生。

2019 年 7~8 月是我国南方地区的雨季，普朗铜矿也经历了多次泥石流事件。下面对普朗铜矿在 2019 年 7~8 月间发生的泥石流事件作一个简单介绍。

普朗铜矿位于云南香格里拉市，气象站提供的资料为年平均降雨量619.9mm，以小雨为主，中雨次之，暴雨很少，无大暴雨和特大暴雨出现。矿山在现场山顶设置的气象站测得的雨量比平均雨量大得多。2018 年 5 月降雨量为90mm，6 月 338.6mm，7 月 391.6mm，8 月 390mm，9 月 202mm。其中中雨、大雨、暴雨都有发生。

普朗铜矿于2016年6月11日开始拉底爆破，之后逐步由基建转向采矿生产，2017年3月16日开始试生产，2018年2月正式开始生产。截至2019年8月24日，矿山完成拉底面积8.45万平方米，形成出矿点300个，完成供矿1320万吨，至此时矿山已经崩通地表，形成地表塌陷区面积约10.25万平方米，地表塌陷区面积与拉底面积比率为121.3%，这主要是因为崩落矿段距地表近，矿岩破碎以及地表第四系松散体（冰碛物）松软和断层影响而综合形成的结果。矿区大的降雨量和塌陷坑的汇水、细颗粒物料（冰碛物等）、塌陷坑和放矿通道以及开采形成的高差，客观上为泥石流的形成创造了条件。

矿山自2019年7月25日~8月24日，共发生6次井下突泥（泥石流）事件，其中4次是较大的事件，具体情况如下：

（1）首次突泥事件发生在2019年7月25日1点15分，铲运机司机在S6-2溜井等待放矿时，突然听到有巨大水流冲击的声音混杂在溜井放矿的声音中，观察后发现铲运机前方S6-E15有大量泥浆涌出，并快速漫到了驾驶室底部，当判断无法徒步逃生后，立即从驾驶室旁边的窗口爬到铲运机顶部进行危险躲避，现场无人员及设备损伤。这次突泥总量约1300m³，泥砂淹没S6穿脉巷道长300余米，最高处接近巷道顶板，并使S6-2溜井上部空井部分灌满了泥浆水，清理泥浆用了3天。

（2）第2次突泥事件发生在8月1日0点10分，铲运机司机对S8-E21出矿口出矿至第八铲时，突然从出矿口涌出泥流，司机急忙驾驶铲运机往西沿快速行驶，泥流紧跟在铲车身后，至E1后泥流没有再跟上来，现场一台铲运机、一台混凝土输送泵被堵，无人员伤亡。这次突泥总量约2200m³，泥砂淹没S7、S8、S9三条穿脉巷道，其中S8穿脉淹没400余米，最高处至巷道顶板，清理泥浆用了5天。

（3）第3次突泥事件发生在8月18日0点20分，突泥位置为S7-E13出矿口，突泥总量约280m³，现场无人员设备损伤。当班铲运机司机在对S7-E13出矿口进行出矿时，突然涌出大量的淤泥，司机急忙倒车向东沿转移，并通知区队长及时疏散周边区域施工班组。本次涌出淤泥较稀，流出100m后停止。

（4）第4次突泥事件发生在8月20日21点10分，铲运机司机对S6-E11出矿口准备出第三铲时，突然从S6-E11出矿口涌出大量泥浆，司机急忙倒车向东沿转移，但随即突泥停止，后期经过观察无进一步发展的趋势，则安排人员对淤泥进行清理。本次突泥流出约15m，突泥总量约120m³，泥浆浓稠，现场人员、设备无损伤。

12.2.3 空气冲击波

空气冲击波，也称气浪或气体涌入，是空气在地下巷道快速流动，由于大量岩石突然垮落造成空气在局限空间里被压缩进而快速冲出造成的。

造成空气冲击波的最主要原因是由前面所描述的第一类和第二类大规模塌落所引起的。如图 12-1 显示的最严重案例，整个岩柱在极短的时间内突然垮塌至下部采空区，产生一种活塞式的影响，并迅速压缩空气。处在高压之下的压缩空气将往任何可逃逸的空间逃出。在自然崩落法采场中，空气逸出一般的突破口其一是与空区相连的一切巷道，其二是空区下部的矿堆，其三则是往上穿透散体矿岩通向地表的塌陷区。第二种类型的塌落造成的气浪破坏性相对较小，但仍然具有破坏性。

自然崩落法采场大规模垮塌造成的空气冲击波危害，其性质同其他型式、其他采矿方法造成的空气波危害性质是一样的。如井下炸药库爆炸、大型爆破作业（炸药量较多时）、其他形式的采空区垮塌等都会产生空气冲击波，只是其危害程度的大小有区别。

布朗教授总结了一些自然崩落法采场大规模垮塌造成空气冲击波的案例，如1964 年 Shabanie 矿（Laubscher，2000）、1968 年 Urad 矿（Kendrick，1970）、1999年 Northparkes 矿（Hebblewhite，2003；Ross 和 Van As，2005）以及 1999 年Salvador 矿（De Nicola 和 Fishwick，2000）。图 12-4 所示为在 Salvador 矿的案例中顶板形成了拱圈，造成连续崩落中止，采用钻孔和爆破进行崩落诱发的过程。1999年 12 月 5 日，在矿山西北矿区大约 4000m² 的区域塌落，形式了沉降坑，如图12-4所示。据估算，主巷道内的空气速度超过 500km/h。

空气冲击波的产生还涉及其他一些原因，但都与局限空间内空气的剧烈压缩有关。泥石流也可以产生空气冲击波从而带来破坏性效果，特别是当液体泥浆（石）体积能够完全填充涌入巷道时。

空气冲击波，特别是第一类大规模塌落造成的空气冲击波，极具破坏性。高压高速的空气通过井下巷道（一般巷道净断面积为 16~25m²）时，具有极大的破坏性。大型设备，包括车辆，可能会被空气冲击波掀翻、卷起甚至摧毁；巷道墙体上的支护部件可能被吹掉，安全门可能被刮跑，竖井内部设施可能被破坏，同时，位于冲击波路径上的人员可能被严重伤害甚至立刻毙命，或冲到溜井、天井中。气流中夹带的岩石颗粒以每小时几百千米的速度移动，将造成严重的破坏。

空气冲击波还会形成大量的沙尘，特别是通过放矿点时会形成尘雾，此环境下，出矿水平的能见度很低或完全不可见，其中大颗粒沙尘可能使临近人员的眼部受伤。当垮塌快速崩落至地表时，由于压缩空气从塌落地面向上逃出，地表将产生大量灰尘。

国际上关于自然崩落法矿山空气冲击波方面研究的出版物很少。布朗教授在他的书中介绍，基于 Saffir-Simpson 飓风模型，将空气冲击波速度或阵风定义为四

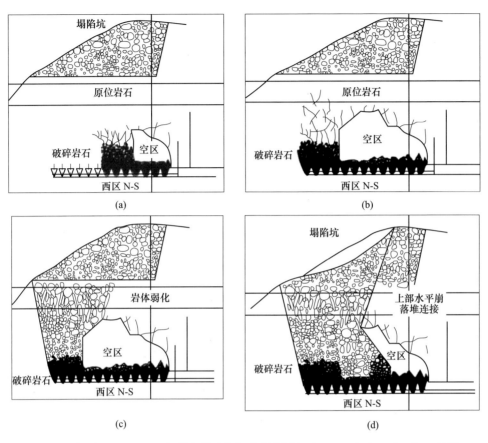

图 12-4 智利 Salvador 矿山塌落事故及空气冲击波顺序（De Nicola 和 Fishwick，2000）

（a）原始位置；（b）空气间隙加大；（c）持续崩落；（d）塌落—崩落开始

类，采用飓风模型测量的地面水平的阵风速度同样适用于井下采矿应用，以上类别及其影响在表 12-2 中进行了列举。

表 12-2　空气冲击波或阵风的分类或潜在影响案例（Logan 和 Tyler，2004）

空气冲击波或阵风速度	分　类	潜　在　影　响
<15m/s(55km/h)	绿色-中级-蒲福风级 7 级	风中行走困难
15~35m/s(55~125km/h)	黄色-台风/飓风一类-（F0）龙卷风	对窗户、标识牌、透气袋、排气管和排水管造成不同程度的破坏，掀翻无防备人员
35~45m/s(125~170km/h)	橙色-台风/飓风二类-中级（F1）龙卷风	对窗户、标识牌、透气袋、排气管和排水管造成严重破坏，车辆掀翻，小规模散落（沙子）

空气冲击波或阵风速度	分 类	潜 在 影 响
45~60m/s（170~225km/h）	红色-台风/飓风三类-强力（F2）龙卷风	对基建设施造成重大破坏，小物体散落
>60m/s（225km/h）	红色-台风类别三和四类-严重至难以想象的（F3~F6）龙卷风	严重破坏，重型车辆被刮，钢结构建筑崩塌或严重破坏

12.2.4 岩爆

岩爆是一种不可控的岩石破坏，其与岩体内部能量的强力释放相关，同时也与岩石掉落时的动能能量相互作用相关。岩爆是各类微震事件中的一种，这些事件由岩体内的不稳定平衡条件引起，同时涉及储存应变力的释放以及应力波在岩体内的传播。岩爆可能也会对井下开挖面造成损坏。

引发岩爆的应变能的释放由以下两方面所致：一个是已存脆弱面上的不稳定滑动，通常为断层；另一个是整块岩石的不稳定脆性破坏。在任何一种情况下，造成矿山掘进面破坏的能量可直接释放至岩体内。对矿山结构造成的破坏结果可能与滑动或断裂初始位置间有一定的距离。

布朗教授总结形成岩爆需要满足的两个必要条件：

（1）诱发应力必须足够高，以克服断层或岩体的强度（无论何种形式的断裂）；

（2）形成的滑动或断裂是不稳定的，且释放的能量不会在滑动或断裂过程中被吸收。此条件指明了加载系统刚性与形成岩爆的断层或岩体之间的特殊关系。同时说明，岩爆通常仅在强度高的脆性岩石上发生。

在深井开采矿山，岩爆是常见的岩石破坏事件。我国的一些深井矿山已经发生过岩爆现象，如会泽铅锌矿、冬瓜山铜矿、思山岭铁矿等，一些矿山出现较严重的岩爆倾向，只是目前我国矿山还未出现级别大的岩爆事件，这与我国矿山当前开采深度还不是太深有关。

岩爆最为著名的案例发生在南非金矿深水平位置和印度 Kolar 金矿带的高强度脆性岩石中，在澳大利亚（Beck 等，1997；Chen 等，2005）、加拿大（Bawden 和 Jones，2002；Mackinnon，2006）以及美国（Board 和 Fairhurst，1983）的其他矿山环境下也曾发生岩爆现象。同样，自然崩落法矿山也有发生岩爆的案例，如智利的特尼恩特矿。岩爆的影响包括岩石猛烈地断裂、掘进工作面及其边界岩石的动态突出，以及矿山掘进工作面包括巷道的部分或完全闭合；岩爆的破坏可能是局部的，也可能影响大片区域，甚至威胁生命安全。

原则上，在具备岩爆发生条件的情况下，岩爆也会在崩落法矿山中发生。从国际上的崩落法矿山看，相比其他崩落采矿法，自然崩落采矿法在高强度和高脆性的岩石条件，以及高应力与深度大的矿山中的应用越来越多，如智利特尼恩特矿、南非 Palabora 矿、美国 Resolution 矿，都是大而深的硬岩矿山。自然崩落法开采过程中，应力向已拉底区的外围转移，形成外围底部的高应力区，同样在已拉底区内出现岩柱（或松散岩石压缩体）时也会传递高应力于底部结构上，这些高应力区进一步为岩爆创造了条件。

特尼恩特矿高强度的主矿体经历了多次岩爆。首次岩爆于 1976 年（Alvial，1992）发生在特尼恩特矿 4 号矿区，且一直持续至 1982 年，直到机械化盘区崩落在主矿体开始，主矿体相比已开采的次生矿岩具有更高的强度和硬度。

特尼恩特矿发生了不同强度和影响的岩爆现象，岩爆影响对于特定水平来说既可能是局部的，也可能涉及大片区域，其主要发生于出矿水平及周围的矿柱之上。破坏影响包括从巷道局部围岩剥落到一条或多条巷道的封闭，更甚的是将导致部分矿井的完全破坏和封闭。显然，岩爆的发生还会对设备及井巷设施造成损坏，并对人员生命造成威胁。图 12-5 所示为特尼恩特矿岩爆造成的损坏情况。其中，第一次大规模岩爆造成了特尼恩特矿 4 区出矿水平上 18000m^2 的损坏，此开采水平是位于在之前严重受损的开采水平下方 12m 的位置（Kvapil 等，1989）。

特尼恩特矿 6 采区从 1989 年年中开始投入生产，采用了后拉底策略的盘区崩落方法。6 个月后，发生了诱发性微震以及相关的岩爆：1990 年 1 月 18 日，发生了里氏 3.6 级的地震，造成了较大范围的破坏，特别是对临时运输轨道造成破坏，6 采区的生产也不得不停止；1990 年 7 月 2 日，发生了里氏 3.2 级的地震，造成了重大破坏，整个采区停工 9 个月，停工期间对整个损坏区域进行了系统修复；1991 年 5 月 23 日，发生了里氏 4.0 级的地震，由此引发了一系列的微震情况，之前的加固区域又发生了不同程度的破坏，生产再次中止了 5 个月；1992 年 3 月 25 日，发生了里氏 3.7 级地震，对进入 6 采区生产区域的巷道造成了严重破坏。从 1990 年 1 月开始，矿山使用全球数字地震网络进行地质动态监控。

12.2.5 底部结构巷道破坏造成的危害

自然崩落法底部结构通常是泛指处于拉底水平之下的出矿运输巷道、出矿口、聚矿槽及底柱（即桃形状矿柱）的总称。它是保证采场正常生产的重要设施。

影响底部结构稳定的因素有很多，主要有：

（1）底部结构所处的岩石条件；

（2）底部结构处是否有断层构造带；

图 12-5　智利特尼恩特矿岩爆损坏案例（Flores 和 Karzulovic，2002b）
（a）轻度；（b）中度；（c）严重

（3）所处的原岩应力大小；

（4）拉底过程中已拉底区的外围受到的集中应力；

（5）由于大规模塌落给底部结构造成的冲击地压，甚至产生空气冲击波破坏；

（6）拉底和聚矿槽开挖进行的爆破作业；

（7）由于长时间的放矿造成底部结构桃形体上部磨损，桃形体变小，能承受的压力减小；

（8）处理悬顶、结拱和大块解块时进行的爆破破坏；

（9）大型设备对巷道壁的刮、撞；

（10）巷道原始支护强度不够。

常见的巷道破坏主要有拉底巷道的破坏；出矿巷道的破坏，特别是出矿进路的牛鼻子处；出矿区域内溜井和风井的破坏；位于出矿水平之下的主要通风巷道的破坏。

常见的破坏方式有巷道壁开裂；巷道帮开裂后鼓出，钢筋外露；巷道底鼓；巷道向内收敛变形后顶板或两帮垮落，人员不能进入。最严重的破坏方式是上述情况均发生在一起。

底部结构破坏在自然崩落法矿山几乎均存在，只是破坏程度有区别。美国的亨德森钼矿底部结构破坏现象严重，有多篇文章对此进行了介绍。我国铜矿峪铜矿530m中段底部结构破坏严重，不仅在出矿水平，同样在拉底水平、通风水平的巷道也都有较大范围的破坏，在出矿水平有多条巷道垮塌，通过修复才能继续生产。普朗铜矿3720m中段首采区S4穿等巷道破坏特别严重，主要是因为靠近断层，或是在几条断层的交汇处，岩石非常破碎，尽管先前采取了较强的支护，但仍然产生了较严重的破坏。

一般来说，底部结构破坏其发展都是由小变大的，时间相对较长，因此只要处理得当，一般不会发生大的安全事故。

印度尼西亚DOZ矿也经历了许多次底部结构破坏，他们对巷道破坏进行了分级，见表12-3。

表 12-3　印度尼西亚 DOZ 矿使用的巷道破坏分类系统

破坏分级	名称	所观察到的情况
0	No damage 无破坏	混凝土、岩石或钢架： ——没有扰动； ——没有可见的开裂
1	Slight damage 轻微破坏	混凝土或岩石： ——可见轻微开裂； ——有特别的环向伸长裂缝（CX）； ——估计的位移 $25mm<d<75mm$ 钢架： ——支撑可能在承压——当用锤子敲打时有"唱歌"声音

续表 12-3

破坏分级	名称	所观察到的情况
2	Moderate damage 中等破坏	混凝土: ——可见延长的开裂; ——既有环向伸长裂缝(CX),又有纵向伸长裂缝(LX); ——可见剥裂(SP),但没有剥落(SL); ——在牛鼻子处可见轻微的拐角破坏; ——在巷道帮脚可见钢筋露出; ——估计位移:$75mm<d<150mm$ 钢架: ——支撑可能轻微旋转; ——梁可能中间下凹或偏斜; ——木块或木背板可能开裂并开始断裂
3	Heavy damage 严重破坏	混凝土或岩石: ——在巷道顶板、肩部和筋上剥落; ——可见环向裂缝(CX),纵向伸长裂缝(LX),以及剥裂(SP); ——在牛鼻子处可见重的拐角破坏,剥落严重; ——估计位移:$150mm<d<300mm$ 钢架: ——梁的端部可能扭曲或起皱; ——支撑可能弯曲; ——木块或木背板可能压碎
4	Partial closure 部分闭合	混凝土,岩石或钢架: ——巷道部分闭合(<50%); ——铲运机可能不能穿过巷道; ——可见大块顶板掉下,产生像大教堂式的顶板和眉线; ——在1~3级破坏中描述的其他破坏都能见到; ——估计位移:$300mm<d<500mm$
5	Complete closure 完全闭合	混凝土,岩石或钢架: ——巷道闭合大于50%,直至完全闭合; ——人员不能通过巷道; ——估计位移:$d>500mm$

12.2.6 大块卡斗、悬顶造成的危害

在自然崩落法生产时放矿口卡斗、悬顶通常是频繁发生的,在硬岩矿山更是如此,也是特别易发生安全事故的。在硬岩矿山,矿岩崩落时,通常崩落的矿岩大块率较多,特别是在每个区域放矿的初始阶段,因为放矿高度低,矿岩没有经

过从高到低下放的一个搓揉过程，因而大块多，卡斗、悬顶会更频繁，如图 12-6 所示。对高位悬顶或卡斗，一些矿山是人员冒着生命危险进入底下去打眼放炮处理，有时采用裸露药包爆破，这就容易发生安全事故。

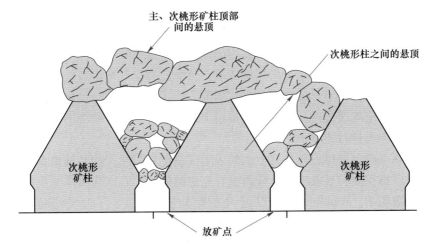

图 12-6 放矿点及以上位置的悬岩（Laubscher，2000）

12.3 安全管理措施

12.3.1 大规模垮塌和空气冲击波危害预防

由于造成大规模塌落的影响因素较多且各不相同，因此预防或降低此危害的方法也是综合性的、多方面的。一般来说，可通过矿山的精细计划、设计及操作进行预防。

最为重要的预防及改善措施包括：

（1）根据前面论述的自然崩落法原理，严格控制每个放矿点的放矿量及放矿速度，使放矿速度始终不大于矿岩的崩落速度；

（2）根据前面讨论的原理，在放矿点上部应保证有足够的崩落矿石覆盖层；

（3）确保任何可能导致涌水和空气冲击波的重大风险都能合理规避；

（4）保证拉底及底部结构的适宜形状；

（5）采用在一般情况下能将拉底和出矿水平应力降低至可控水平的拉底策略；

（6）通过适当的支护和加固措施，保证出矿水平巷道的稳定。

我国《金属非金属矿山安全规程》（GB 16423—2020）规定的主要防范措施有：

（1）应编制放矿计划，严格控制放矿，崩落面与松散物料面之间的空间高度不大于5m，防止产生空气冲击波造成人员伤害和设施破坏；

（2）应采用可靠的监测手段对崩落顶板的变化情况进行监测。

自然崩落法开采中空气冲击波的破坏性以及造成的生命威胁主要是由于大规模塌落和泥石流涌入。很明显，预防空气冲击波并缓解其危害的最为有效的方法是防止或降低诱发原因的发生频率和次数。

如前所述，自然崩落法矿山中发生的最为严重的空气冲击波一般由大规模地面塌落至采空区域或大体量岩块塌落造成。预防此类空气冲击波最为显著有效的方法是确保在采场中不形成过大的空气间隙。要达到此目的应严格放矿控制。如果持续崩落严重减缓或停止且崩落顶板稳定，在这种情况下就决不能为了维持生产取得现金流而进行连续出矿。

如果不可避免要形成矿堆之上大的采空区或空气间隙，就必须确保空气间隙的高度被严格控制，且放矿点上应覆盖有充足的崩落矿石，从而降低大规模塌落造成的气浪影响。Laubscher基于几十年的经验积累，提出了此类情况的指导方针。他指出，当应力崩落机制运行时，崩落矿石上空气间隙的形成有时是不可避免的，同时他建议，如果空气间隙高度被限制在10m以内，那么崩落顶板塌落不会造成强烈的气浪。如存在倾斜崩落顶板，Laubscher建议不能存在空气间隙（除了膨胀间隙），以避免矿石移动或减缓岩堆坡度。这就意味着，需要建立监测系统来监测崩落速度及空气间隙高度。

Laubscher指出，与粗颗粒且低品位的矿石相比，细颗粒且高品位的矿石能够对空气冲击波形成更为有效的阻力。他同时建议，需要覆盖60m厚的高品位矿石或90m厚的低品位粗颗粒物料，以降低由于崩落矿堆上空区内的空气压缩形成的空气冲击波影响。当然，此措施的有效性取决于采空区的空间大小，以及崩落岩块的体量。对于较低矿石柱高度（小于30~40m），此经验法则可能不再适用，将空气间隙控制在崩落矿石柱高度的10%~20%则大体能够抵抗空气冲击波危害。

如前所述，放矿点并不是唯一与崩落面连接且让压缩空气从此逃逸的出口。其他通道还包括所有与空区相连的巷道，如拉底巷道、探矿巷道等，以及开口的钻孔。在与崩落面交叉之前，应采取封闭措施防止空气进入采空区。1999年11月澳大利亚Northparkes矿Lift 1发生空气冲击波事故，人员就是在采场中间部位与空区相连的探矿巷道中伤亡的。

12.3.2 预防岩爆危害

经验证明，对于微震及岩爆的具体发生时间和准确位置是较难预测的。但通过谨慎的预防组合方法，可以降低岩爆频率和强度，限制其影响：

（1）采用有利于限制在开采水平及周围的诱发应力的拉底策略，如预拉底策略或前进式拉底策略；

（2）采用一致的时空开采速率；

（3）监测矿山微震活动；

（4）采用积极的支护和加固系统，即锚杆、锚索、挂网加喷射混凝土组合支护，最好是吸收能量的锚杆或支护系统；

（5）提高采矿设备自动化程度，使作业人员尽可能少地暴露在危险情况之下。

智利特尼恩特矿的经验证明，在崩通地表或到达上覆已崩落区之前，即新矿块、盘区或工作段开采的早期阶段，岩爆最容易发生。从 1994 年开始，特尼恩特矿 6 采区开展了降低岩爆危害的实验性生产计划，其特点如下：

（1）生产区域限制在之前的拉底区域内，以及与特尼恩特矿 4 号分区上的已崩落区域之间存在较短矿石柱的区域，而非其他区域；

（2）生产的时空速率应尽可能保持统一，以降低应力集中以及岩石破裂区域的大小；

（3）开始使用极低的生产速度，之后逐渐加速；

（4）仅使用远程控制设备进行出矿作业；

（5）依据前两周微震活动的时间加权平均值标准，对出矿速度进行控制。

相比开采的初始阶段，实验性开采阶段岩爆的发生频率较低。实验性开采阶段的末期为一个过渡阶段，在 1998 年年初完全恢复生产前进行了一个拉底实验。在 1997~2000 年，仅发生了几次轻微损害的岩爆情况（Rojas 等，2000）。但在随后的 3 年中，6 号分段经历了多次较大规模的岩爆，主要对出矿水平造成了相关破坏。

通常采用能量吸收理论对有岩爆倾向的位置的支护及加固系统进行设计。该理论假定，开掘面周围的破碎岩体释放出一定能量，而且，支护及加固系统须能够吸收所有释放的能量。此方法应用的结果是，加固元件须能够容纳特定锚杆或锚索作用力产生的给定位移，为此设计出了一系列让压锚杆及锚索。整体来说，用于岩爆现象防范的支护及加固系统应具有动态能力。

12.3.3 防止泥石流危害

防止泥石流危害的主要防范措施有：

（1）在地表应有截水工程，将地表迳流水引到采矿范围以外，避免直接涌入采矿塌陷区。

（2）禁止将尾矿、泥土等细粒级物料充填到采矿塌陷区。

（3）当崩落范围有含水层时，应实施必要的疏干排水措施。

（4）应制定防范泥石流的规章制度，包括对湿矿出矿进行分类（分级），在雨季应加强观察，及时让人员和设备撤出可能的影响范围；出矿时不能一次大量出矿，防止储存在矿体（矿堆）内的泥水在松动后突然涌出。

（5）采用遥控铲运机或自动化铲运机进行湿矿出矿。

如前所述，一个矿山内泥浆的涌入需要满足4个条件，其中包括矿体及围岩形成泥浆的潜能以及一定的水条件。在矿块或盘区崩落风险评估的早期阶段，应对泥浆涌入发生的可能性进行评估，基于此风险评估以及此矿山或周边类似矿山的开采历史记录，确定相关采矿作业是否存在泥浆涌入的风险（Butcher 等，2000）。

在已知易发生泥浆涌入的环境中，泥浆涌入风险可通过一系列设计及施工措施进行降低，如 Butcher 等人（2000）和 Laubscher（2000）介绍的。首先需要保证的是，不存在泥浆料或水进入崩落面的进口；同时应采取避免或最小化泥浆涌入对人员和设备影响的措施，以防泥浆发生。

经验表明，过度放矿以及孤立放矿可能成为泥浆涌入的诱发原因。Brawner（2003）描述了菲律宾宿务岛 Altas 矿上部露天采矿场内的尾矿形成泥浆涌入，将自然崩落面巷道淹没。此事件的发生原因在于其采矿过程仅使用6个相邻的放矿点，从而造成了不均衡放矿。Butcher 等人（2000）建议，在具有泥浆涌入历史的矿山内，最大放矿点放矿比例（例如，放矿点所分配矿量的120%）应设置为切断限值，以防止泥浆涌入。

如果泥浆涌入无法完全避免，则应采取必要的措施保护人员及设备，以防泥浆涌入伤害。使用遥控操作或全自动化的铲运机能够减少在放矿过程中（这个阶段最容易发生泥浆涌入）人员进入出矿区域。

为减小泥石流产生的安全风险，可充分借鉴12.4.2节介绍的印度尼西亚DOZ 矿湿矿出矿的经验。

加拿大 New Gold 旗下的 New Afton 矿，位于加拿大不列颠哥伦比亚省的中南部。这是加拿大唯一采用自然崩落法开采的矿山，每天采出矿石18500t。随着该矿山规模的不断扩大，越来越多的放矿点变得松散和潮湿。2016年的评估显示，该矿山1/5的放矿点被归为高风险一类。为了确保操作员的安全，矿山停止在这些放矿点进行人工出矿，并开始启用视距内遥控出矿。2016年底该矿开展了一项工程研究，用于评估实施自动化生产装载的潜在价值：是否能够克服视距内遥控系统带来的生产瓶颈，并进一步提高安全性。矿山在2017年初对配备AutoMine 的山特维克 LH514 铲运机进行了为期一个月的试用。这是一台载重量14t 的铲运机，尽管其设备长度可能不适用于采场的某些地方，但根据 LH514 在试用期的表现估计，尺寸小一些的山特维克 LH410 可实现极佳的出矿循环时间和每班出矿量。在2017年底进行的为期一周的调试期内，矿山订购的2台自动化 LH410 铲运机的第一台便证实了它的效率远远高于视距内遥控解决方案。与使用的视距内遥控铲运机相比，山特维克 LH410 自动设备的循环速度几乎是前者的 2 倍，从此矿山成功地从视距内遥控设备升级为自动出矿解决方案，在改善清理效率的同时缓解了泥砂涌流的危险，并开始考虑扩大自动化的应用。如图 12-7 所示。

图 12-7　New Afton 矿采用 LH410 自动铲运机出矿

普朗铜矿在 2019 年的雨季经历了多次泥石流涌出的事件，矿山已经总结出了一定的经验。首先，设计上在地表岩体移动范围外设置了截水沟，雨季截水沟将大量的降雨拦截在塌陷区外；其次，制定了系统的应对暴雨的措施，其中地表监测站发挥了很好的作用，为及时准确发出出矿指令提供了依据，井下出矿则严格按指令出矿，做到了分散均匀、少量松动出矿。

12.3.4　防止底部结构巷道破坏造成的危害

防止底部结构巷道破坏造成危害的措施主要有：

（1）严格控制每个放矿点的放矿量及速度，使放矿速度始终小于矿岩的崩落速度，确保崩落顶板和崩落破碎矿岩面之间的高度较小，并使放矿点之上有足够厚的覆盖矿石层，避免大规模垮塌事件发生。

（2）应根据矿岩条件和确定的开采高度，确定合适的底部结构形状和尺寸，一般来说在有条件时应适当加大拉底水平和出矿水平之间的高差，适当增大放矿点之间的间距。

（3）在有条件时优先采用有利于降低底部结构集中应力的拉底策略，如预拉底策略或前进式拉底策略。

（4）加强底部结构巷道的支护，保证巷道的稳定，特别是出矿水平巷道的支护。重点采用锚杆、锚索、挂网加喷射混凝土联合支护，同样可在喷射混凝土中增加钢纤维或其他纤维。对断层处的巷道要特别加强支护，应增加钢拱架等措施，并应在支护体壁后和岩体中进行注浆加固。虽然这样在支护上看起来增加了一些费用，但比巷道垮塌后再进行返修要好得多，因为一旦巷道垮塌后，既增加了返修费用，又影响了生产，还可能带来安全问题。

（5）应尽量减少在出矿口用炸药进行大块的二次破碎，防止对出矿口和巷道的破坏。当必须要用炸药进行破碎时，应尽量避免用裸露药包爆破。大块的二次破碎应重点采用机械破碎，如自行破碎台车或将大块集中到专门的地方进行大块处理。

12.3.5 防止处理卡斗、悬顶不当造成的危害

（1）制定处理卡斗、悬顶的规章制度，严格按规章制度进行作业。

（2）尽量采用遥控机械设备进行处理，尽量减少裸露药包的使用。对高位悬顶，建议采用高举升台车进行处理，如山特维克生产的高举升臂台车。

（3）人员不应进入悬顶的漏斗（放矿点）中作业。

12.4 安全危害案例

12.4.1 澳大利亚 Northparkes 矿空气冲击波事故

12.4.1.1 事故的发生

1999 年 11 月 Northparkes 矿发生了一起严重事故，我们从中可以学到一些有价值的东西。

1999 年 11 月 24 日下午，Northparkes 矿 E26 第一中段由于岩石大量垮塌和随后引起的破坏性空气冲击波导致 4 名员工死亡。其中两位是检查崩落的安全管理人员，另两位是在 1 号水平钻机硐室工作的合同钻机工。这 4 位员工均在与 1 号水平相联的巷道中遇难。

Northparkes 矿最初是澳大利亚第一个和唯一的一个自然崩落法矿山。Northparkes 矿位于新南威尔士 Parkes 城的外面，是一个品位比较低的铜金矿体，形状像一个近似垂直的圆柱体，直径约 200m。设计采用 2 个中段回采，第一中段是在距地表 480m 深处开始开采；然后是第二中段，从 800m 深处开始。由于矿体出露地表，因此在矿山早期和第一中段开始期间，矿体上部采用了露天开采。

在 20 世纪 80 年代勘探期间和 90 年代初期对多种采矿方法进行了论证和研究，最终选择了自然崩落法（即矿块崩落法）作为矿山的采矿方法，设计采用 2 个中段开采，即第 1 中段（Lift 1）和第 2 中段（Lift 2）。在设计阶段，部分技术人员认为第一中段下部岩体完整性好，采用自然崩落法不太理想；但另一个观点坚持第一个中段应该从 480m 深处开始，最后矿山采用了这个观点。

自然崩落法开采需要在矿体下部进行拉底形成空间使得崩落开始，随着崩落

矿石的放出，崩落逐渐向上发展。生产期间的理想状态是崩落顶板和岩堆顶面之间的间隙较小，因为较小的间隙可以更好地控制崩落。一方面是矿堆起阻碍作用从而限制后续的崩落；另一方面，产生的较小间隙（air gap）还可允许崩落缓慢发展。这个较小的间隙可以通过下部的控制放矿实现。

Northparkes 矿 E26 矿第一中段共有 130 个放矿点，放矿控制和排产系统较为复杂。为了使崩落顶板和岩堆间的空间最小，崩落后的放出矿量应通过崩落的矿石量和崩落后矿石的松散系数来计算，以达到放矿控制的目的。

矿山在综合各种因素之后选择了双层拉底道形式的拉底方法（即底部采用类似无底柱分段崩落法的形式进行拉底）。原因之一是认为矿石下部很坚硬，因此决定使用双层拉底传统凿岩爆破方式形成一个较大的空间，减少初期的崩落难度和块度。

出矿水平（9800 水平）位于距地表以下 480m 深，采用斜坡道和竖井与地表贯通。在第一中段，矿体内的中部有一条探矿巷道进入到矿体。这个巷道被称为1 号水平，是在斜坡道掘进时为获取更多的矿石性质信息而开凿的。

此外，与地质相关的特征还有一个石膏线（Gypsum line）。矿岩中含有石膏夹层充填料，其将节理胶合在一起。在下部区域，这种情况更加普遍。但在这个石膏线以上，就没有了石膏夹层，以致那些不连续面比在线下要弱。

图 12-8 所示为第一中段崩落进程以及各次崩落诱发的结果，由图可以看出之前勘探水平的位置——1 号水平，在此位置上进行了钻探，且在该水平还实施了水压致裂措施。

Northparkes 矿是澳大利亚第一个自然崩落法矿山，管理人员花费了很多时间到国外去学习。矿山也聘请了许多有经验的自然崩落法管理和技术人员。

崩落开采设计的基础是矿体的尺寸、形状以及水力半径，Laubscher 修改的 MRMR 是一种评价岩体完整性的方法。在 Northparkes 矿的适应性和崩落的几何尺寸评价报告中，Northparkes 矿被定位在 Laubscher 的 MRMR—水力半径图的"崩落带"之内。

矿山在 20 世纪 90 年代中期开始投产不久，就出现了崩落问题。从 1997 年开始生产时，拉底后不久，采场就出现了早期崩落。实际上，在矿体全部开采面积拉开前就开始了崩落。

崩落开始后，迅速在拉底上方形成了一个曲线或拱的形态，而不是更好的、更有利于崩落发展的平面崩落顶板。这样，崩落发展问题从投产初期就产生了。

同样，从早期开始，由于崩落发展问题，随着矿石的放出，岩堆上部和崩落顶板之间的空间逐渐增加。对于这个问题，管理者立即将崩落发展团队召集在一起研究，定期开会，安排一系列措施来试着加速崩落过程。这些措施包括在空区或采场之上结拱处进行爆破和在钻孔中使用高压水进行水压致裂，以尝试诱导

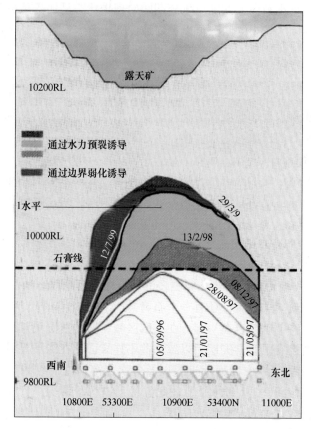

图 12-8　西-东截面显示了顶柱塌落前崩落的过程（Ross 和 Van As, 2005）

崩落。

从 1997 年以后，管理团队关注的是与这种采矿方法有关的空气冲击波危害。他们的主要关注点放在出矿水平，那里平时有 20～60 人在作业。所担心的空气冲击波风险是由突然的、像活塞式的岩石崩落到空区中，迫使有压力的空气通过矿堆进到人员工作的出矿巷道。因此，矿山严格坚持在任何时刻在放矿点之上都维持至少 60m 以上的碎矿，以保护出矿水平。

Northparkes 矿矿体和形成的采场高度比它的宽度要大得多。简单来说，第一中段是 400 多米高，而开采面积只有 3 万～4 万平方米，比世界上其他自然崩落法矿山采场要窄很多。

矿山认为由于矿体近似圆形，在附近区域的岩体中产生的约束应力可能使崩落顶板受到的夹制更大，这可能阻碍了崩落。随后重新评价，但仍认为 Northparkes 矿在图形中的崩落线之下。

矿山完成爆破工作后，没有获得较大成功，之后利用位于本阶段的 1 号水平巷道进行了水压致裂工作。水压致裂增加了崩落活动，特别是在事故前的一到两周，崩落开始增速进行。巧合的是（可能不完全是巧合，但是在相同的时间），崩落顶板垂直向上通过了先前所说的石膏线，通过石膏线之后岩石特性发生了较大的改变，整体上变成了没有石膏区，从而岩体弱化了很多。

先前的分析认为在石膏线以上会出现更加连贯的崩落，崩落逐步发展到地表已经没有了障碍。

经过近 18 个月的生产和过程中出现的许多崩落问题，矿山人员都惯性地认为崩落始终会比较慢，且始终是困难的。

然而，到 11 月 24 日，他们认为采取的促进崩落发展的主动措施，特别是水压致裂，正取得效果，崩落活动在稳定增加，可以乐观预测崩落发展正在重新建立。

11 月 24 日白班，是一个维修班，没有进行生产。正常生产时，因为自动化作业程度较高，通常只有少数人员。但在维修班大约有 65 人在井下。

在前一天晚上，崩落活动明显增加。在白天，有 2 个合同钻机工在 1 号水平钻机硐室工作。到下午早些时候，由于崩落活动迅速增加，担心附近的崩落产生震动可能引起岩石掉落，矿山决定让这些人员迅速从紧临的凿岩硐室进行了撤离，至少要撤到不远处的一条联络道。

矿山经理和技术服务经理获知崩落正在增加，因此他们决定到井下去察看增加的崩落情况。在大约下午 2 点 50 分，大规模的崩落事件发生了。厚达 200m 通达地表的矿岩体大部分在 4min 之内垮落了下来。在约 4min 之内，约有 550 万立方米重达 1450 万吨的矿岩掉落在采场内。

此时崩落顶板到矿堆上部之间的空间是大约 185m 高。可以想象，崩落的物料像一个气缸一样向下运动，空气必须逃逸，410 万立方米的空气位移产生了巨大的和灾难性的空气冲击波。

空气通过三个路径从采空区逃逸：

第一条路径是通过矿堆本身到达出矿水平。在出矿水平感受到了明显剧烈的地面震动、噪声和由于尘土引起的尘雾，尘雾使得现场什么也看不见。但值得庆幸的是出矿水平没有受严重的破坏，当时大多数当班的工人在出矿水平作业。

第二条路径是通过破坏的岩体返回到地表，从记录中获知，在那 4min 之内在一定程度的确出现了。

第三条路径可能是主要的路径，空气从 1 号水平巷道出来。1998 年在 1 号水平建造的空气冲击波挡墙完全被摧毁了或是塌落到空区内，虽然不能准确知道，但在事故发生之后挡墙已不在原处。正是在这条路径上造成 4 位员工死亡。

从 130km 以外的 Young 市澳大利亚地震中心提供的支撑证据证明，事件发生在 4min 之内，但大量的地震事件是在最后的 1min 或 1.5min 之内发生的。

12.4.1.2 原因分析

为什么会发生这个事故？

首先，为什么会发生突然的大量岩石垮塌？

预计的是崩落继续困难，在大多数情况下，它可能像窄的烟囱一样通到地表，但从来没有预料到发生巨大垮塌可能。

事后认识到，实际的情况可能是由三个主要因素共同引起的。

其一，矿山通过爆破和水压致裂来精心拉平崩落顶板实现诱导崩落，实际上消除了阻止崩落的拱形崩落顶板。这个过程是非常成功的，特别是在接近事故发生的几周和几天内。这两种措施改变了崩落的性质。

第二，崩落向上发展到性质差别较大的地质岩层中，没有石膏胶合层的物质环境改变了要崩落的矿岩性质。

第三，当时没有意识到，崩落已越来越接近地表，高宽比已小于1∶1。这样一个接近地表的比值开始改变整个采矿诱导应力环境，这个环境然后改变了岩石破坏的方法，也改变了地表垮塌的路径。

此外，岩层下面的空间高度达185m，而上面的未崩落岩层只有200m厚，在崩到地表前没有足够的膨胀岩块阻止岩层持续崩落和限制其发展。

当然三个因素中哪一个起主导作用还很难判断，可能是这三个因素共同引起了这么大的垮塌。

当然，这些考虑是事后得到的，但这也是我们从这起事故中应该学到的。

空气冲击波始终被认为是一种实质的危害，历史上已经有矿山发生过类似的事件。最著名的是1968年在美国科罗拉多州的乌拉德矿。

图12-9所示为Northparkes矿山E26矿区第一中段由于塌落及空气冲击波形成的空气流动路径截面。

矿山的崩落试生产指导手册认为空间不应该超过15m，但那是用于早期的控制。在调查中对试生产什么时候结束，正常生产什么时候开始出现过一些争论。然而，如前面提到的，注意力集中在出矿水平的空气冲击波危害上。因为在那时崩落还没有发展到1号水平，所以没有引起足够的注意。

1997年，该公司曾进行了一次对全矿和现场相当正式的主要危害评价。在评价中他们把发生在1号水平的冲击波危害定位为中等优先危险。

在矿山的风险评级系统中，他们的确认识到灾难的可能性，但在打分系统中，他们也仅仅定位为中等，而不是主要危害。最后的措施也集中在主要危害上。

这样，尽管它被评级为一个真正会引起灾难的危害，但它没有列在矿山的主要危害清单上，只有在主要危害清单上列出的危害才能引起重视，制定随后的诸多相关措施。

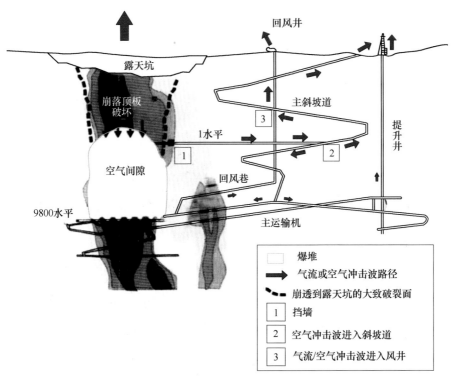

图 12-9 Northparkes 矿山 E26 矿区第一中段由于塌落形成的
空气流动和空气冲击波路径（Ross 和 Van As，2005）

1998 年当他们在 1 号水平进行崩落发展工作时，从矿物资源部下来的当地检察官开始了对 1 号水平的危害评价。正是因为这个评价，矿山于 1998 年在 1 号水平设计并建造了挡墙。

同时，在崩落问题中，随着生产持续进行，崩落顶板与矿堆之间的空间在逐渐增大，最大至 185m。在这个时期，矿山定期向专家咨询崩落问题。问题包括崩落、出矿水平的空气冲击波，专家认为矿山应预先对风险进行控制，并保持放矿点之上碎岩最小高度为 60~70m。假如矿山不能使崩落进行，一旦放矿点之上的覆盖岩层厚度小于 60~70m，矿山就必须停产。

在此过程中没有考虑到在 1 号水平空气冲击波的风险，这个风险仅在安装挡墙时提到。

1999 年 4 月和 7 月又进行了进一步的风险评估。进行了 WRAC 分析（Workplace Risk Assessment and Control），来评价大量崩落顶板破坏的风险。这是水压致裂人员进入到 1 号水平的时候又一次，与这种危害相关的风险被定为中等风险。

他们使用了一个不同的评级系统对两年前主要危害评价中完成的事情来评

级，得出了不同的分数，但仍处在中等风险水平上。

在主要破坏的风险评估中，记录的主要控制对象是崩落顶板的拱形形状，是他们努力来清除的状态。

此外，他们记录的针对 1 号水平空气冲击波危害的控制措施是建造挡墙。不幸的是，挡墙被崩落打掉了，另外，为了通风，大多数时间是敞开的。

Ross 和 Van As（2005）对 Lift 1 的设计、作业、塌落以及由此导致的破坏进行了详细的描述。他们认为"崩落一般是从水力预裂区域开始至露天坑底部逐步局部开始崩落。之后'烟囱'周围大量碎石进一步塌落，并最终造成大规模露天矿边坡失稳"。图 12-10 所示为由塌落形成的塌陷漏斗的航拍照片。

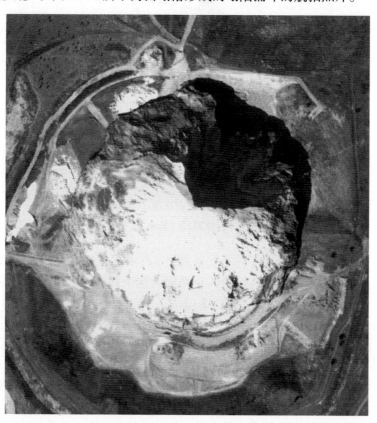

图 12-10　Northparkes 矿 E26 第 1 中段塌落后形成的塌陷漏斗
（1999 年 11 月 24 日，图片来自 Brown）

Ross 和 Van As（2005）总结称，"作业期间，管理队伍习惯了连续崩落中存在的问题，而无法发现急剧塌落的可能性。这就造成了对主要危害的低估。如果对核心风险评估进行更多的外部复审，可能会获得不同的处理方法和最终结果"。最后，他们还提到，"1999 年 11 月 24 日的事故对于 Northparkes 矿山作业产生了深刻的影响。对任何新的或不常进行的工程活动进行危害分析及风险评估已变成 Northparkes 矿山日常工作的一部分，大多数员工对此表示强烈支持。任何作业过程的修订，必须在经过适当的风险评估后才能够通过，并对管理流程进行改变"。

12.4.1.3　专家建议

任何地下矿山都有空区，都有可能出现垮塌，并产生空气冲击波。我们需要回过来思考这些核心风险。当进行采矿方法选择和设计时，我们应该比较不同的采矿方法，需要把风险作为比较过程的一部分。

在可研和设计阶段，应该有一个严格的独立审查角色。矿山工程团队太接近工程设计，他们不一定能充分打开思路来考虑其他可能应该考虑的因素。因此外部团队应该从可研阶段就要参与，重视核心风险和应该怎样管理。

没有一个矿山的环境是停留在第一天所预计的情况，所以审查必须在矿山整个服务期间以定期的节点阶段来进行。

从风险管理的观点，风险评估需要从可行性研究开始。需要确保合适的人员参与其中，否则就不能提出解决方案，甚至解决方案是不合适的。风险评级系统在整个矿山生产期间必须是连续一致的。任何可能会出现实质性灾难的危害都一定要被认为是主要风险。

风险评估的记录（文件）同样是至关重要的，因为一个工程会延续很多年，而人和条件会发生变化。假如我们不能理解某些人为什么在可研阶段把一个工程作为一定的风险，我们就没有机会确定他们采用的措施是否仍合适。因此，开发完善的、更加综合的文件管理程序是很重要的。

同样必须清楚地把风险评估中提出的措施责任在管理结构中指派给某人和某职位，确保矿山期间的连续性，保持共同的记忆、共同的知识，特别在核心风险领域更要如此。

专家中必须包括一些关键领域的外部专家，能够在矿山生产期间评价这些风险。特别是，评价应该力求确保核心风险识别的准则和岩石工程性能的基本原则，与不同的采矿方法有关，还要结合岩层条件。

最后建议，对空气冲击波应该有基本的理解：机理、预测和控制策略，包括挡墙设计、与崩落的关联。当我们了解不多时，我们就会非常依赖于经验指导，但如果没有真正理解基本原理，就不能将这些基本原理应用到随后的工程实践中和设计程序中。

12.4.2　印度尼西亚 DOZ 矿湿矿出矿管理措施

12.4.2.1　介绍

印度尼西亚 PT 自由港公司（PT Freeport Indonesia，即 PTFI）是一家开发位于印度尼西亚 Papua 省埃茨伯格（Ertsberg）采矿区的一个铜金联合公司。埃茨伯格矿区位于苏迪尔曼（Sudirman）山，海拔标高 3000~4500m。

矿区地形崎岖，年平均降雨量为 5500mm。当前（注：2008 年）该矿区采区有 Grasberg 露天矿（矿石 18 万吨/天）、DOZ 自然崩落法矿山（矿石 6 万吨/天）。DOZ 自然崩落法是在东埃茨伯格硅卡岩系统（East Ertsberg Skarn System, EESS）内，是 Gunung Bijih（GBT）和 Intermediate Ore Zone（IOZ）之后的第三个自然崩落法开采中段（如图 12-11 所示）。

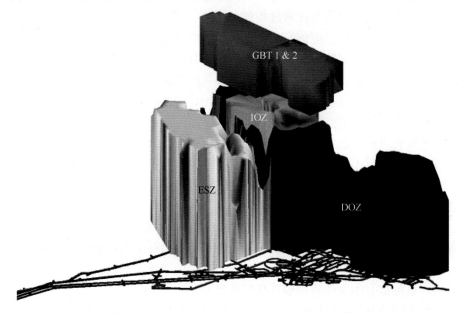

图 12-11　PTFI 东埃茨伯格硅卡岩系统的地下矿山复合体（图片来自 Eddy Samosir，et al.）

IOZ 自然崩落是从 1994 年开始生产的，到 2003 年结束，共采出了 5000 万吨矿石。DOZ 自然崩落从 2000 年开始生产，到 2006 年末共采出 6900 万吨矿石。

DOZ 自然崩落法生产水平位于地表下约 1200m 的深度，矿柱高达 500m。DOZ 的西部是位于 IOZ 自然崩落采区之下 250m。DOZ 的崩落区与 GBT 和 IOZ 的已崩落区合在一起，在 2003 年破裂发展到地表。

随着矿柱高度的增加，细颗粒物料也相应增加，它存在于 DOZ 的角砾岩-大理岩中，水量增加以及较高的矿石产量，导致湿泥浆涌出的风险增加，特别在出矿水平，湿矿出矿被证明是 PTFI 地下矿山事业部过去 3 年中高风险之一。管理湿矿出矿需要进行工程地质预测——监测、专门的出矿实践、专门的标准作业工序、技术改善以及综合的疏干排水方案。

PTFI 地下矿山部门努力减小和降低与湿矿出矿相关的危害，特别是在出矿水平和卡车运输水平，以便保证工人的安全和维持上面所述的预期的生产能力。

12.4.2.2 DOZ矿工程地质条件

DOZ自然崩落法矿山位于东埃茨伯格硅卡岩系统内，这个系统是由硅卡岩共生体组成，局部被多变的埃茨伯格闪长岩侵入。埃茨伯格闪长岩与镁橄榄石硅卡岩、磁铁矿镁橄榄石硅卡岩、磁铁矿和DOZ角砾岩（当地称之为HALO）形成该矿下盘围岩，上盘围岩是大理岩。DOZ角砾岩形成了一个棱镜状带，继续穿过DOZ矿块的东半部分的上盘，在碳酸盐黏土混合物中既含有闪长岩，又有硅卡岩碎块，沿着下盘，闪长岩被硅卡岩穿插，产生局部变化。

EESS系统内的岩层条件变化非常大，在好到非常好的岩层带里，有非常差的表现为低强度、低岩芯采取率、低RQD值的岩层延长带。该矿单轴抗压强度值（UCS）、岩体质量指标（RQD）、岩体分级（RMR）及各岩石类型所占比例见表12-4。

表12-4 DOZ工程地质分类及分布

岩石类型	UCS/MPa	RQD/%	RMR类别	所占百分比/%
DOZ角砾岩	22	45	非常差	10
大理岩–砂岩	53	65	差	1
镁橄榄石硅卡岩	127	84	好	21
磁铁矿镁橄榄石硅卡岩	57	67	一般	16
磁铁矿硅卡岩	98	71	好	2
闪长岩	111	80	好	50

12.4.2.3 湿矿出矿产生因素

湿泥浆（注：可理解为"泥石流"）被定义为细颗粒物料与水的混合物，具有从放矿点或其他地下空间突然涌出的潜能。当小于50mm的物料大于30%，且含水量大于8.5%时，就可能产生湿泥浆溢出或流动。湿泥浆涌出被证明是自然崩落法作业风险之一（Heslop，2000），可能造成生命损失、生产能力损失和潜在矿石损失。

DOZ产生湿矿出矿的几个因素：

（1）在崩落中存在细物料；

（2）在正在崩落的区域存在含水带和输送带；

（3）矿区有大的降雨量；

（4）正在崩落的区域不仅与活动崩落采场之上的已采完区域相连，还与地表塌陷区相通。

在DOZ角砾岩区域，普遍存在细粒级物料和黏土物料。此外，当放矿柱超过100m时，在各种硅卡岩内的物料同样破碎，产生附加的潜在湿泥浆。基于DOZ最新的矿块模型，4000多万吨物料可被划分为湿矿出矿物料（DOZ角砾岩和大理岩型）。

EESS 周边水文地质条件表明有几个重要的含水带。随着 DOZ 自然崩落法的使用，这些含水带随着崩落有可能连通 DOZ 崩落区。总的说来，DOZ 周围的含水带可分为如下：

（1）北面的石灰岩；

（2）南面的埃茨伯格闪长岩和相关的构造；

（3）东面的东断层带；

（4）西面的西断层带。

PTFI 矿区年降雨量大约为 5500mm，其中大部分是进入 DOZ 自然崩落法采区周围的低渗透正在崩落的区域。随着 DOZ 崩落采区通过 GBT-IOZ 崩落区与地表相连，大量的水渗透到出矿水平。示踪试验表明，水从地表下到出矿水平的时间从 2000 年的 14 天减少到 2005 年约 4 天。在自然崩落法采区周边区域渗透能力增加同样导致大量的水进入 DOZ，靠近含水构造的放矿点含湿量增加。如图 12-12 所示。

图 12-12　2007 年 10 月 28 日由于 12 号盘区泥石流涌出而被埋的遥控铲运机
（图片来自 Eddy Samosir, et al.）

12.4.2.4　减轻泥石流风险的措施

A　泥石流预测

泥石流发生可通过存在的或从产量编排器中预测的粉矿量的多少（DOZ 的角砾岩和大理岩）、已有的地下水源与地面塌陷相连的情况和 DOZ 上部先前的开采区的影响程度来预测。这些预测结果和建议指的是预计每年的湿矿出矿点的数量和大致位置。这些数据被用来预测所需遥控铲运机的数量、需要转成湿矿出矿标准的出矿口的数量和最终对矿山产量的影响。

B　新的湿矿出矿程序

之前 IOZ 采区的湿矿出矿处理经验为 DOZ 减轻泥石流风险提供了有价值的

经验。开发了一套详细的用于湿矿出矿分类、监测、检查和处理的程序，来确保矿山湿矿出矿区域的安全生产的程序（工序）。

这些程序，通过一个对湿矿和干矿放矿点的分类系统为放矿点处理湿矿出矿提供了指南。这个分类被用来作为决定限制进入一些盘区和是否要采用遥控铲运机的基础。

开发的分类系统是基于 IOZ 矿区的经验，它是基于放矿点内部物料的块度和湿度。基于这个分类，假如大于 70% 的物料是大于或等于 50mm 并且是干的（含水量 MC 小于 8.5%），那么这个放矿点可列为 A 级；当 70% 的物料小于 50mm 但是干的条件下，则列为 B 级。这两者都属于"干"的级别，可以使用任何铲运机出矿。随着含水量的增加，粗物料可列为 C 级和 D 级（粗湿和粗特湿），细物料则分为 E 级和 F 级（细湿和细特湿），从 C 级到 F 级，都需要采用遥控铲运机出矿（见表 12-5）。

表 12-5　湿矿出矿分类（先前的版本）

放矿点分类	使用铲运机类型
A. 粗干。+75%>50mm，MC<8.5%	任何铲运机均可
B. 细干。+30%<50mm（2"），MC<8.5%	任何铲运机均可
C. 粗湿。+75%>50mm，MC：8.5%~11%	遥控铲运机
D. 粗特湿。+75%>50mm（2"），MC>11%	遥控铲运机
E. 细湿。+30%<50mm（2"），MC：8.5%~11%	遥控铲运机
F. 细特湿。+30%<50mm（2"），MC>11%	遥控铲运机

通过评价历史数据、溢流事件行为、对溢流事件的可视分析、预测的比当前条件要更粗的 DOZ 岩层类型的地质条件，开发了一个新的湿矿出矿分析系统，见表 12-6。

表 12-6　湿矿出矿分类（新版）

湿度/含水量	尺寸大于或等于 5cm 的物料量（M）		
	M>70%（主要由粗粒级组成）	30%<M≤70%	M≤30%（主要由细粒级组成）
<8.5%（干）	A1	B1	C1
8.5%~11%	A2	B2	C2
≥11%（湿）	A3	B3	C3

注：绿框—任何铲运机；黄框—在密切监视下可使用任何铲运机；红框—遥控铲运机。对 B2 和 B3，放矿高度和崩落块度对于正确考虑问题非常重要。

新的湿矿出矿分类是基于 2005~2007 年湿矿出矿溢流事件分析而来的，适应中等物料尺寸的出矿点，与先前的分类系统相比，减少了遥控铲运机的需求，在维持相同安全水平的条件下，通过减少遥控铲运机的使用，从而增大了生产能力。

到 2007 年 12 月，新湿矿出矿分类系统试行了 5 个月，表明这个分类系统运行良好，遥控铲运机使用量减少 26%，如图 12-13 所示。

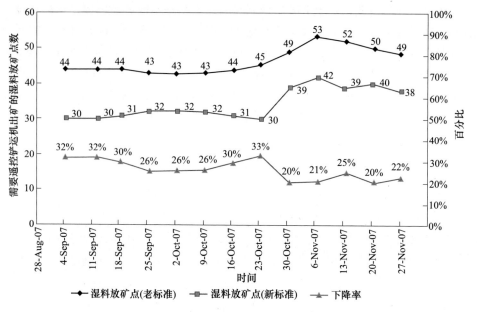

图 12-13　使用老的和新的湿矿出矿分类系统的遥控
铲运机需求量（图片来自 Eddy Samosir，et al.）

C　出矿策略

干矿和湿矿出矿必须均匀和连续进行。实践表明，湿矿出矿点必须保持有一定的数量，并且每一个湿矿出矿点必须每班铲出 6 斗。在特定的一个盘区内随着湿矿点增加，用一台铲运机完不成任务时，随后的班组就应接续完成。随着后续的出矿，盘区就被分成几个区，放矿顺序就变成这样：每班只有一个区进行出矿，而其他的区则可临时关闭直到随后的班。它有助于增加出矿，并保持与至今尚不是湿矿出矿点的一致性。

有效的放矿控制是做到一个良好的一致性，有利于：

（1）减少贫化；

（2）延长放矿点寿命；

（3）使巷道变形控制在一个安全水平；

（4）控制水的涌出和湿矿出矿；

（5）使矿石回收最大化。

D　遥控铲运机和出矿溜槽设计

自从 1999 年在 IOZ 遇到湿矿出矿后，就已开始使用遥控铲运机出矿。遥控铲运机是在一个控制室进行操作，当前从一个控制台可以相互切换进行多达 6 台铲运机的操作。在遥控铲运机作业前，必须将盘区巷道与未授权的通道进行隔离。安装隔离门并锁上，同样要加上电子隔离障。

处理湿矿出矿另一个要关心的问题是如何防止溜井底部位于卡车运输水平的溜槽漏矿。设计采用了一个混矿工序，在一个溜槽中，将湿矿与干矿按 1∶3 的比例进行混合。除了混合工序，还对溜槽进行了修改，用一个固定的金属板来代替链式门帘。湿矿出矿装载点溜槽如图 12-14 所示。

图 12-14　湿矿出矿装载点溜槽（图片来自 Eddy Samosir, et al.）

E　全自动化铲运机试验

DOZ 矿进行了全自动铲运机试验。试验的目的是用于湿矿出矿区域，并最终替代遥控铲运机。与遥控铲运机仅限于第一档速度相比，自动铲运机可在第二档速度作业。对于遥控铲运机，速度不能快，因为在作业中远程遥控的司机难以快速反应来防止铲运机碰撞。而自动铲运机使用机上转向系统能够避免大多数碰撞，因而速度就可以加快。试验表明，在一个长的盘区中，与遥控铲运机作业相比，由于更好的循环时间以及改善的作业时间，生产率提高了 48%。自动化铲运机的另一个优点是自动化能够以非常精确的方法记录从每一个放矿点出矿的斗数，可作为放矿控制系统的一部分，它不需要依赖司机计数或矿山已有的派调系统。

F 综合疏水工作

地下矿山疏水工作的主要目的是排出周边岩层里的饱和水，为 DOZ 的开采提供一个卸压带，以减小产生湿矿出矿的风险。在预测的最终崩落带界线的外围开拓专门安排的地下疏水巷道。在过去的 7 年中，每年平均钻凿 20000m 的钻孔，穿过了几个主要的含水层，取得了重要的卸压效果。

整个 EESS 的地下水排量增加很大，2003 年约 450L/s，2004 年以来是大于700L/s。通过安装在 EESS 附近的 25 个压力计测量了疏干对水文地质系统的反应。在 DOZ 周边的大多数含水区观测到水压有很大的下降。西断层带（WFZ）下降与在这个带进行的重要疏干工作的关系如图 12-15 所示。

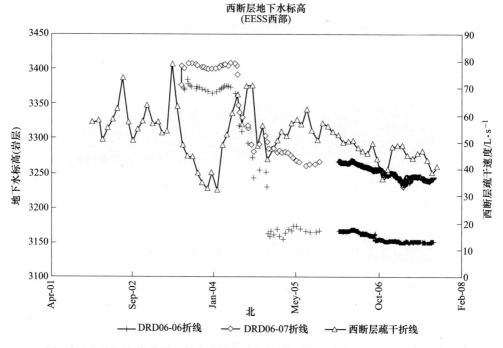

图 12-15　西 DOZ 含水带地下水疏干和水的标高（图片来自 Eddy Samosir, et al.）

在 DOZ 过去几年的疏干中表明其结果是满意的。然而仍有一些区域需要进一步的疏干和卸压，如在南/西南区域，那里在有构造的闪长岩中存在含水区，在西北面闪长岩/硅卡岩接触带中和在含水层隔离带特征北部石灰岩中，在崩落边界推进到这里之前，将这些含水带的水疏干完至关重要。

12.4.2.5　总结

DOZ 的矿石产量要从原先的 25000t/d 增加到 80000t/d，就必须要考虑湿矿出矿点数量也会增加，从安全和生产的角度来说这是一个重要挑战，必须采取措施来控制生产水平和卡车运输水平的风险。

　　湿矿出矿产生的原因是崩落区内存在细料、水和崩落区内存在转移区，在迳流和再充水区域有大的降雨量，以及崩落区域与地表相连。作为 DOZ 的疏干工作，矿山实施了专门的地下疏干巷道和平均每年进行 20000m 疏干钻孔，穿透了几个主要的含水层，取得了重要的泄压效果。自 2004 年以来，疏干工作的成功减少了对 DOZ 作业区域的贯水。

　　湿矿出矿预测、新的湿矿出矿程序实施、出矿策略、遥控铲运机应用和溜槽设计、全自动铲运机试验和综合的疏干钻孔工作，由 PTFI 的地下部门承担，减轻了与湿矿出矿相关的风险，同时改善了劳动生产率。

参 考 文 献

［1］于润沧．采矿工程师手册（上、下册）［M］．北京：冶金工业出版社，2009.

［2］Brown E T. Block caving geomechanics［M］．Queensland：Julius Kruttschnitt Mineral Research Centre，2007.

［3］Samosir Eddy，Basuni Joko，Widijanto Eman. The management of wet muck at PT Freeport Indonesia's Deep Ore Zone Mine. In：Hakan Schunnesson，Erling Nordlund［C］∥Massmin 2008，Lulea：Lulea University of Technology Press，2008：323~332.

［4］Pretorius Dawid D，Ngidi Sam. Cave management ensuring optimal life of mine at Palabora. In：Hakan Schunnesson，Erling Nordlund［C］∥Massmin 2008，Lulea：Lulea University of Technology Press，2008：63~71.

［5］Liu Yuming，Zheng Jinfeng. Tongkuangyu Mine's phase 2 project. In：Hakan Schunnesson，Erling Nordlund［C］∥Massmin 2008，Lulea：Lulea University of Technology Press，2008：53~61.

［6］Liu Y M，Bian K W. Production at Lift 530m of Tongkuangyu Copper Mine［C］∥Massmin 2016，Victoria：The Australasian Institute of Mining and Metallurgy，2016：385~391.

［7］DeWolfe C，Ross I. Super caves—Benefits，considerations and risks［C］∥Massmin 2016，Victoria：The Australasian Institute of Mining and Metallurgy，2016：51~58.

［8］Wilson A D，Purba A M，Sjadat A. Progressing Cave Performance into the later stages of the Deep Ore Zone Mine［C］∥Massmin 2016，Victoria：The Australasian Institute of Mining and Metallurgy，2016：285~292.

附录 自然崩落法主要专业术语中英文对照

自然崩落法　Block caving

矿块崩落法　Block caving

盘区崩落法　Panel caving

倾斜放矿点崩落法　Inclined drawpoint caving

结构面　Discontinuity

原岩应力　In situ stress

岩体特征　Rock mass characterization

岩体分类　Rock mass classification

岩体分级　Rock mass rating，RMR

地质强度指标　Geological strength index，GSI

采矿岩体质量分级　Mining rock mass rating，MRMR

可崩性　Cavability

崩落诱导　Cave inducement

崩落发展　Cave propagation

崩落速度　Caving rate

崩落顶板　Caving back

烟囱式崩落　Chimney caving

前锋式崩落　Front caving

应力崩落　Stress caving

上盘崩落　Hangingwall caving

初始崩落　Cave initiation

水力半径　Hydraulic radius

形状因子　Shape factor

块度　Fragmentation

原岩块度　In situ fragmentation

初始块度　Primary fragmentation

次级块度　Secondary fragmentation

矿岩预处理　Pre-conditioning

矿块高度　Block height

拉底　Undercut

拉底策略　Undercut strategy

预拉底策略　Pre-undercut strategy

前进式拉底策略　Advanced undercut strategy

后拉底策略或传统拉底策略　Post undercut strategy or conventional undercut strategy

拉底水平　Undercut level

拉底速度　Undercutting rate

倾斜拉底　Inclined undercut

水平窄断面拉底　Narrow flat undercut

倾斜窄断面拉底　Narrow inclined undercut

放矿　Draw

放矿矿柱　Draw column

放矿漏斗　Draw cone

放矿角　Angle of draw

放矿点　Drawpoint

出矿进路　Drawpoint drift

放矿点间距 Drawpoint spacing

眉线　Browline

牛鼻子　Bull nose

支护　Support

加固　Reinforcement

开采矿段底部范围　Footprint

出矿水平　Extraction level or production level

生产巷道或出矿巷道　Production drift

聚矿槽　Drawbell

运输水平　Haulage level

主桃形体　Major apex

次级桃形体　Minor apex

二次破碎　Secondary breaking

放矿控制　Draw control

放出速率　Draw rate

放矿区域　Draw zone

放矿椭球体　Draw ellipsoid

流动椭球体　Flow ellipsoid

交叉混合区域高度　Height of interaction zone，HIZ

交叉流动　Interactive flow

独立放矿区域　Isolated draw zone，IDZ

独立出矿区域　Isolated extraction zone，IEZ

独立移动区域　Isolated movement zone，IMZ

重力放矿　Gravity draw

重力流　Gravity flow

均衡流动　Mass flow

连续沉降　Continuous subsidence

不连续沉降　Discontinuous subsidence

柱塞式沉降　Plug subsidence

沉降崩落　Subsidence caving

地表沉降　Surface subsidence

崩落角　Angle of break

塌陷角　Angle of subsidence

危害　Hazard

风险评估　Risk assessment

岩爆　Rock burst

悬顶　Hangup

空气冲击波　Air blast

空气间隙　Air gap

结拱　Arching

泥石流　Mud rush

突水　Inrush

湿泥　Wet muck